"十三五"国家重点出版物出版规划项目

地球观测与导航技术丛书

GPS 理论、算法与应用
（第3版）

〔德〕Guochang Xu　〔中〕Yan Xu　著

许国昌　许　艳　译

科学出版社

北京

图字：01-2017-6419 号

内 容 简 介

本书介绍全球定位系统（GPS / Glonass / Galileo / Compass）的理论、算法与应用。主要内容来自于在波茨坦 GFZ 开发的 KSGsoft 软件程序的源代码说明书。在新的多功能 GPS/Galileo 软件的开发过程中对理论和算法进行了扩展和验证。除了第一版中介绍的 GPS 数据处理的统一方法、对角化算法、自适应卡尔曼滤波、模糊度的一般搜索准则和变分方程的代数解，第二版中介绍的 GPS 算法的等价性理论、独立参数化方法、另一种太阳光压模型，第三版中补充了 GNSS 系统的现代化、理论和算法的新发展，以及广泛应用的各项研究。本书从概述开始，介绍坐标和时间系统及卫星轨道的基础知识，以及 GPS 观测量，并进行诸如观测误差源、观测方程及其参数化、平差和滤波、模糊度求解、软件开发和数据处理，以及扰动轨道确定的专题研究。

本书适合作为相关专业高年级本科生、研究生，以及科研人员学习研究 GNSS 理论算法应用的教科书和参考用书。

Translation from English language edition:

GPS: Theory, Algorithms and Applications

by Guochang Xu and Yan Xu

Copyright © Springer-Verlag Berlin Heidelberg 2016

Springer International Publishing AG is a part of Springer Science+Business Media All Rights Reserved

---

图书在版编目（CIP）数据

GPS 理论、算法与应用/(德)许国昌，许艳著；许国昌，许艳译. —3 版. —北京：科学出版社，2017.11

（地球观测与导航技术丛书）

书名原文：GPS—Theory, Algorithms and Applications

ISBN 978-7-03-054611-1

Ⅰ.①G… Ⅱ.①许… ②许… Ⅲ. ①全球定位系统-研究 Ⅳ.①P228.4

中国版本图书馆 CIP 数据核字(2017)第 238289 号

责任编辑：苗李莉 李 静 / 责任校对：韩 杨
责任印制：肖 兴 / 封面设计：图阅社

科 学 出 版 社 出版

北京东黄城根北街 16 号
邮政编码：100717
http://www.sciencep.com

中国科学院印刷厂 印刷

科学出版社发行 各地新华书店经销

*

2017 年 11 月第 一 版 开本：787×1092 1/16
2019 年 1 月第二次印刷 印张：21 3/4
字数：515 000

定价：**69.00 元**

（如有印装质量问题，我社负责调换）

《地球观测与导航技术丛书》编委会

《地球观测与导航技术丛书》编写说明

地球空间信息科学与生物科学和纳米技术三者被认为是当今世界上最重要、发展最快的三大领域。地球观测与导航技术是获得地球空间信息的重要手段，而与之相关的理论与技术是地球空间信息科学的基础。

随着遥感、地理信息、导航定位等空间技术的快速发展和航天、通信和信息科学的有力支撑，地球观测与导航技术相关领域的研究在国家科研中的地位不断提高。我国科技发展中长期规划将高分辨率对地观测系统与新一代卫星导航定位系统列入国家重大专项；国家有关部门高度重视这一领域的发展，国家发展和改革委员会设立产业化专项支持卫星导航产业的发展；工业和信息化部、科学技术部也启动了多个项目支持技术标准化和产业示范；国家高技术研究发展计划（863计划）将早期的信息获取与处理技术（308、103）主题，首次设立为"地球观测与导航技术"领域。

目前，"十一五"规划正在积极向前推进，"地球观测与导航技术领域"作为863计划领域的第一个五年计划也将进入科研成果的收获期。在这种情况下，把地球观测与导航技术领域相关的创新成果编著成书，集中发布，以整体面貌推出，当具有重要意义。它既能展示973计划和863计划主题的丰硕成果，又能促进领域内相关成果传播和交流，并指导未来学科的发展，同时也对地球观测与导航技术领域在我国科学界中地位的提升具有重要的促进作用。

为了适应中国地球观测与导航技术领域的发展，科学出版社依托有关的知名专家支持，凭借科学出版社在学术出版界的品牌启动了《地球观测与导航技术丛书》。

丛书中每一本书的选择标准要求作者具有深厚的科学研究功底、实践经验，主持或参加863计划地球观测与导航技术领域的项目、973计划相关项目以及其他国家重大相关项目，或者所著图书为其在已有科研或教学成果的基础上高水平的原创性总结，或者是相关领域国外经典专著的翻译。

我们相信，通过丛书编委会和全国地球观测与导航技术领域专家、科学出版社的通力合作，将会有一大批反映我国地球观测与导航技术领域最新研究成果和实践水平的著作面世，成为我国地球空间信息科学中的一个亮点，以推动我国地球空间信息科学的健康和快速发展！

李德仁

2009年10月

第3版中文版前言

2003 年，本书英文版原著 *GPS Theory Algorithms and Applications* 经过两年多的著作出版，之后应 Springer 要求，经过了九个月的进一步研究使成果更新添补，第 2 版于 2007 年出版，此书被若干正式发表的书评誉为原创著作，有些算法也以作者名字命名。之后本书第一作者开始转向卫星轨道和天体力学研究，2008 年，著作 *Orbits* 由 Springer 出版，出版后研究持续进行，有若干重要的天体力学文章在 *MNRAS* 上发表，直到 2013 年，*Orbits* 由 Jia Xu 为第二作者再版，并且在第一作者回国到山东大学任职后其团队成员也参与其研究。2009 年，第一作者开始主编 *Sciences of Geodesy* 系列著作，其第一部和第二部已由 Springer 于 2010 年和 2012 年出版。2011 年，*GPS* 第 2 版由北京跟踪与通信技术研究所组织翻译并由清华大学出版社出版；由德黑兰大学教授翻译成波斯文，2014 年由德黑兰大学出版社出版。2016 年，*GPS* 第 3 版由 Springer 出版，许艳博士做了大量工作作为成为第二作者。*GPS* 第 3 版的中文版主要由许艳副研究员主持翻译，获得了解放军信息工程大学曲云英女士的翻译支持，并参考了部分 2011 年版的中文版翻译，在内容结构上也对原英文原著略有调整。

卫星导航定位系统经过 30 多年的发展，已经从 GPS 系统一枝独秀，形成了多种系统如 GLONASS、Galileo、北斗等系统百花盛开的局面，特别是北斗系统已经开始全球系统的布设实施，甚至北斗四代也已经计划立项。卫星导航系统技术从军事应用，逐步发展为大众位置服务应用不可或缺的技术，其市场容量之大不可估量。所以在这个时候，出版这部在世界领域内有重要影响力的著作的最新中文版本，具有重要的意义。但愿此书能为中国的卫星导航定位系统的发展作出其贡献。

本著作的出版，获得了以下单位的大力支持：山东大学空间科学研究院、哈尔滨工业大学深圳空间科学与技术应用研究院、东南大学智慧城市研究院、航天五院及航天钱学森实验室、国家自然科学基金会、科技部国家重点专项办、威海市南海新区管委会及威海五洲公司等。这些支持包括人员、经费、组织、设施、场地、示范和指导等，特别是第一作者及其团队包括第二作者依托上述单位获得的多达 30 多项的各类项目基金的支持。

本书的出版获得了科学出版社的大力支持，封面素材获得了航天五院车晓玲高工的大力支持，在此一并致谢！

许国昌　许　艳

2017 年 10 月

第3版前言

2003 年年底该书首版问世。2006 年前后，应 Springer 之邀修订了第 2 版并于 2007 年年底出版。该书首版是在 KSGsoft（Xu et al.，1998）和 KGsoft（Xu，1999）软件设计经验基础上，以及在德国和丹麦相关研究及实践基础上创作的。第 2 版的修订要得益于多功能的 GPS/Galileo 软件设计（MFGsoft，Xu，2004）。在 GPS 研究中发现了用于卫星定轨的新的太阳光压模型，促使我们尝试求解卫星的二阶摄动方程，从而产生了 *Orbits* 一书，于 2008 年年底出版。*Orbits* 的第 2 版加入了更深入的研究（Xu et al.，2010a，b，2011；Xu G and Xu J，2013a，b）并于 2013 年出版。期间，作者在指导博士研究生研究和软件开发中也进一步参与了 GPS 研究活动（Wang et al.，2010；He et al.，2015）。2011 年，*GPS* 一书第 2 版由北京跟踪与通信技术研究所组织译成中文并由清华大学出版社出版，2015 年左右售罄；2014 年 *GPS* 一书被译成波斯语，由德黑兰大学（Dhahran University）出版。*GPS* 第 3 版在几年前就与 Springer 签订了合同，但由于 *Orbits*（Xu，2008；Xu G and Xu J，2013a，b），*Sciences of Geodesy*（Xu，2010，2012）及其他科研工作的开展而中断。2014 年作者的任职单位由德国变更到山东大学（威海），开辟了导航和遥感，以及天体力学的学科领域。GPS，GLONASS，Galileo 和 BeiDou 系统的快速发展，以及基于网络的多系统实时精密民用 GNSS 应用在德国地球科学研究中心（GFZ）和山东大学的实现推动了本书的修订。许艳博士在本书修订中发挥了重要作用，故提请署名第二作者。

集中修订或补充的章节包括第 1 章概述，第 5 章 GPS 观测误差源，第 8 章周跳探测与整周模糊度解算，第 9 章 GPS 数据处理的参数化和算法。其他部分只是小幅度修订。这些内容是对世界范围内科学家的工作所进行的综述，补充的内容有下面 25 点。

（1）GPS 现代化的综述；

（2）GLONASS 发展综述；

（3）Galileo 发展综述；

（4）Compass（BeiDou）发展综述；

（5）评论电离层模型研究进展；

（6）评论大气模型研究前沿；

（7）GPS 钟差研究概论；

（8）使用外部参考钟比对的研究综述；

（9）GPS 中水汽辐射测量研究介绍；

（10）综述 GPS 测高研究进展；

（11）述评 GPS 算法等价原理研究；

（12）评论模糊度搜索准则研究；

（13）自适应滤波研究进展综述；

（14）GPS 数据联合处理与分别处理的研究；

（15）GPS 差分算法中变换参考星的研究；

（16）机载动态定位的对流层模型研究；

（17）GPS 差分算法中变换参考站的研究；

（18）实数模糊度确定的研究综述；

（19）精密单点定位研究概要；

（20）GPS 软件介绍；

（21）卫星轨道理论综述；

（22）卫星数值定轨综述；

（23）地球同步卫星定轨总结；

（24）独立参数化的研究；

（25）综述 GPS 研究中仍存在的疑难问题。

通过对内容的深入补充，作者希望本书的最新修订版能够更好的有益于 GNSS 的学习与研究。该书初版的理论贡献或新的研究成果可归纳如下：

（1）GPS 算法差分与非差的弱等价性；

（2）GPS 数据处理的统一算法；

（3）模糊度的一般搜索准则；

（4）模糊度的等价搜索准则；

（5）平差滤波中的对角化方法；

（6）杨氏滤波——自适应抗差卡尔曼滤波；

（7）使用 GPS 进行数值定轨理论；

（8）数值定轨中变分方程的代数解；

（9）模糊度函数准则数学上的错误。

第 2 版补充的新的研究成果如下：

（1）GPS 组合与非组合算法的等价性；

（2）GPS 模型的独立参数化法；

（3）GPS 数据处理方法的等价性理论；

（4）差分 GPS 基线网的优化组构方法；

（5）太阳光压摄动的新的平差模型；

（6）大气阻力摄动的新的平差模型；

第 3 版的理论创新有以下六个方面：

（1）三差等价性的证明；

（2）智能卡尔曼滤波的思想；

（3）无电离层组合中的浮点模糊度固定；

（4）无奇点 Lagrange-Xu 运动方程的数学推导；

（5）无奇点 Gauss-Xu 运动方程的数学推导；

（6）奇点判据及其几何意义。

其中，第（3）～（6）的相关内容在本中文翻译版中被略去，有兴趣的读者可参阅英文原版。

扩充的内容部分来自发表的国际论文成果，已通过各自的评审。感谢西安测绘研究所的杨元喜院士，台湾台北大学叶大纲（Ta-Kang Yeh）教授，香港理工大学陈武教授，同济大学沈云中教授，以及解放军信息工程大学吕志平教授对该书补充内容所提出的宝贵审稿意见。

第一作者对柏林工业大学的 D. Lelgemann 博士教授多年前指导其博士研究生的学习和研究表示由衷的感谢。同时感谢 GFZ 的主任 Christoph Reigber 博士教授、Markus Rothacher 博士教授及 Harald Schuh 博士教授在过去二十多年里的支持和信任，使第一作者能够在 GFZ 自由开展研究活动。感谢中国空间技术研究院（CAST）李明教授，他在作者担任 CAST 千人专家时给予的支持让作者毕生难忘。当然还要感谢山东大学（威海）使开辟新的学科领域、创建国际团队并获得校内外资金支持成为可能。同时对第二作者承担本版的大部分文本处理工作表示感谢。

感谢山东大学（威海）导航遥感团队成员的友情支持。特别感谢德国的千人专家 Hermann Kaufmann 教授，比利时的客座教授 Pierre Rochus，葡萄牙的客座教授 Luisa Bastos，以及瑞典的客座教授 Anna Jensen，科学家 Nina Boesche 及德国的特邀工程师江楠，高级工程师闫文林和孙张振，工程师蒋春华和张方照，博士后杜玉军和高凡，以及博士研究生聂文锋。

许国昌　许　艳

2016 年 1 月

第 2 版前言

在本书第 1 版于 2003 年年底出版后，我很高兴能把写书的艰巨工作搁置脑后，专注于同我的小组一道开发多功能的 GPS/Galileo 软件（MFGsoft）。把理论和算法应用于高标准的软件的实践经验使我强烈地感觉到有必要修订和补充原作，修改部分内容和报告新的进展与知识。此外，伴随着欧洲伽利略（Galileo）系统的建设和俄罗斯 GLONASS 系统的发展，应该重新描述全球定位系统（GPS）的理论和算法使其也适用于 Galileo 和 GLONASS 系统。因此，感谢本书的所有读者，他们的兴趣使得 Springer 能够让我完成本书的第 2 版。

我记得第 1 版印刷排版样稿的最后检查进行得很匆忙。11.5.1 节的变分方程的数值解的叙述是在最后时刻才以有限的一页加到书中的。传统上，定轨（OD）中的变分方程，重力场投影以及 OD 卡尔曼滤波方程式是通过复杂而计算量大的积分来解的。在 OD 历史上，此变分方程的解是首次不通过积分而由线性代数方程式得到的。然而，这在前言和这章的开始均没提到。这种代数法的高精度通过数学算例得到了验证。

在第 1 版 12 章中讨论的问题大多数已被解决了，现在称之为独立参数化理论。独立参数化理论指出，在非差分和差分算法中，独立的模糊度矢量是双差形式的。应用这种参数化方法，GPS 观测方程是正则方程，无需使用任何先验信息即可解。许多结论可由此导出。例如，由于钟差参数和模糊度的线性相关，GPS 时钟的同步性不能通过载波相位观测量实现。等价原理扩展为不仅在非差分和差分算法间有效，在非组合和组合算法以及它们的混合算法中也有效，即 GPS 数据处理算法在观测模型的相同参数化下是等价的。不同的算法有益于不同的数据处理目的。等价性理论的一个结果就是导出了所谓的二级数据处理算法。换句话说，完整的 GPS 定位问题可以分解为两步处理（首先把数据转换为二级观测量，然后再处理二级观测数据）。等价理论的另一个结果是任何 GPS 观测方程都可以被分解为两个子方程，这在实践中是很有用的。此外，它表明同独立参数化组合方法相比，传统参数化组合是不准确的。

补充的内容包含更详细的概述，不仅涉及 GPS 的发展，也涉及欧洲的 Galileo 系统和俄罗斯的 GLONASS 系统，以及 GPS、GLONASS 和 Galileo 系统的组合。因此本书覆盖了 GPS、GLONASS 和 Galileo 系统的理论、方法和应用，详细讨论了 GPS 数据处理算法的等价性和 GPS 观测模型的独立参数化。其他的新内容包括组成优化网络的概念、对角化算法的应用、光压和大气阻力的平差模型，以及作者认为的当前关键研究问题的讨论和评注。还简述了这些理论和方法在研制 GPS/Galileo 软件过程中的应用。关于模糊度搜索的内容被减少了，有关无电离层模糊度固定方面的内容被删除了，虽然 Lemmens（2004）认为它是新的。一些小节的内容也被重新排序。通过这样的修改，我希望这一版能被更好地用作 GPS/Galileo 系统研究和应用的参考书和手册。

部分扩展内容是 MFGsoft 研发的结果，已经逐个经过评审。感谢柏林工业大学的 Lelgemann 教授、西安测绘研究所的杨元喜教授、台湾清云大学的叶大纲教授和同济大学的沈云中教授给予的有价值的评阅。感谢武汉大学的李建成教授、王正涛博士及波茨坦大学的肖霆浩先生于 2003～2004 年在波茨坦地学研究中心协作开发的软件。

真诚地感谢 Markus Rothacher 教授对我在波茨坦地学研究中心进行研究时给予的支持和信任。感谢柏林中国大使馆教育处的刘京辉博士、中国科学院测量与地球物理研究所的孙和平和欧吉坤教授、长安大学的张勤教授对我在中国进行科研活动时的友好支持。感谢中国科学院的杰出海外中国学者基金。在这个项目中我的一些学生认真地做过几个有趣的专题研究。我衷心地感谢里斯本大学的 Daniela Morujao 女士、柏林工业大学的 Jamila Bouaicha 女士、中国科学院测量与地球物理研究所的郭建峰博士和洪英女士、长安大学的黄观文先生。我也感谢读者及在长安大学和中国科学院测量与地球物理研究所讲学时学生们有价值的反馈。

许国昌

2007 年 6 月

第1版前言

本书的内容涵盖静态和动态 GPS 理论、算法和应用。大部分内容来自之前在波茨坦地学研究中心及欧洲 AGMASCO 项目期间研制的动态 / 静态 GPS 软件（KSGsoft）的源代码说明书。书中叙述的原理大部分已经应用于实践并在理论上经过仔细的校订。部分内容作为理论基础提出，并在波茨坦地学研究中心应用于研制准实时的 GPS 定轨软件。

写作本书的最初目的只是给我自己一本 GPS 的参考手册，也给我几个一起在丹麦工作的朋友和学生作为参考书。我受到的数学教育促使我以一种严谨的方式描述本书相关的理论；我的大地测量研究经历使得我对大部分内容的叙述非常精细；而我作为一名软件设计人员的良好习惯使得本书内容非常的完整。

一些在波茨坦地学研究中心获得的研究成果在本书中首次面世。基于消参数等价观测方程的 GPS 数据处理的统一算法就是一个典型的例子。它将零差、单差、双差、三差和用户自定义差分 GPS 数据处理方法统一到一种算法中。这种方法具有非差分和差分方法两者的优点，即原始测量的非相关特性仍然保留，而未知量可大大减少。另一个例子是关于整周模糊度的一般搜索准则和等价准则。采用此准则可以完成模糊度、坐标搜索，并证明了此准则的最优性和单一性。进一步的例子如模糊度搜索问题的对角化算法，用于模糊度和电离层确定的模糊度电离层方程式，以及在卡尔曼滤波中将差分多普勒方程作为系统方程使用等。

本书包括 12 章。在一个简要的概述后，第 2 章描述坐标和时间系统。由于定轨也是本书的重要主题，第 3 章专门介绍开普勒卫星轨道。第 4 章介绍 GPS 观测量，包括伪码测距、载波相位和多普勒观测量。

第 5 章论述所有 GPS 观测量的误差源，包括电离层效应、对流层效应、相对论效应、陆地和海洋潮汐效应、时钟误差、天线质心和相位中心改正、多路径效应、反电子欺骗和曾经的选择可用性，以及硬件延迟偏差。详细介绍了相关理论、模型和算法。

第 6 章首先叙述 GPS 观测方程，如它们的构成、线性化、相关偏导数，以及线性变换和误差传播。然后讨论了有用的数据组合，特别介绍了模糊度-电离层方程概念和相关权矩阵。此方程仅包括模糊度和电离层及设备误差参数，也能在动态应用中独立求解。还详细介绍了传统的 GPS 差分观测方程，包括差分多普勒方程。为统一非差分和差分 GPS 数据处理方法，提出了选择性消参数等价观测方程的方法。

第 7 章介绍了适用于 GPS 数据处理的各种平差和滤波方法。描述的主要平差方法包括经典、序贯、分块以及条件最小二乘平差。讨论的核心滤波方法包括经典和抗差及自适应抗差卡尔曼滤波。除此之外，先验约束、先验基准和拟稳平差法也被用来处理秩亏问题。详细推导了等价消去方程的理论基础。

第 8 章专门介绍周跳探测和模糊度固定。概要介绍了几种周跳探测方法，重点推导了一种在模糊度、坐标或两者域内联合搜索整周模糊度的一般准则。此准则来自于条件平差，然而，最终却与任何条件都没有关系。也导出了一个等价准则，表明众所周知的最小二乘模糊度搜索准则是等价准则之一。提出了一种用于模糊度搜索的对角化算法。把法方程对角化后，瞬间就能完成搜寻。概述了模糊函数法和浮点模糊度固定法。

第 9 章论述了静态和动态应用的 GPS 数据处理方法以及数据预处理方法。重点是解模糊度-电离层方程和单点定位、相对定位，以及利用伪码、相位和组合数据测速。讨论了等价的非差分和差分数据处理方法。介绍了一种利用速度信息的卡尔曼滤波方法。在本章最后略述了观测几何的精度。

第 10 章介绍了动态定位和飞行状态监测的方法。详细讨论了 IGS 站的用法、多静态参考基准、机场高度信息、动态对流层模型、飞机多天线定长基线，并给出了数学算例。

第 11 章介绍摄动定轨。给出了卫星运动的摄动方程。详细讨论了卫星运动的摄动力，包括地球重力场摄动，地球潮汐和海洋潮汐，太阳、月亮和行星，太阳光压，大气阻力及坐标摄动。基于 C_{20} 摄动项的解析解分析了轨道改进。讨论了精密定轨，包括原理和有关偏导数以及数值积分和插值算法。

最后一章简要讨论了 GPS 的未来，以及对一些现存问题的评述。

本书已经按章、节或根据内容分别进行了评审。感谢柏林工业大学（TU）的 Lelgemann 教授、缅因州大学的 Leick 教授、新南威尔士大学（UNSW）的 Rizos 教授、俄亥俄州立大学的 Grejner-Brzezinska 教授、西安测绘研究所的杨元喜教授、中国科学院测量与地球物理研究所的欧吉坤教授、香港理工大学的陈武教授、武汉大学的李建成教授、柏林工业大学的崔春芳博士、得克萨斯大学的康治贵博士、新南威尔士大学的王金岭博士、波茨坦地学研究中心的刘焱雄博士、丹麦 KMS 的 Shfaqat Khan 先生、武汉大学的王正涛先生、马克思普朗克科学数学研究所（德国莱比锡）的陈文艺博士等审阅人。本书由柏林工业大学的 Lelgemann 教授总审。科技英语写作的语法检查由 Springer-Verlag Heidelberg 完成。

我由衷地感谢 Ch. Reigber 教授对我在波茨坦地学研究中心进行科研活动中给予的信任和支持。感谢丹麦 KMS 的 Niels Andersen 博士、Per Knudsen 博士和 Rene Forsberg 博士在本书开始写作时给予的支持。感谢柏林工业大学的 Lelgemann 教授给予的鼓励和帮助。在写作中，同许多专家进行了许多有益的讨论。衷心感谢斯图加特大学的 Grafarend 教授、哥本哈根大学的 Tscherning 教授、波茨坦地学研究中心的 Peter Schwintzer 博士、波尔图大学天文台的 Luisa Bastos 博士、马里兰大学的 Oscar Colombo 博士、慕尼黑德国测地研究所的 Detlef Angermann 博士、波茨坦地学研究中心的朱圣源博士、京都大学的徐培亮博士、中国科学院测量与地球物理研究所的王广运教授、汉诺威大学的 Ludger Timmen 博士、科因巴拉大学的 Daniela Morujao 小姐。感谢波茨坦地学研究中心的 Jürgen Neumeyer 博士和中国科学院测量与地球物理研究所的孙和平博士的支持。感谢柏林工业大学的 Horst Scholz 硕士重画了部分图形。我也感谢 Springer-Verlag Heidelberg 的 Engel 博士给予的意见。

感谢我妻子、儿子和女儿无私的支持和理解，以及在部分文字处理和图表上给予的帮助。

许国昌

2003 年 3 月

目　　录

缩写词和常量

缩写词

AF	ambiguity function	模糊度函数
AS	anti spoofing	反电子欺骗
AU	astronomical units	天文单位
C/A	coarse acquisition	粗码
CAS	Chinese Academy of Sciences	中国科学院
CIO	conventional international origin	国际协议原点
CHAMP	challenging mini-satellite payload	小卫星有效载荷，是一种科学实验卫星
CRF	conventional reference frame	协议参考框架
CTS	conventional terrestrial system	协议地球坐标系
DD	double difference	双差
DGK	Deutsche Geodaische Kommission	德国大地测量协会
DGPS	differential GPS	差分
DOP	dilution of precision	精度因子
ECEF	earth-centred earth-fixed (system)	地心地固坐标系
ECI	earth-centred inertial (system)	地心惯性坐标系
ECSF	earth-centred space-fixed (system)	地心空间坐标系
ESA	European Space Agency	欧洲空间局
EU	European Union	欧盟
Galileo	global navigation satellite system of the EU	欧盟的全球卫星导航系统
GAST	Greenwich apparent sidereal time	格林尼治视恒星时
GDOP	geometric dilution of precision	几何精度因子
GFZ	GeoForschungs Zentrum Potsdam	波茨坦地学研究中心

GIS	geographic information system	地理信息系统
GLONASS	global navigation satellite system of Russia	俄罗斯的全球卫星导航系统
GLOT	GLONASS time	GLONASS 时
GMST	Greenwich mean sidereal time	格林尼治平恒星时
GNSS	global navigation satellite system	全球导航卫星系统
GPS	global positioning system	全球定位系统
GPST	GPS time	GPS 时
GRACE	gravity recovery and climate experiment	重力测量和气候试验双星
GRS	geodetic reference system	大地参考系
GST	Galileo system time	伽利略系统时
HDOP	horizontal dilution of precision	水平精度因子
IAG	International Association of Geodesy	国际大地测量协会
IAT	international atomic time	国际原子时
IAU	International Astronomical Union	国际天文学协会
IERS	international earth rotation service	国际地球自转服务
IGS	international GPS geodynamics service	国际 GPS 服务
INS	inertial navigation system	惯性导航系统
ION	Institute of Navigation (USA)	美国导航学会
ITRF	IERS terrestrial reference frame	地球参考框架
IUGG	International Union for Geodesy and Geophysics	国际大地测量和地球物理学协会
JD	Julian date	儒略日
JPL	Jet Propulsion Laboratory	喷气动力实验室
KMS	National Survey and Cadastre (Denmark)	丹麦国家测量和地籍局
KSGsoft	kinematic/static GPS software	动态 / 静态 GPS 软件
LEO	low earth orbit (satellite)	低地球轨道（卫星）
LS	least squares (adjustment)	最小二乘（平差）

LSAS	least squares ambiguity search (criterion)	最小二乘模糊度搜索（准则）
MEO	medium earth orbit (satellite)	中地球轨道（卫星）
MFGsoft	multi functional GPS/Galileo software	多功能 GPS/Galileo 软件
MIT	Massachusetts Institute of Technology	麻省理工学院
MJD	modified Julian date	改进儒略日
NASA	National Aeronautics and Space Administration	美国国家航空航天局
NAVSTAR	navigation system with time and ranging	定时和测距导航系统
NGS	national geodetic survey	国家大地测量局
OD	orbits determination	定轨
OTF	on-the-fly	在航
PC	personal computer	个人计算机
PDOP	position dilution of precision	位置精度因子
PRN	pseudorandom noise	伪随机噪声
PZ-90	parameters of the earth year 1990	1990 年地球参数
RINEX	receiver independent exchange (format)	接收机无关数据交换（格式）
RMS	root mean square	均方根
RTK	real-time kinematic	实时动态定位
SA	selective availability	选择可用性
SC	semicircles	半周
SD	single difference	单差
SINEX	software independent exchange (format)	软件无关交换（格式）
SLR	satellite laser ranging	卫星激光测距
SNR	signal to noise ratio	信噪比
SST	satellite satellite tracking	卫卫跟踪
SV	space vehicle	航天器
TAI	international atomic time	国际原子时
TD	triple difference	三差

TDB	barycentric dynamic time	质心力学时
TDOP	time dilution of precision	时间精度因子
TDT	terrestrial dynamic time	地球动力学时
TEC	total electronic content	总电子容量
TJD	time of Julian date	儒略日时间
TOPEX	(ocean) topography experiment	（海洋）地形学实验
TOW	time of week	周时
TRANSIT	time ranging and sequential	子午时间测距序列
TT	terrestrial time	地球时
UT	universal time	世界时
UTC	universal time coordinated	协调世界时
UTCsu	Moscow time UTC	莫斯科协调世界时
VDOP	vertical dilution of precision	垂直精度因子
WGS	world geodetic system	世界大地测量坐标系
ZfV	zeitschrift für vermessungswesen	测量学、地理情报与土地管理杂志

常量

符号	值	单位	意义	参阅
f_{g1}	1602	MHz	GLONASS 第一载波频率	1.2节
Δf_{g1}	0.5625	MHz	GLONASS 第一载频间隔	1.2节
f_{g2}	1246	MHz	GLONASS 第二载波频率	1.2节
Δf_{g2}	0.4375	MHz	GLONASS 第二载频间隔	1.2节
a_e	6378137	m	WGS-84 系长半轴	2.1节
f_e	1/298.2572236		WGS-84 系扁率	2.1节
a_p	6378136	m	PZ-90系长半轴	2.1节
f_p	1/298.2578393		PZ-90系扁率	2.1节
a_{el}	6378136.54	m	ITRF-96系长半轴	2.1节
f_{el}	1/298.25645		ITRF-96系扁率	2.1节
ε	84381."412		J2000.0时的黄赤平角	2.4节
JDGPS	2444244.5	JD	GPS标准时儒略日 （1980年1月6日0时）	2.7节
JD2000.0	2451545.0	JD	2000年1月1日12时的儒略日	2.7节
G	6.67259×10^{-11}	m³/(s²·kg)	引力常数	3.1节

μ_e	$3.986004418 \times 10^{14}$	m^3/s^2	地球引力常数	3.1节
ω_e	7.292115×10^{-5}	rad / s	地球平均角速度	3.3节
c	299792458	m / s	光速	4.1节
μ_s	1.327124×10^{20}	m^3/s^2	日心引力常数	5.4节
μ_m	$\mu_e(M_m/M_e)$	m^3/s^2	月球引力常数	5.4节
M_m/M_e	0.0123000345		月-地质量比	5.4节
H_2, h_3	0.6078, 0.292		Love 数	5.4节
l_2	0.0847		Shida 数	5.4节
f_0	10.23	MHz	GPS基频	8.5节
f_1	$154f_0$	MHz	GPS第一载波频率	8.5节
λ_1	19.029	cm	f_1 的波长	8.5节
f_2	$120f_0$	MHz	GPS第二载波频率	8.5节
λ_2	24.421	cm	f_2 的波长	8.5节
f_5	$115f_0$	MHz	GPS第三载波频率	8.5节
λ_5	25.482	cm	f_5 的波长	8.5节
P_s	4.5605×10^{-6}	N / m	太阳光照度	11.2节
a_s	1.0000002 AU	m	太阳轨道半长轴	11.2节
AU	149597870691	m	天文单位	11.2节
a_m	384401000	m	月球轨道半长轴	11.2节

第1章 概　　述

GPS 是基于卫星技术的全球定位系统。GPS 的技术基础是同时观测接收机到几颗卫星的距离。卫星的位置和 GPS 信号一起发播给用户，利用几个卫星的已知位置，以及接收机与卫星间测得的距离，就可以确定接收机的位置。接收机位置的变化即速度也可确定。GPS 最重要的应用是定位和导航。

经过几十年的发展，现在学校的孩子们几乎都知道 GPS。GPS 已经广泛地应用于各领域，如空中、海上和陆地导航，低轨卫星（LEO）的定轨，静态和动态定位，飞行状态监测，以及测绘等，已渗入日常生活、工业、研究和教育中。

如果一个人戴着 GPS 慢跑，希望了解自己的位置，他的操作非常简单，只需按一个键就行了。但是，其原理很复杂，涉及了电子学、轨道力学、大气科学、大地测量学、相对论、数学、平差和滤波，以及软件工程等方面的知识。许多科学家和工程师致力于使 GPS 理论更易于理解，应用更精确。

Galileo 是欧洲的全球定位系统，而 GLONASS 是俄罗斯的系统，中国近年来正致力于快速发展北斗（BeiDou）系统。它们与美国的 GPS 系统相比，定位和导航原理几乎是相同的。除了个别例外，GPS 的理论和方法可以直接用于 Galileo、GLONASS 和 BeiDou 系统。将来的全球导航卫星系统是把 GPS、GLONASS、Galileo 和 BeiDou 系统组合在一起的 GNSS 系统。

为了描述如何用数学模型、坐标和时间系统来进行距离测量，必须讨论卫星的轨道运动和 GPS 观测量（第 2～4 章）。电离层和对流层延迟等对 GPS 测量的物理影响也不得不处理（第 5 章）。然后，能够采用诸如数据组合、差分，以及等价技术等不同的方法组成线性观测方程（第 6 章）。方程组可以是满秩的或秩亏的，可能需要事后或准实时求解，因此需要讨论不同的平差和滤波方法（第 7 章）。对于高精度 GPS 应用，必须使用相位观测量，所以不得不处理模糊度问题（第 8 章）。然后讨论了参数化算法、等价性理论，以及 GPS 数据处理的标准算法（第 9 章）。随后，概要介绍了 GPS 理论和算法在 GPS/Galileo 软件开发中的应用，给出了一个精确的动态定位和飞行状态监测的实例（第 10 章）。基于上述理论，描述了应用于摄动定轨的动态 GPS 理论（第 11 章）。在最后一章给出了讨论和评述。本书的内容和结构是以这样的逻辑顺序组织的。

本书的内容覆盖动态、静态和动力学 GPS 理论和算法。大部分内容是修订过的，已经应用于独立研发的GPS软件KSGsoft（kinematic and static GPS software）和MFGsoft（multi-functional GPS/Galileo software），是广泛研究的结果。由于具有很强的研究和应用背景，因此本书理论部分撰写得较深入细致。前言中对这些理论进行了简单归纳。

本书频繁地引用参考了众多的 GPS 书籍文献。其中有一些可作为进一步的阅读材料，如 Bauer（1994）、Hofmann-Wellenhof 等（2001）、King 等（1987）、Kleusberg 和 Teunissen（1996）、Leick（1995）、Liu 等（1996）、Parkinson 和 Spilker（1996）、Remondi

(1984)、Seeber（1993）、Strang 和 Borre（1997）、Wang 等（1988）、Xu（1994；2003b；2007；2008；2010；2012）、Xu G 和 Xu J（2013a，b）。

1.1 GPS 核心

全球定位系统 GPS 是由美国国防部设计、建设、控制和维护的（Parkinson and Spilker，1996）。第一颗 GPS 卫星发射于 1978 年，到 20 世纪 90 年代中期整个系统全部运转。GPS 星座由 6 个轨道面上的 24 颗卫星组成，每个轨道面 4 颗星。相邻轨道面的升交点赤经相差 60°，轨道面倾角 55°。每颗 GPS 卫星处于半长轴为 26578 km、周期大约 12h 的近圆轨道上。卫星不停地调向以确保其太阳帆板指向太阳，而其天线指向地球。每颗卫星携带 4 个原子钟，大小与轿车相当，重约 1000kg。原子钟的长期频率日稳定度优于 10^{-13}（Scherrer，1985）。卫星上的原子钟产生基本的 L 波段，频率为 10.23MHz。

GPS 卫星由 5 个监测站监测。主控站设在科罗拉多州的 Springs，其他 4 个设在南大西洋的阿森松岛、印度洋的迪戈加西亚、太平洋的夸贾林环礁和夏威夷。所有站都装备有精密的铯钟和接收机，用于确定广播星历和卫星时钟。星历和星钟修正信号被发送给卫星，卫星反过来用这些来更新它们发送给 GPS 接收机的信号。

每颗 GPS 卫星使用三个频率传输数据：L1（1575.42MHz）、L2（1227.60MHz）和 L5（1176.45MHz）。L1、L2 和 L5 载波频率是由基础频率分别乘以 154 倍、120 倍和 115 倍产生的。伪随机噪声（PRN）码，连同卫星星历、电离层模型和卫星时钟修正值一起被调制到 L1、L2 和 L5 载波频率上。信号从卫星到接收机的传输时间测量值被用来计算伪距。Course/Acquisition（C/A）码，有时称为标准定位服务（SPS），是一个在 L1 载波上调制的伪随机噪声码。精（P）码，有时称为精确定位服务（PPS），调制在 L1、L2 和 L5 载波上以消除电离层影响。

GPS 被设想为是用于从太空中已知位置的卫星测量未知的地面、海上、空中和空间的点位的测距系统。GPS 卫星轨道是通过广播或国际大地测量服务（IGS）获取的。IGS 轨道是事后或准实时处理后的精密星历。所有 GPS 接收机都有一个存储在其计算机中的卫星历书，告诉用户各颗卫星何时在何处。卫星历书是一个数据文件，包含所有卫星的轨道和时钟修正信息，由 GPS 卫星传送到 GPS 接收机，使得 GPS 接收机能够快速捕获卫星。GPS 接收机探测、解码和处理接收到的卫星信号来产生伪距、相位和多普勒观测量。这些数据可实时使用或存储下载。接收机的内嵌软件通常采用单点定位法来处理实时数据并把信息输出给用户。由于接收机软件的限制，精确的定位和导航一般由具有更强能力软件的外部计算机来处理。GPS 的基本作用就是告诉用户位置、运动情况及授时。

自从 GPS 技术民用以来，GPS 的应用已经变得几乎无所不在。懂得 GPS 已经成为必须。

1.1.1 GPS 现代化

GPS 现代化是对 GPS 系统不断进行全面的升级和更新，使 GPS 更好地满足军事、民用和商业用户不断增长的应用需求（GPS.gov et al.，2015）。GPS 现代化计划的一个重点关注内容就是对卫星星座增加新的导航信号。该计划还涉及一系列连续的卫星信号捕获（Shaw，2011），以及 GPS 控制段的改进（Bailey，2014）。GPS 现代化具体涉及的内容包括以下四方面。

1. 停止选择可用性

2000 年 5 月，选择可用性（SA）政策停止，这是 GPS 现代化开始的第一步。SA 是全球基础上实施的一种将误差人为地引入 GPS 卫星中，故意降低民用 GPS 精度的技术。SA 取消之前，民用 GPS 定位的精度误差高达 100m。关闭 SA 后，民用 GPS 的定位精度提高了一个数量级，使世界范围内的民用和商用用户均从中受益。

2007 年 9 月，美国政府宣布采购不具备 SA 机制的新一代 GPS 卫星，号称 GPSIII。2000 年停止 SA 的政策决定是永久性的，消除了世界范围内民用 GPS 用户所担忧的 GPS 性能不确定性的来源。

2. 新的民用信号

GPS 现代化计划重点关注的内容就是对卫星星座增加新的导航信号（Enge，2003）。新增的三个民用信号为 L2C、L5 和 L1C。旧的民用信号，即 L1 C/A 码或载波 L1 上的 C/A 码信号在未来会继续播发，共计 4 个 GPS 民用信号。随着新的 GPS 卫星发射升空取代旧的卫星，新的信号也会渐进式地逐步增加。但大多数新增信号用途都很有限，除非播发信号的卫星数量达到 18～24 颗。

L2C 为第二个民用 GPS 信号（第二民用码），特别设计用来满足商用需求。当与 L1 C/A 码信号在双频接收机上结合时，L2C 可对电离层进行修正。使用 GPS 双频民用接收机可以达到同军用接收机相同的精度。L2C 码能够实现快速信号捕获，提高可靠性，扩大作业范围。同时 L2C 信号的发射有效功率比传统的 L1 C/A 信号更强大，使 L2C 信号在树下甚至室内都能比较容易地接收信号。

L5 是第三个民用 GPS 信号（第三民用码），频带位于仅供航空安全服务的波段上。L5 信号具有受保护的频谱，更强的功率和更大的带宽，设计该信号是用于保障运输的安全和其他高性能应用。L5 信号将会为世界范围内的用户提供最先进的民用 GPS 信号。L5 将与 L1 C/A 码信号相结合，通过电离层改正提高精度，通过信号冗余提高稳健性。当 L5 信号与 L1 C/A 码和 L2C 信号结合使用时可提供高度可靠的服务。

L1C 是第四个 GPS 民用信号。L1C 设计保证了 GPS 和国际卫星导航系统间的互操作性。该设计将提高城市及其他困难环境下的移动 GPS 信号接收能力。日本的准天顶卫星系统（QZSS）、印度的区域导航卫星系统（IRNSS）以及中国的北斗系统均采用了 L1C 这样的信号来实现国际互操作性。

3. 新的 GPS 卫星

GPS 卫星星座是新旧卫星合用。GPS 现代化计划也涉及一系列包括 GPS IIR（M）、GPS IIF 和 GPS III 在内的连续卫星捕获。

IIR（M）系列卫星是 IIR 系列的升级版本，形成了如今 GPS 卫星星座的骨干。这一代航天器加入了新的军用和民用 GPS 信号 L2C，所设计的使用寿命为 7.5 年。IIR（M）

卫星发射于 2005~2009 年，在 GPS 卫星星座中共有 7 颗 IIR（M）卫星健康运行。

IIF 系列提高了 IIR（M）系列的性能，新增了 L5 频段的第三种民用信号，用于支持与生命安全运输相关的应用服务。与前几代相比，GPS IIF 卫星寿命更长，精度要求更高。每个航天器都使用先进的原子钟。IIF 系列将提高精度，信号强度和 GPS 定位质量，其设计的使用寿命为 12 年。该系列从 2010 年开始发射，目前 GPS 星座中工作的 IIF 卫星有 10 颗。

III 系列是当前最侧重发展，也是 GPS 卫星中最新的 Block 型卫星，增加了 L1 频段上的第四种民用信号（L1C）。GPS III 将提供更强信号，此外也会提高信号可靠性、精确度和完好性，所有这些均为定位、导航和授时服务提供保障。GPS III 的设计使用年限是 15 年，于 2016 年开始发射。

4. 控制段升级

作为 GPS 现代化计划的一部分，GPS 控制段一直在不断地升级，包括精度改进计划（legacy accuracy improvement initiative，L-AII）、体系结构演进计划（architecture evolution plan，AEP），发射、入轨、异常情况处理与运行处置（launch and early orbit，anomaly resolution，and disposal operations，LADO），新一代运行控制系统（next generation operational control system，OCX）和发射检验能力（launch checkout capability，LCC）。

精度改进计划（L-AII）于 2008 年完成，将运行控制段的监测站数量从 6 扩大至 16，使 GPS 星座的信息播发精度提高 10%~15%，同时新增 10 个 GPS 运行监测站，帮助定义 GPS 所用的地球参考框架。

2007 年 9 月，原来旧的主控站被升级到一个全新的主控站。体系结构演进计划（AEP）提升了 GPS 运行的灵活性和响应能力，为下一代 GPS 空间控制能力铺平了前进的道路。AEP 既改善了主控制站，也改良了地面天线，极大地提高了 GPS 的持续性和精确度。AEP 能够管理星座中包括新型 Block IIF 卫星在内的所有卫星。它还有一个突出特点，就是拥有一个完全运行的备份主控站与主控站交替使用。

GPS 主控站可以指挥控制多达 32 颗卫星构成的卫星星座。发射、入轨、异常情况处理与运行处置（LADO）系统有三大主要功能：①遥测、跟踪和控制；②LADO 过程中卫星运动的计划与执行；③对 GPS 有效载荷和子系统不同的遥测任务进行 LADO 仿真模拟。自 2007 年起 LADO 系统已经历过数次升级。2010 年 10 月，首颗 GPS IIF 卫星发射，同时对加入 GPS Block IIF 能力的新版 LADO 系统进行运行试验，试验之后 LADO IIF 的能力得到实际接受。

新一代运行控制系统（OCX）在 2008 年开始研发。OCX 将对 GPS 控制段新增很多能力，包括全面控制现代化民用信号（L2C，L5 和 L1C）的能力。OCX 计划采取循序渐进的策略。OCX Block 1 将代替既有的指挥控制段，支持初始 GPS III 卫星的任务操作。该版本引入了 L2C 导航信号的全部能力。OCX Block 2 将支持、监督和控制附加的 L1C 和 L5 等导航信号。OCX Block 3 用于支持未来 GPS III 型新增的性能。超出 OCX Block 3 以外的能力将分阶段实施用于支持新一代卫星。

发射检验能力（LCC）是检验所有 GPS III 卫星的指挥控制中心。LCC 将与 OCX 相互协调，确保单一的 OCX 中央系统有效运行，能够维持 GPS 星座从发射到退役处置的过程。OCX 的 LCC 组成部分将在 OCX Block 1 之前开始实现,以支持首颗 GPS III 卫星的发射与检验。LCC 将确保及时发射,这样星座可用性可保持最优,免受新发现问题的影响。

1.2 GLONASS 简述

GLONASS 是由俄罗斯空军管理的全球导航卫星系统,系统由俄罗斯联邦国防部的协调科学信息中心(KNITs)操作运行。此系统类似于美国的 GPS,两个系统具有同样的数据传输和定位原理。第一颗 GLONASS 卫星于 1982 年发射进入轨道。系统由处于 3 个轨道面上的 21 颗卫星组成,3 颗在轨备份星。每个轨道面的升交点赤经与上一轨道面相差 120°,而在同一轨道面内的卫星间隔 45°。两个轨道平面上相同通道内卫星的纬度辐角相差 15°。每颗卫星在长半轴为 25510 km 的近圆轨道上运行。每个轨道面倾角为 64.8°,每颗卫星大约 11h 16min 绕轨运行一周。

GLONASS 卫星使用铯钟。铯钟的频率日稳定度优于 10^{-13}。卫星分别在两个频段 1602~1615.5MHz 和 1246~1256.5MHz 上以两个频率传输编码信号,频率间隔分别为 0.5625MHz 和 0.4375MHz。在相同轨道纬度角距相差 180°的对称卫星,传输频率相同。信号可以被地球表面任意位置的用户接收,通过测距实时确定它们的位置和速度。GLONASS 使用的坐标和时间系统不同于美国的 GPS。GLONASS 卫星是采用微小不同的载波频率来识别的,而不是采用不同的 PRN 码。由于历史原因,GLONASS 的地面控制站仅在前苏联的领土上,缺少全球的覆盖对于一个全球导航卫星系统的监控而言是不优化的。

GLONASS 和 GPS 互相不是完全兼容的,然而,它们一般是可互操作的。把 GLONASS 和 GPS 资源结合起来,GNSS 用户们将不仅受益于精度的提高,也获得世界范围内的更高的系统完好性。

1.2.1 GLONASS 发展综述

俄罗斯全球导航卫星系统(GLONASS)再一次进入全面运行阶段(Urlichich et al., 2011)。目前有工作卫星 24 颗,提供连续的全球覆盖(Mirgorodskaya, 2013;Testoyedov, 2015)。这些卫星分为现代化的 GLONASS 或 GLONASS-M 卫星,采用频分多址方式(FDMA)在 L1 和 L2 频段上播发导航信号。

卫星播发的导航信号结构决定了伪距测量的精度并影响用户的定位精度。GLONASS 导航信号的演变是整个系统发展的重中之重。一种新型的 GLONASS-K 卫星将在系统的发展史上首次在 L3 波段上播报码分多址(CDMA)信号。除了改变信号参数外,新的导航信息也将通过该信号传送给用户。码分多址的方式也会进一步在 L1 和 L2 波段上使用(Urlichich et al., 2011, 2010)。全球卫星定位系统(GNSS)增强系统的发展也是 GLONASS 发展的一个重要方面。俄罗斯的星基增强系统(SBAS),以及差分校正和监测系统(SDCM)正处于部署阶段,因此与其他星基增强系统的互操作性和兼容性变得格外重要。

1. 导航信号

GLONASS 发展的主要方面在于对导航信号总体进行扩展（Revnivykh，2007）。这种扩展指的是 L1、L2 和 L3 频段上新的码分多址（CDMA）信号被加到既有的频分多址（FDMA）信号中。GLONASS 卫星会持续广播旧的信号，直到最后一个接收机停止工作。

CDMA 技术在 GLONASS-K 卫星上实施的第一阶段包括 L3 波段的新信号，载波频率为 1202.025MHz。CDMA 信号测距码的码速率为 10.23 Mcps，周期为 1ms，通过带有同步数据信道和正交导频信道的正交相移键控（QPSK）调制到载波上。

2. GLONASS 增强系统的发展

差分校正和监测系统（SDCM）自 2002 年起开始研制。该系统的主要元素包括俄罗斯境内外的基准站网络、中央处理设施（CPF），以及中继差分校正信息的通道。

地面站。SDCM 利用了俄罗斯境内的 14 个监测站和南极洲的两个地面监测站。在俄罗斯境内还将新增 8 个监测站，在俄罗斯境外也将新增数个监测站（Revnivykh，2010）。

中央处理。从地面站获得的原始测量数据（GLONASS 与 GPS L1 和 L2 伪距及载波相位测量）均发送至 SDCM 的中央处理设施（CPF）。CPF 计算精密的卫星星历和时钟，控制完好性并生成 SBAS 电文。这些信息的格式要符合广域增强系统（WASS）、欧洲地球静止导航重叠服务（EGNOS），以及日本的多功能运输卫星（MTSAT）星基增强系统（MSAS）所使用的国际标准。

格式局限性。当前的 SBAS 格式在播发 GLONASS 和 GPS 卫星联合改正值方面能力有限。目前的位置只容下 51 颗卫星，无法满足当前的在轨卫星数量。因此，对 SDCM 数据播发有效性进行调查研究，力图解决这一矛盾，主要的选择有三个：使用动态卫星掩码、使用两种 CDMA 信号，或提供附加的 SBAS 电文。

分布。SBAS 的主要优势在于向用户提供通用的空间信道。SDCM 轨道星座将由多功能空间中继系统 Luch 中的三颗地球静止卫星（GEO）构成。该中继系统将用于俄罗斯近地轨道航天器和地面设备间的通信信息回复。这些卫星也将搭载信号转发器，将 SDCM 信号从中央处理设施转发给各用户。

GLONASS 的发展进入了一个崭新的历史阶段。新的 CDMA 导航信号和国家 SBAS 的部署不仅为俄罗斯及邻国的用户提供全新质量的导航服务，同时也为分米级精度的区域精密导航系统提供基础。

1.3　Galileo 的基本情况

Galileo 系统是由欧盟（EU）和欧空局（ESA）发起建设的全球导航卫星系统（GNSS），提供非军方控制（参见 ESA 主页）的有保障的高精度全球定位服务。同时，作为一个独立的导航系统，Galileo 将可与另外两个全球卫星导航系统 GPS 和 GLONASS 互操作。用户能够使用同一个接收机从任何卫星、以任意的组合方式进行定位。Galileo 将以更高精度保证服务的可用性。

第一颗 Galileo 卫星于 2005 年 12 月发射,大小为 2.7m×1.2m×1.1m,重 650kg。Galileo 星座由 30 颗中轨地球卫星组成,这些卫星分布在 3 个轨道面上,每个轨道面上等间距部署 9 颗工作星和 1 颗不激活的备份星。每个轨道面的升交点赤经与上一轨道面均间隔 120°,各轨道面的轨道倾角为 56°。每颗 Galileo 卫星在近圆轨道上运行,轨道的半长轴为 29600 km(参见 ESA 主页),绕轨道一周约为 14h。Galileo 卫星绕其指向地球的轴旋转,使其太阳阵列帆板总是面向太阳以收集最多的太阳能。展开的太阳板阵列跨度为 13 m。天线总是指向地球。一旦实现伽利略卫星导航系统的全面部署,Galileo 卫星信号在地球 75°N 都能达到良好的覆盖。由于卫星数量多,星座设计经过仔细优化,加之有 3 颗备份卫星可用,可以确保一颗卫星缺失的情况下不会对用户产生明显影响。

Galileo 卫星有 4 个时钟,每种类型 2 个(被动式微波激射器和铷钟,稳定度:12 h 内分别为 0.45 ns 和 1.8 ns)。在任何时候,每类仅有一个钟在工作。工作的微波激射器钟产生一个基准频率,并由此产生导航信号。如果微波激射器钟失效,工作的铷钟将立即代替之,同时两个备用时钟开始工作。第二个微波激射器钟在完全运转几天后将代替铷钟。然后铷钟将再次变为备份或备用状态。这样,Galileo 卫星可以保证在任何时候都产生导航信号。

Galileo 将提供 10 个右旋圆极化(RHCP)的导航信号,频率范围 1164～1215 MHz(E5a 和 E5b),1215～1300 MHz(E6)和 1559～1592MHz(E2-L1-E1)(Hein et al.,2004)。Galileo 和 GPS 的互操作性和兼容性,是通过 E5a/L5 和 L1 上的两个公共中心频率,以及适当的大地坐标和时间参考框架实现的。

1.3.1 Galileo 发展综述

2011 年 10 月 21 日,用于在太空和地面验证伽利略概念的四颗卫星中的首批两颗发射升空运行。另外两颗于 2012 年 10 月 12 日发射。此在轨验证(IOV)阶段后将会继续发射更多卫星,以便在 2015 年之前达到初始运行能力(IOC)(Blanchard,2012)。Galileo 系统的服务具有质量和完好性保障,体现了首个完全民用定位系统与以往军用系统间的关键差异。从具备初始运行能力到 2020 年年底达到全面运行能力(FOC)期间,系统的服务范围还将进一步扩大。

设在欧洲地面的两个伽利略控制中心(GCCs)负责卫星的控制和导航任务管理。由伽利略感应站(GSSs)组成的全球网络所提供的数据将通过冗余通信网传送到伽利略控制中心。控制中心将利用这些感应站传来的数据计算完整信息,并将所有卫星的时间信号与地面站时钟同步。控制中心与卫星之间的数据交换将通过上行链路站进行。

Galileo 系统还有一个特点,就是具有全球搜索与救援(SAR)功能。这项功能利用了现有的科斯帕斯-萨尔萨特(Cospas-Sarsat)搜救卫星系统(Bosco,2011)。为实现这一功能,每颗卫星都配备搜救转发器,能够将遇险信号从用户发射机发送至区域救援协调中心以启动救援行动。与此同时,系统还会向用户发送应答信号,告知对方其所处险境已得到监测,且救援工作已经展开。这是一项全新功能,被认为是对现有系统的一次重大升级。现有系统无法向用户提供反馈信息(ESA,2015)。

1.4 BeiDou 介绍

北斗（BeiDou）卫星导航系统（BDS）也称为北斗二代，是中国的第二代卫星导航系统，能够在全球范围内全天候持续为用户提供定位、导航和授时服务（ESA Navipedia，2014）。

北斗卫星导航系统包括空间星座、地面控制和用户终端三个主要部分。空间星座由5颗地球静止轨道（GEO）卫星、27颗中圆地球轨道（MEO）卫星和3颗倾斜地球同步轨道（IGSO）卫星组成。GEO卫星分别定点于58.75°E、80°E、110.5°E、140°E和160°E。MEO卫星轨道高度21500km，轨道倾角55°，均匀分布在3个轨道面上。IGSO卫星轨道高度36000km，轨道倾角55°，均匀分布在3个倾斜同步轨道面上。3颗IGSO卫星星下点轨迹重合，交叉点经度为118°E，相位差120°。地面控制部分由主控站（MCS）、时间同步/注入站（TS/US）和监测站（MS）组成。主控站的主要任务包括收集各监测站的观测数据，进行数据处理，生成卫星导航电文，向卫星注入导航电文参数，监测卫星有效载荷，完成任务规划与调度，实现系统运行控制与管理等；时间同步/注入站主要负责在主控站的统一调度下，完成卫星导航电文参数注入、与主控站的数据交换、时间同步测量等任务；监测站对导航卫星进行连续跟踪监测，接收导航信号，发送给主控站，为导航电文生成提供观测数据。北斗二代设计使用的信号频段为 B1、B2 和 B3。用户终端部分是指各类北斗用户终端，包括与其他卫星导航系统兼容的终端，以满足不同领域和行业的应用需求。

北斗卫星导航系统的时间基准为北斗时（BDT）。北斗卫星导航系统的坐标框架采用中国2000大地坐标系统（CGCS2000）。北斗卫星导航系统建成后将为全球用户提供卫星定位、测速和授时服务，同时能够提供定位精度优于1m的广域差分服务和120个汉字/次的短报文通信服务。

1.4.1 BeiDou 发展综述

北斗卫星导航系统正在按"三步走"的发展战略稳步推进建设。具体步骤如下所述。

第一步，北斗卫星导航试验系统。北斗卫星导航试验系统由空间星座、地面控制和用户终端三大部分组成。空间星座部分包括3颗GEO卫星，分别定点于80°E、110.5°E和140°E赤道上空。地面控制部分由地面控制中心和若干标校站组成，地面控制中心主要完成卫星轨道确定、电离层校正、用户位置确定及用户短报文信息交换和处理等任务；标校站主要为地面控制中心提供距离观测量和六大校正参数。用户终端部分由手持型、指挥型和其他类型的终端组成，具有发射定位申请和接收位置信息等功能。

第二步，北斗卫星导航系统区域服务。2004年中国开始启动北斗卫星导航系统工程建设，2012年年底，北斗卫星导航系统有14颗卫星在轨运行，包括5颗GEO卫星、5颗IGSO卫星和4颗MEO卫星，在中国及周边区域具备全面运行能力（FOC）。

第三步，北斗卫星导航系统全球服务。2014年开始，继续开展后续组网卫星发射，提升区域服务性能，并向全球扩展。到2020年左右，共将发射约40颗北斗导航卫星，完成覆盖全球的系统建设目标。

当前,北斗卫星导航系统正在持续稳定运行。截至 2012 年 10 月 25 日,北斗卫星导航系统已成功发射 16 颗卫星,并于 2012 年年底组网运行,具备全面运行能力,并向中国及周边地区提供持续的无源定位、导航和授时等服务(China Satellite Navigation Office,2013)。

随着北斗卫星导航系统的建设和服务能力的发展,北斗卫星导航系统已广泛地应用于交通运输、海洋渔业、灾害预测、天气预报、森林防火、远程通信系统的时间同步、电力调度和减灾救援等诸多领域。

1.5 组合的全球导航卫星系统

Galileo 和 BeiDou 系统的发展是对 GPS 和 GLONASS 系统的直接挑战。毫无疑问它对 GPS 系统的现代化和 GLONASS 系统的进一步发展具有正面影响。多个导航系统的独立运行有助于增强实时定位导航的精度。无疑,未来的全球卫星导航系统会是多系统 GNSS 组合定位。组合使用 GPS、GLONASS、Galileo 和 BeiDou 系统,上百颗卫星将极大增强可见卫星数,对于如市内峡谷类的应用领域尤其如此。近年来围绕多 GNSS 系统组合定位所开展的研究有很多(Wang et al.,2001;Cai and Gao,2013;Li et al.,2015)。多 GNSS 系统组合将显著提高可视卫星数目,优化空间几何结构和精度衰减因子,提高收敛速度、精度、连续性和可靠性。然而,对于多 GNSS 数据融合的一个最低要求就是系统间偏差(ISB)的校正。与 ISB 的估计有关的研究和应用,以及 ISB 建模如今已成为研究的前沿(Jiang et al.,2016)。

由于系统的独立性,GPS、GLONASS、Galileo 和 BeiDou 系统的时间和坐标系统是各不相同的。但是,这四个时间系统都基于 UTC,四个坐标系统都是笛卡儿坐标系。因此,它们之间的关系是确定的,都可以从一个系统转换为另一个系统。GPS 和 GLONASS 坐标系的原点相距几米。GPS 和 Galileo 坐标系的原点相差仅几厘米。GPS 和 BeiDou 坐标系具有相同的原点。为了消除电离层效应,每个系统均采用了几种载波频率。如果将载波相位观测量乘以波长当作距离观测,那么 GPS、GLONASS、Galileo 与 BeiDou 系统之间的频率差异问题,以及 GLONASS 系统内的频率差异问题都很好地解决了。表 1.1 总结了每种 GNSS 星座所使用的频率。

在本版中,考虑到 GPS、GLONASS、Galileo 和 BeiDou 不同系统之间的差异,全球定位系统的理论和算法将以一种更通用的方式进行讨论。

表 1.1　GNSS 星座的频率

GNSS 系统	频段	频率/MHz
GPS	L1/L2/L5	1575.42/1227.60/1176.45
GLONASS	G1/G2/G3	$1602+n*9/16$ $1246+ n*716$ 1202.025 $n = -7\sim+12$
Galileo	E1/E5a/E5b/E5 (E5a+E5b)/E6	1575.42/1176.45/1207.140 /1191.795/1278.75
BDS	B1/B2/B3	1561.098/1207.14/1268.52

第 2 章 坐标系统和时间系统

GPS 卫星在环绕地球的轨道上运行，GPS 测量大部分也在地球上进行。为了把 GPS 观测量（距离）描述成 GPS 轨道（卫星位置）和测站位置的函数，必须定义适当的坐标系统和时间系统。

2.1 地心地固坐标系

地心地固（ECEF）坐标系经常被用来描述地球表面的测站位置。ECEF 坐标系是右手笛卡儿坐标系（x，y，z）。其原点和地球的质量中心重合，而其 z 轴和地球的平均旋转轴一致，x 轴指向平均格林尼治子午线，y 轴指向构成右手系（图 2.1）。换句话说，z 轴指向地球自转的平均极。这样一个平均极称为国际协议原点（conventional international origin，CIO）。xy 平面被称为平均赤道面，而 xz 平面称为平均零子午面。

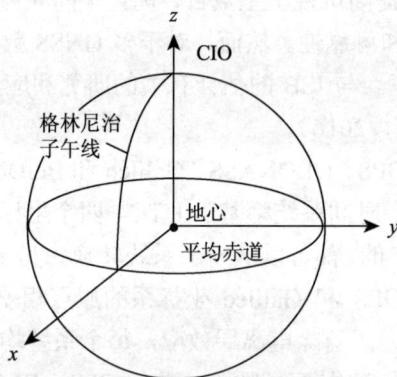

图 2.1 地心地固坐标系

ECEF 坐标系是协议地球坐标系（CTS）。在这里必须使用平均旋转轴和平均零子午线。地球的真旋转轴的方向相对于地球体随时在变。如果采用这样的极来定义一个坐标系，那么站的坐标也随时改变。由于测量是在真实世界中进行的，很显然，真极的运动必须考虑，这在后面将要讨论。

ECEF 坐标系可以用球面坐标（r，ϕ，λ）表示，这里 r 是点（x，y，z）的地心向径，ϕ 和 λ 分别是地心纬度和经度（图 2.2）。λ 从零子午线向东计数。显然（x，y，z）和（r，ϕ，λ）之间的关系是

$$\begin{pmatrix} x \\ y \\ z \end{pmatrix} = \begin{pmatrix} r\cos\phi\cos\lambda \\ r\cos\phi\sin\lambda \\ r\sin\phi \end{pmatrix}，\text{或} \begin{cases} r = \sqrt{x^2 + y^2 + z^2} \\ \tan\lambda = y/x \\ \tan\phi = z/\sqrt{x^2 + y^2} \end{cases} \tag{2.1}$$

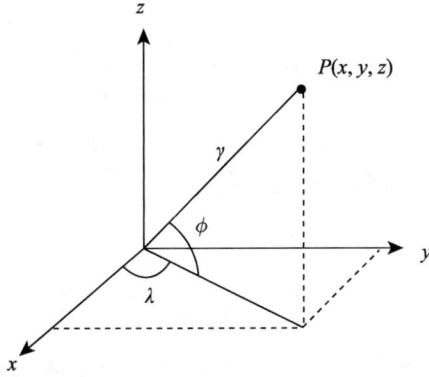

图 2.2　笛卡儿坐标和球面坐标系

椭球大地坐标系（φ，λ，h）也可基于 ECEF 坐标定义。然而，几何上需要另外定义两个参数来表示椭球的形状（图 2.3）。φ、λ 和 h 分别是大地纬度、经度和大地高。椭球面是一个旋转椭球体。椭球系也是所谓的大地坐标系。地心经度和大地经度是相同的。这两个几何参数可以是旋转椭球的长半轴（记为 a）和短半轴（记为 b），或者椭球体的长半轴和扁率（记为 f）。它们是等价的参数组。（x，y，z）和（φ，λ，h）之间的关系是（Torge，1991）

$$\begin{pmatrix} x \\ y \\ z \end{pmatrix} = \begin{pmatrix} (N+h)\cos\varphi\cos\lambda \\ (N+h)\cos\varphi\sin\lambda \\ (N(1-e^2)+h)\sin\varphi \end{pmatrix} \tag{2.2}$$

或

$$\begin{cases} \tan\varphi = \dfrac{z}{\sqrt{x^2+y^2}}\left(1-e^2\,\dfrac{N}{N+h}\right)^{-1} \\[2mm] \tan\lambda = \dfrac{y}{x} \\[2mm] h = \dfrac{\sqrt{x^2+y^2}}{\cos\varphi} - N \end{cases} \tag{2.3}$$

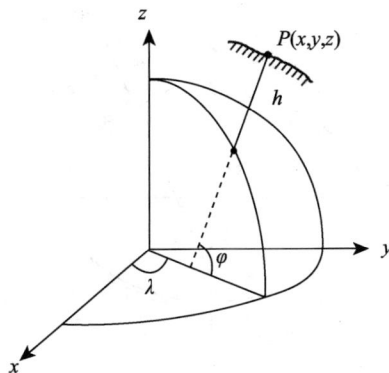

图 2.3　椭球大地坐标系

其中

$$N = \frac{a}{\sqrt{1 - e^2 \sin^2 \varphi}}$$ （2.4）

式中，N 为卯酉圈曲率半径；e 为第一偏心率。N 的几何意义如图 2.4 所示。在式（2.3）中，φ 和 h 必须通过迭代求解，但此迭代过程收敛很快，因为 $h \ll N$。扁率和第一偏心率分别定义为

$$f = \frac{a-b}{a} \quad \text{和} \quad e = \frac{\sqrt{a^2 - b^2}}{a}$$ （2.5）

在 $\varphi = \pm 90°$ 或 h 很大的情况下，式（2.3）的迭代计算可能不稳定，此时作为替换，使用（Lelgemann，2002）：

$$\text{ctan}\,\varphi = \frac{\sqrt{x^2 + y^2}}{z + \Delta z}$$

$$\Delta z = e^2 N \sin \varphi = \frac{a e^2 \sin \varphi}{\sqrt{1 - e^2 \sin^2 \varphi}}$$

可以得到稳定的 φ 的迭代结果。Δz 和 $e^2 N$ 分别为 $\overline{OB}$ 和 $\overline{AB}$ 的长度（图 2.4）。h 可以由 Δz 计算得到，即

$$h = \sqrt{x^2 + y^2 + (z + \Delta z)^2} - N$$

1984 世界大地坐标系（WGS-84）的 2 个椭球参数分别是（a_e=6378137m，f_e=1/298.2572236）。在国际大地参考框架 1996（ITRF-96）中，这 2 个参数是 a_e=6378136.49m，f_e=1/298.25645。ITRF 使用国际地球自转服务（IERS）协定（McCarthy，1996）。在 GLONASS 的 PZ-90 坐标系中，这 2 个参数分别是 a_p=6378136m，f_p=1/298.2578393。

地心纬度 ϕ 和大地纬度 φ 间的关系可以由下式给出（参见式（2.1）、式（2.3））：

$$\tan \phi = \left(1 - e^2 \frac{N}{N+h} \right) \tan \varphi$$ （2.6）

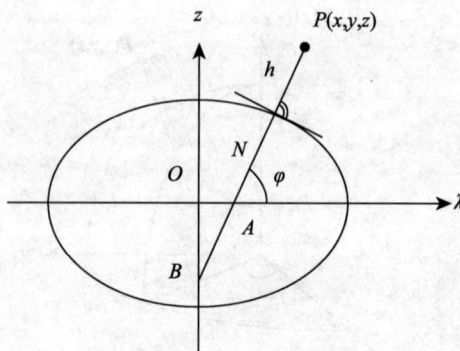

图 2.4　卯酉圈曲率半径

2.2 坐标系转换

任意笛卡儿坐标系可以通过三次旋转转换为另一个笛卡儿坐标系，只要它们的原点相同并且都是右手系或都是左手系。三个旋转矩阵分别是

$$\begin{cases} R_1(\alpha) = \begin{pmatrix} 1 & 0 & 0 \\ 0 & \cos\alpha & \sin\alpha \\ 0 & -\sin\alpha & \cos\alpha \end{pmatrix} \\ R_2(\alpha) = \begin{pmatrix} \cos\alpha & 0 & -\sin\alpha \\ 0 & 1 & 0 \\ \sin\alpha & 0 & \cos\alpha \end{pmatrix} \\ R_3(\alpha) = \begin{pmatrix} \cos\alpha & \sin\alpha & 0 \\ -\sin\alpha & \cos\alpha & 0 \\ 0 & 0 & 1 \end{pmatrix} \end{cases} \tag{2.7}$$

式中，α 为旋转角，其角度值按从正轴到原点看过去的逆时针方向转动为正；R_1、R_2 和 R_3 分别称为 x、y 和 z 轴的旋转矩阵。对于任何旋转矩阵 R，有 $R^{-1}(\alpha) = R^{\mathrm{T}}(\alpha)$ 和 $R^{-1}(\alpha) = R(-\alpha)$，即旋转矩阵是正交矩阵，$R^{-1}$ 和 R^{T} 分别是矩阵 R 的逆矩阵和转置矩阵。

对于两个具有不同原点和不同长度单位的笛卡儿坐标系，其一般的转换公式表示向量形式为

$$X_n = X_0 + \mu R X_{\text{old}} \tag{2.8}$$

或

$$\begin{pmatrix} x_n \\ y_n \\ z_n \end{pmatrix} = \begin{pmatrix} x_0 \\ y_0 \\ z_0 \end{pmatrix} + \mu R \begin{pmatrix} x_{\text{old}} \\ y_{\text{old}} \\ z_{\text{old}} \end{pmatrix}$$

其中，μ 为尺度因子（或两个长度单位的比率）；R 为由三次适当的旋转形成的转换矩阵；X_n 和 X_{old} 分别为新坐标和旧坐标；X_0 为平移向量，是老坐标系原点在新坐标系中的坐标向量。

如果旋转角 α 很小，那么有 $\sin\alpha \approx \alpha$ 和 $\cos\alpha \approx 1$。此时，旋转矩阵能被简化。如果式（2.8）R 中的这三个旋转角 α_1、α_2 和 α_3 很小，那么 R 可以写成（Lelgemann and Xu，1991）

$$R = \begin{pmatrix} 1 & \alpha_3 & -\alpha_2 \\ -\alpha_3 & 1 & \alpha_1 \\ \alpha_2 & -\alpha_1 & 1 \end{pmatrix} \tag{2.9}$$

式中，α_1、α_2 和 α_3 分别为绕 x，y 和 z 轴的小旋转角。使用此简化的 R，转换式（2.8）称为 Helmert 转换公式。

作为一个实例，从 WGS-84 到 ITRF-90 的转换式为（McCarthy，1996）

$$
\begin{pmatrix} x_{\text{ITRF-90}} \\ y_{\text{ITRF-90}} \\ z_{\text{ITRF-90}} \end{pmatrix} = \begin{pmatrix} 0.060 \\ -0.517 \\ -0.223 \end{pmatrix} + \mu \begin{pmatrix} 1 & -0.0070'' & -0.0003'' \\ 0.0070'' & 1 & -0.0183'' \\ 0.0003'' & 0.0183'' & 1 \end{pmatrix} \begin{pmatrix} x_{\text{WGS-84}} \\ y_{\text{WGS-84}} \\ z_{\text{WGS-84}} \end{pmatrix}
$$

其中，$\mu = 0.999999989$，转换向量的单位为 m。

GPS、GLONASS 和 Galileo 系统坐标系之间的转换一般可以用式（2.8）表示，尺度因子$\mu=1$（即 3 个系统中使用的长度单位是相同的）。在不同坐标系间的速度转换公式可以通过对式（2.8）求时间导数得到。

2.3　地方坐标系

地方左手笛卡儿坐标系（x'，y'，z'）可以定义为：原点在地方点 $P_1(x_1$，y_1，$z_1)$，其z'轴垂直向上，x'轴指向大地北，y'轴指东（图 2.5）。$x'y'$平面称为水平面；z'轴与椭球体正交。这样的坐标系也称为地方水平坐标系。对于任意点 P_2，其坐标在全球坐标系和地方坐标系中分别为$(x_2$，y_2，$z_2)$和$(x'$，y'，$z')$，则有如下关系：

$$
\begin{pmatrix} x' \\ y' \\ z' \end{pmatrix} = d \begin{pmatrix} \cos A \sin Z \\ \sin A \sin Z \\ \cos Z \end{pmatrix}, \quad 即 \quad \begin{pmatrix} d = \sqrt{x'^2 + y'^2 + z'^2} \\ \tan A = y'/x' \\ \cos Z = z'/d \end{pmatrix} \tag{2.10}
$$

式中，A 为方位角；Z 为天顶角距；d 为 P_2 在地方坐标系的向径。A 是从正北顺时针起算，Z 是垂线与向径 d 之间的夹角。

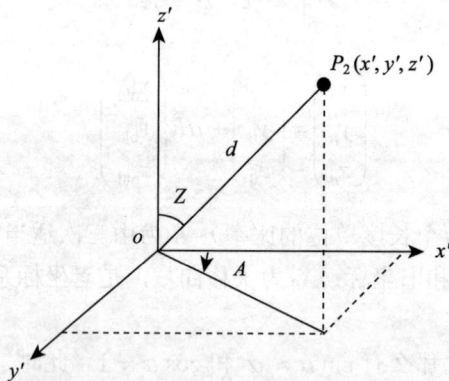

图 2.5　天文坐标系

地方坐标系$(x'$，y'，$z')$可以通过对全球坐标系（x，y，z）连续两次旋转 $R_2(90° - \varphi)R_3(\lambda)$，然后把 x 轴变换为右手系而得到。换句话说，全球坐标系统必须先绕 z 轴旋转λ角，再绕 y 轴旋转 $90° - \varphi$，然后改变 x 轴的符号。总的旋转矩阵 R 是

$$
R = \begin{pmatrix} -\sin\varphi\cos\lambda & -\sin\varphi\sin\lambda & \cos\varphi \\ -\sin\lambda & \cos\lambda & 0 \\ \cos\varphi\cos\lambda & \cos\varphi\sin\lambda & \sin\varphi \end{pmatrix} \tag{2.11}
$$

因此，有

$$X_{\text{local}} = RX_{\text{global}} \quad \text{和} \quad X_{\text{global}} = R^{\text{T}}X_{\text{local}} \tag{2.12}$$

式中，X_{local} 和 X_{global} 分别为地方坐标系和全球坐标系中表示的同一个向量；φ，λ 为地方点的大地纬度和经度。

如果垂线方向被定义为地方点的重力垂线，那么这样一个地方坐标系被称为天文水平坐标系（其 x' 轴指北，左手系）。p 点的重力垂线 g 和椭球体法线通常是不一致的，然而其差别很小，在 GPS 实践中可以忽略。

综合式（2.10）和式（2.12），点 P_2（卫星）相对于站 P_1 的天顶角和方位角可以直接使用这两点的全球坐标计算：

$$\cos Z = \frac{z'}{d} \quad \text{和} \quad \tan A = \frac{y'}{x'} \tag{2.13}$$

其中

$$d = \sqrt{(x_2 - x_1)^2 + (y_2 - y_1)^2 + (z_2 - z_1)^2}$$
$$x' = -(x_2 - x_1)\sin\varphi\cos\lambda - (y_2 - y_1)\sin\varphi\sin\lambda + (z_2 - z_1)\cos\varphi$$
$$y' = -(x_2 - x_1)\sin\lambda + (y_2 - y_1)\cos\lambda$$
$$z' = (x_2 - x_1)\cos\varphi\cos\lambda + (y_2 - y_1)\cos\varphi\sin\lambda + (z_2 - z_1)\sin\varphi$$

2.4 地心惯性坐标系

为了描述 GPS 卫星的运动，必须定义一个惯性坐标系。卫星的运动遵循牛顿力学原理，牛顿力学有效并在惯性坐标系中表示。所以，协议天球参考框架（CRF）符合我们的需要。CRF 的 xy 平面是地球的赤道面；坐标是天文经度和天文纬度，天文经度的测量值从春分点沿赤道向东。春分点是黄道和赤道的相交点。因此右手地心惯性系（ECI）采用地球中心作为原点，国际协议原点（CIO）作为 z 轴，其 x 轴指向 J2000.0 春分点（公历 2000 年 1 月 1 日 12 时）。这样的坐标系也被称为该时刻的赤道坐标系。由于地球中心的运动（加速度），ECI 实际上是一个准惯性系统，需要在此坐标系中考虑广义相对论效应。此坐标系环绕太阳运动，然而不相对于 CIO 旋转。这个坐标系也被称为地心空间固定坐标系（ECSF）。

Torge（1991）给出了一个极好的示意图来阐明地极相对于黄道极线的运动（图 2.6）。由于受月亮和太阳引力效应的影响，地球的扁率与黄赤交角一起引起了赤道在黄道上的慢速旋转。大约 26000 年的缓慢循环运动的周期，被称为岁差（precession）。而另一种周期为 14 天到 18.6 年的较快的运动被称为章动。把岁差和章动考虑进去，地球的平极（相对于平均赤道）就被转换为地球的真极（相对于真实赤道）。ECI 的 x 轴指向该时刻的春分点。

从春分点到格林尼治子午线的地球旋转角被称为格林尼治视恒星时（GAST）。把 GAST 考虑进去（称为地球旋转），该时刻的 ECI 被变换为真赤道坐标系。真赤道系与

ECEF 系之间的差别在于极点的运动。因此我们用几何法把 ECI 坐标系转换为 ECEF 坐标系。转换过程可以写成：

$$X_{\text{ECEF}} = R_M R_S R_N R_P X_{\text{ECI}}$$ （2.14）

式中，R_P 为岁差矩阵；R_N 为章动矩阵；R_S 为地球旋转矩阵；R_M 为极移运动矩阵；X 为坐标向量；下标 ECEF 和 ECI 为相关的坐标系。

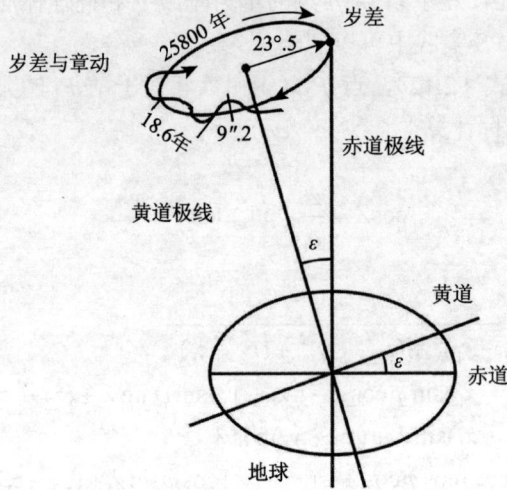

图 2.6 岁差与章动

1. 岁差

岁差矩阵由 3 个连续的旋转矩阵组成，即（Hofmann-Wellenhof et al.，1997；Leick，1995；McCarthy，1996）

$$
\begin{aligned}
R_P &= R_3(-z)R_2(\theta)R_3(-\zeta) \\
&= \begin{pmatrix}
\cos z \cos\theta \cos\zeta - \sin z \sin\zeta & -\cos z \cos\theta \sin\zeta - \sin z \cos\zeta & -\cos z \sin\theta \\
\sin z \cos\theta \cos\zeta + \cos z \sin\zeta & -\sin z \cos\theta \sin\zeta + \cos z \cos\zeta & -\sin z \sin\theta \\
\sin\theta \cos\zeta & -\sin\theta \sin\zeta & \cos\theta
\end{pmatrix}
\end{aligned}
$$ （2.15）

式中，z，θ，ζ 为岁差参数，且

$$
\begin{cases}
z = 2306.''2181T + 1.''09468T^2 + 0.''018203T^3 \\
\theta = 2004.''3109T - 0.''42665T^2 - 0.''041833T^3 \\
\zeta = 2306.''2181T + 0.''30188T^2 + 0.''017998T^3
\end{cases}
$$ （2.16）

式中，T 为从 J2000.0 起算的儒略世纪（36525 天）中的测量时（参见 2.6 节时间系统）。

2. 章动

章动矩阵包括 3 个连续的旋转矩阵，即（Hofmann-Wellenhof et al.，1997；Leick，1995；McCarthy，1996）

$$R_N = R_1(-\varepsilon - \Delta\varepsilon)R_3(-\Delta\psi)R_1(\varepsilon)$$

$$= \begin{pmatrix} \cos\Delta\psi & -\sin\Delta\psi\cos\varepsilon & -\sin\Delta\psi\sin\varepsilon \\ \sin\Delta\psi\cos\varepsilon_t & \cos\Delta\psi\cos\varepsilon_t\cos\varepsilon + \sin\varepsilon_t\sin\varepsilon & \cos\Delta\psi\cos\varepsilon_t\sin\varepsilon - \sin\varepsilon_t\cos\varepsilon \\ \sin\Delta\psi\sin\varepsilon_t & \cos\Delta\psi\sin\varepsilon_t\cos\varepsilon - \cos\varepsilon_t\sin\varepsilon & \cos\Delta\psi\sin\varepsilon_t\sin\varepsilon + \cos\varepsilon_t\cos\varepsilon \end{pmatrix}$$

$$\approx \begin{pmatrix} 1 & -\Delta\psi\cos\varepsilon & -\Delta\psi\sin\varepsilon \\ \Delta\psi\cos\varepsilon_t & 1 & -\Delta\varepsilon \\ \Delta\psi\sin\varepsilon_t & \Delta\varepsilon & 1 \end{pmatrix} \tag{2.17}$$

式中，ε 为该时刻的黄赤平交角；$\Delta\psi$和$\Delta\varepsilon$分别为在黄经和交角方向的章动；$\varepsilon_t = \varepsilon + \Delta\varepsilon$，且

$$\varepsilon = 84381."448 - 46."8150T - 0."00059T^2 + 0."001813T^3 \tag{2.18}$$

对于很小的$\Delta\psi$，令 $\cos\Delta\psi = 1$，$\sin\Delta\psi = \Delta\psi$，来得到近似值。要得到精确解，应严格采用旋转矩阵。章动参数$\Delta\psi$和$\Delta\varepsilon$可以通过采用国际天文学协会（IAU）理论或 IERS 理论计算得出：

$$\Delta\psi = \sum_{i=1}^{106}(A_i + A_i'T)\sin\beta$$

$$\Delta\varepsilon = \sum_{i=1}^{106}(B_i + B_i'T)\cos\beta$$

或

$$\Delta\psi = \sum_{i=1}^{263}(A_i + A_i'T)\sin\beta + A_i''\cos\beta$$

$$\Delta\varepsilon = \sum_{i=1}^{263}(B_i + B_i'T)\cos\beta + B_i''\cos\beta$$

这里的参数

$$\beta = N_{1i}l + N_{2i}l' + N_{3i}F + N_{4i}D + N_{5i}\Omega$$

其中，l 为月亮的平近点角；l'为太阳的平近点角；$F = L - \Omega$；D 为太阳到月亮的平角距；Ω 为月亮升交点的平黄经，L 为月亮的平黄经。l，l'，F，D 和Ω 的公式在 11.2.8 节给出。系数 N_{1i}，N_{2i}，N_{3i}，N_{4i}，N_{5i}，A_i，B_i，A_i'，B_i'，A_i''和B_i''的值可在 McCarthy（1996）的书中找到。最新的公式和表可在更新的 IERS 网站中找到。为方便起见，在附录 A 中给出了 IAU1980 章动模型的系数。

3. 地球旋转

地球旋转矩阵可表示为

$$R_S = R_3(\text{GAST}) \tag{2.19}$$

式中，GAST 为格林尼治视恒星时，且

$$\text{GAST} = \text{GMST} + \Delta\psi\cos\varepsilon + 0."00264\sin\Omega + 0."000063\sin2\Omega \tag{2.20}$$

式中，GMST 为格林尼治平恒星时；Ω 为月亮升交点的平黄经；公式右侧第二项是春分

点章动。此外

$$GMST = GMST_0 + \alpha UT1 \qquad (2.21)$$

$$GMST_0 = 6 \times 3600.''0 + 41 \times 60.''0 + 50.''54841$$

$$+ 8640184.''812866\,T_0 + 0.''093104\,T_0^2 - 6.''2 \times 10^{-6}\,T_0^3$$

$$\alpha = 1.0027379093\,50795 + 5.9006 \times 10^{-11}\,T_0 - 5.9 \times 10^{-15}\,T_0^2$$

式中，$GMST_0$ 为在当天午夜的格林尼治平恒星时；α 为变化率；UT1 为极移修正世界时（参见 2.6 节）；T_0 为当天 0 时自 2000 年 1 月 1.5 日（UT1）起算的世界时儒略世纪数。计算 GMST 使用了 UT1（参见 2.6 节）。

4. 极移

如图 2.7 所示，极移定义为在天极与 CIO 极之间的夹角。极移坐标系由 xy 平面坐标定义，其 x 轴指南且与格林尼治平子午线一致，而 y 轴指西。x_p 和 y_p 是真天极的角度值，故极移的旋转矩阵可以表示为

$$R_M = R_2(-x_p)R_1(-y_p) = \begin{pmatrix} \cos x_p & \sin x_p \sin y_p & \sin x_p \cos y_p \\ 0 & \cos y_p & -\sin y_p \\ -\sin x_p & \cos x_p \sin y_p & \cos x_p \cos y_p \end{pmatrix}$$

$$\approx \begin{pmatrix} 1 & 0 & x_p \\ 0 & 1 & -y_p \\ -x_p & y_p & 1 \end{pmatrix} \qquad (2.22)$$

由 IERS 确定的 x_p 和 y_p 可以从 IERS 主页获得。

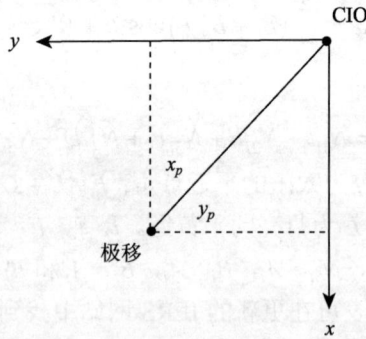

图 2.7　极移

2.5　IAU 2000 框架

2000 年国际天文学协会（IAU）大会通过了一系列决议，为定义质心和地心天球参考系提供了统一的框架（Petit，2002）。决议使从天球参考系（CRS，即地心惯性坐标系 ECI）向地球参考系（TRS，即地心地固坐标系 ECEF）的坐标转换变成

$$X_{\text{ECEF}} = R_M R_S R_{\text{NP}} X_{\text{ECI}} \tag{2.23}$$

式中，R_{NP} 为岁差章动矩阵；R_S 为地球旋转矩阵；R_M 为极移矩阵；X 为坐标向量；下标 ECEF 和 ECI 为相关的坐标系。旋转矩阵为时间 T 的函数，定义如下（McCarthy and Petit 2003）：

$$T = [\text{TT} - 2000年1月1日12时](天)/36525 \tag{2.24}$$

式中，TT 为地球时（详见第 2 章 2.7 节），且

$$R_M = R_2(-x_p)R_1(-y_p)R_3(s') \quad R_S = R_3(\vartheta) \quad 及 \quad R_{\text{NP}} = R_3(-s)R_3(-E)R_2(d)R_3(E) \tag{2.25}$$

式中，x_p 和 y_p 为极移角（或地球参考系中天球中间极（CIP）的极坐标）；s' 为 x_p 和 y_p 的函数：

$$s' = \frac{1}{2} \int_{T_0}^{T} (x_p \dot{y}_p - \dot{x}_p y_p) \mathrm{d}t$$

或近似于（McCarthy and Capitaine，2002）

$$s' = (-47\mu\text{as})T \tag{2.26}$$

式中，T 为从参考历元 J2000.0 起算的儒略世纪数，且

$$\vartheta = 2\pi(0.7790572732\,640 + 1.002737811\,91135448\,T_u) \tag{2.27}$$

式中，$T_u = $（UT1 时刻的儒略日数 -2451545.0），UT1=UTC+(UT1-UTC)。(UT1-UTC) 由 IERS 发布。

给出 E 和 d，则 CIP 在 CRS 中的坐标为

$$\begin{aligned} X &= \sin d \cos E \\ Y &= \sin d \sin E \\ Z &= \cos d \end{aligned} \tag{2.28}$$

同样，R_{NP} 可通过下式获得

$$R_{\text{NP}} = R_3(-s) \cdot \begin{pmatrix} 1 - aX^2 & -aXY & X \\ -aXY & 1 - aY^2 & Y \\ -X & -Y & 1 - a(X^2 + Y^2) \end{pmatrix}^{-1} \tag{2.29}$$

其中

$$a = \frac{1}{1 + \cos d} \approx \frac{1}{2} + \frac{1}{8}(X^2 + Y^2) \tag{2.30}$$

X 和 Y 的最新值可在 IERS 规范网站中找到，公式如下（单位为微角秒（μas））（Capitaine，2002）：

$$\begin{aligned} X = &-16616.99'' + 2004191742.88''T - 427219.05''T^2 \\ &-198620.54''T^3 - 46.05''T^4 + 5.98''T^5 \\ &+ \sum_i [(a_{s,0})_i \sin\beta + (a_{c,0})_i \cos\beta] \\ &+ \sum_i [(a_{s,1})_i T \sin\beta + (a_{c,1})_i T \cos\beta] \\ &+ \sum_i [(a_{s,2})_i T^2 \sin\beta + (a_{c,2})_i T^2 \cos\beta] + \cdots \end{aligned} \tag{2.31}$$

$$Y = -6950.78'' - 25381.99''T - 22407250.99''T^2$$
$$+ 1842.28''T^3 - 1113.06''T^4 + 0.99''T^5$$
$$+ \sum_i [(b_{s,0})_i \sin\beta + (b_{c,0})_i \cos\beta]$$
$$+ \sum_i [(b_{s,1})_i T \sin\beta + (b_{c,1})_i T \cos\beta]$$
$$+ \sum_i [(b_{s,2})_i T^2 \sin\beta + (b_{c,2})_i T^2 \cos\beta] + \cdots \tag{2.32}$$

式（2.29）中的 s 为从参考历元到时间 T 内由天球中间极（CIP）的运动引起的天球历书原点（CEO）在真赤道上的累积旋转，可表示为

$$s(T) = -\frac{1}{2}[X(T)Y(T) - X(T_0)Y(T_0)] + \int_{T_0}^{T} \dot{X}Y dt - (\sigma_0 N_0 - \textstyle\sum_0 N_0)$$

式中，σ_0 和 $\sum_0$ 分别为 CEO 在参考历元 J2000.0 中的位置和 CRS 原点 x 的位置；N_0 为 CRS 赤道中 J2000.0 时刻的升交点。在上述方程中，$s(T) + \frac{1}{2}[X(T)Y(T)]$ 项可表示为（单位：毫角秒）

$$s + XY/2 = 94.0 + 3808.35T - 119.94T^2$$
$$- 72574.09T^3 + 27.70T^4 + 15.61T^5$$
$$+ \sum_i [(c_{s,0})_i \sin\beta + (c_{c,0})_i \cos\beta]$$
$$+ \sum_i [(c_{s,1})_i T \sin\beta + (c_{c,1})_i T \cos\beta]$$
$$+ \sum_i [(c_{s,2})_i T^2 \sin\beta + (c_{c,2})_i T^2 \cos\beta] + \cdots \tag{2.33}$$

式（2.31）～式（2.33）中的系数 $(a_{s,j})_i, (a_{c,j})_i$，$(b_{s,j})_i, (b_{c,j})_i$ 和 $(c_{s,j})_i, (c_{c,j})_i$ 可从 *Orbits* 中的表 5.2a，5.2b 和 5.2c 中获得（见 ftp://tai.bipm.org/iers/conv2003/chapter5/）。β 为章动理论的基本参数组合：

$$\beta = \sum_{j=1}^{14} N_j F_j \tag{2.34}$$

前五个 F_j 为德朗奈变量（Delaunay variables）l，l'，F，D，Ω（在 11.2.8 节中给出）；β 的正余弦振幅可通过岁差和章动级数振幅导出（McCarthy and Petit，2003）；F_6 到 F_{13} 是包括地球在内的行星（水星到土星）的平黄经；F_{14} 为黄经总岁差。单位都是弧度，T 的单位是质心力学时（TDB）的儒略世纪（见 2.7 节）。N_j 的系数为指数 i 的函数，可在 IERS 网站中找到：

$$F_6 = l_{\text{Me}} = 4.402608842 + 2608.79031415574T$$
$$F_7 = l_{\text{Ve}} = 3.176146697 + 1021.32855462111T$$
$$F_8 = l_E = 1.753470314 + 628.30758499991T$$
$$F_9 = l_{\text{Ma}} = 6.203480913 + 334.06124426700T$$
$$F_{10} = l_{\text{Ju}} = 0.599546497 + 52.96909626641T \tag{2.35}$$
$$F_{11} = l_{\text{Sa}} = 0.874016757 + 21.32991049960T$$
$$F_{12} = l_{\text{Ur}} = 5.481293872 + 7.47815985671T$$
$$F_{13} = l_{\text{Ne}} = 5.311886287 + 3.8133035638T$$
$$F_{14} = P_a = 0.024381750T + 0.00000538691T^2$$

采用新的范例将地球质心天球参考系（GCRS）转换到国际地球参考系（ITRS）且与 IAU2000 岁差章动模型一致，整个过程是在表达式（2.31）~式（2.33）基础上实现的。

同理，实现 IAU2000 定义下的 TRS 和 CRS 间的转换可按经典方式进行，利用转换式（2.14）对相应的旋转角加上 IAU2000 改正，其中三个岁差旋转角（McCarthy and Petit，2003）为

$$
\begin{aligned}
z &= -2.5976176'' + 2306.0803226''T + 1.0947790''T^2 \\
&\quad + 0.0182273''T^3 + 0.0000470''T^4 - 0.0000003''T^5 \\
\theta &= 2004.1917476''T - 0.4269353''T^2 - 0.0418251''T^3 \\
&\quad - 0.0000601''T^4 - 0.0000001''T^5 \\
\zeta &= 2.5976176'' + 2306.0809506''T + 0.3019015''T^2 \\
&\quad + 0.0179663''T^3 - 0.0000327''T^4 - 0.0000002''T^5
\end{aligned}
\tag{2.36}
$$

IAU2000 章动模型是由相对于平赤道和瞬时春分点的黄经章动 $\Delta\psi$ 和交角章动 $\Delta\varepsilon$ 的两个序列来表示，这里的 T 是从历元 J2000.0 起算的儒略世纪数：

$$
\Delta\psi = \sum_{i=1}^{N}(A_i + A_i'T)\cos\beta + (A_i'' + A_i'''T)\cos\beta
\tag{2.37}
$$

$$
\Delta\varepsilon = \sum_{i=1}^{N}(B_i + B_i'T)\cos\beta + (B_i'' + B_i'''T)\cos\beta
$$

其中，参数 β 可在 IERS 网站中找到。对于这两个公式，由于使用了天球中间极和天球、地球历书原点的新定义，有必要加入速度和偏差改正：

$$
d\Delta\psi = (-0.0166170 \pm 0.0000100)'' + (-0.29965 \pm 0.00040)''T
$$

$$
d\Delta\varepsilon = (-0.0068192 \pm 0.0000100)'' + (-0.02524 \pm 0.00010)''T
\tag{2.38}
$$

地球旋转角（即格林尼治视恒星时 GST 或 GAST）可通过对式（2.20）中的 GMST 加改正 EO 算得（单位：毫角秒）：

$$
\begin{aligned}
\text{EO} &= 14506 + 4612157399.66T + 1396677.21T^2 - 93.44T^3 + 18.82T^4 \\
&\quad + \Delta\psi\cos\varepsilon + \sum_i[(d_{s,0})_i\sin\beta + (d_{c,0})_i\cos\beta] \\
&\quad + \sum_i[(d_{s,1})_iT\sin\beta + (d_{c,1})_iT\cos\beta] + \cdots
\end{aligned}
\tag{2.39}
$$

其中，系数 $(d_{s,j})_i, (d_{c,j})_i$ 可从 *Orbits* 中的表 5.4 中获得（见 ftp://tai.bipm.org/iers/conv 2003/ chapter5/）。$\Delta\psi$ 在式（2.37）中已定义，ε 在式（2.18）中已定义。

同样，极移旋转矩阵应以式（2.25）和式（2.26）的第一个公式表示。

2.6　地心黄道惯性坐标系

如上所述，ECI 采用 CIO 极作为 z 轴（考虑极移、章动和岁差）。如果，黄道极被用作 z 轴，那么就定义了一个黄道坐标系，称之为地心黄道惯性坐标系（ECEI）。ECEI 的原点在地球的质心，其 z 轴指向黄道极（或 xy 平面是平黄道），而其 x 轴指向春分点。ECI 和 ECEI 坐标系间坐标变换可以表示为

$$X_{ECEI} = R_1(-\varepsilon)X_{ECI} \qquad (2.40)$$

式中，ε 为黄道面相对赤道面的黄道角（平均倾角）。ε 的计算公式在 2.4 节给出。通常，太阳和月亮及行星的坐标系用 ECEI 坐标系给出。

2.7 时 间 系 统

在卫星观测中采用了 3 个时间系统，分别是恒星时、力学时和原子时（Hofmann-Wellenhof et al.，1997；Leick，1995；McCarthy，1996；King et al.，1987）。

恒星时是对地球旋转的度量，定义为春分点的时角。如果计量是从格林尼治子午线起算，恒星时被称为格林尼治恒星时。世界时（UT）是视太阳格林尼治时角，其均匀地在赤道面中绕轨运行。由于地球旋转的角速度不是常量，恒星时是不均匀的。UT 的摆动部分是由地球的极移引起的。极移修正后的世界时表示为 UT1。

力学时是均匀的，用于描述重力场中物体的运动。质心力学时（TDB）应用于惯性坐标系（其原点在质量中心）。地球力学时（TDT）应用于准惯性坐标系（如 ECI）。由于地球绕太阳运动（或者说在太阳的引力场中），TDT 相对于 TDB 会有些变化。然而，TDT 可以用来描述卫星的运动而不用考虑太阳引力场的影响。TDT 也被称为地球时（TT）。

原子时是由原子钟保持的时间，如国际原子时（TAI）。它是一种用于 ECEF 坐标系的刻度均匀的时间。在实践中 TDT 由 TAI（具有 32.184s 的常值偏移量）来实现。由于地球相对太阳的旋转在逐渐变慢，引入协调世界时（UTC）来保持 TAI 与太阳日的同步（通过插入跳秒）。GPS 时（GPST）也是原子时。

不同时间系之间的关系给定如下：

$$
\begin{aligned}
TAI &= GPST + 19.0\,sec \\
TAI &= TDT - 32.184\,sec \\
TAI &= UTC + n\,sec \\
UT1 &= UTC + dUT1
\end{aligned}
\qquad (2.41)
$$

式中，dUT1 可以从 IERS 获得（dUT1<0.7s，参见（Zhu et al.，1996），dUT1 同导航数据一起广播）；n 为日期的跳秒数，在每年的 1 月 1 日和 7 月 1 日被插入 UTC 中。实际的 n 可在 IERS 报告中找到。

时间参数 T（儒略世纪）由 2.4 节给出的公式给出。为方便起见，T 被记为 TJD，TJD 可从公历日期（年、月、日和小时）计算，如下：

$$JD = INT(365.25Y) + INT(30.6001(M+1)) + Day + Hour/24 + 1720981.5$$

$$TJD = JD/36525 \qquad (2.42)$$

其中

$$
\begin{aligned}
Y &= Year - 1, &\quad M &= Month + 12, &\quad &\text{if } Month \leqslant 2 \\
Y &= Year, &\quad M &= Month, &\quad &\text{if } Month > 2
\end{aligned}
$$

其中，JD 为儒略日，Hour 为 UT 时间；INT 为实数的整数部分。儒略日从 JD2000.0 算起，即 JD2000=JD−JD2000.0。其中 JD2000.0 是儒略日 2000 年 1 月 1 日 12 时，其值为

2451545.0 天。每个儒略世纪为 36525 天。

相反，公历日（年、月、日和小时）可以按下式从儒略日（JD）计算：

$$\begin{cases} b = \mathrm{INT}(JD + 0.5) + 1537 \\ c = \mathrm{INT}\left(\dfrac{b - 122.1}{365.25}\right) \\ d = \mathrm{INT}(365.25c) \\ e = \mathrm{INT}\left(\dfrac{b - d}{30.6001}\right) \\ \text{小时} = JD + 0.5 - \mathrm{INT}(JD + 0.5) \\ \text{日} = b - d - \mathrm{INT}(30.6001e) \\ \text{月} = e - 1 - 12\mathrm{INT}\left(\dfrac{e}{14}\right) \\ \text{年} = c - 4715 - \mathrm{INT}\left(\dfrac{7 + \text{月}}{10}\right) \end{cases} \quad (2.43)$$

式中，b、c、d 和 e 为辅助数。

由于 GPS 标准时间定义为 JD=2444244.5（1980 年 1 月 6 日 0 时），GPS 周和日具体按下式计算：

$$\begin{cases} N = \mathrm{modulo}(\mathrm{INT}(JD + 1.5), 7) \\ \text{周} = \mathrm{INT}\left(\dfrac{JD - 2\,444\,244.5}{7}\right) \end{cases} \quad (2.44)$$

式中，N 为周中的日（$N=0$ 为周一，$N=1$ 为周二，以此类推）。

对儒略日进行约化并以午夜代替正午为起算时刻，改进的约化儒略日（MJD）定义为

$$\mathrm{MJD} = (JD - 24\,00\,000.5) \quad (2.45)$$

GLONASS 时间（GLOT）由莫斯科时 $\mathrm{UTC_{SU}}$ 定义，其理论上等于 UTC 加 3 小时（相当于莫斯科时到格林尼治时的偏差）。GLOT 由 GLONASS 中央同步器（Roßbach，2000）监控和校准。UTC 和 GLOT 有一个简单的关系：

$$\mathrm{UTC} = \mathrm{GLOT} + \tau_c - 3h \quad (2.46)$$

式中，τ_c 为关于 $\mathrm{UTC_{SU}}$ 的系统时间修正量，由 GLONASS 星历广播且小于 1ms。所以，近似有

$$\mathrm{GPST} = \mathrm{GLOT} + m - 3h \quad (2.47)$$

式中，m 被称为 GPS 与 GLONASS（UTC）时之间的一个"跳秒"，在 GLONASS 星历中给出。m 实际上是自 GPS 标准时间（1980 年 1 月 6 日 0 时）的跳秒。

Galileo 系统时（GST）将由一些 UTC 实验室时钟维持。GST 和 GPST 是不同 UTC 实验室的时间系统。在 GST 和 GPST 偏差提供给用户后，可以保证它们的互用性。GST 几乎等同于 GPS 时间，两者之间仅有几十纳秒的细微差别。Galileo 周始于周六夜晚与周日凌晨之间的午夜 0 点，与 GPS 周开始的秒时相同。GST 周卫星播发的周记数为 12bit 值，其值范围为 0～4095。GST 周在播报的 GPS 周 1023 周后的第一个循环时刻起算为 0 周。第一个 GPS 周循环点为 1999 年 8 月 22 日周日 0 时 0 分 0 秒。

BDS 时间（BDT）系统是一个连续的时间系统，秒长取国际单位制 SI 秒，起始历元为 2006 年 1 月 1 日 0 时 0 分 0 秒协调世界时（UTC）（GPS 周 1356），因此 BDS 落后于 GPS 时间 14s。BDT 与 UTC 的偏差保持在 100ns 以内（模 1s）。BDT 周始于周六夜晚与周日凌晨之间的午夜 0 点。BDT 周卫星播发的整周记数为 13bit，其值范围为 0～8191。

不考虑各时间系统实现中的微小误差，则系统间的关系为

$$GLOT = UTC = GPST - \Delta t LS \qquad (2.48)$$

$$GST = GPST = UTC + \Delta t LS \qquad (2.49)$$

$$BDT = UTC + \Delta t LS_{BDS} \qquad (2.50)$$

式中，$\Delta t LS$ 为 GPS 时（GPST）与协调世界时（UTC）之间由于闰秒（跳秒）而产生的时间增量（2005 年 $\Delta t LS=13$；2006 年 $\Delta t LS=14$；2008 年 $\Delta t LS=15$；2012 年 $\Delta t LS=16$；2015 年 $\Delta t LS=17$）；$\Delta t LS_{BDS}$ 为北斗时（BDT）与协调世界时（UTC）之间由于跳秒而产生的时间增量（2006 年 $\Delta t LS_{BDS}=0$；2008 年 $\Delta t LS_{BDS}=1$；2012 年 $\Delta t LS_{BDS}=2$；2015 年 $\Delta t LS_{BDS}=3$）。

第3章 卫星轨道

GPS 系统的原理就是测量信号从卫星到接收机的传播距离。因此，在 GPS 理论中卫星轨道是很重要的一个内容。本章将简要描述卫星轨道的基本理论。对于 GPS 在轨道改进和定轨中的应用，更深入的轨道摄动理论将在第 11 章讨论。

3.1 开普勒运动

简化的卫星轨道运动被称为开普勒运动，这个问题被称为"二体问题"。卫星应该在一个中心力场内运动。依据关于运动的牛顿第二运动定律，卫星的运动方程可以描述为

$$\vec{f} = m \cdot a = m \cdot \ddot{\vec{r}} \tag{3.1}$$

式中，$\vec{f}$ 为吸引力；m 为卫星的质量；a 或者 $\ddot{\vec{r}}$ 为运动加速度（$\vec{r}$ 相对于时间的二阶导数）。根据牛顿定律有

$$\vec{f} = -\frac{GMm}{r^2}\frac{\vec{r}}{r} \tag{3.2}$$

式中，G 为万有引力常数；M 为地球的质量；r 为地球质心到卫星质心的距离。则卫星运动方程为

$$\ddot{\vec{r}} = -\frac{\mu}{r^2}\frac{\vec{r}}{r} \tag{3.3}$$

其中，$\mu\,(=GM)$ 称为地球引力常数

卫星运动方程（3.3）只在惯性坐标系下成立。接下来我们用在第 2 章讨论过的 ECSF 坐标系来描述卫星的轨道。通过三个坐标分量 x、y 和 z，运动方程的矢量形式（$\vec{r}=(x, y, z)$）可表示为

$$\ddot{x} = -\frac{\mu}{r^3}x$$
$$\ddot{y} = -\frac{\mu}{r^3}y \tag{3.4}$$
$$\ddot{z} = -\frac{\mu}{r^3}z$$

将式（3.4）的第一个方程乘以 y、z，第二个方程乘以 x、z，第三个方程乘以 x、y，然后对它们作差可得

$$y\ddot{z} - z\ddot{y} = 0$$
$$z\ddot{x} - x\ddot{z} = 0 \tag{3.5}$$
$$x\ddot{y} - y\ddot{x} = 0$$

它的矢量形式为

$$\vec{r} \times \ddot{\vec{r}} = 0 \tag{3.6}$$

式（3.5）和式（3.6）分别等价于

$$\frac{\mathrm{d}(y\dot{z} - z\dot{y})}{\mathrm{d}t} = 0$$

$$\frac{\mathrm{d}(z\dot{x} - x\dot{z})}{\mathrm{d}t} = 0 \tag{3.7}$$

$$\frac{\mathrm{d}(x\dot{y} - y\dot{x})}{\mathrm{d}t} = 0$$

$$\frac{\mathrm{d}(\vec{r} \times \dot{\vec{r}})}{\mathrm{d}t} = 0 \tag{3.8}$$

将式（3.7）和式（3.7）分别进行积分可得

$$y\dot{z} - z\dot{y} = A$$

$$z\dot{x} - x\dot{z} = B \tag{3.9}$$

$$x\dot{y} - y\dot{x} = C$$

$$\vec{r} \times \dot{\vec{r}} = \vec{h} = \begin{pmatrix} A \\ B \\ C \end{pmatrix} \tag{3.10}$$

式中，A、B、C 为积分常数，它们形成积分常数矢量 h，即

$$h = \sqrt{A^2 + B^2 + C^2} = \left| \vec{r} \times \dot{\vec{r}} \right| \tag{3.11}$$

常数 h 为半径矢量在单位时间内所扫过面积的二倍。这就是开普勒第二定律。因此，$h/2$ 就成为卫星轨道半径的面积速度。

将 x，y 和 z 分别与式（3.9）的三个方程相乘并把它们相加可得

$$Ax + By + Cz = 0 \tag{3.12}$$

因此，卫星运动符合平面的方程，坐标系的原点就在平面内。换句话说，卫星是在地球中心引力场的一个平面上运动。这个平面就称作卫星的轨道面。

轨道面和赤道面的夹角称为卫星倾角（用 i 表示，见图3.1）。倾角 i 也就是矢量 $\vec{z} = (0, 0, 1)$ 和矢量 $\vec{h} = (A, B, C)$ 的夹角，即

$$\cos i = \frac{\vec{z} \cdot \vec{h}}{|\vec{z}| \cdot |\vec{h}|} = \frac{C}{h} \tag{3.13}$$

轨道面交赤道于两点，它们分别称为升交点 N 和降交点（详细内容看下节）。$\vec{s}$ 表示地球中心指向升交点的矢量。升交点与 x 轴（春分点）的夹角称作升交点赤经（用 Ω 表示）。因此

$$\begin{cases} \vec{s} = \vec{z} \times \vec{h} \\ \cos \Omega = \dfrac{\vec{s} \cdot \vec{x}}{|\vec{s}| \cdot |\vec{x}|} = \dfrac{-B}{\sqrt{A^2 + B^2}} \\ \sin \Omega = \dfrac{\vec{s} \cdot \vec{y}}{|\vec{s}| \cdot |\vec{y}|} = \dfrac{A}{\sqrt{A^2 + B^2}} \end{cases} \tag{3.14}$$

参数 i 和 Ω 唯一地确定了轨道面的位置，因此被称作轨道参数。Ω、i 和 h 被称为积分常数，它们对于卫星轨道都有重要的几何意义。

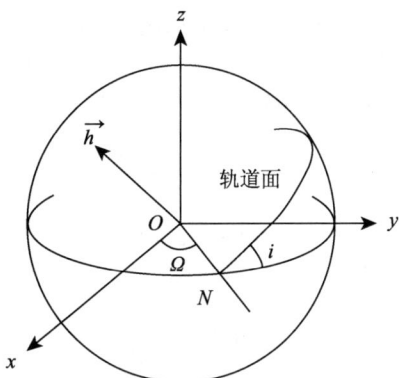

图 3.1 轨道面

3.1.1 轨道平面内的卫星运动

图 3.2 给出了轨道平面内一个二维直角坐标系。这个坐标可以用极坐标 r 和 ϑ 表示为

$$\begin{aligned} p &= r \cos \vartheta \\ q &= r \sin \vartheta \end{aligned} \tag{3.15}$$

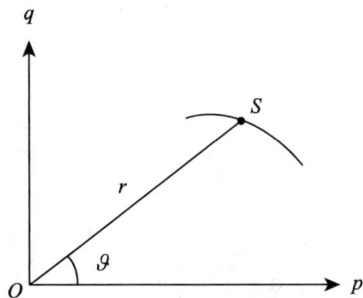

图 3.2 轨道平面内的极坐标

pq 极坐标下的运动方程与式（3.4）相似：

$$\begin{aligned} \ddot{p} &= -\frac{\mu}{r^3} p \\ \ddot{q} &= -\frac{\mu}{r^3} q \end{aligned} \tag{3.16}$$

由式（3.15）可得

$$\dot{p} = \dot{r}\cos\vartheta - r\dot{\vartheta}\sin\vartheta$$
$$\dot{q} = \dot{r}\sin\vartheta + r\dot{\vartheta}\cos\vartheta$$
$$\ddot{p} = (\ddot{r} - r\dot{\vartheta}^2)\cos\vartheta - (r\ddot{\vartheta} + 2\dot{r}\dot{\vartheta})\sin\vartheta \tag{3.17}$$
$$\ddot{q} = (\ddot{r} - r\dot{\vartheta}^2)\sin\vartheta + (r\ddot{\vartheta} + 2\dot{r}\dot{\vartheta})\cos\vartheta$$

将式（3.17）和式（3.15）代入式（3.16）可得

$$(\ddot{r} - r\dot{\vartheta}^2)\cos\vartheta - (r\ddot{\vartheta} + 2\dot{r}\dot{\vartheta})\sin\vartheta = -\frac{\mu}{r^2}\cos\vartheta$$

$$(\ddot{r} - r\dot{\vartheta}^2)\sin\vartheta + (r\ddot{\vartheta} + 2\dot{r}\dot{\vartheta})\cos\vartheta = -\frac{\mu}{r^2}\sin\vartheta \tag{3.18}$$

极角 ϑ 对应的测量点可为任意值，故令 ϑ 为零，运动方程为

$$\ddot{r} - r\dot{\vartheta}^2 = -\frac{\mu}{r^2}$$

$$r\ddot{\vartheta} + 2\dot{r}\dot{\vartheta} = 0 \tag{3.19}$$

用 r 乘以式（3.19）的第二个式子可得到

$$\frac{\mathrm{d}(r^2\dot{\vartheta})}{\mathrm{d}t} = 0 \tag{3.20}$$

因为 $r\dot{\vartheta}$ 为切向速度，所以 $r^2\dot{\vartheta}$ 为卫星半径面积速度的二倍。对式（3.20）进行积分，并且将其与 3.1 节所讨论的作比较可得

$$r^2\dot{\vartheta} = h \tag{3.21}$$

$h/2$ 为卫星轨道半径的面积速度。

为了解式（3.19）的一阶微分方程，该方程必须转化为 r 相对于变量 f 的微分方程。令

$$u = \frac{1}{r} \tag{3.22}$$

由式（3.21）可得

$$\frac{\mathrm{d}\vartheta}{\mathrm{d}t} = hu^2 \tag{3.23}$$

且

$$\frac{\mathrm{d}r}{\mathrm{d}t} = \frac{\mathrm{d}r}{\mathrm{d}\vartheta}\frac{\mathrm{d}\vartheta}{\mathrm{d}t} = \frac{\mathrm{d}}{\mathrm{d}\vartheta}\left(\frac{1}{u}\right)hu^2 = -h\frac{\mathrm{d}u}{\mathrm{d}\vartheta}$$

$$\frac{\mathrm{d}^2r}{\mathrm{d}t^2} = -h\frac{\mathrm{d}^2u}{\mathrm{d}\vartheta^2}\frac{\mathrm{d}\vartheta}{\mathrm{d}t} = -h^2u^2\frac{\mathrm{d}^2u}{\mathrm{d}\vartheta^2} \tag{3.24}$$

将式（3.22）和式（3.24）代入式（3.19）的第一个式子，运动方程可表示为

$$\frac{\mathrm{d}^2u}{\mathrm{d}\vartheta^2} + u = \frac{\mu}{h^2} \tag{3.25}$$

上式的解为

$$u = d_1 \cos\vartheta + d_2 \sin\vartheta + \frac{\mu}{h^2}$$

式中，d_1 和 d_2 为积分常数。上式可简化为

$$u = \frac{\mu}{h^2}(1 + e\cos(\vartheta - \omega)) \tag{3.26}$$

其中，

$$d_1 = \frac{\mu}{h^2}e\cos\omega , \quad d_2 = \frac{\mu}{h^2}e\sin\omega$$

这样卫星在轨道面内的运动方程可表示为

$$r = \frac{h^2 / \mu}{1 + e\cos(\vartheta - \omega)} \tag{3.27}$$

将式（3.27）与下式标准的二次曲线的极坐标方程相比：

$$r = \frac{a(1 - e^2)}{1 - e\cos\varphi} \tag{3.28}$$

轨道方程式（3.27）明显为原点在一个焦点的二次曲线的极坐标方程。其中，参数 e 为偏心率，当 $e=0$、$e<1$、$e=1$ 和 $e>1$ 时，二次曲线分别为一个圆、椭圆、抛物线和双曲线。对于绕地球的卫星轨道，通常，$e<1$。因此，卫星轨道为一个椭圆，这就是开普勒第一定律。参数 a 为椭圆的长半轴，且

$$\frac{h^2}{\mu} = a(1 - e^2) \tag{3.29}$$

显然，参数 a 比 h 有更重要的几何意义，因此，a 被优先使用。参数 a 和 e 决定了椭圆的大小和形状，故被称为椭圆参数。椭圆交赤道于升交点和降交点。极角 φ 以椭圆的远地点为起始点。令 $\varphi=0$，则有 $r = a(1 + e)$。φ 与角 $\vartheta - \omega$ 相差 $180°$。令 $f = \vartheta - \omega$，这里 f 称为卫星从近地点起算的真近点角。轨道方程（3.27）可写为

$$r = \frac{a(1 - e^2)}{1 + e\cos f} \tag{3.30}$$

假定 $f = 0$，即卫星在近地点上，则有 $\omega = \vartheta$，ϑ 为以 p 轴为起始轴的近地点的极角。假定 p 轴在赤道面上，并指向升交点 N，则 ω 就为近地点与升交点之间的夹角（图3.3），称为近地点角距。近地点角距决定了椭圆相对于赤道面的轴向。

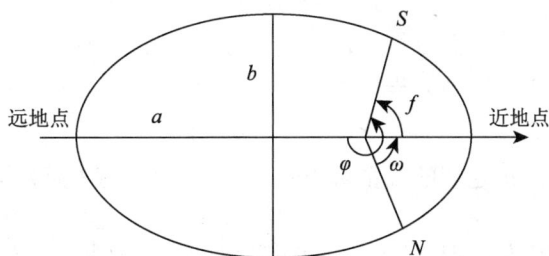

图 3.3　卫星运动的椭圆

3.1.2 开普勒方程

至此，5 个积分常数已经导出。它们是倾角 i、升交点赤经 Ω、长半轴 a、轨道椭圆的偏心率 e，以及近地点角距 ω。参数 i 和 Ω 决定了轨道平面的空间位置，a 和 e 决定了轨道椭圆的大小和形状，而 ω 决定了椭圆轨道平面的方向（图 3.4）。为了确定卫星在椭圆轨道平面的具体位置，必须对卫星的运动速度进行讨论。

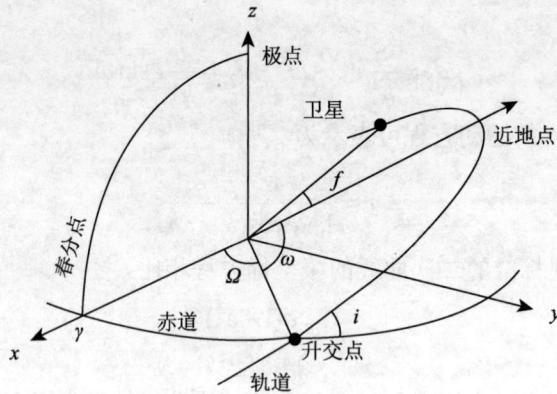

图 3.4 轨道几何图

卫星运动的周期 T 等于轨道椭圆面积除以面速度：

$$T = \frac{\pi ab}{\frac{1}{2}h} = \frac{2\pi ab}{\sqrt{\mu a(1-e^2)}} = 2\pi a^{3/2}\mu^{-1/2} \tag{3.31}$$

平均角速度 n 为

$$n = \frac{2\pi}{T} = a^{-3/2}\mu^{1/2} \tag{3.32}$$

式（3.32）为开普勒第三定律。显然，在椭圆的几何中心上通过平均角速度 n 来描述卫星的角运动更容易（相比于地心）。为简化问题，定义一个偏近点角（用 E 表示，如图 3.5 所示）。点 S' 为卫星 S 在半径为以椭圆的长半轴）的圆上的垂直投影。椭圆几何中心点 O' 和地心 O 之间的距离为 ae。因此

$$x = r\cos f = a\cos E - ae$$
$$y = r\sin f = b\sin E = a\sqrt{1-e^2}\sin E \tag{3.33}$$

第二个方程可以通过将第一个方程代入到椭圆标准方程（$(x+ae)^2/a^2 + y^2/b^2 = 1$）中得到，这里 b 为椭圆的短半轴。轨道方程可由变量 E 表示为

$$r = a(1-e\cos E) \tag{3.34}$$

真近点角和偏近点角之间的关系可由式（3.33）和式（3.34）推导得到

$$\tan\frac{f}{2} = \frac{\sin f}{1+\cos f} = \frac{\sin E}{1+\cos E}\frac{\sqrt{1-e^2}}{1-e} = \frac{\sqrt{1+e}}{\sqrt{1-e}}\tan\frac{E}{2} \tag{3.35}$$

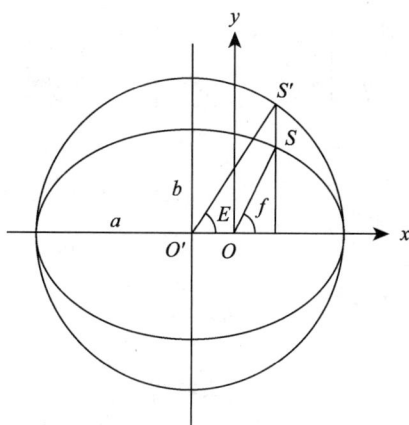

图 3.5　卫星的平近点角

如果将 xyz 坐标系进行旋转使得 xy 面与轨道面重合，则面积速度式（3.9）和式（3.10）在 z 轴方向只有一个分量，即

$$x\dot{y} - y\dot{x} = h = \sqrt{\mu a(1-e^2)} \tag{3.36}$$

由式（3.33）可得

$$\dot{x} = -a\sin E\frac{\mathrm{d}E}{\mathrm{d}t}$$
$$\dot{y} = a\sqrt{1-e^2}\cos E\frac{\mathrm{d}E}{\mathrm{d}t} \tag{3.37}$$

将式（3.33）和式（3.37）代入到式（3.36）并考虑式（3.32），可得 E 和 t 之间的关系为

$$(1-e\cos E)\mathrm{d}E = \sqrt{\mu}a^{-3/2}\mathrm{d}t = n\mathrm{d}t \tag{3.38}$$

设在时刻 t_p 卫星位于近地点，即 $E(t_p)=0$，且对于任意时刻 t，$E(t)=E$，对式（3.38）从 0 到 E 进行积分，即从 t_p 到 t 可得

$$E - e\sin E = M \tag{3.39}$$

其中，

$$M = n(t - t_p) \tag{3.40}$$

式（3.39）为开普勒方程。E 为 M 的函数，也就是 t 的函数。利用式（3.34），开普勒方程将 r 间接转化为 t 的函数。M 称为平近点角。M 采用平均角速度 n 来描述卫星绕地球的轨道运动。t_p 被称为近地点时刻，是卫星在中心力场内运动方程的第六个轨道常数。

在 M 已知的情况下，通过迭代法可对开普勒方程式（3.39）进行求解。由于 e 的值很小，方程很快就可以收敛。

通过式（3.35）和式（3.39）的关系可知，真近点角 f、偏近点角 E 和平近点角 M 是等价的。它们是 t 的函数（包括近地点时刻 t_p），描述了在 ECSF 坐标系中卫星随时间的位置变化。

3.1.3　卫星的状态矢量

考虑到轨道的右手坐标系：如果 xy 面为轨道面，x 轴指向近地点角，z 轴指向矢量 $\vec{h}$，原点在地心上，则可得到卫星的位置矢量 $\vec{q}$ 为（见式（3.33））

$$\vec{q} = \begin{pmatrix} a(\cos E - e) \\ a\sqrt{1-e^2}\sin E \\ 0 \end{pmatrix} = \begin{pmatrix} r\cos f \\ r\sin f \\ 0 \end{pmatrix} \tag{3.41}$$

式（3.41）对时间 t 求导并考虑式（3.38），卫星的速度矢量可表示为

$$\dot{\vec{q}} = \begin{pmatrix} -\sin E \\ \sqrt{1-e^2}\cos E \\ 0 \end{pmatrix} \frac{na}{1-e\cos E} = \begin{pmatrix} -\sin f \\ e+\cos f \\ 0 \end{pmatrix} \frac{na}{\sqrt{1-e^2}} \tag{3.42}$$

上式的第二部分可由 E 和 f 之间的关系推导出。卫星在轨道坐标系中的状态矢量可通过三次旋转变换到 ECSF 坐标系中。首先，顺时针绕第三轴旋转，将近地点转到升交点，可表示为 $R_3(-\omega)$（图 3.4）；接着，顺时针绕第一轴旋转倾角 i 可表示为 $R_1(-i)$；最后，顺时针绕第三轴旋转，从升交点转到春分点表示为 $R_3(-\Omega)$，因此可得到卫星在 ECSF 坐标系中状态矢量：

$$\begin{pmatrix} \vec{r} \\ \dot{\vec{r}} \end{pmatrix} = R_3(-\Omega)R_1(-i)R_3(-\omega)\begin{pmatrix} \vec{q} \\ \dot{\vec{q}} \end{pmatrix} \tag{3.43}$$

其中，

$$\vec{r} = \begin{pmatrix} x \\ y \\ z \end{pmatrix}, \quad \dot{\vec{r}} = \begin{pmatrix} \dot{x} \\ \dot{y} \\ \dot{z} \end{pmatrix}$$

考虑到在 t_0 时刻的开普勒轨道六参数，其中 $M_0 = n(t_0 - t_p)$，则 t 时刻的卫星状态矢量就可通过如下步骤得到：

（1）用式（3.32）计算平均角速度 n；

（2）用式（3.40）、式（3.39）、式（3.33）和式（3.30）计算 3 个近地点角 M、E、f 和 r；

（3）用式（3.41）和式（3.42）计算轨道坐标系下状态矢量 $\vec{q}$ 和 $\dot{\vec{q}}$；

（4）用式（3.43）将状态矢量 $\vec{q}$ 和 $\dot{\vec{q}}$ 旋转到 ECSF 坐标系下。

在实际中，开普勒参数在任意时间都可得到。例如，对于 t_0 时刻，只有 f 是 t_0 的函数，其他参数都为常数。在这种情况下，通过式（3.35）和式（3.39）可求出 E 和 M 的值，而 t_p 可通过式（3.40）求出。

由式（3.42）可得到

$$v^2 = \frac{a^2n^2}{(1-e\cos E)^2}[\sin^2 E + (1-e^2)\cos^2 E] = \frac{a^2n^2(1+e\cos E)}{1-e\cos E} \tag{3.44}$$

考虑式（3.32）和式（3.34）可求得

$$v^2 = \frac{\mu(1+e\cos E)}{r} = \frac{\mu(2-r/a)}{r} = \mu\left(\frac{2}{r} - \frac{1}{a}\right) \tag{3.45}$$

式中，$v^2/2$ 为以质量约化表示的动能；μ/r 为势能；a 为椭圆的长半轴。这就是力学的总能量守恒定律。

采用 $R_3(-\omega)$ 对式（3.41）和式（3.43）的向量 $\vec{q}$ 和 $\dot{\vec{q}}$ 进行旋转，并用 $\vec{p}$ 和 $\dot{\vec{p}}$ 表示，即有

$$\vec{p} = \begin{pmatrix} p_1 \\ p_2 \\ p_3 \end{pmatrix} = R_3(-\omega) \begin{pmatrix} r\cos f \\ r\sin f \\ 0 \end{pmatrix} = \begin{pmatrix} r\cos(\omega+f) \\ r\sin(\omega+f) \\ 0 \end{pmatrix} \tag{3.46}$$

和

$$\dot{\vec{p}} = \begin{pmatrix} \dot{p}_1 \\ \dot{p}_2 \\ \dot{p}_3 \end{pmatrix} = R_3(-\omega) \begin{pmatrix} -\sin f \\ e+\cos f \\ 0 \end{pmatrix} \frac{na}{\sqrt{1-e^2}} = \begin{pmatrix} -\sin(\omega+f) - e\sin\omega \\ \cos(\omega+f) + e\cos\omega \\ 0 \end{pmatrix} \frac{na}{\sqrt{1-e^2}} \tag{3.47}$$

式（3.43）的反问题，即给出了卫星的正交状态向量 $(\vec{r}, \ \dot{\vec{r}})^{\mathrm{T}}$ 来计算开普勒参数，可通过以下方法来解算。$\omega+f$ 称为升交角距，用 u 来表示。

（1）采用给出的状态向量来计算模 r 和 v（$r = |\vec{r}|$，$v = |\dot{\vec{r}}|$）。

（2）采用式（3.10）和式（3.11）来计算向量 $\vec{h}$ 和它的模 h。

（3）采用式（3.13）和式（3.14）来计算倾角 i 和升交点赤经 Ω。

（4）采用式（3.45）、式（3.29）和式（3.32）来计算长半轴 a、偏心率 e 和平均角速度 n。

（5）采用 $\vec{p} = R_1(i)R_3(\Omega)\vec{r}$ 对 $\vec{r}$ 进行旋转，并用式（3.46）来计算 $\omega+f$。

（6）采用 $\dot{\vec{p}} = R_1(i)R_3(\Omega)\dot{\vec{r}}$ 对 $\dot{\vec{r}}$ 进行旋转，并用式（3.47）来计算 ω 和 f。

（7）采用式（3.33）、式（3.39）和式（3.40）来计算 E、M 和 t_p。

可采用第 2 章讨论的公式将 GPS 状态向量从 ECSF 坐标系转换到其他坐标系。

3.2 卫星的受摄运动

卫星的开普勒运动假设卫星只受地球中心引力的吸引。当然它也是在近似的条件下。对一个卫星来说，地球并不能被看作是一个质点或一个同质的球体。地球的所有引力包括中心引力和非中心引力。后者称为地球摄动力，它的量级为中心引力的 10^{-4}。另外一些引力称为摄动力。它们是太阳、月球、地球和海洋潮汐的引力、太阳光压，以及大气阻力等。卫星的运动可看作是一个标准的运动（如开普勒运动）加上一个受摄运动。

如果我们继续采用开普勒参数来描述卫星的受摄运动，那么所有的参数都应该为时间的函数。开普勒参数 $(\Omega(t), \ i(t), \ \omega(t), \ a(t), \ e(t), \ M(t))$ 可用 $\sigma_j(t)$，$j = 1, \cdots, 6$ 来表示。故多项式可近似地表示为

$$\sigma_j(t) = \sigma_j(t_0) + \frac{\mathrm{d}\sigma_j(t)}{\mathrm{d}t}\bigg|_{t=t_0} (t-t_0) + \cdots \quad j = 1, \cdots, 6 \tag{3.48}$$

换句话说，受摄轨道可进一步用开普勒参数表示，但所有参数都为时间的变量。如果给出了初始参数和它们的变化率，则瞬时参数就可求得。这种原理在广播星历中被采用。

详细的摄动理论、轨道修正，以及定轨将在第 11 章讨论。

为了获得某个历元的星历，采用拉格朗日多项式对数据进行拟合，并在该历元进行插值。经典的拉格朗日多项式为（Wang et al., 1979）

$$y(t) = \sum_{j=0}^{m} L_j(t) \cdot y(t_j)$$ (3.54)

式中，

$$L_j(t) = \prod_{k=0}^{m} \frac{(t-t_k)}{(t_j-t_k)}, \quad k \neq j$$ (3.55)

式中，符号"Π"为从 $k=0$ 到 $k=m$ 的相乘运算；m 为多项式的阶数；$y(t_j)$ 为在时刻 t_j 给出的数据；$L_j(t)$ 为 m 阶插值基函数；t 为插值时间。通常，t 应被置于时间段(t_0, t_m) 中间附近。因此，经常选 m 为奇数。对于 IGS 轨道插值，一个标准 m 的经验值为 7 或 9。

对于等距离的拉格朗日插值，有

$$t_k = t_0 + k\Delta t$$
$$t - t_k = t - t_0 - k\Delta t$$
$$t_j - t_k = (j-k)\Delta t$$

故

$$L_j(t) = \prod_{k=0}^{m} \frac{(t-t_0-k\Delta t)}{(j-k)\Delta t}, \quad k \neq j$$ (3.56)

式中，Δt 为数据间隔。

为了采用与 IGS 精密星历类似的方法处理广播星历，可能要先对广播轨道进行计算，并转换成 IGS 格式以便于使用。

目前，预报精密星历也可以免费下载。

3.5　GLONASS 星历

GLONASS 广播星历为预报、预测或外推的卫星的轨道数据，它是卫星以导航电文的形式发送给接收机。广播信息包括卫星个数、星历参考历元、相对频率偏移、卫星钟差、卫星位置、卫星速度、卫星加速度、相对于 UTC$_{SU}$ 的时间系统改正、GLONASS 时间和 GPS 时间的差值，等等。

可利用位置、速度和加速度数据在某历元 t 采用在 3.4 节讨论的拉格朗日多项式或 5.4.2 节讨论的一个 5 阶多项式对卫星的位置和速度进行插值。

类似地，精密 GLONASS 星历也可以得到。它的数据与 GPS 的格式有些相似，包括 GLONASS 时间和 GPS 时间的时间差信息。

3.6　Galileo 星历

Galileo 的开放式服务有两种导航电文类型：F/NAV（freely accessible navigation）和 I/NAV（integrity navigation）。两种电文的内容总体上和 GPS 导航电文非常相近，但个

别项存在一些差异。导航电文中有些项要取决于电文的来源（F/NAV 或 I/NAV），两种电文中的卫星钟参数均是源于双频无电离层线性组合，但 F/NAV 中的卫星钟参数源于 E5a-E1 频率组合，而 I/NAV 中的卫星钟参数则是源于 E5b-E1 频率组合。

3.7   BDS 星历

北斗系统公开服务播发的导航电文与 GPS 导航电文内容相似，头部分和首个数据记录（历元，卫星钟信息）与 GPS 导航数据文件相同。后续的六个记录和 GPS 相似。详细内容可参照 IGS 的 RINEX 格式（receiver independent exchange format）（2015）。

第4章 GPS 观测量

GPS 基本的观测量为伪距、载波相位和多普勒测量值。这一章主要对 GPS 测量值的原理和它们的数学表达式进行描述。

4.1 伪   距

伪距是卫星和接收机天线之间距离的一个测量值。这个距离可通过测量 GPS 信号由卫星到 CPS 接收机天线的传输时间来测得。因此，这个距离也被看作是 CPS 信号发射时刻的卫星和 CPS 信号接收时刻的天线之间的距离。发射时刻可通过接收机码和 CPS 信号的最大相关值来测得。接收机码由接收机时钟产生，当然，CPS 信号由 CPS 卫星时钟产生。由于两种时钟的误差和信号传输介质的影响，测得的伪距与卫星和接收机天线之间的几何距离是不同的。还需要注意的是信号的传输路径与几何路径也有微小的差别。传输介质不但会造成信号的传输延迟，还会导致信号传输路径产生弯曲。

令 t_e 为卫星发射 CPS 信号的时刻，t_r 为接收机接收 CPS 信号的时刻。假设传输介质为真空且不考虑误差的影响，测得的伪距等于几何距离，可表示为

$$R_r^s(t_r, t_e) = (t_r - t_e)c \tag{4.1}$$

式中，c 为光速；下标 r 和上标 s 分别为接收机和卫星；方程左边的 t_r 为伪距测量时刻。

t_e 和 t_r 可以看作是 CPS 信号的实际发射时刻和接收时刻。考虑到卫星和接收机的钟差，伪距可表示为

$$R_r^s(t_r, t_e) = (t_r - t_e)c - (\delta t_r - \delta t_s)c \tag{4.2}$$

式中，δt_r 和 δt_s 分别为接收机和卫星的钟差。CPS 卫星钟差项 δt_s 可通过 GPS 卫星定轨获得。钟差通常可以模型化为时间多项式，其中常数项表示钟偏，线性项表示钟漂。这些系数通过导航电文播发给用户。更为精确的卫星钟差改正值可从所有 IGS 数据中心获得（见 www. gfz-potsdam. de）。它们与精确 IGS 轨道数据共同获得，且时间分辨率更高。

式（4.2）等号右侧第一项的几何距离可表示为

$$\rho_r^s(t_r, t_e) = \sqrt{(x_s - x_r)^2 + (y_s - y_r)^2 + (z_s - z_r)^2} \tag{4.3}$$

式中，卫星的坐标向量 (x_s, y_s, z_s) 为一个关于时间 t_e 的矢量函数，接收机的坐标 (x_r, y_r, z_r) 是一个关于时间 t_r 的函数，因此，几何距离实际上是一个关于两个时间变量的函数。而且，实际上信号发射时刻 t_e 是未知的。令传播时间为 Δt，则有

$$\Delta t = t_r - t_e \tag{4.4}$$

为了说明传播时间的计算，几何距离通常可以写为

$$\rho_r^s(t_r, t_e) = \rho_r^s(t_r, t_r - \Delta t) \tag{4.5}$$

信号从 GPS 卫星到接收机的传播时间大约为 0.07s。将式（4.5）等号右侧的几何距离函数在接收时刻 t_r 展开成与传播时间相关的泰勒级数，则有

$$\rho_r^s(t_r, t_e) = \rho_r^s(t_r) + \frac{\mathrm{d}\rho_r^s(t_r)}{\mathrm{d}t}\Delta t \qquad (4.6)$$

式中，$\mathrm{d}\rho_r^s(t_r)/\mathrm{d}t$ 为卫星与接收机之间的径向距离对时间求偏导。式（4.6）右侧第二项称为传播时间改正项。需要注意的是 GPS 天线的坐标通常是在 ECEF 坐标系下表示。在信号传播过程中，接收机随着地球一起旋转，因此在计算式（4.3）的距离时必须考虑地球自转改正。

当考虑电离层延迟、对流层延迟、地球固体潮和海水负荷潮影响、多路径和相对论效应，以及其他残余误差时，式（4.2）的伪距模型可完整地表示为

$$R_r^s(t_r, t_e) = \rho_r^s(t_r, t_e) - (\delta t_r - \delta t_s)c + \delta_{ion} + \delta_{tro} + \delta_{tide} + \delta_{mul} + \delta_{rel} + \varepsilon \qquad (4.7)$$

式中，左侧为测量的伪距，它等于在发射时刻卫星与在接收时刻的天线之间的几何距离加上或减去几个改正项。钟差改正以光速 c 作为标度。δ_{ion} 和 δ_{tro} 为测站 r 的电离层和对流层延迟；δ_{tide} 为地球潮汐和海水负荷潮汐影响；δ_{mul} 为多路径效应；δ_{rel} 为相对论效应，其他残余误差用 ε 表示。为方便起见，所有的项都以 m 为单位，且不考虑硬件时延误差。

GPS 卫星的高度大约为 20200km，因此 GPS 信号传播时间大约为 0.07s。在信号传播过程中地球不停地旋转。地球自转的角速度大约为 15arcsec/s。相对应的地球自转改正大约为 1arcsec（Goad，1996a，b）。这个改正的影响主要取决于测站所在的纬度。若在赤道上，1arcsec 的旋转大约等于 31 m 的位置偏移。钟差则非常大。在实际中测得的伪距经常为负值。

上面讨论的伪距模型通常适用于 C/A 码和 P 码。伪距测量的精度主要取决于电子技术水平。目前，测量精度达到芯片的 1% 是没有问题的。因此，C/A 码的精度大约是 3 m，P 码为 30 cm。上面提到的改正项将会在后面进行详细讨论。

4.2 载 波 相 位

载波相位是指在接收时刻接收的卫星信号的相位相对于接收机产生的载波信号相位的测量值。这种测量通过移动接收机产生的载波相位来跟踪接收到的相位。在信号初始捕获时并不能得到接收机与卫星之间的完整载波个数。因此，测量载波相位就是对载波相位的小数部分进行测量，并对其周数变化进行跟踪。载波相位观测量实际上是一个累积的载波相位观测结果。通过电子器件对载波相位小数部分测量的精度优于波长的1%，即为毫米级。这也是载波相位观测的精度远高于码观测的原因。一个完整的载波称为一周，在载波相位测量中的不确定整周个数称为模糊度。载波相位的初始观测包括正确的小数部分和在开始历元设置的一个任意的整周数，然后通过引入模糊度参数来确定正确的整周数。

假设介质为真空，且不考虑误差，测量的相位可表示为

$$\Phi_r^s(t_r) = \Phi_r(t_r) - \Phi^s(t_r) + N_r^s \qquad (4.8)$$

式中，下标 r 和上标 s 分别为接收机和卫星；t_r 为接收机接收 GPS 信号的时刻；Φ_r 为接

收机振荡器产生的相位；Φ^s为接收的卫星信号的相位；N_r^s为与接收机 r 和卫星 s 相对应的模糊度。

信号相位传播有一个有趣的特性，即在接收时刻接收的卫星信号的相位恰好等于发射时刻发射的卫星信号的相位（Remondi，1984；Leick，1995），即

$$\Phi^s(t_r) = \Phi_e^s(t_r - \Delta t) \tag{4.9}$$

式中，Φ_e^s为卫星发射的相位；Δt为 GPS 信号传播的时间，它可以表示为

$$\Delta t = \frac{\rho_r^s(t_r, t_e)}{c} \tag{4.10}$$

式中，$\rho_r^s(t_r, t_e)$为在发射时刻t_e的卫星与在接收时刻t_r的 GPS 天线之间的几何距离；c为光速。则式（4.8）可写为

$$\Phi_r^s(t_r) = \Phi_r(t_r) - \Phi_e^s(t_r - \Delta t) + N_r^s \tag{4.11}$$

假定初始时刻为零，接收的卫星信号与接收机参考信号标称频率为f，则有

$$\Phi_r(t_r) = f t_r \tag{4.12}$$

$$\Phi_e^s(t_r - \Delta t) = f(t_r - \Delta t) \tag{4.13}$$

将式（4.10）、式（4.12）和式（4.13）代入到式（4.11），可得

$$\Phi_r^s(t_r) = \frac{\rho_r^s(t_r, t_e)f}{c} + N_r^s \tag{4.14}$$

考虑到卫星和接收机钟差，载波相位可表示为

$$\Phi_r^s(t_r) = \frac{\rho_r^s(t_r, t_e)f}{c} - f(\delta t_r - \delta t_s) + N_r^s \tag{4.15}$$

式中，δt_r和δt_s分别为接收机和卫星的钟差。频率f和波长λ的关系为

$$c = f\lambda \tag{4.16}$$

考虑电离层延迟、对流层延迟、地球潮汐和海水负荷潮汐影响、多路径和相对论效应，以及残余误差的影响，载波相位模型式（4.15）可进一步表示为

$$\hat{\Phi}_r^s(t_r) = \frac{\rho_r^s(t_r, t_e)}{\lambda} - f(\delta t_r - \delta t_s) + N_r^s$$
$$- \frac{\delta_{ion}}{\lambda} + \frac{\delta_{tro}}{\lambda} + \frac{\delta_{tide}}{\lambda} + \frac{\delta_{mul}}{\lambda} + \frac{\delta_{rel}}{\lambda} + \frac{\varepsilon}{\lambda} \tag{4.17}$$

或

$$\lambda\Phi_r^s(t_r) = \rho_r^s(t_r, t_e) - (\delta t_r - \delta t_s)c + \lambda N_r^s$$
$$- \delta_{ion} + \delta_{tro} + \delta_{tide} + \delta_{mul} + \delta_{rel} + \varepsilon \tag{4.18}$$

式中，等号左侧含有系数λ的观测相位等于在发射时刻的卫星与在接收时刻的天线之间的几何距离加上或减去几个改正项。钟差改正以光速c作为标度。δ_{ion}和δ_{tro}为测站 r 的电离层和对流层延迟；δ_{tide}为地球潮汐和海洋负荷潮汐影响。多路径、相对论效应及残余误差的影响分别用δ_{mul}、δ_{rel}和ε表示。式（4.18）使用起来比较方便，因为所有的项都

是以长度（m）为单位。值得注意的是电离层这一项的符号为负，而在伪距模型中为正（参见 4.1 节）。后面的 5.1 节将会对其进行详细的讨论。

在 GPS 信号跟踪过程中，会对相位和整周计数进行连续的建模和频繁测量。采用这种方法必须依靠振荡器的频率变化。每次进行相位观测时，对跟踪环路模型中的系数都要进行更新（Remondi，1984），以保证得到足够精度的观测值。

4.3　多普勒观测量

多普勒效应是一种由于发射器与接收机的相对运动而产生的电磁信号频率偏移的现象。假设发射的标准频率为 f，卫星相对于接收机的径向速度为

$$V_\rho = \vec{V} \cdot \vec{U}_\rho = \left| \vec{V} \right| \cos \alpha \tag{4.19}$$

式中，$\vec{V}$ 为卫星相对于接收机的速度矢量，$V = |\vec{V}|$；$\vec{U}_\rho$ 为接收机相对于卫星方向上的单位矢量；α 为矢量 $\vec{V}$ 在 $\vec{U}_\rho$ 上的投射角（图 4.1）；ρ 为接收机与卫星之间的距离。则接收的信号频率为

$$f_\mathrm{r} = f \left(1 + \frac{V_\rho}{c} \right)^{-1} \approx f \left(1 - \frac{V_\rho}{c} \right) \tag{4.20}$$

式中，c 为光速。则多普勒频移为

$$f_\mathrm{d} = f - f_\mathrm{r} \approx f \frac{V_\rho}{c} = \frac{V_\rho}{\lambda} = \frac{\mathrm{d}\rho}{\lambda \mathrm{d}t} \tag{4.21}$$

式中，$\lambda = (f/c)$ 为波长。

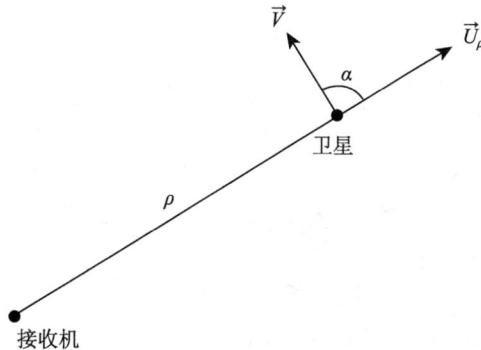

图 4.1　多普勒效应

多普勒计数（或积分多普勒）D 是 TRANSIT 卫星的历史观测量和某一时间间隔内（如 1min）的多普勒频移的积分。如果时间间隔选得足够小，则多普勒计数等于瞬时的多普勒频移，即

$$D = \frac{\mathrm{d}\rho}{\lambda \mathrm{d}t} \tag{4.22}$$

在卫星信号捕获中需要一个近似的预报多普勒频移。D 的预报是 GPS 信号跟踪过

程中的一部分。预报的 D 首先被用来预报相位的变化量，接着通过比较相位的变化量与观测值来获得精确的多普勒频移。累计的整周计数通过一系列的预报的相位变化和观测值的多项式拟合来获得（Remondi，1984）。因此，多普勒频移是载波相位测量的副产品。然而，多普勒频移是一个独立的观测量，是瞬时距离变化率的测量值。

应该注意的是，在不考虑误差的情况下，$\mathrm{d}\rho/(\lambda\mathrm{d}t)$ 等同于 $\mathrm{d}\Phi/\mathrm{d}t$，$\Phi$ 为 4.2 节中讨论的相位观测值。将式（4.17）对时间 t 求导数可得式（4.22）的模型为

$$D = \frac{\mathrm{d}\rho_{\mathrm{r}}^{\mathrm{s}}(t_{\mathrm{r}},t_{\mathrm{e}})}{\lambda\mathrm{d}t} - f\frac{\mathrm{d}\beta}{\mathrm{d}t} + \delta_f + \varepsilon \qquad (4.23)$$

式中，β 为钟差项$(\delta t_{\mathrm{r}} - \delta t_{\mathrm{s}})$；$\delta_f$ 为相对论效应的频率修正；ε 为误差。这里忽略了具有低频特性的误差影响如电离层、对流层、潮汐、多路径等影响。

第5章 GPS 观测误差源

本章将详细讨论影响 GPS 观测的所有误差源，包括电离层效应、对流层效应、相对论效应、地球的潮汐效应、钟差、天线质心和相位中心校正、多路径效应、反电子欺骗（AS）技术和曾经的选择可用性（SA）技术，以及硬件延迟偏差。本章主要讨论理论、模型和算法。

5.1 电离层效应

电离层误差是 GPS 测量的一个重要误差源。电离层延迟误差在一天中的变化小到几米，大到 20m。总的说来，由于受地磁场和太阳活动的复杂影响，电离层模型的建立十分困难。但是，电离层是耗散介质，也就是说，电离层效应是与频率相关的。利用这一点，在设计 GPS 系统时使用多个工作频率，可求出电离层折射误差或进行修正。

5.1.1 码延迟和相位超前

单一频率的电磁波在空间传播的相速度为

$$v_p = \lambda f \tag{5.1}$$

式中，λ 为波长；f 为频率；下标 p 为相位。该公式适用于 GPS 的 L1 和 L2 载波信号。

调制信号在空间传播的速度称为群速度。群速度与相速度不同。一百多年前 Rayleigh 发现它们之间的关系为（Seeber，1993）

$$v_g = v_p - \lambda \frac{\mathrm{d}v_p}{\mathrm{d}\lambda} \tag{5.2}$$

式中，$\mathrm{d}v_p/\mathrm{d}\lambda$ 为 v_p 对 λ 的导数；下标 g 为群。群速度适用于 GPS 码测量。

对式（5.1）两边全微分，得

$$\frac{\mathrm{d}\lambda}{\lambda} = -\frac{\mathrm{d}f}{f} \tag{5.3}$$

代入式（5.2）得到

$$v_g = v_p + f \frac{\mathrm{d}v_p}{\mathrm{d}f} \tag{5.4}$$

若电磁波在真空中传播时相速度与群速度相等，且等于真空中的光速。这样的介质称为非耗散介质；否则，称为耗散介质。定义两个参数 n_p 和 n_g 使得

$$v_g n_g = c \tag{5.5}$$

$$v_p n_p = c \tag{5.6}$$

式中，n_p 和 n_g 称为折射率。它们表征了介质对电磁波信号传播的延迟或加速作用。

对式（5.6）中的 v_p 对频率 f 求导数，得到

$$\frac{\mathrm{d}v_p}{\mathrm{d}f} = -\frac{c}{n_p^2}\left(\frac{\mathrm{d}n_p}{\mathrm{d}f}\right) \tag{5.7}$$

将式（5.5）～式（5.7）代入式（5.4）得

$$\frac{c}{n_g} = \frac{1}{n_p^2}\left(cn_p - fc\frac{\mathrm{d}n_p}{\mathrm{d}f}\right) \quad 或 \quad n_g = \frac{n_p^2}{n_p - f\frac{\mathrm{d}n_p}{\mathrm{d}f}} \tag{5.8}$$

利用数学公式展开

$$(1-x)^{-1} = 1 + x - x^2 - \cdots \quad |x| < 1 \tag{5.9}$$

式（5.8）的一阶近似为

$$n_g = n_p + f\left(\frac{\mathrm{d}n_p}{\mathrm{d}f}\right) \tag{5.10}$$

相折射系数可表示为

$$n_p = 1 + \frac{a_1}{f^2} + \frac{a_2}{f^3} + \cdots \tag{5.11}$$

系数 a_1 和 a_2 取决于电子密度 N_e 且可确定。把式（5.11）代入式（5.10）得到

$$n_g = 1 - \frac{a_1}{f^2} - \frac{2a_2}{f^3} \tag{5.12}$$

信号在介质中传播路径长度的变化与折射率 n 的关系为

$$\Delta r = \int (n-1)\mathrm{d}s \tag{5.13}$$

积分沿传播路径进行。所以，电离层效应导致的相位超前和码延迟可表示为

$$\delta_p = \int(n_p - 1)\mathrm{d}s = \int\left(\frac{a_1}{f^2} + \frac{a_2}{f^3}\right)\mathrm{d}s$$

$$\delta_g = \int(n_g - 1)\mathrm{d}s = \int\left(-\frac{a_1}{f^2} - \frac{2a_2}{f^3}\right)\mathrm{d}s \tag{5.14}$$

省略右边第二项得到

$$\delta_p = -\delta_g = \int\left(\frac{a_1}{f^2}\right)\mathrm{d}s \tag{5.15}$$

故作用于相位和码观测量上的电离层效应大小基本相同而符号相反，且系数 a_1 可估算为（Seeber，1993）

$$a_1 = -40.3N_e \tag{5.16}$$

式中，N_e 为电子密度。

定义天顶方向上的电子总量为

$$\text{TEC} = \int_{\text{zenith}} N_{\text{e}} \mathrm{d}s \tag{5.17}$$

TEC 可由特定模型算出。为合并天顶方向和信号传播路径上的 TEC，需引入一个所谓的倾斜因子或映射函数。这将在 5.1.4 节详细讨论。

电子密度总为正，因此 δ_{g} 为正而 δ_{p} 为负。也就是说电离层效应导致码信号延迟，相位信号超前。

5.1.2 电离层误差修正

1. 双频组合修正

由式（5.15）得

$$\delta_{\text{p}} = \frac{A_1}{f^2}, \quad A_1 = \int a_1 \mathrm{d}s \tag{5.18}$$

利用双频 GPS 相位观测，得

$$\delta_{\text{p}}(f_1) = \frac{A_1}{f_1^2} \tag{5.19}$$

$$\delta_{\text{p}}(f_2) = \frac{A_1}{f_2^2} \tag{5.20}$$

显然

$$f_1^2 \delta_{\text{p}}(f_1) - f_2^2 \delta_{\text{p}}(f_2) = 0 \tag{5.21}$$

换言之，通过 GPS 相位观测量的线性组合可消除电离层误差。此结论对双频码相位和载波相位测量均是有效的，即

$$f_1^2 \delta_{\text{g}}(f_1) - f_2^2 \delta_{\text{g}}(f_2) = 0 \tag{5.22}$$

需要指出，这种消电离层组合是一阶近似项，因为其省略了式（5.14）和式（5.15）中的二阶项。此外，式（5.21）和式（5.22）的组合应除以 $f_1^2 - f_2^2$ 进行标准化，使得组合的码和相位观测量是在特定频率上的码和相位观测值。标准化的（一阶）消电离层的码和相位组合可表示为

$$\frac{f_1^2 \delta_{\text{p}}(f_1) - f_2^2 \delta_{\text{p}}(f_2)}{f_1^2 - f_2^2} = 0 \tag{5.23}$$

$$\frac{f_1^2 \delta_{\text{g}}(f_1) - f_2^2 \delta_{\text{g}}(f_2)}{f_1^2 - f_2^2} = 0 \tag{5.24}$$

形式上，组合观测量的观测频率为

$$f = \frac{f_1^2 f_1 - f_2^2 f_2}{f_1^2 - f_2^2} \tag{5.25}$$

波长为 $\lambda = c/f$，其中，c 为真空中的光速。

2. 三频组合修正

如上所述，双频组合测量只能消除电离层误差的一阶项。显然，三频组合测量还可消除电离层误差的二阶项。

如 5.1.1 节所述，电离层误差的相位表示为

$$\delta_{\mathrm{p}} = \frac{A_1}{f^2} + \frac{A_2}{f^3}$$
$$A_1 = \int a_1 \mathrm{d}s \qquad\qquad (5.26)$$
$$A_2 = \int a_2 \mathrm{d}s$$

采用三频 GPS 载波相位观测，电离层误差表示如下：

$$\delta_{\mathrm{p}}(f_1) = \frac{A_1}{f_1^2} + \frac{A_2}{f_1^3} \qquad\qquad (5.27)$$

$$\delta_{\mathrm{p}}(f_2) = \frac{A_1}{f_2^2} + \frac{A_2}{f_2^3} \qquad\qquad (5.28)$$

$$\delta_{\mathrm{p}}(f_5) = \frac{A_1}{f_5^2} + \frac{A_2}{f_5^3} \qquad\qquad (5.29)$$

一阶消电离层组合为

$$f_1^2 \delta_{\mathrm{p}}(f_1) - f_2^2 \delta_{\mathrm{p}}(f_2) = \frac{A_2}{f_1} - \frac{A_2}{f_2} \qquad\qquad (5.30)$$

$$f_1^2 \delta_{\mathrm{p}}(f_1) - f_5^2 \delta_{\mathrm{p}}(f_5) = \frac{A_2}{f_1} - \frac{A_2}{f_5} \qquad\qquad (5.31)$$

或

$$\frac{f_1^2 \delta_{\mathrm{p}}(f_1) - f_2^2 \delta_{\mathrm{p}}(f_2)}{\dfrac{1}{f_1} - \dfrac{1}{f_2}} = A_2 \qquad\qquad (5.32)$$

$$\frac{f_1^2 \delta_{\mathrm{p}}(f_1) - f_5^2 \delta_{\mathrm{p}}(f_5)}{\dfrac{1}{f_1} - \dfrac{1}{f_5}} = A_2 \qquad\qquad (5.33)$$

所以，二阶电离层无关项为

$$\frac{(f_1^2 \delta_{\mathrm{p}}(f_1) - f_2^2 \delta_{\mathrm{p}}(f_2))(f_1 f_2)}{(f_2 - f_1)} - \frac{(f_1^2 \delta_{\mathrm{p}}(f_1) - f_5^2 \delta_{\mathrm{p}}(f_5))(f_1 f_5)}{(f_5 - f_1)} = 0 \qquad\qquad (5.34)$$

或

$$B_1 \delta_{\mathrm{p}}(f_1) + B_2 \delta_{\mathrm{p}}(f_2) + B_5 \delta_{\mathrm{p}}(f_5) = 0 \qquad\qquad (5.35)$$

其中

$$B_1 = f_1^3 f_1 \frac{(f_5 - f_2)}{(f_2 - f_1)(f_5 - f_1)} \qquad (5.36)$$

$$B_2 = -\frac{f_2^3 f_1}{f_2 - f_1} \qquad (5.37)$$

$$B_5 = \frac{f_5^3 f_1}{f_5 - f_1} \qquad (5.38)$$

式（5.35）可归一化为

$$\frac{B_1 \delta_p(f_1) + B_2 \delta_p(f_2) + B_5 \delta_p(f_5)}{B_1 + B_2 + B_5} = 0 \qquad (5.39)$$

或

$$C_1 \delta_p(f_1) + C_2 \delta_p(f_2) + C_5 \delta_p(f_5) = 0 \qquad (5.40)$$

其中

$$C_1 = \frac{f_1^3(f_5 - f_2)}{C_4} \qquad (5.41)$$

$$C_2 = -\frac{f_2^3(f_5 - f_1)}{C_4} \qquad (5.42)$$

$$C_5 = \frac{f_5^3(f_2 - f_1)}{C_4} \qquad (5.43)$$

$$C_4 = f_1^3(f_5 - f_2) - f_2^3(f_5 - f_1) + f_5^3(f_2 - f_1) \qquad (5.44)$$

上述推导同样适用于三频伪码测量的情况：

$$C_1 \delta_g(f_1) + C_2 \delta_g(f_2) + C_5 \delta_g(f_5) = 0 \qquad (5.45)$$

3. 码相位组合修正

回顾 5.1.1 节中式（5.15）所示的一阶近似项：

$$\delta_p = -\delta_g = A_1 / f^2 \ , \qquad A_1 = \int a_1 \mathrm{d}s \qquad (5.46)$$

伪距测量值和载波相位测量值的电离层误差符号相反，数值近似相等。因此，一种直接的消除电离层效应的方法就是组合同一频率上伪距测量值和载波相位测量值，即

$$\delta_p(f) + \delta_g(f) = 0 \qquad (5.47)$$

显然，码相位组合观测值的精度分别低于相位或码观测值。

5.1.3 电离层模型

1. 广播电离层模型

GPS 广播电文中包含了预测电离层模型参数（Klobuchar，1996；Leick，1995）。利用模型参数，电离层误差可以进行计算和修正。

广播电离层模型输入参数包括 8 个模型系数 $\alpha_i, \beta_i, i = 1, 2, 3, 4$, GPS 天线所处的大地

纬度 φ 和大地经度 λ, GPS 观测时刻 T, 以及观测到的 GPS 卫星的方位角 A 和俯仰角 E。上述 4 个角度变量 φ、λ、A 和 E 的单位为半圆周 SC（1SC=180°）。相关公式如下：

$$F = 1 + 16(0.53 - E)^3 \tag{5.48}$$

$$\psi = \frac{0.0137}{E + 0.11} - 0.022 \tag{5.49}$$

$$\varphi_i = \varphi + \Psi \cos A \tag{5.50}$$

$$\phi_i = \frac{0.416\phi_i}{|\phi_i|}, \quad \text{若} |\phi_i| > 0.416 \tag{5.51}$$

$$\lambda_i = \lambda + \psi \frac{\sin A}{\cos \varphi_i} \tag{5.52}$$

$$\phi = \varphi_i + 0.064 \cos(\lambda_i - 1.167) \tag{5.53}$$

$$t = \lambda_i 43200 + T \tag{5.54}$$

$$t = t - 86400, \quad \text{若} t \geqslant 86400 \tag{5.55}$$

$$t = t + 86400, \quad \text{若} t < 0 \tag{5.56}$$

$$P = \sum_{i=1}^{4} \beta_i \phi^i \tag{5.57}$$

$$P = 72000, \quad \text{若} P < 72000 \tag{5.58}$$

$$x = \frac{2\pi(t - 50400)}{P} \tag{5.59}$$

$$Q = \sum_{i=1}^{4} \alpha_i \phi^i \tag{5.60}$$

$$Q = 0, \quad \text{if} \quad Q < 0 \tag{5.61}$$

$$\delta_g(f_1) = cF5 \times 10^{-9}, \quad \text{若} |x| > 1.57 \tag{5.62}$$

$$\delta_g(f_1) = cF\left(5 \times 10^{-9} + Q\left(1 - \frac{x^2}{2} + \frac{x^4}{4}\right)\right), \quad \text{若} |x| < 1.57 \tag{5.63}$$

其中，φ_i 和 λ_i 为下电离层投影点的大地纬度和大地经度。卫星视线方向上距离等于电离层平均高度（350 km）的点称为电离层点，下电离层投影点是电离层点在地球表面高度 50 km 处的投影；ϕ 为下电离层投影点的地磁纬度；ψ 为 GPS 观测站与电离层点的地心夹角；F 为将天顶方向的电离层误差映射到信号传输路径的映射函数或倾斜因子；t 为下电离层投影点的本地时；P 和 Q 为周期和振幅；x 为相位；c 为光速；L1 频点的频率为 f_1。

L2 频点的电离层群延迟为

$$\delta_{\mathrm{g}}(f_2) = \frac{f_1^2}{f_2^2}\delta_{\mathrm{g}}(f_1) \qquad (5.64)$$

如果相位由长度单位表征，则相位超前符号相反。长度除以波长，相位由长度单位表征变为由周数表征。

图 5.1 表示了 2001 年 9 月 9 日广播电离层模型导出的电离层误差。电离层参数为

$$(\alpha_i) = \begin{pmatrix} 3073 & 1490 & -11920 & -11920 \end{pmatrix} \times 10^{-11}$$

$$(\beta_i) = \begin{pmatrix} 1372 & 1638 & -1966 & 3932 \end{pmatrix} \times 10^{+2}$$

站址坐标为（$\varphi=45°$，$\lambda=0°$）。计算时间覆盖 GPS 时间系统的 24h。实线表示某颗卫星的电离层误差（每 4h 重复出现，仰角变化为 5°～85°～5°，方位角变化为 30°～150°）。虚线表示一颗空间位置不变的天顶方向的卫星的天顶电离层误差（高度角=90°，方位角=180°）。可见，电离层误差与时间和卫星天顶角关系紧密。在天顶方向，9:00 之前和 19:00 之后电离层误差为常量（1.5 m）。每天日出、日落和电离层正午（14:00）电离层效应变化剧烈。不同高度角的卫星的电离层误差可以相差三倍。

广播电离层模型可以修正电离层延迟的 50%以上（Langley，1998a，b）。

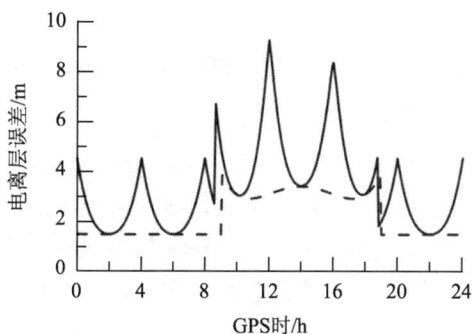

图 5.1　广播电离层模型

2. 双频电离层修正模型

伪距测量中只有电离层效应与工作频率相关。因此，双频伪距的简单差分可以消除除电离层效应外的其他影响，进而确定电离层延迟：

$$R_1 - R_2 = \delta_{\mathrm{g}}(f_1) - \delta_{\mathrm{g}}(f_2) = \left(1 - \frac{f_1^2}{f_2^2}\right)\delta_{\mathrm{g}}(f_1) \qquad (5.65)$$

或

$$\delta_{\mathrm{g}}(f_1) = \frac{R_1 - R_2}{1 - \dfrac{f_1^2}{f_2^2}} \qquad (5.66)$$

式中，R_1 和 R_2 分别为 L1 和 L2 的伪距；f_1 和 f_2 分别为 L1 和 L2 的载波频率。这里省略了随机测量误差和非模型偏差。

同样，电离层效应可由双频载波相位观测确定。4.2 节讨论的相位观测模型采用的

两个频率的相位伪距简单差分组合表示如下

$$\lambda_1 \Phi_1 - \lambda_2 \Phi_2 = \delta_p(f_1) - \delta_p(f_2) + \lambda_1 N_1 - \lambda_2 N_2$$

$$= \left(1 - \frac{f_1^2}{f_2^2}\right)\delta_p(f_1) + \lambda_1 N_1 - \lambda_2 N_2 \qquad (5.67)$$

或

$$\delta_p(f_1) = \frac{\lambda_1 \Phi_1 - \lambda_2 \Phi_2 - \lambda_1 N_1 + \lambda_2 N_2}{1 - \dfrac{f_1^2}{f_2^2}} \qquad (5.68)$$

式中，Φ_1 和 Φ_2 分别为 L1 和 L2 的相位伪距（单位为周数）；N_1 和 N_2 分别为 L1 和 L2 的相位整周模糊度。这里省略了随机测量误差和非模型偏差。只要相位测量是连续的（无周跳），$\lambda_1 N_1 - \lambda_2 N_2$ 为常量。通过对式（5.66）和式（5.68）的长期统计比较，常量 $\lambda_1 N_1 - \lambda_2 N_2$ 可以大致确定。使用该方法可以很好地消除电离层效应的波动。

5.1.4　映射函数

如 5.1.1 节所述，为了联合天顶方向和信号传输路径的 TEC，需要倾斜因子或映射函数 F：

$$\mathrm{TEC}_\rho = \mathrm{TEC}_z F \qquad (5.69)$$

式中，下标 ρ 和 z 分别为路径和天顶方向。

一般说来，电离层起于 50 km 高度，止于 750 km 高度。因此，假定电离层是一个平均高度为 350 km 的单层（图 5.2）。卫星的视线在电离层点穿越单电离层。电离层点在 50 km 高度上投影点为下电离投影点，卫星视线与 50 km 层壳的交点为视线下电离层投影点，卫星视线与 750 km 层壳的交点为视线上电离层投影点。这四个点分别用 P_{ip}，P_{sip}，P_{sips} 和 P_{supip} 表示。

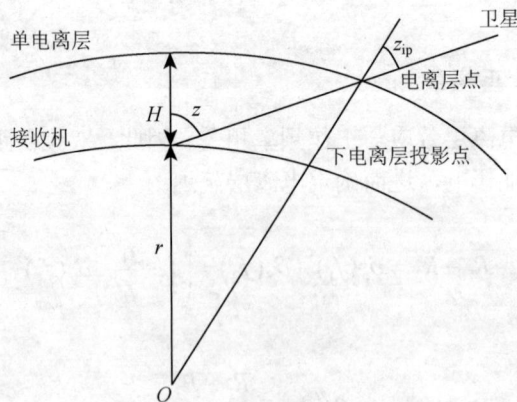

图 5.2　单层电离层模型

1. 投影映射函数

单层模型假定自由电子是均匀分布的，如图 5.2 所示。这等同于假设所有自由电子

集中于 350 km 高度上一个厚度无限小的单层。这时，映射函数为

$$F = \frac{1}{\cos z_{ip}} \qquad (5.70)$$

式中，z_{ip} 为电离层点的卫星天顶角。根据正弦定理，z_{ip} 与接收机天顶方向和卫星视线夹角 z 的关系为

$$\sin z_{ip} = \frac{r}{r+350} \sin z \qquad (5.71)$$

式中，r 为地球的平均半径。这样的映射函数称为单层映射函数或投影映射函数。注意式（5.71）只对球形天顶角有效。

2. 几何映射函数

如果假定自由电子的均匀分布与高度相关，就得到了几何映射函数：

$$d\rho = dHF \qquad (5.72)$$

式中，$d\rho$ 和 dH 分别为电离层路径延迟和天顶延迟。

卫星在视线下电离层投影点 P_{sips} 的天顶角用 z_{sips} 表示，如图 5.3 所示。由正弦定理有

$$\sin z_{sips} = \frac{r}{r+50} \sin z \qquad (5.73)$$

式中，z 为接收机天顶方向和卫星视线夹角；r 为地球的平均半径。在几何模型中使用了球形天顶角。

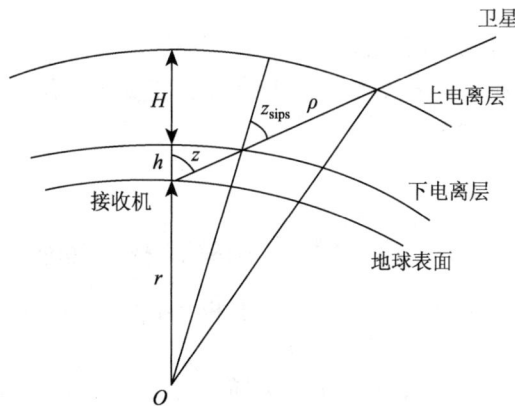

图 5.3　球形电离层模型

球形天顶和大地天顶的差异取决于观测站纬度和卫星的方位。最大差异是计算点的大地纬度和地心纬度之差，约为 $(e^2/2)\sin(2\varphi)$（Torge，1991），e^2 是一阶数字偏心率（$e^2 < 0.0067$），φ 是计算点的大地纬度。因此，小的角度偏差可以忽略。当然，为了保证精确性，应该使用球面天顶角，也就是测站到卫星的视线与其地心半径矢量夹角。根据余弦定理，得

$$(r+50+H)^2 = (r+50)^2 + \rho^2 - 2(r+50)\rho\cos(180 - z_{sips}) \qquad (5.74)$$

或

$$\rho^2 + 2(r+50)\cos(z_{sips})\rho + (r+50)^2 - (r+50+H)^2 = 0 \qquad (5.75)$$

式中，ρ 和 H 分别为从上电离层投影点到视线下电离层投影点和下电离层投影点之间的距离。该二阶方程的解为

$$\rho = -(r+50)\cos(z_{sips}) \pm \sqrt{(r+50)^2\cos^2(z_{sips}) - (r+50)^2 + (r+50+H)^2} \qquad (5.76)$$

或

$$\rho = -(r+50)\cos(z_{sips}) \pm \sqrt{(r+50+H)^2 - (r+50)^2\sin^2(z_{sips})} \qquad (5.77)$$

因为 $\rho > 0$，式（5.75）有唯一解：

$$\rho = -(r+50)\cos(z_{sips}) + \sqrt{(r+50+H)^2 - (r+50)^2\sin^2(z_{sips})} \qquad (5.78)$$

比较式（5.72）和式（5.78），可得几何映射函数：

$$F = -\frac{r+50}{H}\cos(z_{sips}) + \frac{\sqrt{(r+50+H)^2 - (r+50)^2\sin^2(z_{sips})}}{H} \qquad (5.79)$$

或者约为

$$F = -9.183\cos(z_{sips}) + 10.183\sqrt{1 - 0.81\sin^2(z_{sips})} \qquad (5.80)$$

其中，采用 r=6378km 和 H=700km。

式（5.79）所得几何映射函数是一个球形近似（假定 r 为常量）。该投影函数可称为许氏几何投影函数（Xu，2003）。

3. 椭球映射函数

考虑半径 r 与纬度 φ 相关，可得椭球映射函数。根据 Torge（1991）的研究，有

$$r^2 = a^2\cos^2\beta + b^2\sin^2\beta \quad \text{和} \quad \tan\beta = \frac{b}{a}\tan\varphi \qquad (5.81)$$

式中，r 为旋转椭圆体的半径；a 和 b 分别为椭圆的长短半轴；β 为一个与大地纬度 φ 有关的角度。利用三角变换公式：

$$2\cos^2\beta - 1 = 1 - 2\sin^2\beta = \frac{1 - \tan^2\beta}{1 + \tan^2\beta} \qquad (5.82)$$

式（5.81）变为

$$r^2 = \frac{a^2}{2}\left(\frac{1 - \tan^2\beta}{1 + \tan^2\beta} + 1\right) + \frac{b^2}{2}\left(1 - \frac{1 - \tan^2\beta}{1 + \tan^2\beta}\right) \qquad (5.83)$$

或

$$r^2 = \frac{a^2}{2}\left(\frac{a^2 - b^2 \tan^2 \varphi}{a^2 + b^2 \tan^2 \varphi} + 1\right) + \frac{b^2}{2}\left(1 - \frac{a^2 - b^2 \tan^2 \varphi}{a^2 + b^2 \tan^2 \varphi}\right) \tag{5.84}$$

在椭圆的情况下，式（5.74）和式（5.78）变为

$$(r_s + 50 + H)^2 = (r_i + 50)^2 + \rho^2 - 2(r_i + 50)\rho \cos(180 - z_{\text{sips}})$$

$$F = -\frac{r_i + 50}{H}\cos(z_{\text{sips}}) + \sqrt{(r_s + 50 + H)^2 - (r_i + 50)^2 \sin^2(z_{\text{sips}})}/H \tag{5.85}$$

式中，r_s 和 r_i 分别为下电离层投影点和视线下电离层投影点的地心半径。它们可经由在式（5.84）中用 φ_s 和 φ_i 代替大地纬度得到。式（5.85）就是椭圆映射函数。该投影函数可称为许氏椭球投影函数（Xu，2003）。

如果需要确定电离层误差，就需要映射函数。式（5.72）中的 $\mathrm{d}p$ 可被认为是 GPS 观测信号的电离层路径延迟，$\mathrm{d}H$ 可被认为是一个独立于式（5.27）给出的天顶距离的电离层模型。需要确定参数的物理意义即天顶方向的总电子容量。

5.1.5 常用电离层模型

电离层延迟模型一般可分为两种类型：①经验模型，一般通过综合应用各类电离层物理模型和各类电离层探测技术获得的大量资料进行构建（如 Klobuchar 模型、IRI 模型、NeQuick 模型和 NTCM-GL 模型等）；②数学函数模型，即依据某一时段中的某一区域内实际测定的电离层延迟，采用数学方法拟合出来，以更好地满足特定区域用户的定位需求（如多项式（POLY）模型、三角级数（TSF）模型、球谐（SH）函数模型、格网电离层模型（GIM））。

1. Klobuchar 模型

GPS 广播星历采用 Klobuchar 模型（1987 年）来改正单频接收机的电离层延迟（参见 5.1.3 节）。Klobuchar 模型的优点在于结构简单，计算方便，适用于单频 GPS 接收机实时快速定位的电离层延迟改正。Klobuchar 模型在参数设置时考虑了电离层周日尺度上的振幅和周期的变化，基本上反映了电离层的变化特性，确保大规模电离层预报的可靠性。其缺点在于电离层延迟改正的精度有限，只适用于中纬度地区。由于电离层在高纬和低纬赤道地区的变化活动频繁剧烈，该模型无法有效反映电离层的真实状态。经验表明，Klobuchar 模型通常可以改正电离层影响的 50%～60%，理想情况下可改正至 75%。

从 2000 年 7 月开始，欧洲定轨中心 CODE 开始提供事后处理的 Klobuchar 电离层改正系数，以便使广播 8 参数结果与 CODE 提供的全球电离层图 GIM 产品相一致。结果表明，事后处理的 Klobuchar 模型在一致性方面高于广播的 Klobuchar 模型。同样，CODE 也提供了 Klobuchar 模型的预报参数。Petrie 等（2011）的研究结果表明，预报的模型效果不如事后处理的 Klobuchar 模型显著。

2. IRI 模型

IRI（international reference ionosphere）模型是在国际无线电科学联盟(URSI) 和空间研究委员会(COSPAR)联合资助下，从 1960 年开始，由 IRI 工作组根据大量的探测资

料和多年积累的电离层研究成果编制开发的全球电离层经验模型（Bilitza，2001），最早的版本为 IRI-78，发布于 1978 年，之后经过多次修正，目前最新版本为 IRI-2012（Bilitza et al.，2014）。IRI 模型是目前最有效且被广泛认可的经验模型，它基于全球 16 个电离层探测仪观测网数据、非相干散射雷达、卫星资料、探空火箭资料等，融合了多个大气参数模式，引入太阳活动参数，地磁活动参数，描述了无极光情况下电离层在地磁宁静条件下的特定时间、地点上空 60~2000 km 范围内的电子密度、电子温度、离子温度、离子成分、电子含量等月平均值，在电离层研究和无线电通信领域有着广泛的应用。国家空间科学数据中心（NSSDC）通过 http://nssdc.gsfc.nasa.gov/model/ionospheric/ iri.html 网页提供在线 IRI 计算服务。IRI 电离层模型是一种统计预报模式，反映平静电离层的平均状态，但对高精度测量任务，还需要考虑电离层的瞬时变化。

作为经验模型，IRI 的优势在于无需依赖对电离层等离子体的形成过程发展起来的理论认识，而劣势则在于对现成数据库的极度依赖。对于数据库没有覆盖到的区域和时间周期，该模型的可靠性会减弱（Bilitza et al.，2014）。

3. NeQuick 模型

NeQuick 是一种经验模型，该模型是在基于 Di Giovanni 和 Radicella 等 1990 年提出的模型上进行修正后建立的。IRI 模型使用 NeQuick 算法作为上层电离层计算的默认选项。NeQuick 可以计算电离层中任意给定位置的电子密度。因此，它可以计算任意给定两点间的 TEC 及电子密度分布（Nava et al.，2008）。

4. NTCM-GL 模型

Global Neustrelitz TEC 模型（NTCM-GL）是一种新的全球电离层模型，由位于德国 Neustrelitz 的德国宇航中心(DLR)通信导航研究院研发。该模型可以提供任意给定时间及位置的垂直总电子含量(VTEC)。模型的核心由 12 个系数组成，可独立用于整个太阳周期。由于该模型无需进行电子密度分布的积分，因此非常简单快捷（Jakowski et al.，2011）。该模型通过分析将日变化、季节变化、赤道高度异常，以及太阳辐射通量间的依赖关系以谐函数的形式给出。所有的模型算法公式可参见 Jakowski 等（2011）。

5. 多项式(POLY)模型

多项式模型是将垂直方向总电子含量 VTEC 看作是纬差 $(\varphi - \varphi_0)$ 和太阳时角差 $(S - S_0)$ 的函数，具体表达式为（Komjathy，1997）

$$\text{VTEC} = \sum_{i=0}^{n} \sum_{k=0}^{m} E_{ik} (\varphi - \varphi_0)^i (S - S_0)^k \tag{5.86}$$

式中，E_{ik} 为模型待估系数；φ 和 S 分别为穿刺点的地理纬度和太阳时角；φ_0 为测区中心点的地理纬度；S_0 为测区中心点 (φ_0, λ_0) 在该时段中央时刻 t_0 时的太阳时角。

多项式模型结构简单，并顾及了与纬度和太阳时角相关的电离层变化。使用该模型在特定的时段和范围内可取得较高精度的结果，因此该模型广泛应用于区域电离层建模分析中。

6. 三角级数(TSF)模型

Georgiadiou 提出利用三角级数模型来建立区域电离层模型,以进一步精确地反映区域电离层的日变化。基于三角级数,可组成一种地磁坐标下具有可变参数的广义三角级数,其表达式为(Mannucci,1998)

$$\text{VTEC} = A_1 + \sum_{i=1}^{N_2}\left\{A_{i+1}\varphi_m^i\right\} + \sum_{i=1}^{N_3}\left\{A_{i+N_2+1}h^i\right\} + \sum_{i=1,j=1}^{N_iN_j}\left\{A_{i+N_2+N_3+1}\varphi_m^ih^j\right\}$$
$$+ \sum_{i=1}^{N_4}\left\{A_{2+N_2+N_3+N_i-1}\cos(ih) + A_{2i+N_2+N_3+N_i}\sin(ih)\right\} \tag{5.87}$$

φ_m 为穿刺点的地磁纬度;h 为与地方时有关的变量,$h=2\pi(t-14)/T$,$T = 24\ h$,其中 t 为穿刺点的地方时,$\varphi_m=\varphi+0.064\cos(\lambda-1.617)$,其中 φ 和 λ 分别为地理纬度和经度。

7. 球谐(SH)函数模型

球谐函数模型广泛应用于全球电离层模型中。欧洲定轨中心(CODE)发布了 15×15 阶的全球球谐函数模型。在全球建模中,零阶项是全球电离层的平均 TEC 值。在区域建模中,虽然球谐系数不具有正交性,但是仍然可以使用低阶球谐函数模型来研究电离层区域。该函数模型可表示为(Schaer,1999)

$$\text{VTEC} = \sum_{n=0}^{n_{\max}}\sum_{m=0}^{n}P_{nm}(\sin\beta)(A_{nm}\cos(ms) + B_{nm}\sin(ms)) \tag{5.88}$$

式中,β 为穿刺点的地理或地磁纬度;$s = \lambda - \lambda_0$ 为穿刺点的日固经度,λ 为穿刺点经度,λ_0 为太阳经度;$n_{\max}$ 为球函数(SH)展开的最高阶数;$P_{nm}(\sin\beta) = N_{nm}\cdot P_{nm}(\sin\beta)$ 为完全规格化后的 n 阶 m 次的勒让德函数;N_{nm} 为规格化系数,即 $N_{nm} = \sqrt{(n-m)!(2n+1)(2-\delta_{om})/(n+m)!}$,$\delta_{om}$ 为 Kronecker 型的 δ 函数,当 $m\neq0$ 时,$\delta_{om}=0$,当 $m=0$ 时,$\delta_{om}=1$;$P_{nm}(\sin\beta)$ 为经典未完全规格化的勒让德函数;A_{nm}、B_{nm} 为未知的 SH 系数,即待求的全球或区域性 VTEC 参数。

8. 格网电离层模型(GIM)

格网电离层模型主要用在广域差分 GPS(WASS)系统中,它的中心思想是假设电离层中的所有自由电子都均匀分布在一个距离地球表面约 350 km 的厚度为无限薄的单层球壳上,格网结点按设定好的规律分布在这个电离层球壳上(Otsuka et al.,2002)。格网电离层模型值是覆盖该区域的特定电离层格网点(IGPs,所选经度和纬度线的交点)处的垂直电离层延迟或垂直总电子含量。测站上的电子含量通常是由四个格网点进行内插得到,因此,为了获取高精度的电子含量,需要进行空间和时间内插。

从经验模型与实测模型对比的角度来说,由于影响电离层的因素很多,许多因素又带有较大的随机性,而且我们对各个因素的相互作用关系,变化规律及内部机制未完全清楚,因此在电离层延迟中易产生很多不规则的变化,不是单靠经验数据能够推断的,因此经验模型的效果一般都不太好。而对于拟合模型来说,建立这种模型显然不需要我们对电离层内部机制进行更加深入的了解，一些随时间的小尺度变化已经在模型中体现出来，再加上目前 GPS 及其他 GNSS 卫星数量增多，分布更加稠密均匀，因此在 2~4h 内可以很好地拟合出区域电离层模型，所以采用这类模型常能取得更为理想的结果。

5.2 对流层效应

对流层是地球表面较低部分的大气。与电离层不同，在 GPS 信号的载波频段上对流层属于非耗散介质，即 GPS 信号传播过程中的对流层效应与频率无关。对流层中的中性原子和分子对电磁信号的影响称为对流层延迟或对流层折射。实际上，对流层这个词用在这里并不确切，但是，由于历史原因，对流层效应被简单地认为是电离层以下的大气的效应。天顶方向的对流层延迟约为 2m，且随着视线到卫星的天顶角的增大而增大。在几度的卫星低高度角情况下，对流层延迟可达到数十米。因此，对流层效应是 GPS 精密测量应用中的重要误差源。

一般来说，对流层延迟与 GPS 天线位置、大气温度、气压和湿度有关。与电离层路径延迟类似，对流层路径延迟可表示为

$$\delta = \int (n-1)\mathrm{d}s \qquad (5.89)$$

式中，n 为对流层折射率，积分在信号传输路径上进行（可以简化为在几何路径上进行）。折射率异常（n–1）的约化可通过

$$N = 10^6(n-1) \qquad (5.90)$$

式中，N 称为对流层折射数，可分为湿分量（10%）和干分量（90%）：

$$N = N_\mathrm{w} + N_\mathrm{d} \qquad (5.91)$$

式中，下标 w 和 d 分别为湿和干，它们分别是由水蒸气和干燥大气引起的。故式（5.89）变为

$$\delta = \delta_\mathrm{w} + \delta_\mathrm{d} = 10^{-6}\int N \mathrm{d}s \qquad (5.92)$$

其中

$$\delta_\mathrm{w} = 10^{-6}\int N_\mathrm{w} \mathrm{d}s \qquad (5.93)$$

$$\delta_\mathrm{d} = 10^{-6}\int N_\mathrm{d} \mathrm{d}s \qquad (5.94)$$

如果积分沿天顶方向进行，相关映射函数定义为

$$\delta_\mathrm{w} = \delta_\mathrm{wz} F_\mathrm{w} \qquad (5.95)$$

$$\delta_\mathrm{d} = \delta_\mathrm{dz} F_\mathrm{d} \qquad (5.96)$$

$$\delta = \delta_\mathrm{z} F \qquad (5.97)$$

式中，下标 z 为天顶方向的对流层延迟；F_w 和 F_d 分别为湿分量和干分量的映射函数。与 5.1.4 节讨论类似，欲确定天顶方向的有关延迟模型需要先讨论映射函数。所有经验的对流层路径延迟模型都有其对应的映射函数。

5.2.1 对流层模型

1. 改进的 Saastamoinen 模型

用于计算对流层路径延迟的改进的 Saastamoinen 模型（Saastamoinen，1972，1973）如

$$\delta = \frac{0.002277}{\cos z}\left[P + \left(\frac{1255}{T} + 0.05\right)e - B\tan^2 z\right] + \delta R \qquad (5.98)$$

式中，z 为卫星的天顶角；T 为测站的温度（单位为 K）；P 为气压（单位为 mbar）；e 为水蒸气的局部气压（mbar）；B 和 δR 为取决于 H 和 z 的修正项，H 为测站高度；δ 为对流层路径延迟（单位为 m），参见（Wang et al.，1988）

$$e = R_h \exp(-37.2465 + 0.213166\,T - 0.000256908\,T^2) \qquad (5.99)$$

式中，R_h 为相对湿度（%）；"exp()" 为指数函数。B 和 δR 可依据表 5.1 和表 5.2 插值获得。

表 5.1　$B(H)$ 函数

高程/km	0.0	0.5	1.0	1.5	2.0	2.5	3.0	4.0	5.0
B/mbar	1.156	1.1079	1.006	0.938	0.874	0.813	0.757	0.654	0.563

表 5.2　$\delta R(H,\ z)$ 函数

$z/(°)$\高程/km	0	0.5	1	1.5	2	3	4	5
60	0.003	0.003	0.002	0.002	0.002	0.002	0.001	0.001
66	0.006	0.006	0.005	0.005	0.004	0.003	0.003	0.002
70	0.012	0.011	0.01	0.009	0.008	0.006	0.005	0.004
73	0.02	0.018	0.017	0.015	0.013	0.011	0.009	0.007
75	0.031	0.028	0.025	0.023	0.021	0.017	0.014	0.011
76	0.039	0.035	0.032	0.029	0.026	0.021	0.017	0.014
77	0.05	0.045	0.041	0.037	0.033	0.027	0.022	0.018
78	0.065	0.059	0.054	0.049	0.044	0.036	0.03	0.024
78.5	0.075	0.068	0.062	0.056	0.051	0.042	0.034	0.028
79	0.087	0.079	0.072	0.065	0.059	0.049	0.04	0.033
79.5	0.102	0.093	0.085	0.077	0.07	0.058	0.047	0.039
79.75	0.111	0.101	0.092	0.083	0.076	0.063	0.052	0.043
80	0.121	0.11	0.1	0.091	0.083	0.068	0.056	0.047

摄氏温度到开尔文温度的转换公式为

$$T(\text{K}) = T(\text{Celsius}) + 273.15 \qquad (5.100)$$

上述模型中气压、温度和湿度可采用实测值或者由标准大气模型推出。与高程相关的气压、温度和湿度方程为

$$P = P_0[1 - 0.0000266(H - H_0)]^{5.225} \qquad (5.101)$$

$$T = T_0 - 0.0065(H - H_0) \qquad (5.102)$$

$$R_h = R_{h0} \exp[-0.0006396(H - H_0)] \qquad (5.103)$$

式中，P_0，T_0 和 R_{h0} 分别称为在参考高程 H_0 的标准气压、温度和湿度。显然，它们的取值取决于测站位置、时间和气候。没有 P_0，T_0 和 R_{h0}，不可能直接使用上述模型修正。这时，通常由映射函数的因子参数估算对流层效应，这将在后面讨论。此外，标准值通常为

$$H_0 = 0 \text{ m} \tag{5.104}$$

$$P_0 = 1013.25 \text{ mbar} \tag{5.105}$$

$$T_0 = 18 \, ^\circ\text{Celsius} \tag{5.106}$$

$$R_{h0} = 50\% \tag{5.107}$$

原来的 Saastamoinen 对流层模型在改进的模型式（5.98）中的 B 和 $\delta R = 0$ 为常量。修正模型使用了三种映射函数：第一种是 $1/\cos z$，它是一种单层模型且假设地面是平的；第二种是 $\tan^2 z/\cos z$；第三种是一个隐含模型，由表 5.2 表示。

2. 改进的 Hopfield 模型

用于计算对流层路径延迟改进的 Hopfield 模型（Hopfield，1969，1970，1972）概括为

$$\delta = \delta_d + \delta_w \tag{5.108}$$

$$\delta_i = 10^{-6} N_i \sum_{k=1}^{9} \frac{f_{k,i}}{k} r_i^k, \quad i = \text{d, w} \tag{5.109}$$

式中，下标 i 用于标识对流层延迟的干和湿分量。

$$r_i = \sqrt{(R_E + h_i)^2 - R_E^2 \sin^2 z} - R_E \cos z$$

$$f_{1,i} = 1, \quad f_{2,i} = 4a_i$$

$$f_{3,i} = 6a_i^2 + 4b_i, \quad f_{4,i} = 4a_i(a_i^2 + 3b_i)$$

$$f_{5,i} = a_i^4 + 12a_i^2 b_i + 6b_i^2, \quad f_{6,i} = 4a_i b_i(a_i^2 + 3b_i) \tag{5.110}$$

$$f_{7,i} = b_i^2(6a_i^2 + 4b_i), \quad f_{8,i} = 4a_i b_i^3$$

$$f_{9,i} = b_i^4$$

$$a_i = -\frac{\cos z}{h_i}, \quad b_i = -\frac{\sin^2 z}{2h_i R_E}$$

$$h_d = 40\,136 + 148.72(T - 273.16)$$

$$h_w = 11000$$

$$N_d = \frac{77.64P}{T} \tag{5.111}$$

$$N_w = -\frac{12.96e}{T} + \frac{371800e}{T^2}$$

$$R_E = 6378137 \text{ m}$$

其中，z 为卫星的天顶角；T 为测站的温度（单位为 K）；P 为气压（单位为 mbar）；e 为水蒸气分压（mbar 参见式（5.99））；R_E 为地球半径；δ 为对流层路径延迟（单位为 m）。

上述模型中气压、温度和湿度可采用实测值或者由标准大气模型推出。与高程相关的气压、温度和温度由式（5.101）～式（5.107）得到。如前所述，对流层效应通常由适当的参数化进行估计，这将在下一节讨论。

图 5.4 给出了采用标准输入参数的改进的 Hopfield 对流层模型。

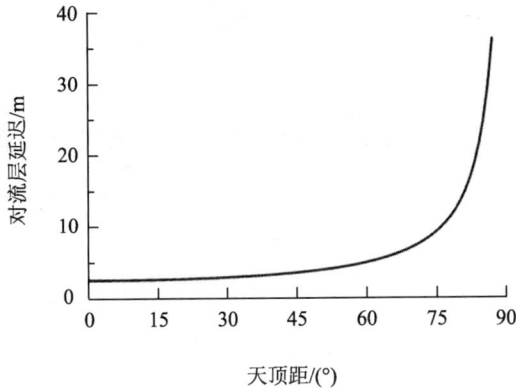

图 5.4　改进的 Hopfield 对流层模型（GPS 信号的对流层延迟）

计算对流层延迟还有许多其他模型，如 Davis 模型（Davis and Herring，1984），原始 Hopfield 和 Saastamoinen 模型（Hofmann-Wellenhof et al.，1997），Niellis 模型和 Yionoulis 模型（Zhu，2001）。这些模型在天顶角小于 75° 时的差异甚微。

5.2.2　映射函数和参数化

5.1.4 节中在球体对称和电离层的旋转椭圆体假设下讨论了电离层映射函数。考虑对流层形状的相似性，所有 5.1.4 节讨论的映射函数在改变有关数值后可直接应用于对流层。

1. 投影映射函数

因为对流层最大高度为 50km，观测点到卫星的天顶角可简单地应用于单层映射函数：

$$F = \frac{1}{\cos z} \tag{5.112}$$

2. 几何映射函数

与 5.1.4 节类似的推导：

$$F = -\frac{r}{H}\cos z + \frac{\sqrt{(r+H)^2 - r^2 \sin^2 z}}{H} \tag{5.113}$$

式中，r=6378km；H=50km；z 为接收机球形天顶方向和卫星视线夹角。

因为对流层的复杂性，需要引入所谓余映射函数。假设对流层是一个与高度有关的

均匀分布的层，余映射函数是一个几何映射函数，如

$$\mathrm{d}\rho = \mathrm{d}SF_c \tag{5.114}$$

式中，$\mathrm{d}\rho$ 和 $\mathrm{d}S$ 分别为对流层路径延迟和该延迟在从测站到下对流层点方向的映射。当天顶角等于 0 时，$\mathrm{d}S$ 为 0，余映射函数不确定。F_c 中的下标 c 为余映射函数。显然投影余映射函数为

$$F_c = \frac{1}{\sin z} \tag{5.115}$$

3. 几何余映射函数

在上对流层点，卫星天顶角用 z_{st} 表示（图 5.5）。它可由正弦定理得到

$$\sin z = \frac{r}{r+50} \sin z_{st} \tag{5.116}$$

式中，z 为从接收机到卫星的天顶角；r 为地球平均半径。根据余弦定理，有

$$S^2 = H^2 + \rho^2 - 2H\rho \cos z_{st} \tag{5.117}$$

$$S = \sqrt{H^2 + \rho^2 - 2H\rho \cos z_{st}} \tag{5.118}$$

式中，ρ 和 S 分别为从测站到上对流层点和下对流层点的距离。几何余映射函数为

$$F_c = \frac{\rho}{\sqrt{H^2 + \rho^2 - 2H\rho \cos z_{st}}} \tag{5.119}$$

其中，

$$\rho = -r\cos z + \sqrt{(r+H)^2 - r^2 \sin^2 z} \tag{5.120}$$

式中，$r = 6378\text{km}$，$H=50\text{km}$。式（5.119）的几何余映射函数是球形假设条件下得出的（r 为常量）。

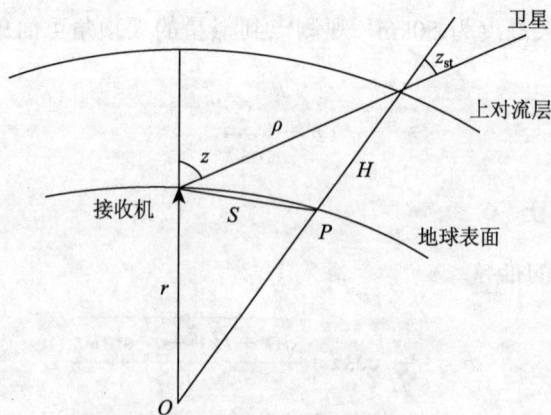

图 5.5　球状对流层模型

由于两个原因需要映射函数和余映射函数：其一是为了确定相关对流层模型；其二是为了确定 GPS 观测的对流层路径延迟影响。回顾式（5.72）的定义 $d\rho = dH \cdot F$。这里 dH 可以认为是一个独立于信号传输路径的天顶角的对流层模型，而 $d\rho$ 表示路径方向观测到的对流层延迟。已知 $d\rho$ 和 F 的情况下，模型 dH 的参数可求出。通常模型 dH 是温度、气压和湿度的函数，如 5.2.1 节所述。为了修正 GPS 观测中的对流层效应需要知道对流层模型。但是，模型的输入参数通常不是与 GPS 观测同时进行的。标准的处理方法分为两步：首先，使用任意地点和时刻的标准温度、气压和湿度值作为对流层模型的输入，计算路径延迟 $d\rho$；然后，将 $d\rho$ 乘以函数因子 g，g 需要在 GPS 数据处理时确定，g 的构造就称为对流层路径延迟效应的参数化。存在两种因子分解方法：

$$g_\rho d\rho , \qquad g_z \frac{d\rho}{F} + g_a \frac{d\rho}{F_c} \tag{5.121}$$

式中，g_ρ，g_z 和 g_a 的物理意义分别是路径方向、天顶方向和方位方向的因子。映射函数 F 和余映射函数 F_c，用于将 $d\rho$ 映射到期望的方向。

阶梯函数或一阶多项式函数可用作路径因子 g_ρ：

$$g = g(t) = g_i , \qquad \text{if} \quad t_{i-1} \leqslant t < t_i , \quad i = 1, \cdots, n \tag{5.122}$$

$$g = g(t) = g_{i-1} + (g_i - g_{i-1}) \frac{(t - t_{i-1})}{\Delta t} , \quad \text{if} \quad t_{i-1} \leqslant t < t_i , \quad i = 1, \cdots, n \tag{5.123}$$

式中，$\Delta t = (t_e - t_0)/n$，t_0 和 t_e 分别为 GPS 观测开始时刻和结束时刻；n 为一个合理取值的整数，$t_i = t_0 + (i-1)\Delta t$；$g_i$ 为需要求解的常数。

方位角依赖假定：

$$g_a = g_1 \cos a + g_2 \sin a \tag{5.124}$$

式中，a 为卫星相对测站的方位角；g_1 和 g_2 可以依次为式（5.122）和式（5.123）表示的阶梯函数或一阶多项式函数。

5.2.3 常用对流层模型

对流层延迟一般表示为天顶方向的对流层折射量和与高度角相关的投影函数的乘积（参见式（5.95）及式（5.96））。根据测站近似位置及气象数据，测站上的天顶延迟可以根据 Saastamoinen 模型计算得到（参见 5.2.1 节）。一般情况下，气象数据可以通过实测获得，或依据海平面上一组标准的气象元素值和测站高程推导得出（Berg，1948）。气象数据也可以通过经验模型如 GPT（global pressure and temperature model；Boehm et al.，2007）及后续改进的 GPT2 模型（Lagler et al.，2013）来确定。根据 Saastamoinen 模型的计算公式，海平面上 1mbar 的气压变化可以引起约 2.3 mm 的天顶干延迟变化，因此尽可能使用精确的气象数据是极有必要的（Tregoning and Herring，2006）。常用的 Saastamoinen 模型及 Hopfield 模型已经在 5.2.1 节中分析介绍过，因此本节主要介绍近期发展起来的气象模型及投影函数。

近年来提出了许多投影函数，如 NMF（Niell mapping function；Niell，1996）、VMF1（Vienna mapping function 1；Boehm et al.，2006b）、GMF（global mapping function；Boehm et al.，2006a），这些投影函数得到广泛研究。通过比较，投影函数的一般形式可以表示为（Herring，1992；Kouba，2009）

$$MF = \cfrac{1+\cfrac{a}{1+\cfrac{b}{1+c}}}{\sin\varepsilon+\cfrac{a}{\sin\varepsilon+\cfrac{b}{\sin\varepsilon+c}}} \qquad (5.125)$$

式中，MF 为投影函数；ε 为高度角；a，b 和 c 为经验系数，在不同的投影函数中有不同的值；(a_h, b_h, c_h) 和 (a_w, b_w, c_w) 分别用于干分量和湿分量投影函数中。

投影函数的精度将影响斜路径延迟的精度，从而影响定位精度。并且当截至高度角越低，影响越显著。根据经验法则（MacMillan and Ma，1994；Boehm et al.，2006b），在截止高度角取 5°的情况下，湿投影函数上 0.01 或干投影函数上 0.001 的误差，会引起测站高程方向 4 mm 的误差。

1. NMF 模型

NMF 模型是 Niell（1996）利用全球分布的 26 个探空气球站的资料所建立的全球模型。NMF 模型应用广泛，因为它在全球范围内都可以使用并且无需依赖表面的气象观测数据。NMF 采用 15°纬度间隔的格网表格，并为式（5.125）中的三个系数的周期性振幅分别建立模型。参数 a 可通过下式计算：

$$a(\varphi,t) = a_{avg}(\varphi) + a_{amp}(\varphi)\cos(2\pi(t-28)/365.25) \qquad (5.126)$$

式中，φ 为测站纬度；t 为年积日；参数 a_{avg} 和 a_{amp} 由 NMF 系数表提供的与测站纬度最近的纬度值进行内插计算。参数 b 和 c 采用相同的方法进行计算。

NMF 的参数化基于无线电探空仪剖面的射线追踪，廓线范围跨越 45°S～75°N，并在假定经度分布均匀、南北半球对称的基础上向全球范围延伸。在北半球和南半球纬度高于 75°的极地区域都近似取 75°N 的值，因此 NMF 在极地区域的精度较差。

2. VMF1 模型

VMF1 模型是由奥地利维也纳理工大学建立的模型（Boehm et al.，2006b）。系数 a_h 和 a_w 是根据欧洲中尺度天气预报中心（ECMWF）的观测资料求得。这些系数由维也纳理工大学提供，是经差 2.5°、纬差 2°、时间间隔为 6h 的全球格网的时间序列。b_h 和 b_w 通过对一年的 ECMWF 数据进行最小二乘拟合得到。b_h 是个常数，c_h 取决于年积日和纬度。b_w 和 c_w 取自 Niell 投影函数在 45°N 的值。VMF1 被认为是目前精度最好、可靠性最强的模型。其相关计算程序可从维也纳理工大学官方网站 http://ggosatm.hg.tuwien.ac.at/ DELAY/SOURCE 获得。

3. GMF/GPT 模型

GMF 是一个经验映射函数（输入参数只有年积日和站点位置），与 VMF1 一致（Boehm et al.，2006a）。系数 a_h 和 a_w（平均值和年信号）的表达式由 ECMWF 三年的数据计算得到，并且表示为 9 阶球谐函数形式。系数 b 和 c 由 VMF1 给出。

GPT 是由 Boehm 等（2007）提出的一种经验模型，可从 http://www.hg.tuwien.ac.at/

~ecmwf1 上下载。它是基于 9 阶的球谐函数,提供地球表面附近任意位置的气压和温度。GPT 模型可应用于大地测量领域,如先验天顶干延迟的确定,大气负荷的参考气压值或甚长基线干涉测量(VLBI)射电望远镜的热变形的确定。GPT 的输入参数包括测站坐标和年积日,故允许用户对参数的年变化进行建模。GPT 与之前模型相比有所改进,它再现了南极洲的大气压力异常,如果该异常在对流层模型中未被适当考虑,则可能在空间大地测量数据分析中引起高达 1 cm 的测站高程误差。结果表明利用 GPT 代替传统的应用于各种全球导航卫星系统(GNSS)软件包的简单方法,可以显著降低气压偏差。GPT 同时为全球温度的年度变率提供了可适用的模型。

与 VMF1 相比,由于 GMF/GPT 无需外部数据,故而大大简化了估计过程。它与 VMF1 具有良好的一致性,只是精度略低。

4. GPT2 模型

GPT2 模型是由维也纳理工大学于2012年年底提出的一种新的对流层延迟经验模型(Lagler et al.,2013)。针对 ECMWF 提供的 2001~2010 年的月平均廓线数据进行分析。在全球网格点基础上对平均、年度和半年度气象数据进行计算之后,全球范围的结果以 5°网格的形式在平均地球表面高度处表示。此外,干投影和湿投影函数系数也均可获得。GPT2 在很大程度上消除了 GMF / GPT 的弱点,特别是其有限的空间和时间变化性。GPT2 相对于 GMF / GPT 的改进情况在表 5.3 中给出了全面的总结。

表 5.3 GPT2 相对于 GMF/GPT 的改进情况

	GMF/GPT	GPT2
NWM 数据	1999~2002 年 ERA-40 提供的月平均廓线	2001~2010 年 ERA- Interim 提供的月平均廓线
地形数据	平均海平面上的 9 阶球谐系数	基于 ETOPO5 平均高程的 5°格网
时间变化	平均及年变化周期项	平均、年及半年周期项
相位	固定到 1 月 28 日	估计值
温度变化	假定为常数,–6.5°C/km	在每个格网点估计平均、年以及半年周期项
气压变化	基于标准大气压的指数	基于格网点实际气温的指数
输出参数	气压(p),气温(T),干湿投影函数系数 (a_h, a_w)	p,T,温度变化率(dT),水汽压(e),干湿投影函数系数(a_h, a_w)

GPT2 相对于之前 GPT/GMF 模型所展现的优势和改进已得到 Lagler 等(2013)的验证。相对于基于瞬时当地气压值和VMF1取得的解,如全球 VLBI 解系列可以看出,GPT2 可使测站高程的年和半年振幅差异减少 40%。因此,在进行无线电空间大地观测资料的分析时,推荐用 GPT2 替代旧的 GMF/GPT 作为经验模型。

5.2.4 机载动态定位的对流层模型

除了常用的全球对流层延迟模型,GPS 地面网络的数据已被广泛用于构建精确的区域对流层模型。因此,区域内流动站的对流层延迟可以通过对区域对流层模型进行插值获得。常用的插值方法有:直接内插法(DIM)(Wanninger,1997)和移去恢复法(RRM)(Zhang and Lachapelle,2001)。在 DIM 中,流动站处的对流层延迟直接从参考站的延迟进行插值。在 RRM 中,首先扣除标准对流层延迟,然后对剩余延迟进行插值,最后对标准对流层延迟进行恢复。DIM 简单并适用于平坦区域,而 RRM 的性质适用于起伏区域。然而，这两种方法仅适用于地面上的流动站（Xu，2000）。如果流动站高于地面参考站几千米，对流层延迟的精度将迅速下降（Collins and Langley，1997；Mendes and Langley，1998）。因此，本节介绍了一种由 Wang 等（2010，2011）提出的投影延拓方法（PEM），用于构建高空流动站的对流层模型。

PEM 方法的基本思路是先将流动站投影到参考站所包含的平均高程面上；然后，对投影点进行内插；最后，根据大气参数随高程的变化关系将其延拓至流动站处。

假设参考站的已知对流层改正值 dtrop(i,t) 可表示为

$$dtrop(i,t) = \alpha(i,t) \times saas\_dtrop(i) \tag{5.127}$$

式中，saas$\_$dtrop(i) 为参考站的标准模型改正值如 Saastamoinen 模型值；$\alpha(i,t)$ 为未知系数，i 为测站编号，t 为历元号。未知系数 $\alpha(i,t)$ 可以表示为

$$\alpha(i,t) = a_1 + a_2 \times t + \cdots + a_k \times t^{k-1} + \cdots + a_n \times t^{n-1} \tag{5.128}$$

式中，$a_k (k = 1, 2, \cdots, n)$ 为多项式系数，可通过最小二乘拟合进行确定。对于多项式的阶数，采用显著性检验来进行选取（Xu and Yang，2001）。

将参考站的大地坐标 $B(i)$，$L(i)$，$H(i)$ 和流动站的大地坐标 $\overline{B}(t)$，$\overline{L}(t)$，$\overline{H}(t)$ 分别转换成高斯坐标 $x(i)$，$y(i)$，$h(i)$ 和 $\overline{x}(t)$，$\overline{y}(t)$，$\overline{h}(t)$。在投影转换中，中心子午线是参考站网的平均经度。投影平面是所有参考站的平均高度。

对于投影点的未知系数 $\overline{\alpha}(t)$ 可根据反向距离权公式通过对周围已知参考站的 $\alpha(i,t)$ 进行内插获取：

$$\overline{\alpha}(t) = \sum_{i=1}^{n} \alpha(i,t) \times P(i,t) \tag{5.129}$$

$$P(i,t) = \frac{r(i,t)^{-2}}{\sum_{i=1}^{n} r(i,t)^{-2}} \tag{5.130}$$

$$r(i,t)^2 = \left(x(i) - \overline{x}(t)\right)^2 + \left(y(i) - \overline{y}(t)\right)^2 + \left(h(i) - \overline{h}(t)\right)^2 \tag{5.131}$$

式中，$P(i,t)$ 为每个参考站 $\alpha(i,t)$ 的权；$r(i,t)$ 为参考站与流动站间的空间距离。

由于流动站的真实高程与投影面间存在一个高程差 Δh，而由 Δh 所引起的大气参数变化量可用下面公式求得（Syndergaard，1999）：

$$\Delta h = rover\_h(t) - \overline{h}(t) \tag{5.132}$$

$$press(t) = \overline{press} \times \left(1 - 0.0000226 \times \Delta h\right)^{5.225} \tag{5.133}$$

$$temp(t) = \overline{temp} - 0.0065 \times \Delta h \tag{5.134}$$

$$rh(t) = \overline{rh} \times e^{(-0.0006396 \times \Delta h)} \tag{5.135}$$

$$rover\_saas(t) = SAAS(press(t), temp(t), rh(t)) \tag{5.136}$$

式中，Δh 为流动站与投影面之间的高程差；rover$\_h(t)$ 为流动站的高程；$\overline{press}$，$\overline{temp}$，$\overline{rh}$ 为投影面上的气压、温度和相对湿度；press(t)，temp(t)，rh(t) 为流动站上的气压、

温度和相对湿度；$\mathrm{SAAS}(\mathrm{press}(t),\mathrm{temp}(t),\mathrm{rh}(t))$ 为给定气压温度和湿度后流动站上的标准模型改正量。其中，高程以 m 为单位，气压以 mbar 为单位，气温以 K 为单位。

因此，流动站上的对流层延迟 rover_drop(t) 可以得到为

$$\mathrm{rover\_drop}(t) = \bar{\alpha}(t) \times \mathrm{rover\_saas}(t) \qquad (5.137)$$

关于该方法的实例验证分析可参见 Wang 等（2011）。

5.2.5 地基 GPS 观测量的水汽研究

水汽主要分布在对流层的底部，构成约 99% 水汽总量。它是大气成分中最活跃多变的部分之一，也是最难表征的气象参数之一（Rocken et al.，1993）。水汽在大气过程的一系列空间和时间尺度中起着关键作用，其分布与云和降水的分布有直接关系。大气中水汽分布的研究将对天气预报和气候预测大有裨益。

传统的水汽测量方法包括无线电探空仪、水汽辐射计和卫星遥感测量。这些方法的缺点在于工作量大、设备成本高、空间和时间分辨率低。因此，利用 GPS 监测水汽已成为一个有趣的研究领域，以满足气象学发展日益增长的需求。

可降水量（PWV）已在 GPS 气象计算中得到重视。通过特定的方法，我们可基于 GPS 观测数据估计天顶湿延迟（ZWD），而 ZWD 和 PWV 之间的关系可以表示为（Bevis et al.，1992）

$$\mathrm{PWV} = \prod \cdot \mathrm{ZWD} \qquad (5.138)$$

式中，$\prod$ 为水汽转换因子，可以表示为

$$\prod = \frac{10^6}{\rho_\mathrm{W} R_\mathrm{V} \left[(k_3 / T_\mathrm{m}) + k_2' \right]} \qquad (5.139)$$

式中，ρ_W 为水的密度；R_V 为水汽比气体常数；k_k' 和 k_3 分别为大气折射率常数（Davis et al.，1985；Bevis et al.，1994）；T_m 为计算转换因子 $\prod$ 的主要变量。

T_m 是地基 GPS 气象学中的重要参数，通常表示为表面温度 T_s 的线性函数。许多科学家都研究过 T_m 和 T_s 间的线性关系。Bevis 等（1992）基于 8718 个无线电探空仪的廓线资料得出了方程 $T_\mathrm{m} = 70.2 + 0.72 T_\mathrm{s}$，其适用于中纬度地区。然而，由于在一些 GPS 站处缺少表面气温测量，该公式的应用具有局限性。Ross 和 Rosenfeld（1997）基于对来自 53 个站的 23 年无线电探空资料的分析，指出 T_m 和 T_s 之间的相关性通常在赤道地区变弱，且夏季比冬季更弱。Gu 等（2005）研究了 T_m 的变化并计算了区域 T_m。Li 等（2006）验证了 Bevis 的 T_m-T_s 关系在特定领域的适用性。Mao（2006）系统地研究了利用 GPS 检测水汽的方法。Wang 等（2007a）利用全球范围内既有的地基 GPS 测量值获得的 ZPD 计算出可降水（PW），并创建几乎覆盖全球的每 2 小时的 PW 数据集。Ding（2009）详细介绍了 GPS 气象学的基本原理和相关计算方法。科学家们，如 Li 等（1999），Liu 等（2000），Gu（2004），Wang 等（2007b）及 Lv 等（2008）分别建立了若干区域适用的线性模型。顾及季节变化，Yao 等（2012）利用 2005～2009 年 135 个台站的无线电探空仪数据，建立了与地表温度无关并适用于全球的 GTm-I 模型。为了解决由于缺乏海上无线电探空资料而导致的某些区域的模型异常问题，Yao 等（2013）利用 GPT 模型和 Bevis T_m-T_s 关系，提供海上 T_m 的模拟值和重新计算的 GTm 模型系数，以提高模型的

精度。Yeh 等（2014）利用水汽辐射计（WVR）验证了由 GPS 测量的 PWV。Choy 等（2015）将来自 GPS 计算的 PWV 与传统的无线电探空仪测量和 VLBI 技术的结果进行了比较，表现出了良好的一致性。详细内容可参阅相关参考文献。

5.3　相对论效应

5.3.1　狭义相对论与广义相对论

爱因斯坦的狭义相对论基于两个假设。第一个是相对论法则："没有惯性系统是首选的，在所有惯性系统中描述物理规律的方程具有相同的形式。"第二个是光速不变法则："光速是与光源运动状态无关的普遍常量。所有在惯性坐标系中的光线运动速率为常量 c，无论该光线是由静止还是运动光源发出的。"当然，这里的光速是指真空中的光速（Ashby and Spilker，1996）。

考虑图 5.6 中的两个惯性坐标系 S' 和 S，它们的 x' 和 x 轴重合。两个坐标系的原点分别为 A 点和 B 点。S' 坐标系中的 A 点沿着 x 轴以常速 v 向 B 点运动。在 S 坐标系中 AB 两点间的距离是 Δx。镜子表面平行且面向 x 轴，镜子到 z 轴的垂直距离为 ΔL。假定 A 点在运动坐标系 S' 中发出一束闪光经镜子反射后在 B 点被接收。在坐标系 S 中测得的光的传播时间为

$$\Delta t = \frac{2\sqrt{(\Delta L)^2 + (\Delta x / 2)^2}}{c} \tag{5.140}$$

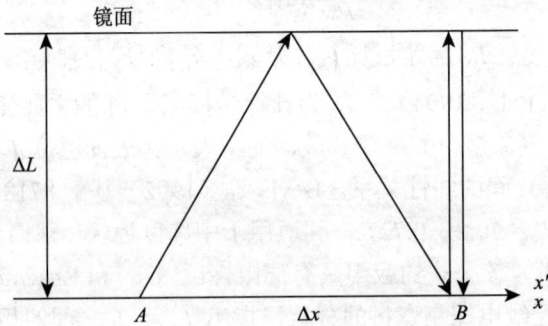

图 5.6　两个惯性框架下的光线传输

按照我们的假定，得到 $\Delta x = v \Delta t$。代入式（5.140）可求得 Δt 为

$$\Delta t = \frac{2\Delta L / c}{\sqrt{1 - (v/c)^2}} \tag{5.141}$$

根据爱因斯坦的假设，光速在两个坐标系中相同。因此，在运动坐标系 S' 中闪光的传输时间为 $\Delta t' = 2\Delta L / c$，且

$$\Delta t = \frac{\Delta t'}{\sqrt{1 - (v/c)^2}} \tag{5.142}$$

这表示静止坐标系中的时间看起来比速度为 v 的运动坐标系中的时间短。

此外，因为两个坐标系中光速为常量 c，$\Delta s = c\Delta t$ 且 $\Delta s' = c\Delta t'$，Δs 和 $\Delta s'$ 为两个坐标系光的传播距离。式（5.142）两边乘以 c 得到

$$\Delta s = \frac{\Delta s'}{\sqrt{1-(v/c)^2}} \tag{5.143}$$

这表示运动坐标系中长度延长了。

考虑 $c = f\lambda$，而 c 在两个坐标系中为常量，λ 是波长，f 是相对频率。因为两个坐标系中波长 λ 不相等，$\lambda = \Delta s$ 而 $\lambda' = \Delta s'$，频率 f 和 f' 的关系可由式（5.143）去除 c 得到

$$f = f'\sqrt{1-(v/c)^2} \tag{5.144}$$

这表示运动坐标系中的频率 f' 在静止坐标系中减小为 f。

使用数学展开公式：

$$\frac{1}{\sqrt{1-(v/c)^2}} = 1 + \frac{1}{2}\left(\frac{v}{c}\right)^2 \cdots \tag{5.145}$$

$$\sqrt{1-(v/c)^2} = 1 - \frac{1}{2}\left(\frac{v}{c}\right)^2 \cdots \tag{5.146}$$

对于式（5.142）～式（5.144），有

$$\frac{\Delta t - \Delta t'}{\Delta t'} = \frac{\Delta s - \Delta s'}{\Delta s'} = -\frac{f - f'}{f'} = \frac{1}{2}\left(\frac{v}{c}\right)^2 \tag{5.147}$$

这就是从静止惯性坐标系看匀速运动惯性坐标系的狭义相对论公式。

爱因斯坦广义相对论根据等价性原理综合了重力场效应。广义相对论的数学模型非常复杂。但是，为修正 GPS 中的相对论效应，只需其部分简化模型。注意到式（5.147）的右边实际上是一个单位质量质点的动能被光速归一化（$1/c^2$），也即狭义相对论可解释为由运动体的动能引起的效应。类似的效应也可能因重力场 U 的存在导致的势能 ΔU 引起。则

$$\frac{\Delta t - \Delta t'}{\Delta t'} = \frac{\Delta s - \Delta s'}{\Delta s'} = -\frac{f - f'}{f'} = \frac{\Delta U}{c^2} \tag{5.148}$$

表示重力场 U 存在情况下的相对论关系。所以相对论总效应表示为

$$\frac{\Delta t - \Delta t'}{\Delta t'} = \frac{\Delta s - \Delta s'}{\Delta s'} = -\frac{f - f'}{f'} = \frac{1}{2}\left(\frac{v}{c}\right)^2 + \frac{\Delta U}{c^2} \tag{5.149}$$

重力场的存在表明系统 S' 相对 S 具有加速度。

旋转狭义相对论效应可进行类似讨论，详见 Ashby 和 Spilker（1996）。

5.3.2　GPS 的相对论效应

将原点在地心的静止惯性系作为 GPS 相关活动的参考坐标系。因为 GPS 卫星运动

速度快且轨迹为近圆轨道,卫星和用户之间的重力势能差异不能忽略不计,同样地球的旋转、相对论效应必须考虑。为方便起见,假设所有的 GPS 处理在惯性参考系中与大地水准面等重力势能的一个点进行。考虑地球的旋转效应,该视点等价于 GPS 用户处于旋转地球的大地水准面。

1. 频率效应

GPS 系统的基础频率 f_0 为 10.23MHz。GPS 卫星和接收机上的所有时钟都基于该频点工作。如果所有 GPS 卫星简单地在频点 $f = f_0$ 工作,我们在参考点看到的频率 f 不等于 f_0,因为存在相对论效应。为使看到的频率 $f = f_0$,预期的 GPS 卫星工作频率可通过式(5.149)求出

$$-\frac{f_0 - f'}{f'} = \frac{1}{2}\left(\frac{v}{c}\right)^2 + \frac{\Delta U}{c^2} \tag{5.150}$$

式中,v 为卫星运动速度;ΔU 为卫星和大地水准面的重力势能差。星钟频率 f' 的设定和基础频率 f_0 之间的差异称为星钟频率偏移。这样的相对论频移已在星钟设定实现,用户不用考虑。频移使用卫星运动的平均速度和 $\Delta U = \mu/(R_E + H) - \mu/R_E$ 求出,μ 为地球引力常数,R_E 为地球半径(6370 km),H 为卫星距地球高度(20200 km)。频移大约为 0.00457Hz,换句话说,星钟频率设定在 $f_0 - 4.57 \times 10^{-9}$MHz。

对于地球表面固定点的接收机而言,接收机钟的频率也受到相对论效应的影响。该效应可用类似于式(5.150)表示,其中 $\Delta U = 0$,v 为考虑地球旋转的接收机速度。该效应由接收机软件修正。

2. 路径延伸效应

从 GPS 卫星到接收机的信号传输广义相对论效应可用 Holdridge(1967)模型表示:

$$\Delta\rho_{rel} = \frac{2\mu}{c^2} \ln \frac{\rho^j + \rho_i + \rho_i^j}{\rho^j + \rho_i - \rho_i^j} \tag{5.151}$$

式中,ρ^j 和 ρ_i 分别为卫星 j 和测站 i 的地心距离;ρ_i^j 为卫星和测站之间的距离。$\Delta\rho_{rel}$ 的单位为 m,且其最大为 2 cm。需要注意的是,在计算距离 ρ_i^j 时,信号传输过程中的地球旋转效应必须予以考虑(如果在地固坐标系中计算)。

3. 地球旋转效应

所有与地球旋转相关的修正称为 Sagnac 修正。GPS 卫星的地心矢量表示为 $\vec{r}_s$,接收机的地心矢量为 $\vec{r}_r$,接收机的速度矢量为 $\vec{v}_r$。这些都是 GPS 信号发射时的矢量。假定信号从卫星发射时刻到接收机接收时刻的传输时间为 Δt。在信号传输期间,接收机移动至 $\vec{r}_r + \vec{v}_r\Delta t$。从一个不旋转的坐标系上观察,信号传输距离可表示为

$$c\Delta t = |\vec{r}_r + \vec{v}_r\Delta t - \vec{r}_s| \tag{5.152}$$

所以地球旋转导致的传输路径修正为

$$\Delta\rho = |\vec{r}_r + \vec{v}_r\Delta t - \vec{r}_s| - |\vec{r}_r - \vec{r}_s| \tag{5.153}$$

简化为（Ashby and Spilker，1996）

$$\Delta\rho = \frac{(\vec{r}_{\mathrm{r}} - \vec{r}_{\mathrm{s}}) \cdot \vec{v}_{\mathrm{r}}}{c} \qquad (5.154)$$

该修正值可达 30 m，必须予以考虑。

如果传输时间Δt已通过式（5.152）迭代求出，则已自动考虑 Sagnac 修正。

该修正项对相对地球运动的 GPS 接收机同样有效。这时式（5.154）中的速度矢量为

$$\vec{v}_{\mathrm{r}} = \vec{\omega}_{\mathrm{e}} \times \vec{r}_{\mathrm{r}} + \vec{v}_{\mathrm{k}} \qquad (5.155)$$

右侧第一项为地球自转导致的接收机速度分量，第二项$\vec{v}_{\mathrm{k}}$是接收机相对地球表面的动态速度矢量。相对地球表面 100km/h 的运动导致的 Sagnac 效应可达到 2 m。

对于配置了星载 GPS 接收机进行星星跟踪（SST）的低轨（LEO）卫星而言（如 TOPEX、CHAMP 和 GRACE），Sagnac 修正是必须考虑的。

4. 轨道偏心（异常）引起的相对论效应

星钟修正的理论公式为（Ashby and Spilker，1996）

$$\Delta t_{\mathrm{e}} = \frac{2}{c^2} \sqrt{\mu a}\, e \sin E + \mathrm{const} \qquad (5.156)$$

式中，a为卫星轨道的半长轴；e为轨道偏心率；E为轨道偏近点角；μ为地球的引力常数；Δt_{e}表示轨道偏心引起的时钟修正；右侧第二项为无法从时钟偏移中分离出来的常量。所有修正已在 GPS 定轨中考虑，且在广播导航电文中以时钟误差多项式参数的方式给出。所以，该修正项只在卫星定轨时需要考虑。

利用 $e \sin E = (x v_x + y v_y + z v_z) / \sqrt{(\mu a)}$（Kaula，1966），式（5.156）可用卫星的位置(x, y, z)和速度(v_x, v_y, v_z)表示。

5. 卫星的广义相对论加速度

在国际地球自转和参考系统服务（IERS）下的地球卫星加速度的标准修正是（McCarthy，1996）

$$\Delta\vec{a} = \frac{\mu}{c^2 r^3}\left\{\left[4\frac{\mu}{r} - v^2\right]\vec{r} + 4(\vec{r} \cdot \vec{v})\vec{v}\right\} \qquad (5.157)$$

式中，c为光速；μ为地球引力常数；r、$\vec{v}$和$\vec{a}$分别为地心系下卫星的位置、速度和加速度矢量。

5.4　地球潮汐和海水负荷潮汐误差修正

5.4.1　GPS 测站的地球潮汐误差

地球潮汐是地球上的弹性体由于月球和太阳的引力导致的变形现象。这种变形不仅

取决于引力的变化，也取决于地球的运动和物理结构（Melchior，1978）。

一般而言，太阳-地球-月球系统可以分割为两个二体系统以分别研究太阳和月球对地球的影响。对月-地系统而言，可根据定义确定质心。它位于地球和月球中心连线上，且距离地心为 $0.73R_E$，R_E 为地球半径（图 5.7）。对于地球上的质点 p（单位质量），月球产生的潮汐势能为

$$W_p = \mu_m \left(\frac{1}{r'} - \frac{1}{r} - \frac{\rho}{r^2} \cos z \right) \tag{5.158}$$

式中，r 为月球的地心距离；ρ 为质点 p 的地心距离；μ_m 为月球的引力常数；z 为月球的地心天顶角；r' 为质点 p 到月球中心的距离。式（5.158）中的 $1/r'$ 可用勒让德多项式展开，得

$$W_p = \mu_m \sum_{n=2}^{\infty} \frac{\rho^n}{r^{n+1}} P_n(\cos z) \tag{5.159}$$

式中，$P_n(\cos z)$ 为传统的 n 次勒让德多项式。应用著名的球面天文学公式（Lambeck，1988）：

$$\cos z = \sin \varphi \sin \delta + \cos \varphi \cos \delta \cos H \tag{5.160}$$

到式（5.159）中，利用加法法则（Lambeck，1988）可得潮汐势能的 Laplace 公式：

$$W_p = \mu_m \sum_{n=2}^{\infty} \frac{\rho^n}{r^{n+1}} [P_n(\sin\varphi) P_n(\sin\delta) + 2 \sum_{k=1}^{n} \frac{(n-k)!}{(n+k)!} P_{nk}(\sin\varphi) P_{nk}(\sin\delta) \cos kH] \tag{5.161}$$

式中，φ 为计算点 p 的纬度；δ 和 H 为赤纬和月球的本地时角；$P_{nk}(x)$ 为 n 次 k 阶勒让德多项。Laplace 公式表明潮汐势能重要的几何和周期特性。地球太阳系统可进行类似讨论，相关的潮汐势能可用太阳引力常数和太阳的地心距离代入式（5.161）得到。总潮汐势能是月球和太阳导致的潮汐势能的叠加。总和的截断阶数根据要求精度进行选择，截断误差由 μ_m、μ_s 和月球与太阳的比率 R_E/r 估计。

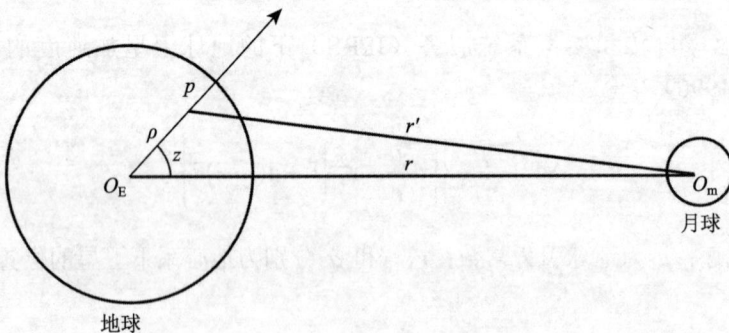

图 5.7　地球-月球系统

由潮汐势能引起的潮汐误差为

$$\Delta S_r = h \frac{W_p}{g} = \sum_{n=2}^{\infty} h_n \frac{W_p(n)}{g} \tag{5.162}$$

$$\Delta S_{\varphi} = l\frac{\partial W_p}{g\partial \varphi} = \sum_{n=2}^{\infty} l_n \frac{\partial W_p(n)}{g\partial \varphi} \qquad (5.163)$$

$$\Delta S_{\lambda} = l\frac{\partial W_p}{g\cos\varphi\partial \lambda} = \sum_{n=2}^{\infty} l_n \frac{\partial W_p(n)}{g\cos\varphi\partial \lambda} \qquad (5.164)$$

式中，ΔS_r、ΔS_{φ}、ΔS_{λ} 分别为径向、北向和东向潮汐误差；h 和 l 分别为 Love 和 Shida 数（更确切地说，h_n 和 l_n 是 n 次 Love 和 Shida 数）；$W_p(n)$ 为 n 次潮汐势能；$g \approx \mu/R_E^2$，μ 为地球引力常数，R_E 为地球半径。

注意潮汐势能包括一个恒定分量（与时间无关）。这部分潮汐目前包括在大地水准面的定义中，已被国际大地测量联合会（IAG）在 1983 年承认（Poutanen et al.，1996）。所以，这一项需要仔细处理。从上述公式中去掉或保留恒定潮汐项的例子见 IERS 标准（McCarthy，1996）。

5.4.2 地球潮汐误差的简化模型

测站上的 2 阶潮汐势能为（McCarthy，1996；Zhu et al.，1996）

$$\Delta\vec{\rho} = \sum_{j=1}^{2} \frac{\mu_j R_E^4}{\mu r_j^3}\left\{ h_2\hat{\rho}\left[\frac{3}{2}(\hat{r}_j\cdot\hat{\rho})^2 - \frac{1}{2}\right] + 3l_2(\hat{r}_j\cdot\hat{\rho})[\hat{r}_j - (\hat{r}_j\cdot\hat{\rho})\hat{\rho}] \right\} \qquad (5.165)$$

式中，μ 为地球引力常数；R_E 为地球赤道半径；$j=1$，2，分别为月亮和太阳的下标；$\hat{r}_j$ 和 $\hat{\rho}$ 分别为月亮（太阳）和测站地心单位矢量；r_j 和 ρ 为相关地心矢量的大小；h_2 和 l_2 是正则二阶 Love 数和 Shida 数（对于弹性地球模型，其值分别为 0.6078 和 0.0847）。在式（5.165）中，h_2 和 l_2 表示的因子为潮汐误差的径向和横向分量。考虑其与纬度有关，h_2 和 l_2 的形式如下：

$$h_2 = 0.6078 - 0.0006\frac{3\sin^2\varphi - 1}{2}，\quad l_2 = 0.0847 + 0.0002\frac{3\sin^2\varphi - 1}{2} \qquad (5.166)$$

测站上的 3 阶潮汐势能为（McCarthy，1996）

$$\Delta\vec{\rho} = \frac{\mu_1 R_E^5}{\mu r_1^4} h_3\hat{\rho}\left[\frac{5}{2}(\hat{r}_1\cdot\hat{\rho})^3 - \frac{3}{2}(\hat{r}_1\cdot\hat{\rho})\right] \qquad (5.167)$$

式中，$h_3 = 0.292$。这里只考虑月亮的径向分量。

如 5.4.1 节所讨论的，在 2 阶潮汐势能中潮汐形变包含一个恒定分量。恒定误差量的径向和北向分量为 $-0.0603(3\sin^2\varphi - 1)$ 和 $-0.0252\sin 2\varphi$。根据 IERS 标准，这必须从式（5.165）中去消除。通常，使用上式得到的潮汐误差精度达到毫米级。

在 GPS 应用中，计算常采用 GPS 时，测站坐标系为协议地球坐标系 CTS。但是，太阳和月亮的历元采用协议天球坐标系 CIS 和地球动力学时 TDT。所以，时间和坐标系必须转换到统一的时间坐标系统，详见第 2 章。

通常太阳和月亮的星历每半天（12h）计算或预报一次。某一历元时刻的太阳和月亮的星历由两个相邻历元时刻（t_1, t_2）的数据利用 5 阶多项式内插得到：

$$f(t) = a + b(t - t_1) + c(t - t_1)^2 + d(t - t_1)^3 + e(t - t_1)^4 + f(t - t_1)^5$$

两个历元时刻的数据，如

$$t_1 : x_1, y_1, z_1, \dot{x}_1, \dot{y}_1, \dot{z}_1, \ddot{x}_1, \ddot{y}_1, \ddot{z}_1$$

$$t_2 : x_2, y_2, z_2, \dot{x}_2, \dot{y}_2, \dot{z}_2, \ddot{x}_2, \ddot{y}_2, \ddot{z}_2$$

其中，$\dot{x}$ 和 $\ddot{x}$ 为与 x 相关的速度和加速度分量。考虑公式 $f(t)$，$\mathrm{d}f(t)/\mathrm{d}t$，$\mathrm{d}^2f(t)/\mathrm{d}t^2$，设 $t = t_1$，可得 $a = x_1$，$b = \dot{x}_1$ 和 $c = \ddot{x}_1/2$。设 $t = t_2$，系数 d, e, f 理论上可推导出（如 $t_2 - t_1 = 0.5$）：

$$d = 80(x_2 - x_1) - 16\dot{x}_2 - 24\dot{x}_1 + \ddot{x}_2 - 3\ddot{x}_1$$

$$e = -240(x_2 - x_1) + 56\dot{x}_2 + 64\dot{x}_1 - 4\ddot{x}_2 + 6\ddot{x}_1$$

$$f = 192(x_2 - x_1) - 48\dot{x}_2 - 48\dot{x}_1 + 4\ddot{x}_2 - 4\ddot{x}_1$$

对 y 和 z 分量，公式是类似的。这种内插算法对根据给定的太阳和月亮半天的星历数据来求解所需历元的数据精度是足够的。太阳和月亮的星历计算详见 11.2.8 节。

5.4.3　地球潮汐效应的算例

地球潮汐效应在全世界最大可达 60cm（Melchior，1978；Poutanen et al.，1996），如在格陵兰岛可达 30 cm（Xu and Knudsen，2000）。地球潮汐效应对 GPS 定位的影响是显著的，因为在许多情况下地球潮汐效应引起的误差超过了 GPS 定位的精度要求。潮汐参数（Love 数和 Shida 数）反过来可通过全球的 GPS 观测确定。

不使用地面固定参考基准的 GPS 定位不受潮汐效应影响。对于小区域内的 GPS 相对定位，潮汐效应可以忽略，因为潮汐误差的差异很小。对于相对机载动态 GPS 定位，机载天线不受潮汐效应影响。但地面静态参考站受到潮汐效应影响。这时，潮汐误差与应用区域大小或基线长度无关，且必须予以考虑。

Xu 和 Knudsen（2000）给出了三个例子说明潮汐误差。地球潮汐效应是根据 IERS 标准来进行计算的（McCarthy，1996）。

选取格陵兰岛上的三个测站，在 1998 年 12 月 31 日的一整天（GPS 时间）的观测量来计算潮汐误差。粗略给定三个测站的坐标：Narsarsuaq（60°N，315°E），Scoresbysund（70°N，339°E），Thule（77°N，290°E）。高程设为 50m。测量的垂直分量结果如图 5.8 所示。其中横轴为时间（单位：h），纵轴为误差（单位：m）。实线、点画线和虚线分别表示三个测站的结果。这三个测站潮汐效应的最大差异达到 15cm。三个测站三角形的周长约为 2000km。潮汐误差垂直分量的变化范围为 27cm。这些变化在 4～5h 内发生。

利用两幅栅格数据，一幅为丹麦的 0.2°×0.3°栅格（54.0° ≤ φ ≤ 57.8°，8° ≤ λ ≤ 12.9°），一幅为格陵兰岛 1°×1°栅格（59.5° ≤ φ ≤ 84°，285° ≤ λ ≤ 350°），附带实际高程来分别计算 1:00～1:45 的潮汐误差垂直分量。

潮汐误差以等高线的形式在图 5.9 和图 5.10 中表示，横轴为经度，纵轴为纬度，均以度为单位。图 5.9 显示潮汐效应的差异为 15 mm，同时可看出在 80 km 的距离或丹麦区域内潮汐效应的差异可达到 5 mm。图 5.10 显示格陵兰岛垂直方向的潮汐效应为 17 cm。

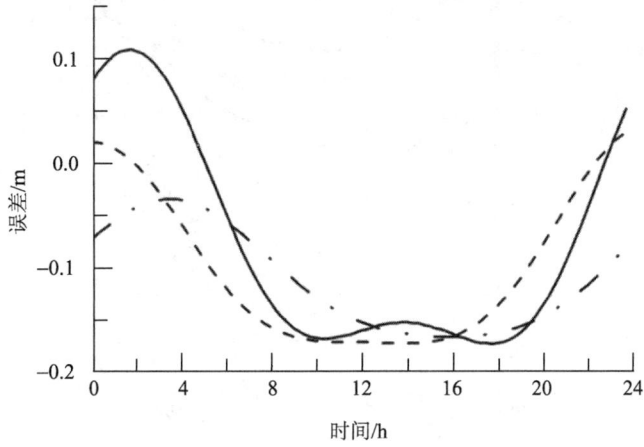

图 5.8　格陵兰岛三个测站的地球潮汐误差（1988 年 12 月 31 日，垂直分量）

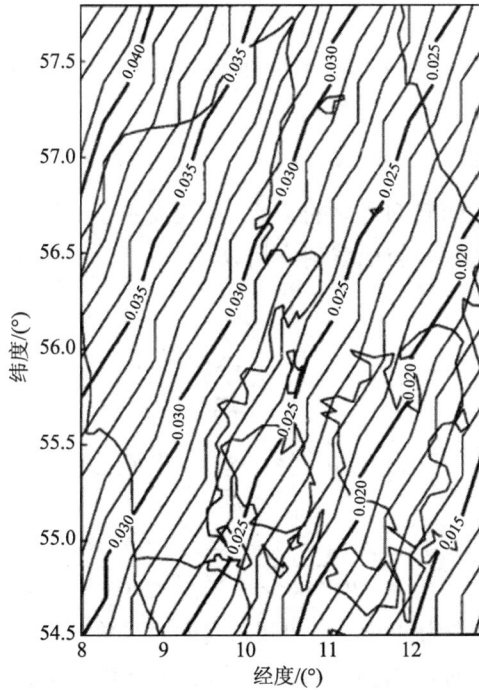

图 5.9　丹麦地球潮汐误差（1988 年 12 月 31 日，GPS 时 1:00，高程分量）

　　这些计算表明在空中 GPS 动态差分应用中，不进行地球潮汐修正在丹麦和格陵兰岛将导致小于 30 cm 的误差。对地球表面的动态和静态差分 GPS 应用，不进行地球潮汐修正在丹麦和格陵兰岛将分别导致小于 2 cm 和 15 cm 的误差。

　　值得一提的是，24 h 内 GPS 测量的潮汐效应的均值不为 0（可达几厘米）。这是因为地球潮汐是多种周期分量的综合效应。这说明地球潮汐效应无法通过日平均消除。

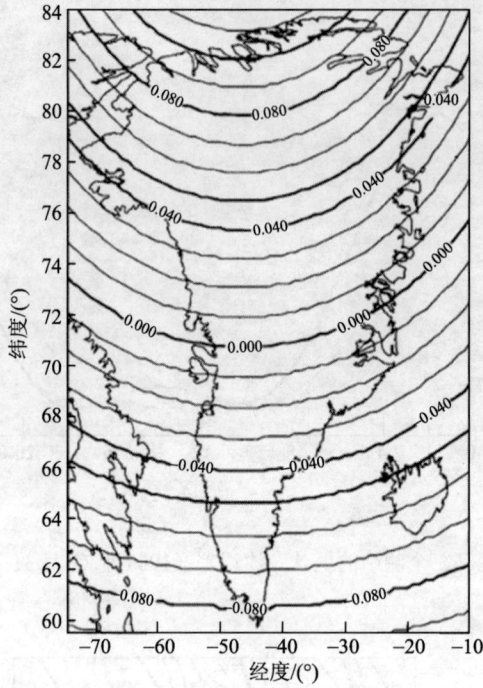

图 5.10　格陵兰岛地球潮汐误差（1998 年 12 月 31 日，GPS 时 1:45，高程分量）

5.4.4　海水负荷潮汐误差

海洋潮汐是地球表面随时间变化的负荷。因为海水负荷潮汐导致的地球表面的位移变化称为海洋潮汐负荷效应。与地球潮汐相似，可引入负荷 Love 数来描述负荷势能和负荷误差的关系如下：

$$\Delta S_r = h' \frac{W_p}{g} = \sum_{n=0}^{\infty} h'_n \frac{W_p(n)}{g} \tag{5.168}$$

$$\Delta S_\varphi = l' \frac{\partial W_p}{g \partial \varphi} = \sum_{n=0}^{\infty} l'_n \frac{\partial W_p(n)}{g \partial \varphi} \tag{5.169}$$

$$\Delta S_\lambda = l' \frac{\partial W_p}{g \cos \varphi \partial \lambda} = \sum_{n=0}^{\infty} l'_n \frac{\partial W_p(n)}{g \cos \varphi \partial \lambda} \tag{5.170}$$

式中，ΔS_r，ΔS_φ 和 ΔS_λ 分别为径向、北向和东向的海水负荷潮汐误差；h' 和 l' 为海水负荷 Love 数（更确切地说，h'_n 和 l'_n 为 n 阶海水负荷 Love 数）；$W_p(n)$ 为 n 阶海水负荷势能，$g \approx \mu / R_E^2$，μ 为地球引力常数，R_E 为地球半径。注意 0 阶海水负荷 Love 数和 1 阶海水负荷误差存在，在 $n \to \infty$，$h'_n \to h_\infty$，$n l'_n \to l_\infty$ 的情况下。海水负荷 Love 数可由理论模型得到。

海水负荷误差应在海水负荷边界条件下满足弹性平衡方程。这称为 Boussinesq 边界值问题。一个质点的海水负荷情况下球形地球的响应称为 Green 函数。换句话说，Green 函数是一个质点负荷在特定球形边界条件下 Boussinesq 边界值问题的偏微分方程的解。对相关的边界条件可得到相关的 Green 函数。Farrell 导出了下述海水负荷误差 Green 函数（Farrell，1972）：

$$u(k) = \frac{Rh'_\infty}{2M_e \sin(k/2)} + \frac{R}{M_e} \sum_{n=0}^{N} (h'_n - h'_\infty) P_n(\cos k) \qquad (5.171)$$

$$v(k) = \frac{-R\cos(k/2)[1 + 2\sin(k/2)]}{2M_e \sin(k/2)[1 + \sin(k/2)]} + \frac{R}{M_e} \sum_{n=1}^{N} \frac{(nl'_n - l'_\infty)}{n} \frac{\partial P_n(\cos k)}{\partial k} \qquad (5.172)$$

式中，R 为地球半径；M_e 为地球质量；k 为海水负荷点地心天顶距离（与计算点相关，见图 5.11）；$P_n(\cos k)$ 为勒让德多项式；$u(k)$ 和 $v(k)$ 分别为径向和切向海水负荷误差 Green 函数。

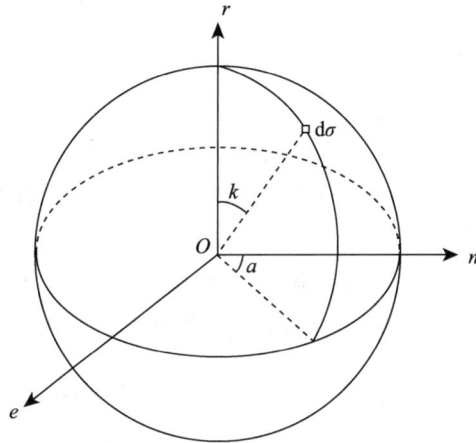

图 5.11　海水负荷

根据 Green 函数定义，整个地球的海洋潮汐海水负荷误差可通过将潮汐质量乘以 Green 函数并对整个海洋积分得到：

$$u_r = \iint\limits_{ocean} \delta H u(k) \mathrm{d}\sigma \qquad (5.173)$$

$$u_\varphi = \iint\limits_{ocean} \delta H v(k) \cos a \mathrm{d}\sigma \qquad (5.174)$$

$$u_\lambda = \iint\limits_{ocean} \delta H v(k) \sin a \mathrm{d}\sigma \qquad (5.175)$$

式中，a 为积分表面元 $\mathrm{d}\sigma$ 的方位角；δ 为海水的密度（$\delta \approx 1.03$）；H 为海洋潮汐的高度；u_r, u_φ 和 u_λ 分别为径向、北向和东向海水负荷误差分量。显然需要一个海洋潮汐模型。

Schwiderski 全球海洋潮汐模型是最常用的模型，其分辨率为 1°×1°，描述了潮汐的幅度和相位（Schwiderski，1978，1979，1980，1981a，b，c）。海水负荷潮汐模型的精度取决于负荷响应和海洋潮汐模型的精度。因为海岸线的不规则且负荷响应取决于陆界的局部变化特性（Farrell，1972），负荷效应建模难以十分精确。假定

$$H = \sum_{i=1}^{I} H_i , \quad \iint\limits_{ocean} F \mathrm{d}\sigma = \sum_{n=1}^{N} F(n) \mathrm{d}\sigma_n , \quad \sum_{n=1}^{N} \mathrm{d}\sigma_n = 整个海洋平面$$

其中，H_i 为角速度为 ω_i 的海洋潮汐成分；I 为截断波数；F 为积分函数；$F(n)$ 和 $d\sigma_n$ 分别为函数值和第 n 个表面单元的面积；N 为表面单元总数。如果改变求和顺序，则式（5.173）~式（5.175）变为

$$u_r = \sum_{i=1}^{I} \sum_{n=1}^{N} \delta H_i u(k) d\sigma_n \tag{5.176}$$

$$u_\varphi = \sum_{i=1}^{I} \sum_{n=1}^{N} \delta H_i v(k) \cos a d\sigma_n \tag{5.177}$$

$$u_\lambda = \sum_{i=1}^{I} \sum_{n=1}^{N} \delta H_i v(k) \sin a d\sigma_n \tag{5.178}$$

因此，海水负荷误差可表示为与计算点波浪频率、幅度和相位相关的不同波浪的误差总和。

5.4.5　海水负荷潮汐误差的计算

海水负荷误差的计算取决于选用的海洋潮汐模型。因为近海岸潮汐海水负荷的影响较大，为了提高计算精度，在全球海洋潮汐模型之外还经常引入近海岸线修正模型。由于相关波浪的幅度和相位只与计算点位置相关，计算可大大简化。通常只考虑 11 个潮汐成分，分别为半日波 M_2，S_2，K_2 和 N_2，日波 O_1，K_1，P_1 和 Q_1，以及长周期波 M_f、M_m 和 M_{sa}。IERS 标准（McCarthy，1996）中海水负荷误差矢量为

$$\Delta \rho_j = \sum_{i=1}^{11} f_i \cdot amp_j(i) \cdot \cos[arg(i,t) - phase_j(i)] \tag{5.179}$$

$$arg(i,t) = \omega_i t + \chi_i + u_i \tag{5.180}$$

式中，$j=1$，2，3，表示径向、西向和南向的误差；$amp_j(i)$ 和 $phase_j(i)$ 分别为计算点的第 i 个波的第 j 个分量的幅度和相位；$arg(i,t)$ 为第 i 个波在计算时间 t 的辐角；ω_i 为第 i 个波的角速度；χ_i 为时间 0 点的天文辐角；f_i 和 u_i 取决于月球交点。所在的经度。ω_i，f_i 和 u_i 可在 Doodson（1928）的表 26 中查到。$Amp_j(i)$ 和 $phase_j(i)$ 可通过 Scherneck 的站列表求出（McCarthy，1996）。系数和软件由 Scherneck 提供。

5.4.6　海水负荷效应的数字例子

某些特殊海岸区域海水负荷效应可达到 10 cm（Andersen，1994；Khan，1999）。海水负荷误差大多只影响靠近海岸的 CPS 测站。大多内陆测站的海水负荷误差小于 1 cm。海水负荷修正一般在 CPS 数据处理中不予考虑，因为其计算太复杂，建模精度不高。但是，对于精密应用，必须考虑海水负荷效应。使用软件（如 Scherneck 研制的），可获得静态测站的显著潮波的海水负荷振幅和相位。系数可事先计算甚至可用于实时应用中。空中动态 CPS 应用不受海水负荷效应影响。车载动态 CPS 应用通常活动范围有限，其相对效应很小。为获得较高精度，海水负荷效应可通过周围静态测站内插获得。

图 5.12 给出一个例子说明海水负荷效应的垂直分量。根据 AG95 模型来计算海水负荷效应（Andersen，1994），计算了两个测站 1998 年 3 月 18 日一整天（GPS 时）的海水负荷效应。测站坐标选取十分粗略——Brst (48.3805°, 355.5034°) 和 IGS 站 Wtzr

(49.1442°, 12.8789°)。横轴为时间（单位：h），纵轴为误差量（单位：m）。实线和虚线分别表示了第 1 和第 2 个测站的计算结果。两个测站的海水负荷误差差异最大达到 6 cm。

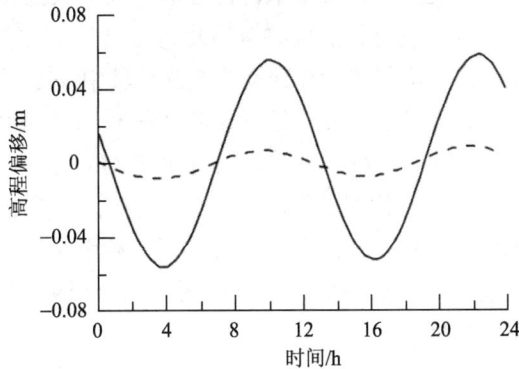

图 5.12 两个测站的海水负荷潮汐效应（高程分量）

结果表明，在某些应用下不进行海水负荷效应修正将带来几厘米的误差。上述情况中，甚至在差分应用中海水负荷效应引入的误差也达到 6 cm。

值得一提的是，24h 内 GPS 测量的海水负荷效应平均误差非常小，这表示海水负荷效应可通过日平均方法消除。在静态测量时，是否进行海水负荷效应修正会引入基线长度偏差的标准差达到 0.5 cm（Khan，1999）。

与对流层模型参数化相似，可对海岸附近的静态站引入海水负荷参数，因为海水负荷模型精度低。参数（如总海水负荷向量因子）可通过 GPS 数据处理求出。

5.5　钟　　差

如第 4 章所述，在 GPS 观测模型中，卫星和接收机时钟在精密 GPS 测量中起着重要作用。GPS 中的钟差影响可分为三种：第一种与光速 c 有关；第二种与卫星速度有关；第三种与工作频率有关。

第一种钟差的影响是显然的。对于伪码测量来说，测量信号传输时间并与传输速度 c 相乘得到传输距离。钟差 δt 将导致距离误差 $c\delta t$。同样，钟差 δt 将导致相位误差 $c\delta t / \lambda$。因为因子 c 很大，微小的钟差将导致很大的码误差和相位误差，所以 GPS 卫星和接收机要求采用高质量的钟。同时，钟差应仔细建模。一个简单的钟差模型表示如下：

$$\delta t = b + dt + at^2 ， \qquad t_1 \leqslant t \leqslant t_2 \tag{5.181}$$

式中，b 为偏差；d 为钟漂速度；a 为钟漂加速度；时间间隔（t_1, t_2）为钟差多项式的有效周期。时间间隔的长度直接取决于时钟的稳定性。这样一个模型描述了时钟有微小的漂移速度和加速度，且偏差、漂移速度和加速度为常量。因此时间间隔可由漂移速度和加速度估算。

在 SA（选择可用性，详见 5.7 节）情况下，星钟频率被人为操纵。换句话说，星钟不再是均匀推进的，也即星钟不再是稳定的。所以，这时式（5.181）的模型已不适用。SA 条件下星钟误差的替代模型为

$$\delta t = b_i , \qquad t = t_i \tag{5.182}$$

也就是说，钟差必须在每个测量时刻建模。钟差参数必须在每个历元求解并等价消除。

第二种类型的钟差影响更小。在第 4 章讨论过的伪码和载波相位模型中，存在一个信号发送时刻的卫星与信号接收时刻的接收机的几何距离。卫星的位置和速度是时间的函数。所以，钟差将导致卫星位置的计算误差为 $\dot{v}_s \delta t_s$，其中 $\dot{v}_s$ 是卫星的速度矢量。这些误差传递给距离函数引起距离计算误差。这种影响在所有 GPS 观测模型中不是显含的，不能通过差分消除。但是，钟差的影响将乘以卫星速度（约 3km/s），所以，估计钟差精度达到 10^{-6} 就足以保证计算卫星位置的精度。通常，这种估计是通过每个测站在每个历元时刻单点定位获得（详见 9.5.2 节）。当然，我们还必须考虑相对论效应。

如上所述，钟差引起相位误差 $c\delta t / \lambda$，等效于引入了一个频率误差 $f\delta t$。显然，在多普勒数据处理中须考虑该项修正。

星钟和接收机时钟同步是进行有效 GPS 测量的基本前提。时钟模型自动导致了所有时钟同步。

最近有研究表明时钟误差模型与模糊度参数线性相关（详见 9.1 节）。

5.5.1　常用的钟差模型介绍

众所周知，精密卫星导航定位的测量实际上是精密的时间测量，因此高精度的卫星时钟是导航系统的基础。在利用卫星导航系统实现快速定位和时间同步时，卫星钟差参数必须精确已知，因此卫星钟差的估计和预报是至关重要的（Huang，2012）。

对于卫星钟差的研究，首先需要构建精密的钟差模型。在本节中，我们介绍几种常用的模型：多项式模型、频谱分析（SA）模型、灰色模型（GM）和自回归滑动平均（ARMA）模型。

1. 多项式模型

多项式模型（Kosaka，1987）是在钟差预报和拟合中使用最广泛的模型。常用的多项式模型通常包含线性模型、二次和高阶多项式模型，可以表示为

$$x_i = a_0 + a_1 t_i + a_2 t_i^2 + \cdots + a_m t_i^m + e_i \ (0 \leqslant i \leqslant n) \tag{5.183}$$

式中，x_i 为 t_i 时刻的钟差；a_0，a_1，a_2，$\cdots$，a_m 为 m 个钟差参数；m 为多项式的阶数；e_i 为模型误差。

多项式模型简单实用，物理意义清晰，短期预报和拟合精度高，因此已广泛应用于GNSS 实时导航定位中。线性和二次多项式模型分别用于 GPS 和 GLONASS 系统广播星历的实时卫星钟差预报中。多项式模型的阶数的确定主要取决于原子钟的频率稳定性和频率漂移特性。通常，线性多项式适用于铯原子钟的预报和拟合，因为铯原子钟的短期频率稳定性稍差，且频率漂移不明显。而铷原子钟的短期频率稳定性较好，因此二次多项式适用于铷原子钟。

2. 频谱分析（SA）模型

通常钟差序列不仅包括线性和二次变化，还包括周期项。因此，频谱分析（Percival，2006）可以用于找出钟差序列中显著的周期项，以建立更准确的钟差模型。在顾及线性

趋势项的情况下，钟差的频谱分析模型可以表示为

$$x_i = a_0 + b_0 t_i + \sum_{k=1}^{p} A_k \sin(2\pi f_k t_i + \varphi_k) + e_i \ (0 \leqslant i \leqslant n) \tag{5.184}$$

式中，a_0 和 b_0 为线性趋势项的系数；p 为显著周期项的个数；f_k 为相应周期项的频率；A_k 和 φ_k 分别为相应周期项的振幅和相位；e_i 为 x_i 的残差；p 和 f_k 可以通过频谱分析来确定。

3. 灰色模型（GM）

灰色系统是由 Deng（1987）提出的一种信息处理方法。它主要用于产生不良、不完整或不确定的信息的系统分析。时钟误差的灰色模型可以表示为

$$x^{(0)}(k) = \left(1 - e^a\right)\left[x^{(0)}(1) - \frac{u}{a}\right]e^{-a(k-1)} \tag{5.185}$$

式中，$x^{(0)}(k)$ 为原始钟差序列的第 k 个元素；a 和 u 为模型参数。根据最小二乘原理，a 和 u 可以通过 $n(n \geqslant 4)$ 个观测值来估计。

灰色模型的优点是仅需少量数据（只要有 4 个以上的原始数据）就能对未知系统进行估算，可减少数据的使用量，并提高模型建立的效率。

4. 自回归滑动平均（ARMA）模型

ARMA 模型是由 Box 和 Jenkins 创立的一种常规随机时间序列模型，也被称为 B-J 方法（Box et al.，1994）。ARMA 模型有三种基本类型：自回归（AR）模型、滑动平均（MA）模型和自回归滑动平均（ARMA）模型。ARMA（p，q）可以表示为

$$x_t = \varphi_1 x_{t-1} + \cdots + \varphi_p x_{t-p} + a_t - \theta_1 a_{t-1} - \cdots - \theta_q a_{t-q} \tag{5.186}$$

式中，x_t，x_{t-1}，$\cdots$，x_{t-p} 为观测序列；φ_1，$\cdots$，φ_p 为自回归模型参数；θ_1，$\cdots$，θ_q 为滑动平均模型参数；p 和 q 分别为自回归模型和滑动平均模型的阶数；a_t，a_{t-1}，$\cdots$，a_{t-q} 为平均值为零和方差为 σ_a^2 的固定白噪声。

ARMA 模型仅适用于平稳随机序列。然而在实际应用中，观测数据很难满足这一要求。因此，通常需要对其作差分处理。基于差分后的时间序列建立的模型称为求和自回归滑动平均（ARIMA）模型，可以表示为 $\{x_t\}\sim$ARIMA（p，d，q），其中 d 是差分的阶数。

5. 参数估计方法

上述提到的钟差模型的系数需要通过适当的参数估计方法进行估计。通常有两种常用方法：序贯最小二乘法和动态卡尔曼滤波。这两种方法的细节可以参见 7.3 节和 7.7 节。目前，因其算法的稳定性和不会发散，序贯最小二乘最常应用于 GNSS 钟差的实时预报，而动态卡尔曼滤波被广泛应用于 IGS 的精密钟差的后处理中。

5.5.2 GPS 接收机外部参考钟对定位精度的影响

众所周知，GPS 的垂直精度比其水平精度要低 2~3 倍，这主要是由于在高程方向

上较难进行钟差、多路径、对流层延迟、天线相位中心变化的改正，以及观测到的 GPS 星座具有不对称性造成的（Leick，2004）。大多数 GPS 数据分析程序利用双差来减小钟差和轨道误差。载波相位模糊度、周跳和钟差可以通过处理伪距信号和三差相位来修复，而电离层延迟可以通过建模或双频组合进行改正（Bock and Doerflinger，2001；Yeh et al.，2008）。为了改正钟差，IGS 通过互联网为用户提供 GPS 卫星钟差，以提高定位精度（Ray and Senior，2005；Dow et al.，2009）。因此，GPS 接收机钟差是影响定位精度的一个重要因素。Yeh 等（2009）的研究发现，接收机钟差模型的不正确将导致 1～2cm 的定位误差。本节主要介绍 Yeh 等（2012）的研究，其探究了内部石英钟或外部提供的铷钟的频率偏移和频率稳定性对定位精度的影响。

为了评估接收机的定位性能和其内部钟的频率性能的依赖关系，该研究连续运用接收机时钟的转向功能来对内部石英（转向关闭）和外部铷钟之间的时钟进行转换。时钟转向利用 GPS 观测量来同步内部石英钟与 GPS 时间。此外，由于铷钟频率可能会随时间变化，应通过直接方法（使用计数器直接校准铷钟）或远程方法（使用 GPS 数据计算钟差）来进行常规频率校准。

在本书中，基于 Dach 等（2003）提出的方法，采用非差 GPS 相位观测量来计算 GPS 接收机的频率偏移和频率稳定性。Bernese GPS 软件 5.0 版本（Dach et al.，2007）估计接收机钟差，然后利用每个历元的钟差通过阿伦方差（Allan deviation）评估频率偏移和频率稳定度（Allan and Weiss，1980；Lesage and Ayi，1984）。实验结果表明，铷钟在频率稳定度方面平均优于石英钟 1～6 个数量级，而本研究中石英钟的偏移量要小于铷钟的偏移量。

在确定了石英和铷钟的频率偏移和频率稳定度的精度后，分析了钟差对 GPS 定位精度的影响。选择三条基线（短、中、长）进行静态相对定位。实验结果表明，无论是短基线、中基线还是长基线，铷钟的定位精度均高于石英钟。在该研究中，使用铷钟的短、中、长距离静态相对定位精度分别比使用石英钟提高 5%、11%和 15%，这说明时钟质量对长基线 GPS 相对定位的影响较大。同时结果表明，垂直方向上的精度平均改进是水平方向上的两倍，这与本节开头的表述一致。

对于铷钟和石英钟在频率偏移和频率稳定度的相关性能方面，铷钟在频率稳定性方面比石英钟好得多。然而，对于频率偏移，石英钟一般优于铷钟。因此，可以推断，配备铷钟的 GPS 接收机与配备石英钟的 GPS 接收机相比具有更高的定位精度，因为它具有相对更稳定的内部频率。值得注意的是，虽然铷钟具有频率偏移，但是只要这种偏移是稳定的并且可以进行计算和消除的，其对定位精度就没有显著的影响。因此，接收机钟的频率稳定度要远比频率偏移重要得多（Yeh et al., 2012）。

5.6　多路径效应

多路径是指 GPS 信号通过不止一条的不同路径到达接收机天线的现象。多路径传播同时影响伪距和载波相位测量。在 GPS 静态和动态精密定位中，多路径效应是必须考虑的一个误差源。有关减弱或消除多路径效应的研究已开展了多年（Braasch，1996；

Langley，1998；Hofmann-Wellenhof et al.，1997）。

多路径是一种非常局部的效应，仅取决于天线周围的局部环境。如图 5.13 所示，接收机可以同时接收直接传播的信号和反射（间接）的信号。间接路径显然取决于反射表面和卫星位置。反射表面相对接收机通常是不变的，但卫星是运动的，所以，多路径效应是时变的。

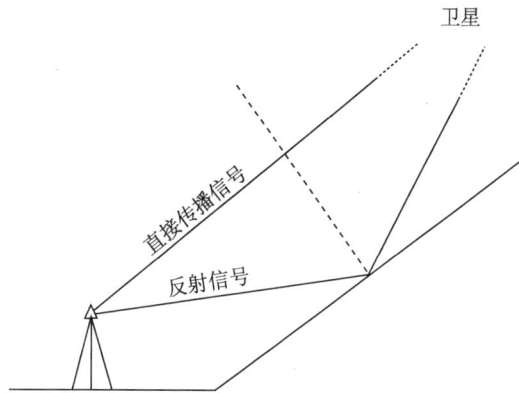

图 5.13　多路径效应几何图示

考虑直接信号 $s(t) = A\cos(\omega t + \varphi)$，其中 A 为振幅，ω 是角速度，φ 是相位，则间接信号可表示为 $f \cdot s(t + \delta t)$，其中 f 是放大因子，其物理意义为反射导致的能量衰减，δt 是时延。多路径效应事实上是间接信号对接收机观测的影响。因为不同接收机处理信号的方式不同，多路径误差与接收机的结构密切相关。

理论上（Braasch，1996；Langley，1998），多路径效应对于 P 码测量最大可达到 15 m，C/A 码测量 150 m。由于码元长度短，P 码对间接信号更不敏感。一般载波相位测量的多路径误差为厘米量级。

GPS 信号是右旋圆极化的（RHCP），所以传统的 GPS 天线设计为右旋圆极化天线。这一特性有助于抑制多路径信号，因为反射信号改变了极化方式。右旋圆极化天线接收到的纯反射信号通常信噪比只有直接信号的 1/3（Knudsen et al.，1999）。这也通常用于检测多路径效应。最简单的避免多路径效应的方法是架设天线时远离可能的反射表面，只使用载波相位测量是另一种可能的方法（伪码通常用于卫星位置计算时的钟差修正，这样的精度对于伪码存在多路径效应时是足够的，详见 5.5 节）。在伪距定位时，应采用载波相位平滑伪距，这样可以减弱最大的多路径效应到只有几厘米。

处理多路径效应的确切方法是使用码相位数据检测多路径，然后在相位数据处理中不使用相关相位数据或将相位数据权重设低。回顾 4.1 节和 4.2 节讨论的伪码和相位观测模型，使用式（4.7）和式（4.18）形成码相位差分如下：

$$R_{\mathrm{r}}^{\mathrm{s}}(t_{\mathrm{r}}, t_{\mathrm{e}}) - \lambda \Phi_{\mathrm{r}}^{\mathrm{s}}(t_{\mathrm{r}}) = 2\delta_{\mathrm{ion}} + \lambda N_{\mathrm{r}}^{\mathrm{s}} + \delta_{\mathrm{mul}} + \varepsilon \qquad (5.187)$$

式中，$R_{\mathrm{r}}^{\mathrm{s}}(t_{\mathrm{r}}, t_{\mathrm{e}})$ 和 $\Phi_{\mathrm{r}}^{\mathrm{s}}(t_{\mathrm{r}})$ 分别为伪距和相位观测量；λ 为波长；t_{e} 为 GPS 信号发送时刻；t_{r} 为信号接收时刻；δ_{ion} 为测站 r 的电离层效应；$N_{\mathrm{r}}^{\mathrm{s}}$ 为整周模糊度参数；δ_{mul} 为伪码测量的多路径效应；ε 为伪码测量误差。相位和频率误差，以及相位测量的多路径这里忽略

提出了利用既有的 GPS 信号进行中尺度海洋测高的被动反射测量和干涉测量系统（PARIS）的概念。有关 GPS 信号作为海洋测高观测量的潜在应用，Wu 等（1997）做了进一步探讨。在基于 GPS 的车辆跟踪系统的测试中，Auber 等（1994）记录了多路径误差，尤其是当飞机在海上低空飞行时的多路径误差。海面的反射几乎与入射信号一样强，导致 GPS 接收机锁定反射信号，产生错误的定位信息。因此，他们测量了最初记录的 GPS 反射信号。从那时起便开展了很多针对不同的接收机设计，在不同的观测高度和平台方面的理论和实验研究。本节将参照文献 Helm（2008）简要介绍 GPS 测高的研究活动。

GPS 测高是 GPS 反射测量领域的主要研究活动之一，力图获得与传统雷达测高（RA）精度相当的高精度的高程测量。目前已经开展了机载 GPS 测高（如 Garrison et al.，1998；Garrison and Katzberg，2000；Rius et al.，2002），并达到 5cm 的高程精度（Lowe et al.，2002b）。1999 年 8 月在地球平流层开展的 MEBEX 气球实验（Cardellach et al.，2003）。实验证明了在 37km 的高度进行 GPS 反射测量是可行的。Lowe 等（2002a）在 1994 年 10 月的 Shuttle Radar Laboratory-2 任务期间，通过分析航天飞机船上收集的 SIR-C 数据，观测到了来自太空的第一个地球表面反射的 GPS 信号。Beyerle 和 Hocke（2001）在 GPS / MET 和 CHAMP 的掩星数据中发现了地球表面反射的 GPS 信号的证据（Beyerle et al.，2002；Cardellach et al.，2004）。CHAMP 和 SAC-C（satellite de aplicaciones）卫星都配备有下视 GPS 天线，有关工作正在开展以建立星基 GPS 测高（Hajj and Zuffada，2003）。 2004 年，Gleason 等（2005）记录了在英国灾难监测星座卫星（UK-DMC）实验中探测到的海洋反射的 GPS 信号的波形。

在随后的 1997 年进行的 BRIDGE 实验中利用反射 GPS 信号进行了地基海面测高的实验演示。只用 C / A 码进行计算相关，可达约 3m 的测高精度（Martin-Neira et al.，2001）。1998 年，Anderson（2000）将 GPS 天线放置在水面以上约 10m 处，通过 GPS 信号干涉观测数据，来确定水位和潮汐，精度大约为 12cm。1999 年 10 月在火山口湖实验中，Treuhaft 等（2001）利用 GPS L1 载波相位数据获得 2cm 的精度。在池塘实验中，Martin-Neira 等（2002）获得了 1cm 的精度。在港口内平静的水面上，利用海洋仪器可进行相位测高，并能达到约 3.1cm 的精度（Soulat et al.，2006）。

在 GPS 接收机设计中已经通过许多方法来实现使用误差源"多路径"作为观测量。用于导航或大地测量目的的标准 GPS 接收机通常不允许访问 GPS 信号内的必要信息。因此需要通过访问原始的 GPS 信号来恢复测高信息。一种方法（如 Garrison et al.，1998；Garrison and Katzberg，2000）是利用高速率的数据记录器来记录数据流。第二步——在实时或事后处理中，对数据流用软件进行分析和处理，赋予接收机类型为"软件无线电"。Tsui（2000）描述了 GPS 软件接收机的基础知识。Akos 等（2001）、Kelley 等（2002）、Beyerle（2003）、Ledvina 等（2003）、Pany 等（2004）和 MacGougan 等（2005）开发了基于 PC 的 GPS 民用 L1 软件接收机，并已扩展到双频民用 GPS 软件接收机（Ledvina et al.，2004）。为了从反射的 GPS 信号中获得足够的增益，利用多元数字波束偏转天线阵列和高增益先进 GPS 接收机（HAGRs）的相关研究已经开展（Gold et al.，2005）。

5.7 AS 和 SA 效应

1. 反电子欺骗（AS）

GPS 系统的反电子欺骗措施是防范可能的欺骗（或干扰）。欺骗者产生一个模拟 GPS 信号的信号以诱使接收机跟踪错误信号。当激活了 AS 模式后，P 码被加密的 Y 码代替，只有授权用户可以接收，非授权接收机成为一个 L1 单频接收机。AS 自 1992 年 8 月 1 日以来经常测试，1994 年 1 月 31 日 00:00UT 正式激活，目前在所有 Block II 卫星和后续卫星上连续运行。

在无法利用双频的情况下（双频原本用于消除电离层效应），广播电离层模型（在导航电文内）可用于克服这一问题。当然，利用广播电离层模型的方法不可能达到利用双频数据的精度。载波相位平滑 C/A 码可用于替代 P 码。

2. 选择可用性（SA）

选择可用性是通过对卫星钟人为引入抖动和发送干扰星历实现 GPS 信号降质，目的是限制非授权用户的定位和测速精度。如果 SA 措施实施，卫星的基准频率被人为抖动，所以 GPS 测量被影响。广播星历被人为干扰，所以计算出的卫星轨道有缓慢抖动。可能有几种水平的 SA 效应。SA 在 Block II 和后续卫星上激活（Graas and Braasch，1996）。

授权用户可以恢复出未降质数据，充分利用系统潜能。他们必须有密钥使其可以解密导航电文中的校正数据（Georgiadou and Daucet，1990）。对精密用户，可以使用 IGS 精密轨道和预报轨道数据。使用已知位置（或监测站），可以计算距离修正量。差分 GPS 至少可以消除部分 SA 效应。

SA 措施从 2000 年 5 月起被关闭。

5.8 天线相位中心的偏差和变化

1. 卫星天线相位中心校正

卫星（在信号发射时刻）和接收机（在信号接收时刻）之间的几何距离实际上是两个天线相位中心的距离。但是，描述卫星位置的轨道数据通常参考的是卫星质心的位置，所以，在精密应用中卫星坐标必须经过相位中心校正（也叫质心校正）。

为了描述天线相位中心相对卫星质心的偏差，需要建立一个固联于卫星的星固坐标系。如图 5.15 所示，坐标系原点位于卫星质心，z 轴平行于天线指向，y 轴平行于太阳帆板平面，x 轴构成右手系。太阳矢量从卫星质心指向太阳。卫星运动过程中，z 轴始终指向地球，y 轴始终垂直于太阳矢量。换句话说，y 轴总是垂直于太阳、地球和卫星组成的平面。太阳帆板可绕轴旋转以保证其垂直于太阳光线方向来最好地收集太阳能。太阳角 β 定义为 z 轴和太阳单位矢量 $\vec{n}_{sun}$ 的夹角（图 5.16）。星固坐标系坐标轴单位矢量表示为 $(\vec{e}_x \quad \vec{e}_y \quad \vec{e}_z)$，则太阳单位矢量可表示为

$$\vec{n}_{\text{sun}} = \begin{pmatrix} \sin\beta & 0 & \cos\beta \end{pmatrix} \tag{5.190}$$

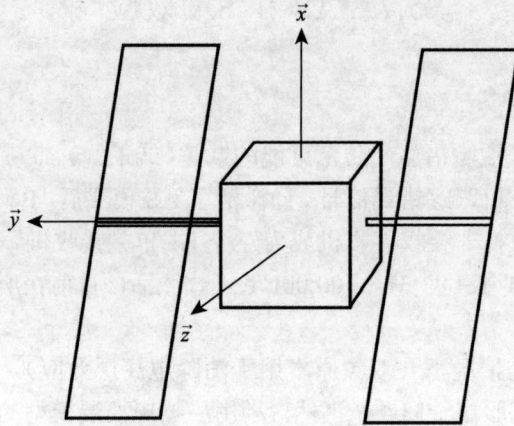

图 5.15　星固坐标系

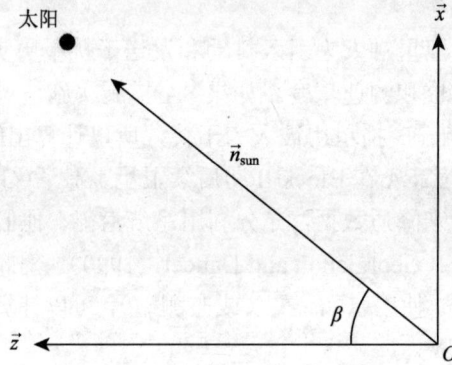

图 5.16　星固坐标系中的太阳矢量

在定轨时需要用 β 计算太阳光压。

用 $\vec{r}$ 表示地心卫星矢量，$\vec{r}_s$ 表示地心太阳矢量（图 5.17），则

$$\vec{r} = \begin{pmatrix} X \\ Y \\ Z \end{pmatrix}, \qquad \vec{r}_s = \begin{pmatrix} X_{\text{sun}} \\ Y_{\text{sun}} \\ Z_{\text{sun}} \end{pmatrix} \tag{5.191}$$

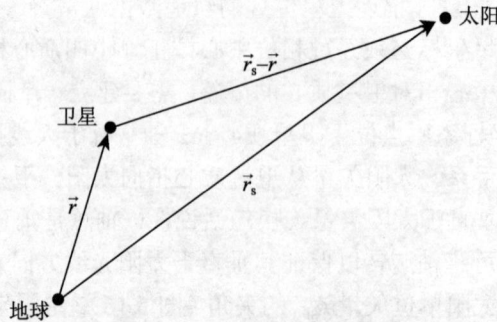

图 5.17　地球-太阳-卫星矢量

则在地心坐标系中有

$$\vec{e}_z = -\frac{\vec{r}}{|\vec{r}|} \tag{5.192}$$

$$\vec{e}_y = \frac{\vec{e}_z \times \vec{n}_{\text{sun}}}{|\vec{e}_z \times \vec{n}_{\text{sun}}|} \tag{5.193}$$

$$\vec{e}_x = \vec{e}_y \times \vec{e}_z \tag{5.194}$$

$$\vec{n}_{\text{sun}} = \frac{\vec{r}_s - \vec{r}}{|\vec{r}_s - \vec{r}|} \tag{5.195}$$

$$\cos\beta = \vec{n}_{\text{sun}} \cdot \vec{e}_z \tag{5.196}$$

或

$$\vec{e}_z = \frac{-1}{r}\begin{pmatrix} X \\ Y \\ Z \end{pmatrix}, \qquad r = \sqrt{X^2 + Y^2 + Z^2} \tag{5.197}$$

$$\vec{n}_{\text{sun}} = \frac{1}{R}\begin{pmatrix} X_{\text{sun}} - X \\ Y_{\text{sun}} - Y \\ Z_{\text{sun}} - Z \end{pmatrix} \tag{5.198}$$

$$\vec{e}_y = \frac{-1}{S}\begin{pmatrix} YZ_{\text{sun}} - Y_{\text{sun}}Z \\ ZX_{\text{sun}} - Z_{\text{sun}}X \\ XY_{\text{sun}} - X_{\text{sun}}Y \end{pmatrix} \tag{5.199}$$

$$\vec{e}_x = \frac{1}{S \cdot r}\begin{pmatrix} (ZX_{\text{sun}} - Z_{\text{sun}}X)Z - (XY_{\text{sun}} - X_{\text{sun}}Y)Y \\ (XY_{\text{sun}} - X_{\text{sun}}Y)X - (YZ_{\text{sun}} - Y_{\text{sun}}Z)Z \\ (YZ_{\text{sun}} - Y_{\text{sun}}Z)Y - (ZX_{\text{sun}} - Z_{\text{sun}}X)X \end{pmatrix} \tag{5.200}$$

其中

$$R = \sqrt{(X_{\text{sun}} - X)^2 + (Y_{\text{sun}} - Y)^2 + (Z_{\text{sun}} - Z)^2} \tag{5.201}$$

$$S = \sqrt{(YZ_{\text{sun}} - Y_{\text{sun}}Z)^2 + (ZX_{\text{sun}} - Z_{\text{sun}}X)^2 + (XY_{\text{sun}} - X_{\text{sun}}Y)^2} \tag{5.202}$$

假定卫星天线相位中心在星固坐标系中的坐标为 (x, y, z)，则地心坐标系中偏差矢量可通过将式（5.197）、式（5.199）和式（5.200）代入下式得到：

$$\vec{d} = x\vec{e}_x + y\vec{e}_y + z\vec{e}_z \tag{5.203}$$

该矢量可与 $\vec{r}$ 相加。

自 2006 年 11 月 5 日起，IGS 即使在相同的 GPS 卫星类型中也开始采用不同的天线相位中心矢量。表 5.4 给出了星固坐标系中 GPS 卫星天线相位中心偏差。

表 5.4　GPS 卫星天线相位中心偏差

卫星类别	PRN	x	y	z
Block I		0.2100	0.0	0.8540
Block II/IIA		0.2794	0.0	1.0259
Block IIR-A	11	0.0000	0.0	1.1413
	13	0.0000	0.0	1.3895
	14	0.0000	0.0	1.3454
	16	0.0000	0.0	1.5064
	18	0.0000	0.0	1.2909
	20	0.0000	0.0	1.3436
	21	0.0000	0.0	1.4054
	28	0.0000	0.0	1.0428
Block IIR-B	2	0.0000	0.0	0.7786
	19	0.0000	0.0	0.8496
	22	0.0000	0.0	0.9058
	23	0.0000	0.0	0.8082
Block IIR-M	4	0.0000	0.0	0.9656
	5	0.0000	0.0	0.8226
	7	0.0000	0.0	0.8529
	12	0.0000	0.0	0.8408
	15	0.0000	0.0	0.6811
	17	0.0000	0.0	0.8271
	29	0.0000	0.0	0.8571
	31	0.0000	0.0	0.9714
Block IIF	1	0.3940	0.0	1.5613
	3	0.3940	0.0	1.6000
	6	0.3940	0.0	1.6000
	8	0.3940	0.0	1.6000
	9	0.3940	0.0	1.6000
	10	0.3940	0.0	1.6000
	24	0.3940	0.0	1.6000
	25	0.3940	0.0	1.5973
	26	0.3940	0.0	1.6000
	27	0.3940	0.0	1.6000
	30	0.3940	0.0	1.6000
	32	0.3940	0.0	1.6000

对于卫星，此处不考虑信号传输方向和频率上的相位中心相关性。卫星相对于太阳的 $\vec{e}_y$ 方向偏差（$\vec{e}_x$ 也一样）可能引起几何相位中心校正的误差。在地球的阴影内（长达 55min），方向偏差越来越严重。几何方向偏差可以建模和估计。

2. 接收机天线相位中心校正

在接收机天线相位中心校正中，必须考虑信号传输方向和频率相位中心的相关性。相位中心偏差和变化都应进行建模。通常相位中心校正可通过精细的校准完成。接收机天线相位中心偏差也与天线类型相关。对一个 GPS 网而言，天线相位中心校正通常是事先计算并列表备份的。

5.9 硬件延迟偏差

采用 GPS 观测量对电离层效应进行的研究表明了硬件延迟偏差的存在（Yuan and Ou，1999）。该偏差是系统误差，与频率和观测量（是伪距还是载波相位）相关。但是，对于给定频率、观测类型和设备（包括接收机和 GPS 卫星），它们是常量。对于工作频率 k，卫星 j 和接收机 i 的伪距、载波相位和多普勒观测量，硬件偏差模型分别为

$$\delta I_c(i,k) + \delta J_c(j,k)$$
$$\delta I_p(i,k) + \delta J_p(j,k) \tag{5.204}$$
$$\delta I_d(i,k) + \delta J_d(j,k)$$

式中，下标 c、p 和 d 分别为伪距、载波相位和多普勒观测量；δI 和 δJ 为 GPS 接收机和卫星的硬件延迟偏差。分离硬件延迟偏差和模糊度是可能的，因为接收机和卫星偏差是相互独立的，而接收机和卫星的模糊度参数是相关的。但是，在建模和求解时，参数之间的相关性要仔细研究。一个频率和某一通道的硬件延迟偏差是与钟差线性相关的。不对硬件延迟偏差建模，该偏差将有可能并入模糊度参数，导致模糊度的整周特性被破坏。

第6章　GPS 观测方程和等价特性

本章首先讨论 GPS 通用观测数学模型及其线性化的问题，详细给出了全部数学模型相对于参数的偏导数，这些是构成 GPS 观测方程所必需的。然后简述了线性变换和协方差传播关系。在数据组合部分，讨论了所有有用的数据组合，如无电离层组合、无几何组合、码相位组合、电离层残差，以及差分多普勒和多普勒积分。在数据差分部分，讨论了单差、双差和三差观测方程及权传播律。通过差分可以大大减少方程中的参数，但其协方差的推导十分复杂。在最后两节，讨论了非组合算法和组合算法、非差分算法和差分算法的等价性。详细介绍了一种统一的 GPS 数据处理方法，该方法选择性地与非差、单差、双差、三差和用户自定义的差分方法等价。

6.1　GPS 观测通用数学模型

在第 4 章曾讨论到，GPS 伪距、载波相位和多普勒观测量表示如下（式（4.7）、式（4.18）、式（4.23））：

$$R_i^k(t_r, t_e) = \rho_i^k(t_r, t_e) - (\delta t_r - \delta t_k)c + \delta_{ion} + \delta_{trop} + \delta_{tide} + \delta_{rel} + \varepsilon_c \tag{6.1}$$

$$\lambda \Phi_i^k(t_r, t_e) = \rho_i^k(t_r, t_e) - (\delta t_r - \delta t_k)c + \lambda N_i^k - \delta_{ion} + \delta_{trop} + \delta_{tide} + \delta_{rel} + \varepsilon_p \tag{6.2}$$

$$D = \frac{d\rho_i^k(t_r, t_e)}{\lambda dt} - f \frac{d(\delta t_r - \delta t_k)}{dt} + \delta_{rel\_f} + \varepsilon_d \tag{6.3}$$

据 5.1.2 节式（5.26），电离层效应可按下式大约估算：

$$\delta_{ion} = \frac{A_1}{f^2} + \frac{A_2}{f^3}$$

其中，R 为伪距；Φ 为载波相位；D 为多普勒观测量；t_e 为卫星 k 的 GPS 信号发送时刻；t_r 为接收机 i 的 GPS 信号接收时刻；c 为光速；下标 i 和 k 为接收机和卫星；δt_r 和 δt_k 分别为接收机和卫星在 t_r 和 t_e 时刻的钟差；δ_{ion}, δ_{trop}, δ_{tide} 和 δ_{rel} 分别为电离层、对流层、潮汐和相对论效应，潮汐效应包括地球潮汐和海水负荷潮汐效应，多路径效应在 5.6 节已讨论过，在这里被忽略；ε_c, ε_p 和 ε_d 为残差；f 为频率；λ 为波长；A_1 和 A_2 为电离层参数；N_i^k 为相对于接收机 i 和卫星 k 的整周模糊度；δ_{rel_f} 为相对论效应的频率改正；ρ_i^k 为几何距离。可由式（4.6）获得

$$\rho_i^k(t_r, t_e) = \rho_i^k(t_r) + \frac{d\rho_i^k(t_r)}{dt} \Delta t \tag{6.4}$$

式中，$\Delta t = t_r - t_e$ 为信号传输时间；$d\rho_i^k(t_r)/dt$ 为 t_r 时刻卫星与接收机的径向距离对时间的导数。式（6.1）和式（6.2）中所有项的单位为 m。

在 ECEF 坐标系中考虑式（6.4），几何距离是测站状态矢量 X_i $(x_i, y_i, z_i, \dot{x}_i, \dot{y}_i, \dot{z}_i)$ 和

卫星状态矢量 $X_k(x_k, y_k, z_k, \dot{x}_k, \dot{y}_k, \dot{z}_k)$ 的函数。GPS 观测式（6.1）~式（6.3）可表示为

$$O = F(X_i, \quad X_k, \quad \delta t_i, \quad \delta t_k, \quad \delta_{\text{ion}}, \quad \delta_{\text{trop}}, \quad \delta_{\text{tide}}, \quad \delta_{\text{rel}}, \quad N_i^k, \quad \delta_{\text{rel\_}f}) \qquad (6.5)$$

式中，O 为观测量；F 为隐函数。换句话说，GPS 观测量是测站和卫星的状态矢量，若干物理效应和模糊度参数的函数。原则上，式（6.5）中的参数可通过 GPS 观测解算出来。这就是为什么今天 GPS 广泛应用于定位和导航（求解测站状态矢量）、定轨（求解卫星状态矢量）、授时（时钟同步）、气象服务（对流层分布）和电离层反演（电离层探测）的原因。反过来，卫星轨道受地球重力场和许多如太阳光压和大气阻力这样的摄动影响。因此，GPS 目前也用于地球重力场测量、太阳和地球科学的研究。

显然，式（6.5）是非线性方程，其直接的数学解法是采用有效的搜索算法搜索最优解，所谓模糊度函数方法即其中一种（见 8.5 节和 12.2 节）。总的说来，解非线性问题比将该问题一阶线性化后再求解要复杂得多。

注意，卫星状态矢量和测站状态矢量应采用同一坐标系表示，否则，应通过第 2 章的坐标转换方法进行转换。因为旋转变换是距离保持变换，在两种不同的坐标系中得到的距离是一致的。但是，由于地球旋转，在 ECI 和 ECEF 坐标系中速度表示并不一样。通常，测站坐标、电离层效应和对流层效应在 ECEF 坐标系中给出，而卫星状态矢量可用 ECSF 和 ECEF 两个坐标系表示，这取决于应用需要。

6.2 观测模型线性化

式（6.5）这样的非线性多变量函数可表示为

$$O = F(Y) = F(y_1, y_2, \cdots, y_n) \qquad (6.6)$$

式中，Y 为 n 维矢量，线性化采用一阶泰勒级数展开：

$$O = F(Y^0) + \left.\frac{\partial F(Y)}{\partial Y}\right|_{Y^0} \cdot \mathrm{d}Y + \varepsilon(\mathrm{d}Y) \qquad (6.7)$$

其中，

$$\frac{\partial F(Y)}{\partial Y} = \begin{pmatrix} \dfrac{\partial F}{\partial y_1} & \dfrac{\partial F}{\partial y_2} & \cdots & \dfrac{\partial F}{\partial y_n} \end{pmatrix}, \quad \text{and} \quad \mathrm{d}Y = (Y - Y^0) = \begin{pmatrix} \mathrm{d}y_1 \\ \mathrm{d}y_2 \\ \vdots \\ \mathrm{d}y_n \end{pmatrix}$$

符号 "$|_{Y^0}$" 为偏导数 $\partial F(Y)/\partial Y$ 在 $Y = Y^0$ 的取值；ε 为截断误差，它是二阶偏导和 $\mathrm{d}Y$ 的函数；Y^0 为初始矢量，则式（6.7）变为

$$O - C = \begin{pmatrix} \dfrac{\partial F}{\partial y_1} & \dfrac{\partial F}{\partial y_2} & \cdots & \dfrac{\partial F}{\partial y_n} \end{pmatrix}_{Y^0} \cdot \begin{pmatrix} \mathrm{d}y_1 \\ \mathrm{d}y_2 \\ \vdots \\ \mathrm{d}y_n \end{pmatrix} + \varepsilon \qquad (6.8)$$

式中，$C = F(Y^0)$。这样，GPS 观测方程式（6.6）线性化为式（6.8）。观测误差和截断误差用 v 表示，$O - C$ 用 l 表示，偏导数 $(\partial F/\partial y_j)|_{Y^0} = a_j$，式（6.8）可变换为

$$l_i = \begin{pmatrix} a_{i1} & a_{i2} & \cdots & a_{in} \end{pmatrix} \cdot \begin{pmatrix} \mathrm{d}y_1 \\ \mathrm{d}y_2 \\ \vdots \\ \mathrm{d}y_n \end{pmatrix} + v_i, \quad (i = 1, 2, \cdots, m) \tag{6.9}$$

其中，l 在平差中也常称为观测量，或者 $O - C$（观测值–计算值）；j 和 i 为未知量和观测量下标。式（6.9）是一个线性误差方程。一组 GPS 观测量组成线性误差方程组：

$$\begin{pmatrix} l_1 \\ l_2 \\ \vdots \\ l_m \end{pmatrix} = \begin{pmatrix} a_{11} & a_{12} & \cdots & a_{1n} \\ a_{21} & a_{22} & \cdots & a_{2n} \\ \vdots & \vdots & \vdots & \vdots \\ a_{m1} & a_{m2} & \cdots & a_{mn} \end{pmatrix} \cdot \begin{pmatrix} \mathrm{d}y_1 \\ \mathrm{d}y_2 \\ \vdots \\ \mathrm{d}y_n \end{pmatrix} + \begin{pmatrix} v_1 \\ v_2 \\ \vdots \\ v_m \end{pmatrix}$$

或表示为矩阵形式（$\mathrm{d}Y$ 用 X 表示）

$$L = AX + V \tag{6.10}$$

其中，m 为观测量个数。许多平差和滤波方法（见第 7 章）可用于解决式（6.10）的 GPS 问题。待求解矢量为 X（即 $\mathrm{d}Y$），原来的待求解矢量 Y 可通过将 $\mathrm{d}Y$ 与 Y^0 相加得到。V 为残差。统计意义上，假定 V 为标准正态分布的随机矢量。为了描述不同质量和相关性的观测量，将所谓的权重矩阵 P 引入式（6.10）。假定所有观测量是线性独立或不相关的，观测矢量 L 的协方差为

$$Q_{LL} = \mathrm{cov}(L) = \sigma^2 E \tag{6.11}$$

或

$$P = Q_{LL}^{-1} = \frac{1}{\sigma^2} E \tag{6.12}$$

其中，E 为 m 维单位矩阵；上标 -1 为矩阵求逆；$\mathrm{cov}(L)$ 为 L 的协方差。

总之，只要待求矢量 $\mathrm{d}Y$ 足够小，线性化效果就比较好。所以初始值 Y^0 需要精心选择。如果初始值给的不好，线性化过程需要迭代进行。换句话说，不好的初始值需要根据求解出的 $\mathrm{d}Y$ 进行修正，然后重新进行线性化直到 $\mathrm{d}Y$ 收敛。如果 $X=0$，则 $L=V$，所以，观测矢量 L 有时也称为残差矢量。如果初始矢量 Y^0 较好，则残差矢量 V 可作为标准用于判定初始观测矢量的好坏。该特性在抗差 Kalman 滤波中用于调整观测量的权重（参见第 7 章）。

6.3　观测函数的偏导数

1. 几何距离对 GPS 接收机状态矢量$(x_i, y_i, z_i, \dot{x}_i, \dot{y}_i, \dot{z}_i)$的偏导数

信号传输距离为（参见第 4 章式（4.3）和式（4.6））

$$\rho_i^k(t_r, t_e) = \sqrt{(x_k(t_e) - x_i)^2 + (y_k(t_e) - y_i)^2 + (z_k(t_e) - z_i)^2} \tag{6.13}$$

$$\rho_i^k(t_r, t_e) \approx \rho_i^k(t_r, t_r) + \frac{\mathrm{d}\rho_i^k(t_r, t_r)}{\mathrm{d}t} \Delta t \tag{6.14}$$

式中，上标 k 为卫星，卫星坐标与信号发出时刻 t_e 相关；下标 i 为测站，测站坐标与信

号接收时刻 t_r 相关，$\Delta t = t_e - t_r$。则得

$$\frac{\mathrm{d}\rho_i^k(t_r, t_r)}{\mathrm{d}t} = \frac{1}{\rho_i^k(t_r, t_r)}$$

$$\times \left((x_k - x_i)(\dot{x}_k - \dot{x}_i) \quad (y_k - y_i)(\dot{y}_k - \dot{y}_i) \quad (z_k - z_i)(\dot{z}_k - \dot{z}_i) \right) \tag{6.15}$$

卫星状态矢量与时刻 t_r 相关，而且

$$\frac{\partial \rho_i^k(t_r, t_e)}{\partial(x_i, y_i, z_i)} = \frac{-1}{\rho_i^k(t_r, t_e)}\left(x_k - x_i \quad y_k - y_i \quad z_k - z_i \right) \tag{6.16}$$

$$\frac{\partial \rho_i^k(t_r, t_e)}{\partial(\dot{x}_i, \dot{y}_i, \dot{z}_i)} = \frac{-\Delta t}{\rho_i^k(t_r, t_r)}\left(x_k - x_i \quad y_k - y_i \quad z_k - z_i \right) \tag{6.17}$$

2. 几何距离对 GPS 卫星状态矢量 $(x_k, y_k, z_k, \dot{x}_k, \dot{y}_k, \dot{z}_k)$ 的偏导数

同上，

$$\frac{\partial \rho_i^k(t_r, t_e)}{\partial(x_k, y_k, z_k)} = \frac{1}{\rho_i^k(t_r, t_e)}\left(x_k - x_i \quad y_k - y_i \quad z_k - z_i \right) \tag{6.18}$$

$$\frac{\partial \rho_i^k(t_r, t_e)}{\partial(\dot{x}_k, \dot{y}_k, \dot{z}_k)} = \frac{\Delta t}{\rho_i^k(t_r, t_r)}\left(x_k - x_i \quad y_k - y_i \quad z_k - z_i \right) \tag{6.19}$$

3. 多普勒观测量的偏导数

信号几何距离

$$\frac{\mathrm{d}\rho_i^k(t_r, t_e)}{\mathrm{d}t} = \frac{1}{\rho_i^k(t_r, t_e)}$$

$$\left((x_k(t_e) - x_i)(\dot{x}_k(t_e) - \dot{x}_i) + (y_k(t_e) - y_i)(\dot{y}_k(t_e) - \dot{y}_i) + (z_k(t_e) - z_i)(\dot{z}_k(t_e) - \dot{z}_i) \right) \tag{6.20}$$

则得

$$\frac{\partial(\mathrm{d}\rho_i^k(t_r, t_e)/\mathrm{d}t)}{\partial(\dot{x}_i, \dot{y}_i, \dot{z}_i)} = \frac{-1}{\rho_i^k(t_r, t_e)}\left(x_k(t_e) - x_i \quad y_k(t_e) - y_i \quad z_k(t_e) - z_i \right) \tag{6.21}$$

4. 钟差对钟参数的偏导数

如果钟差用式（5.181）描述（见 5.5 节）：

$$\delta t_i = b_i + d_i t + e_i t^2, \qquad \delta t_k = b_k + d_k t + e_k t^2 \tag{6.22}$$

式中，i 和 k 分别为接收机和卫星的钟差，则有

$$\frac{\partial \delta t_i}{\partial(b_i, d_i, e_i)} = \left(1 \quad t \quad t^2\right), \qquad \frac{\partial \delta t_k}{\partial(b_k, d_k, e_k)} = \left(1 \quad t \quad t^2\right) \tag{6.23}$$

如果钟差用式（6.182）描述（见 5.5 节）：

$$\delta t_i = b_i, \qquad \delta t_k = b_k \tag{6.24}$$

则

$$\frac{\partial \delta t_i}{\partial b_i} = 1, \qquad \frac{\partial \delta t_k}{\partial b_k} = 1 \tag{6.25}$$

上述偏导数对伪距和载波相位观测方程都有效。对多普勒观测量，有（参见式（6.3））

$$\delta_{\text{clock}} = f \frac{\mathrm{d}(\delta t_i - \delta t_k)}{\mathrm{d}t} \tag{6.26}$$

则对式（6.22）所示的钟差模型有

$$\frac{\partial \delta_{\text{clock}}}{\partial(d_i, e_i)} = \begin{pmatrix} 1 & 2t \end{pmatrix} f, \qquad \frac{\partial \delta_{\text{clock}}}{\partial(d_k, e_k)} = \begin{pmatrix} 1 & 2t \end{pmatrix} f \tag{6.27}$$

5. 对流层效应对对流层参数的偏导数

如果对流层效应由下式描述（参见 5.2 节）：

$$\text{I}: \quad \delta_{\text{trop}} = f_{\text{p}} \mathrm{d}\rho$$

$$\text{II}: \quad \delta_{\text{trop}} = \frac{f_{\text{z}} \mathrm{d}\rho}{F} + \frac{f_{\text{a}} \mathrm{d}\rho}{F_{\text{c}}} \tag{6.28}$$

式中，$\mathrm{d}\rho$ 为使用标准对流层模型求出的对流层效应；f_{p}、f_{z} 和 f_{a} 分别为传输路径、天顶和方位方向的对流层延迟参数；F 和 F_{c} 分别为 5.2 节讨论的映射函数和余映射函数，则对流层延迟对 f_{p}、f_{z} 和 f_{a} 的偏导数为

$$\text{I}: \quad \frac{\partial \delta_{\text{trop}}}{\partial f_{\text{p}}} = \mathrm{d}\rho$$

$$\text{II}: \quad \frac{\partial \delta_{\text{trop}}}{\partial(f_{\text{z}}, f_{\text{a}})} = \begin{pmatrix} \dfrac{\mathrm{d}\rho}{F} & \dfrac{\mathrm{d}\rho}{F_{\text{c}}} \end{pmatrix} \tag{6.29}$$

此外，如果对流层参数定义为阶梯函数或一阶多项式（参见 5.2 节）：

$$\text{I}: \quad f_{\text{p}} = f_{\text{z}} = f_j$$
$$t_{j-1} < t \leqslant t_j, \; j = 1, 2, \cdots, n$$

$$\text{II}: \quad f_{\text{p}} = f_{\text{z}} = f_{j-1} + (f_j - f_{j-1})\frac{t - t_{j-1}}{\Delta t} \tag{6.30}$$
$$t_{j-1} < t \leqslant t_j, \; j = 1, 2, \cdots, n+1$$

其中，$\Delta t = (t_n - t_0)/n$；t_0 和 t_n 分别为 GPS 观测的开始和结束时间；Δt 通常为 2~4h，则

$$\text{I}: \quad \frac{\partial f_{\text{p}}}{\partial f_j} = \frac{\partial f_{\text{z}}}{\partial f_j} = 1$$

$$\text{II}: \quad \frac{\partial f_{\text{p}}}{\partial(f_{j-1}, f_j)} = \frac{\partial f_{\text{z}}}{\partial(f_{j-1}, f_j)} = \begin{pmatrix} 1 + \dfrac{-t + t_{j-1}}{\Delta t} & \dfrac{t - t_{j-1}}{\Delta t} \end{pmatrix} \tag{6.31}$$

假定下式成立（参见式（5.121））：

$$f_a = g_1 \cos a + g_2 \sin a \tag{6.32}$$

式中，a 为方位角；g_1 和 g_2 为方位相关参数，则得

$$\frac{\partial f_a}{\partial(g_1, g_2)} = \begin{pmatrix} \cos a & \sin a \end{pmatrix} \tag{6.33}$$

如果参数 g_1 和 g_2 定义为如式（6.30）所示的阶梯函数或一阶多项式，则其偏微分可由如式（6.31）的方式获得。

6. 相位观测量模糊度参数的偏导数

取决于选用何种约化，有

$$\frac{\partial \lambda N}{\partial \lambda N} = 1 \quad \text{or} \quad \frac{\partial \lambda N}{\partial N} = \lambda \tag{6.34}$$

7. 潮汐效应对潮汐参数的偏导数

如果使用式（5.165）和式（5.167）所示的地球潮汐模型，则潮汐效应一般表示如下：

$$\delta_{\text{earth-tide}} = s_1 h_2 + s_2 l_2 + s_3 h_3 \tag{6.35}$$

式中，s_1、s_2 和 s_3 分别为 5.4.2 节给出的系数函数；h_2、h_3 和 l_2 分别为 love 数和 Shida 数。则有

$$\frac{\partial \delta_{\text{earth-tide}}}{\partial (h_2, l_2, h_3)} = \begin{pmatrix} s_1 & s_2 & s_3 \end{pmatrix} \tag{6.36}$$

海水负荷潮汐效应模型如下：

$$\delta_{\text{loading-tide}} = f_{\text{load}} \begin{pmatrix} \mathrm{d}x_{\text{load}} & \mathrm{d}y_{\text{load}} & \mathrm{d}z_{\text{load}} \end{pmatrix} \tag{6.37}$$

式中，f_{load} 为解算出的海水负荷效应矢量（$\mathrm{d}x_{\text{load}}$ $\mathrm{d}y_{\text{load}}$ $\mathrm{d}z_{\text{load}}$）的放大因子。因此

$$\frac{\partial \delta_{\text{loading-tide}}}{\partial f_{\text{load}}} = \begin{pmatrix} \mathrm{d}x_{\text{load}} & \mathrm{d}y_{\text{load}} & \mathrm{d}z_{\text{load}} \end{pmatrix} \tag{6.38}$$

6.4 线性变换和协方差传播

对任意线性方程组

$$L = AX \tag{6.39}$$

或

$$\begin{pmatrix} l_1 \\ l_2 \\ \vdots \\ l_m \end{pmatrix} = \begin{pmatrix} a_{11} & a_{12} & \cdots & a_{1n} \\ a_{21} & a_{22} & \cdots & a_{2n} \\ \vdots & \vdots & \vdots & \vdots \\ a_{m1} & a_{m2} & \cdots & a_{mn} \end{pmatrix} \begin{pmatrix} x_1 \\ x_2 \\ \vdots \\ x_n \end{pmatrix}$$

其线性变换可定义为在式（6.39）两边乘以矩阵 T，即

$$TL = TAX \tag{6.40}$$

或

$$\begin{pmatrix} t_{11} & t_{12} & \cdots & t_{1m} \\ t_{21} & t_{22} & \cdots & t_{2m} \\ \vdots & \vdots & \vdots & \vdots \\ t_{k1} & t_{k2} & \cdots & t_{km} \end{pmatrix} \begin{pmatrix} l_1 \\ l_2 \\ \vdots \\ l_m \end{pmatrix} = \begin{pmatrix} t_{11} & t_{12} & \cdots & t_{1m} \\ t_{21} & t_{22} & \cdots & t_{2m} \\ \vdots & \vdots & \vdots & \vdots \\ t_{k1} & t_{k2} & \cdots & t_{km} \end{pmatrix} \begin{pmatrix} a_{11} & a_{12} & \cdots & a_{1n} \\ a_{21} & a_{22} & \cdots & a_{2n} \\ \vdots & \vdots & \vdots & \vdots \\ a_{m1} & a_{m2} & \cdots & a_{mn} \end{pmatrix} \begin{pmatrix} x_1 \\ x_2 \\ \vdots \\ x_n \end{pmatrix}$$

其中，T 称为线性变换矩阵，维数为 $k \times m$。T 为方阵时逆为 T^{-1}。逆线性变换不改变原线性方程的性质（和结果）。这可以通过式（6.40）乘以 T^{-1} 验证。一个非可逆线性变换

称为秩亏（或不满秩）变换。

L 的协方差矩阵表示为 cov(L)或 Q_{LL}（参见 6.2 节），则变换后的 L（TL）的协方差可由协方差传播定律得到（Koch，1988）

$$\text{cov}(TL) = T\,\text{cov}(L)T^{\text{T}} = TQ_{LL}T^{\text{T}} \tag{6.41}$$

式中，上标 T 为变换矩阵的转置。

如果变换矩阵 T 为矢量（即 $k=1$），L 是非同质独立观测量（即协方差矩阵 Q_{LL} 是对角线矩阵，对角线元素 σ_j^2 是观测量 l_j 的方差（σ_j 称为标准差）），则式（6.40）和式（6.41）变为

$$\begin{pmatrix} t_1 & t_2 & \cdots & t_m \end{pmatrix}\begin{pmatrix} l_1 \\ l_2 \\ \vdots \\ l_m \end{pmatrix} = \begin{pmatrix} t_1 & t_2 & \cdots & t_m \end{pmatrix}\begin{pmatrix} a_{11} & a_{12} & \cdots & a_{1n} \\ a_{21} & a_{22} & \cdots & a_{2n} \\ \vdots & \vdots & \vdots & \vdots \\ a_{m1} & a_{m2} & \cdots & a_{mn} \end{pmatrix}\begin{pmatrix} x_1 \\ x_2 \\ \vdots \\ x_n \end{pmatrix}$$

$$\text{cov}(TL) = \begin{pmatrix} t_1 & t_2 & \cdots & t_m \end{pmatrix}\begin{pmatrix} \sigma_1^2 & 0 & \cdots & 0 \\ 0 & \sigma_2^2 & \cdots & 0 \\ \vdots & \vdots & \vdots & \vdots \\ 0 & 0 & \cdots & \sigma_m^2 \end{pmatrix}\begin{pmatrix} t_1 \\ t_2 \\ \vdots \\ t_m \end{pmatrix} \tag{6.42}$$

用 σ_{TL}^2 表示 cov(TL)，得

$$\sigma_{TL}^2 = t_1^2\sigma_1^2 + t_2^2\sigma_2^2 + \cdots + t_m^2\sigma_m^2 = \sum_{j=1}^{m} t_j^2\sigma_j^2 \tag{6.43}$$

式（6.43）称为误差传播定理。

6.5 数 据 组 合

数据组合是将同一测量点同一接收机观测的 GPS 数据进行组合的方法。通常，观测量是某一工作频率下的伪距、载波相位和多普勒观测量，如 C/A 码，P_1 和 P_2 码，L1 相位 Φ_1 和 L2 相位 Φ_2，多普勒值 D_1 和 D_2，未来可能有 P5 码、L5 相位 Φ_5 和多普勒值 D_5。根据观测方程，合理组合观测量对理解和解决 GPS 问题是有利的。

为方便起见，把伪距、载波相位和多普勒观测量简化为（参考式（6.1）～式（6.3））

$$R_j = \rho - (\delta t_r - \delta t_k)c + \delta_{\text{ion}}(j) + \delta_{\text{trop}} + \delta_{\text{tide}} + \delta_{\text{rel}} + \varepsilon_{\text{c}} \tag{6.44}$$

$$\lambda_j\Phi_j = \rho - (\delta t_r - \delta t_k)c + \lambda_j N_j - \delta_{\text{ion}}(j) + \delta_{\text{trop}} + \delta_{\text{tide}} + \delta_{\text{rel}} + \varepsilon_{\text{p}} \tag{6.45}$$

$$D_j = \frac{\text{d}\rho}{\lambda_j\text{d}t} - f_j\frac{\text{d}(\delta t_r - \delta t_k)}{\text{d}t} + \varepsilon_{\text{d}} \tag{6.46}$$

$$\delta_{\text{ion}}(j) = \frac{A_1}{f_j^2} + \frac{A_2}{f_j^3} \tag{6.47}$$

式中，j 为频率 f 的下标，其他符号的意义同式（6.1）～式（6.3）。式（6.47）是伪距测量中的电离层影响的近似值。

一般的伪距-伪距组合可采用 $n_1R_1 + n_2R_2 + n_5R_5$ 的方式，其中 n_1、n_2 和 n_5 为任意常数。但是，为了使组合形式具有伪距的含义，需进行标准化处理，即

$$R = \frac{n_1R_1 + n_2R_2 + n_5R_5}{n_1 + n_2 + n_5} \tag{6.48}$$

新的伪距 R 可看成是伪距观测 R_1，R_2 和 R_5 的加权平均。式（6.44）所述的数学模型对 R 同样有效。假定伪距观测量 R_i 的标准差为 $\sigma_{ci}(i=1,2,5)$，则新的伪距观测量 R 的标准差为

$$\sigma_c^2 = \frac{1}{(n_1 + n_2 + n_5)^2}(n_1^2\sigma_{c1}^2 + n_2^2\sigma_{c2}^2 + n_5^2\sigma_{c5}^2)$$

因为 $\left|\dfrac{n_1 + n_2 + \cdots + n_m}{m}\right| \leqslant \sqrt{\dfrac{n_1^2 + n_2^2 + \cdots + n_m^2}{m}}$ （Wang et al.，1979；Bronstein and Semendjajew，1987），可得

$$(n_1 + n_2 + \cdots + n_m)^2 \leqslant m(n_1^2 + n_2^2 + \cdots + n_m^2)，$$

其中，m 为下标的最大值。因此，对于 2 种或 3 种伪距观测量的组合，有

$$\sigma_c^2 \geqslant m \cdot \min\left\{\sigma_{c1}^2, \sigma_{c2}^2, \sigma_{c5}^2\right\}，\quad m = 2 \text{ 或 } 3$$

通常，载波相位-载波相位线性组合方式为

$$\Phi = n_1\Phi_1 + n_2\Phi_2 + n_5\Phi_5 \tag{6.49}$$

其中，组合信号的频率和波长分别为

$$f = n_1f_1 + n_2f_2 + n_5f_5 \quad \text{和} \quad \lambda = \frac{c}{f} \tag{6.50}$$

$\lambda\Phi$ 表示带模糊度的观测距离，并表示如下：

$$\lambda\Phi = \frac{1}{f}\left(n_1f_1\lambda_1\Phi_1 + n_2f_2\lambda_2\Phi_2 + n_5f_5\lambda_5\Phi_5\right) \tag{6.51}$$

式（6.45）的数学模型总体上说也适用于新的观测量 $\lambda\Phi$。假定相位观测量 $\lambda_i\Phi_i$ 的标准差为 $\sigma_i (i=1,2,5)$，则组合的新观测量的方差为

$$\sigma^2 = \frac{1}{f^2}(n_1^2f_1^2\sigma_1^2 + n_2^2f_2^2\sigma_2^2 + n_5^2f_5^2\sigma_5^2) \text{ 和 } \sigma^2 \geqslant m \cdot \min\left\{\sigma_1^2, \sigma_2^2, \sigma_5^2\right\} \tag{6.52}$$

根据组合频率是两个还是三个，频点标号 m 取 2 或者 3。

也就是说数据组合将降低原始数据的质量。

线性组合 $\Phi_W = \Phi_1 - \Phi_2$ 和 $\Phi_x = 2\Phi_1 - \Phi_2$ 分别称为波长约为 86.2 cm 和 15.5 cm 的宽巷组合和 x 巷组合。它们将 f_2 频段的一阶电离层效应分别降低了 40% 和 20%。$\Phi_N = \Phi_1 + \Phi_2$ 称为窄巷组合。

6.5.1 消电离层组合

根据式（6.44）~式（6.47），载波相位-相位和伪距-伪距消电离层组合可表示为

$$\lambda\Phi = \frac{f_1^2\lambda_1\Phi_1 - f_2^2\lambda_2\Phi_2}{f_1^2 - f_2^2} = \lambda(f_1\Phi_1 - f_2\Phi_2) \tag{6.53}$$

$$R = \frac{f_1^2 R_1 - f_2^2 R_2}{f_1^2 - f_2^2} \tag{6.54}$$

由式（6.44）和式（6.45）可得相关观测方程为

$$R = \rho - (\delta t_r - \delta t_k)c + \delta_{\text{trop}} + \delta_{\text{tide}} + \delta_{\text{rel}} + \varepsilon_{\text{cc}} \tag{6.55}$$

$$\lambda \Phi = \rho - (\delta t_r - \delta t_k)c + \lambda N + \delta_{\text{trop}} + \delta_{\text{tide}} + \delta_{\text{rel}} + \varepsilon_{\text{pc}} \tag{6.56}$$

其中，

$$N = f_1 N_1 - f_2 N_2 , \quad \lambda = \frac{c}{f_1^2 - f_2^2} \tag{6.57}$$

其中，ε_{cc} 和 ε_{pc} 分别为伪距和载波相位组合后的残差。

消电离层组合的好处是可以消除式（6.55）和式（6.56）中的电离层效应，其余项得以保留。但是，组合后的模糊度不再是整数，且组合观测量的标准差更大。式（6.55）和式（6.56）实际上是一阶消电离层组合。

二阶消电离层组合为（详见 5.1.2 节）

$$\lambda \Phi = C_1 \lambda_1 \Phi_1 + C_2 \lambda_2 \Phi_2 + C_5 \lambda_5 \Phi_5 \tag{6.58}$$

$$R = C_1 R_1 + C_2 R_2 + C_5 R_5 \tag{6.59}$$

其中

$$C_1 = \frac{f_1^3 (f_5 - f_2)}{C_4} , \quad C_2 = \frac{-f_2^3 (f_5 - f_1)}{C_4} ,$$

$$C_5 = \frac{f_5^3 (f_2 - f_1)}{C_4} , \quad C_4 = f_1^3 (f_5 - f_2) - f_2^3 (f_5 - f_1) + f_5^3 (f_2 - f_1) ,$$

$$\lambda = \frac{c}{C_4} , \quad N = C_4 (C_1 N_1 + C_2 N_2 + C_5 N_5)$$

其观测方程与式（6.55）和式（6.56）相同，λ 和 N 如上所示。

6.5.2 几何无关组合

根据式（6.44）~式（6.46），相位-相位和伪距-伪距几何无关组合可表示如下：

$$R_1 - R_2 = \delta_{\text{ion}}(1) - \delta_{\text{ion}}(2) + \Delta \varepsilon_{\text{c}} = \frac{A_1}{f_1^2} - \frac{A_1}{f_2^2} + \Delta \varepsilon_{\text{c}} \tag{6.60}$$

$$\lambda_1 \Phi_1 - \lambda_2 \Phi_2 = \lambda_1 N_1 - \lambda_2 N_2 - \frac{A_1}{f_1^2} + \frac{A_1}{f_2^2} + \Delta \varepsilon_{\text{p}} \tag{6.61}$$

$$\lambda_1 D_1 - \lambda_2 D_2 = \Delta \varepsilon_{\text{d}} \tag{6.62}$$

$$\lambda_j \Phi_j - R_j = \lambda_j N_j - 2\delta_{\text{ion}}(j) + \Delta \varepsilon_{\text{pc}} , \quad j = 1, 2, 5 \tag{6.63}$$

其中

$$\Delta \delta_{\text{ion}} = \delta_{\text{ion}}(1) - \delta_{\text{ion}}(2) = \frac{A_1}{f_1^2} - \frac{A_1}{f_2^2} \tag{6.64}$$

二阶电离层模型可近似为

$$\Delta \delta_{\text{ion}} = \delta_{\text{ion}}(1) - \delta_{\text{ion}}(2) = \frac{A_1}{f_1^2} - \frac{A_1}{f_2^2} + \frac{A_2}{f_1^3} - \frac{A_2}{f_2^3}$$

几何无关伪距-伪距和相位-相位组合消去了观测方程中除电离层项和模糊度参数外的所有其他项。回顾 5.1 节的讨论，δ_{ion} 是电离层路径延迟，可以看作天顶延迟 δ_{ion}^z 的函数，即 $\delta_{\text{ion}} = \delta_{\text{ion}}^z F$，其中 F 是映射函数（参见 5.1 节）。可得

$$\delta_{\text{ion}}(1) = \frac{A_1^z}{f_1^2} F = \frac{A_1}{f_1^2} \tag{6.65}$$

式中，A_1 和 A_1^z 的物理意义分别为信号传播路径方向和天顶方向的总电子容量。A_1^z 与卫星的天顶角无关。如果天顶方向的电子容量变化足够稳定，A_1^z 在较短时段 Δt 内可用阶梯函数或一阶多项式表示为

$$A_1^z = g_j, \quad t_{j-1} < t \leqslant t_j, \ j = 1, 2, \cdots, n+1 \tag{6.66}$$

或

$$A_1^z = g_{j-1} + (g_j - g_{j-1}) \frac{t - t_{j-1}}{\Delta t} \quad t_{j-1} < t \leqslant t_j, \quad j = 1, 2, \cdots, n+1 \tag{6.67}$$

式中，$\Delta t = (t_n - t_0)/n$，t_0 和 t_n 分别为 GPS 观测的开始和结束时刻。Δt 可选为 30min。g_j 为多项式系数。

式（6.60）、式（6.61）和式（6.63）的几何无关组合（仅对 $j=1$）可看成为原始观测矢量 $L = (R_1 \ R_2 \ \lambda_1 \Phi_1 \ \lambda_2 \Phi_2)^{\text{T}}$ 的一种线性变换形式：

$$\begin{pmatrix} 1 & -1 & 0 & 0 \\ 0 & 0 & 1 & -1 \\ -1 & 0 & 1 & 0 \end{pmatrix} \cdot \begin{pmatrix} R_1 \\ R_2 \\ \lambda_1 \Phi_1 \\ \lambda_2 \Phi_2 \end{pmatrix} = \begin{pmatrix} 0 & 0 & g \\ \lambda_1 & -\lambda_2 & -g \\ \lambda_1 & 0 & d \end{pmatrix} \cdot \begin{pmatrix} N_1 \\ N_2 \\ A_1 \end{pmatrix} + \begin{pmatrix} \Delta \varepsilon_{\text{c}} \\ \Delta \varepsilon_{\text{p}} \\ \Delta \varepsilon_{\text{pc}} \end{pmatrix} \tag{6.68}$$

利用式（6.65）：

$$g = \left(\frac{1}{f_1^2} - \frac{1}{f_2^2} \right), \quad d = -\frac{2}{f_1^2} \quad \text{and} \quad T = \begin{pmatrix} 1 & -1 & 0 & 0 \\ 0 & 0 & 1 & -1 \\ -1 & 0 & 1 & 0 \end{pmatrix}$$

式（6.68）称为模糊度电离层方程。对任意的可见 GPS 卫星，式（6.68）是可解的。如果观测矢量的方差为 $\begin{pmatrix} \sigma_{\text{c}}^2 & \sigma_{\text{c}}^2 & \sigma_{\text{p}}^2 & \sigma_{\text{p}}^2 \end{pmatrix}^{\text{T}}$，则原始观测矢量的协方差矩阵为（参见 6.2 节）

$$Q_{LL} = \begin{pmatrix} \sigma_{\text{c}}^2 & 0 & 0 & 0 \\ 0 & \sigma_{\text{c}}^2 & 0 & 0 \\ 0 & 0 & \sigma_{\text{p}}^2 & 0 \\ 0 & 0 & 0 & \sigma_{\text{p}}^2 \end{pmatrix}$$

则变换后的观测矢量的协方差矩阵（式（6.68）左侧）为（参见 6.4 节）

$$\mathrm{cov}(TL) = TQ_{LL}T^{\mathrm{T}} = \begin{pmatrix} 2\sigma_{\mathrm{c}}^2 & 0 & -\sigma_{\mathrm{c}}^2 \\ 0 & 2\sigma_{\mathrm{p}}^2 & \sigma_{\mathrm{p}}^2 \\ -\sigma_{\mathrm{c}}^2 & \sigma_{\mathrm{p}}^2 & \sigma_{\mathrm{c}}^2 + \sigma_{\mathrm{p}}^2 \end{pmatrix}$$

$$P = (\mathrm{cov}(TL))^{-1} = \frac{1}{2}\begin{pmatrix} h + \sigma_{\mathrm{c}}^{-2} & -h & 2h \\ -h & h + \sigma_{\mathrm{p}}^{-2} & -2h \\ 2h & -2h & 4h \end{pmatrix}, \quad h = \frac{1}{\sigma_{\mathrm{c}}^2 + \sigma_{\mathrm{p}}^2} \qquad (6.69)$$

考虑一个测站的所有测量数据，利用式（6.68）（式（6.69）的权重）可以解算出模糊度和电离层参数。逐个考虑测站数据，可以确定所有模糊度和电离层参数。其中，伪距和相位测量的权重不同。根据电离层的物理特性，所有解算出的电离层参数符号相同。即使观测方程式（6.68）为一个线性方程组，初始化仍将有助于避免模糊度太大的问题。广播电离层模型可用于相关电离层参数的初始化。

式（6.62）所示几何无关组合可用于多普勒数据的质量检查。

6.5.3 标准相位-伪码组合

通常，相位和伪码组合用于计算宽巷模糊度（Sjoeberg，1999；Hofmann-Wellenhof et al.，1997）。公式推导过程如下：式（6.63）除以λ_j并对$j=1$和$j=2$进行差分处理，得到

$$\Phi_{\mathrm{W}} - \frac{R_1}{\lambda_1} + \frac{R_2}{\lambda_2} = N_{\mathrm{W}} - \frac{2A_1}{c}\left(\frac{1}{f_1} + \frac{1}{f_2}\right) \qquad (6.70)$$

式中，$\Phi_{\mathrm{W}} = \Phi_1 - \Phi_2$，$N_{\mathrm{W}} = N_1 - N_2$，它们分别称为宽巷观测量和模糊度；$c$为光速；$A_1$为电离层参数。这里省略了误差项。式（6.60）可重新记为（忽略误差项）

$$A_1 = (R_1 - R_2)\frac{f_1^2 f_2^2}{f_2^2 - f_1^2} \qquad (6.71)$$

则有

$$\frac{A_1}{c}\left(\frac{1}{f_1} - \frac{1}{f_2}\right) = \left(\frac{R_1}{\lambda_1 f_1} - \frac{R_2}{\lambda_2 f_2}\right)\frac{f_1 f_2}{f_2 + f_1} = \frac{R_1}{\lambda_1}\frac{f_2}{(f_1 + f_2)} - \frac{R_2}{\lambda_2}\frac{f_1}{(f_1 + f_2)} \qquad (6.72)$$

将式（6.72）代入式（6.70），有

$$N_{\mathrm{W}} = \Phi_{\mathrm{W}} - \frac{f_1 - f_2}{f_1 + f_2}\left(\frac{R_1}{\lambda_1} + \frac{R_2}{\lambda_2}\right) \qquad (6.73)$$

式（6.73）是利用相位和伪码观测量计算宽巷模糊度最常用的公式。非差模糊度N_1可通过下面的公式计算。设$\Phi_2 = \Phi_1 - \Phi_{\mathrm{W}}$，$N_2 = N_1 - N_{\mathrm{W}}$，代入式（6.61），忽略误差项，可得

$$\lambda_1 N_1 - \lambda_2\left(N_1 - N_{\mathrm{W}}\right) = \frac{A_1}{f_1^2} - \frac{A_1}{f_2^2} + \lambda_1 \Phi_1 - \lambda_2\left(\Phi_1 - \Phi_{\mathrm{W}}\right)$$

$$N_1 = \Phi_1 - (\Phi_{\mathrm{W}} - N_{\mathrm{W}})\frac{f_1}{f_{\mathrm{W}}} + \frac{A_1}{c}\frac{f_1 + f_2}{f_1 f_2}$$

或

$$N_1 = \Phi_1 - (\Phi_W - N_W)\frac{f_1}{f_W} - \frac{R_1}{\lambda_1}\frac{f_2}{f_W} + \frac{R_2}{\lambda_2}\frac{f_1}{f_W} \tag{6.74}$$

式中，$f_W = f_1 - f_2$ 为宽巷频率。

与 6.5.2 节的平差算法相比，显然式（6.73）和式（6.74）确定模糊度参数时没有考虑相位和伪码数据的质量差异。因此，建议使用 6.5.2 节的方法。

6.5.4 电离层残差

设 GPS 观测量为一个时间序列，式（6.60）~式（6.64）所示的几何无关组合可修改为

$$R_1(t_j) - R_2(t_j) = \Delta\delta_{ion}(t_j) + \Delta\varepsilon_c \tag{6.75}$$

$$\lambda_1\Phi_1(t_j) - \lambda_2\Phi_2(t_j) = \lambda_1 N_1 - \lambda_2 N_2 - \Delta\delta_{ion}(t_j) + \Delta\varepsilon \tag{6.76}$$

$$\lambda_i\Phi_i(t_j) - R_i(t_j) = \lambda_i N_i - 2\delta_{ion}(i,t_j) + \Delta\varepsilon_{pc} \tag{6.77}$$

其中

$$\Delta\delta_{ion}(t_j) = \delta_{ion}(1,t_j) - \delta_{ion}(2,t_j) = \frac{A_1(t_j)}{f_1^2} - \frac{A_1(t_j)}{f_2^2} , \quad j = 1, 2, \cdots, m \tag{6.78}$$

上述观测量组合在两个连续历元 t_j 和 t_{j-1} 上的差分形式如下：

$$\Delta_t R_1(t_j) - \Delta_t R_2(t_j) = \Delta_t\Delta\delta_{ion}(t_j) + \Delta_t\Delta\varepsilon_c \tag{6.79}$$

$$\lambda_1\Delta_t\Phi_1(t_j) - \lambda_2\Delta_t\Phi_2(t_j) = \lambda_1\Delta_t N_1 - \lambda_2\Delta_t N_2 - \Delta_t\Delta\delta_{ion}(t_j) + \Delta_t\Delta\varepsilon_p \tag{6.80}$$

$$\lambda_i\Delta_t\Phi_i(t_j) - \Delta_t R_i(t_j) = \lambda_i\Delta_t N_i - 2\Delta_t\delta_{ion}(i,t_j) + \Delta_t\Delta\varepsilon_{pc}, \quad i = 1, 2, 5 \tag{6.81}$$

式中，Δ_t 为时间差分算子，对任意时间函数 $G(t)$，$\Delta_t G(t_j) = G(t_j) - G(t_{j-1})$。

因为电离层效应的时间差分 $\Delta_t\delta_{ion}$ 和 $\Delta_t\Delta\delta_{ion}$ 非常小，所以称为电离层残差。在没有周跳的情况下，即模糊度 N_1 和 N_2 是常数，ΔN_1 和 ΔN_2 等于 0。式（6.79）~式（6.81）称为电离层残差组合。第一个组合的式（6.79）可用于检查两种伪码测量的一致性。式（6.80）和式（6.81）可用于检测周跳。式（6.81）为相位-伪码组合，由于伪码测量精度较低，其仅用于检测较大的周跳。式（6.80）为相位-相位组合，其对周跳有较高的敏感性。但是，两个特定的周跳，ΔN_1 和 ΔN_2，引起的组合量 $\delta_1\Delta_t N_1 - \delta_2\Delta_t N_2$ 可以非常小。这样组合的例子在文献（Hofmann-Wellenhof et al.，1997）中可见。也就是说，即使式（6.80）的电离层残差很小，也不能保证没有周跳。

6.5.5 差分多普勒和多普勒积分

1. 差分多普勒

式（6.44）和式（6.45）中的原始观测量在两个连续历元 t_j 和 t_{j-1} 的差分形式如下：

$$\frac{\Delta_t R_j}{\lambda_j\Delta t} = \frac{\Delta_t\rho}{\lambda_j\Delta t} - f_j\frac{\Delta_t(\delta t_r - \delta t_k)}{\Delta t} + \frac{\Delta_t\varepsilon_c}{\lambda_j\Delta t}, \quad j = 1, 2 \tag{6.82}$$

$$\frac{\Delta_t\Phi_j}{\Delta t} = \frac{\Delta_t\rho}{\lambda_j\Delta t} - f_j\frac{\Delta_t(\delta t_r - \delta t_k)}{\Delta t} + \frac{\Delta_t\varepsilon_p}{\lambda_j\Delta t}, \quad j = 1, 2 \tag{6.83}$$

式中，$\Delta_t/\Delta t$ 为一个差分算子，$\Delta t = t_j - t_{j-1}$。

式（6.83）左边称为差分多普勒，忽略了电离层残差。式（6.82）和式（6.83）右边第三项为较小的残差。为了便于比较，重申式（6.46）的多普勒观测模型如下：

$$D_j = \frac{\mathrm{d}\rho}{\lambda_j \mathrm{d}t} - f_j \frac{\mathrm{d}(\delta t_\mathrm{r} - \delta t_k)}{\mathrm{d}t} + \varepsilon_\mathrm{d} \tag{6.84}$$

显然，式（6.83）和式（6.84）十分相似。唯一的不同在于式（6.84）的多普勒观测量为瞬时值，由理论微分模型描述，而式（6.83）左边为数字差分多普勒（相位差分形式），由数值差分模型描述。多普勒测量的是 GPS 天线的瞬时运动，而差分多普勒描述的是两个连续历元间天线的平均速度。式（6.83）的速度解（用$(x\quad \dot y\quad z)^\mathrm{T}$表示）可用于预测动态位置：

$$\begin{pmatrix} x_{j+1} \\ y_{j+1} \\ z_{j+1} \end{pmatrix} = \begin{pmatrix} x_j \\ y_j \\ z_j \end{pmatrix} + \begin{pmatrix} \dot x_j \\ \dot y_j \\ \dot z_j \end{pmatrix} \cdot \Delta t \tag{6.85}$$

换句话说，差分多普勒可用作动态定位 Kalman 滤波的系统方程。Kalman 滤波将在第 7 章讨论。使用差分多普勒的 Kalman 滤波将在 9.8 节讨论。

2. 多普勒积分

对式（6.84）的瞬时多普勒方程积分可得

$$\lambda_j \int_{t_{j-1}}^{t_j} D_j \mathrm{d}t = \Delta_t \rho - \Delta_t(\delta t_\mathrm{r} - \delta t_k)c + \varepsilon_\mathrm{d}$$

将差分算子Δ_t应用于式（6.44）和式（6.45），可得

$$\lambda_j \Delta_t \Phi_j = \Delta_t \rho - \Delta_t(\delta t_\mathrm{r} - \delta t_k)c + \lambda_j \Delta_t N_j + \varepsilon_\mathrm{p} \text{ 和 } \Delta_t R_j = \Delta_t \rho - \Delta_t(\delta t_\mathrm{r} - \delta t_k)c + \varepsilon_\mathrm{c} \tag{6.86}$$

其中，用于误差项的符号相同（以下同）。将式（6.86）的第一个方程与积分多普勒方程做差运算，可得

$$\lambda_j \Delta_t N_j = \lambda_j \Delta_t \Phi_j - \lambda_j \int_{t_{j-1}}^{t_j} D_j \mathrm{d}t + \varepsilon_1$$

或

$$\Delta_t N_j = \Delta_t \Phi_j - \int_{t_{j-1}}^{t_j} D_j \mathrm{d}t + \varepsilon_1 \quad , \quad j = 1, 2, 5 \tag{6.87}$$

也就是说，积分多普勒可用于周跳探测。这种周跳探测方法很合理。相位观测是通过对局部相位保持跟踪和累计整周数测量的。如果期间发生了信号失锁，整周数错误，即发生了周跳。因此，外部的瞬时多普勒积分可用作另一种周跳探测方法。积分可以通过首先将多普勒值调整为适当的多项式，然后在一定时域内完成积分。

3. 伪距平滑

比较式（6.86）的两个公式，可得

$$\Delta_t R_j = \lambda_j \Delta_t \Phi_j - \lambda_j \Delta_t N_j + \varepsilon_2$$

或

$$\Delta_t R_j = \lambda_j \Delta_t \Phi_j + \varepsilon_3 \tag{6.88}$$

没有周跳发生时，式（6.88）可用于平滑伪距观测量。

4. 差分相位

式（6.86）的第一个公式为两个连续历元 t_j 和 t_{j-1} 之间的相位差分

$$\lambda_j \Delta_t \Phi_j = \Delta_t \rho - \Delta_t (\delta t_r - \delta t_k) c + \lambda_j \Delta_t N_j + \varepsilon_p \quad, \quad j = 1, 2$$

等式右边除模糊度项外，其他皆为缓变项。周跳会导致相位的时间差分结果的突变，因此时间差分相位可用于周跳探测。

6.6 数 据 差 分

数据差分是对不同测站的同类 GPS 数据进行组合的方法。为方便后续讨论，假定潮汐效应和相对论效应在作差分前已进行了修正。原码、相位和多普勒观测量及其标准组合可重新记为（参见式（6.44）~式（6.47））

$$R_i^k(j) = \rho_i^k - c\delta t_i + c\delta t_k + \delta_{\text{ion}}(j) + \delta_{\text{trop}} + \varepsilon_c \tag{6.89}$$

$$\lambda_j \Phi_i^k(j) = \rho_i^k - c\delta t_i + c\delta t_k + \lambda_j N_i^k(j) - \delta_{\text{ion}}(j) + \delta_{\text{trop}} + \varepsilon_p \tag{6.90}$$

$$\delta_{\text{ion}}(j) = \frac{A_1}{f_j^2} + \frac{A_2}{f_j^3} \tag{6.91}$$

$$D_i^k(j) = \frac{\mathrm{d}\rho_i^k}{\lambda_j \mathrm{d}t} - f_j \frac{\mathrm{d}(\delta t_i - \delta t_k)}{\mathrm{d}t} + \varepsilon_d \tag{6.92}$$

式中，$j=1$，2，5 为频率 f 的下标；下标 i 为测站编号；上标 k 为卫星标识号。

6.6.1 单差

单差 SD 是两个测站对同一卫星观测数据的差分：

$$\text{SD}_{i1,i2}^k(O) = O_{i2}^k - O_{i1}^k \tag{6.93}$$

式中，O 为原始观测量；$i1$ 和 $i2$ 为两个测站标号。假定原始观测量方差相同，均为 σ^2，则单差观测量方差为 $2\sigma^2$。考虑式（6.89）~式（6.92），有

$$\text{SD}_{i1,i2}^k(R(j)) = \rho_{i2}^k - \rho_{i1}^k - c\delta t_{i2} + c\delta t_{i1} + \mathrm{d}\delta_{\text{ion}}(j) + \mathrm{d}\delta_{\text{trop}} + \mathrm{d}\varepsilon_c \tag{6.94}$$

$$\text{SD}_{i1,i2}^k(\lambda_j \Phi(j)) = \rho_{i2}^k - \rho_{i1}^k - c\delta t_{i2} + c\delta t_{i1} + \lambda_j N_{i2}^k(j) - \lambda_j N_{i1}^k(j)$$
$$-\mathrm{d}\delta_{\text{ion}}(j) + \mathrm{d}\delta_{\text{trop}} + \mathrm{d}\varepsilon_p \tag{6.95}$$

$$\text{SD}_{i1,i2}^k(D(j)) = \frac{\dot{\rho}_{i2}^k - \dot{\rho}_{i1}^k}{\lambda_j} - f_j \frac{\mathrm{d}(\delta t_{i2} - \delta t_{i1})}{\mathrm{d}t} + \mathrm{d}\varepsilon_d \tag{6.96}$$

式中，$\dot{\rho}$ 为 ρ 对时间的偏导数；$\mathrm{d}\delta_{\text{ion}}(j)$ 和 $\mathrm{d}\delta_{\text{trop}}$ 分别为两个测站对卫星 k 差分后的电

离层和对流层效应。

单差最重要的性质是消除了模型中的卫星钟差项。但是，需要强调的是卫星钟差还是要仔细考虑，因为它对位置的计算仍有影响。电离层和对流层效应经过差分也会减小，特别是对于相距不远的测站。因为测站钟差和模糊度的数学模型相同，所以单差方程式（6.94）~式（6.96）中并非所有时钟和模糊度参数都能求解。

对测站 $i1$ 和 $i2$ 的原始观测矢量

$$O = \begin{pmatrix} O_{i1}^{k1} & O_{i1}^{k2} & O_{i1}^{k3} & O_{i2}^{k1} & O_{i2}^{k2} & O_{i2}^{k3} \end{pmatrix}^{\mathrm{T}}, \quad \mathrm{cov}(O) = \sigma^2 E$$

单差

$$\mathrm{SD}(O) = \begin{pmatrix} O_{i1,i2}^{k1} & O_{i1,i2}^{k2} & O_{i1,i2}^{k3} \end{pmatrix}^{\mathrm{T}}$$

可由线性变换表示为

$$\mathrm{SD}(O) = C \cdot O, \quad C = \begin{pmatrix} -1 & 0 & 0 & 1 & 0 & 0 \\ 0 & -1 & 0 & 0 & 1 & 0 \\ 0 & 0 & -1 & 0 & 0 & 1 \end{pmatrix} = \begin{pmatrix} -E & E \end{pmatrix} \tag{6.97}$$

上式中，两个测站同时观测相同的卫星 $k1, k2, k3$；E 为单位矩阵，其维数为观测卫星数；上例为 3×3 的单位矩阵。

单差的协方差矩阵为

$$\mathrm{cov}(\mathrm{SD}(O)) = C \cdot \mathrm{cov}(O) \cdot C^{\mathrm{T}} = \sigma^2 C \cdot C^{\mathrm{T}} = 2\sigma^2 E \tag{6.98}$$

权矩阵为

$$P = \frac{1}{2\sigma^2} E$$

也就是说，单基线情况下单差观测量是不相关的。式（6.97）中的 C 是通用形式，C 可用 $C_{\mathrm{s}} = \begin{pmatrix} -E_{n \times n} & E_{n \times n} \end{pmatrix}$ 表示，n 为共视卫星数。

单差可用于任意基线，只要两个测站有共视卫星。但是，基线应相互独立。最常用的是放射状基线或遍历基线。假定测站 ID 矢量是 $(i1, i2, i3, \cdots, i(m-1), im)$，测站 $i1$ 和 $i2$ 的基线为 $(i1, i2)$，则放射状基线可表示为 $(i1, i2), (i1, i3), \cdots, (i1, im)$，而遍历基线可表示为 $(i1, i2), (i2, i3), \cdots, (i(m-1), im)$。测站 $i1$ 称为参考站，可任意选择。某些情况下，需混合选择放射状和遍历基线，如 $(i1, i2)$，$(i1, i3)$，$(i3, i4)$，$\cdots$，$(i3, i(m-1))$，$(i3, im)$。有时基线被分为几组，需要选择几个参考站。选择独立最优的基线网络的方法将在 9.1 节和 9.2 节讨论。

假定有三个测站进行 GPS 测量，$i1, i2$ 和 $i3$ 的原始观测矢量是

$$O_i = \begin{pmatrix} O_i^{k1} & \cdots & O_i^{kn} \end{pmatrix}^{\mathrm{T}}, \quad \mathrm{cov}(O_i) = \sigma^2 E_{n \times n}, \quad i = i1, i2, i3$$

式中，n 为共视卫星号。基线 (i, j) 的单差为

$$\mathrm{SD}_{i,j}(O) = \begin{pmatrix} O_{i,j}^{k1} & \cdots & O_{i,j}^{kn} \end{pmatrix}^{\mathrm{T}} \quad i, j = i1, i2, i3, \quad i \neq j$$

如果基线为放射状，如对于 $(i1, i2)$ 和 $(i1, i3)$，则有

$$\begin{pmatrix} \mathrm{SD}_{i1,i2}(O) \\ \mathrm{SD}_{i1,i3}(O) \end{pmatrix} = \begin{pmatrix} -E & E & 0 \\ -E & 0 & E \end{pmatrix} \begin{pmatrix} O_{i1} \\ O_{i2} \\ O_{i3} \end{pmatrix}$$

$$\mathrm{cov(SD)} = \sigma^2 \begin{pmatrix} -E & E & 0 \\ -E & 0 & E \end{pmatrix} \begin{pmatrix} -E & -E \\ E & 0 \\ 0 & E \end{pmatrix} = \sigma^2 \begin{pmatrix} 2E & E \\ E & 2E \end{pmatrix}$$

$$P_s = [\mathrm{cov(SD)}]^{-1} = \frac{1}{3\sigma^2} \begin{pmatrix} 2E & -E \\ -E & 2E \end{pmatrix} \tag{6.99}$$

如果基线为遍历状，如对于$(i1,i2)$和$(i2,i3)$，则有

$$\begin{pmatrix} \mathrm{SD}_{i1,i2}(O) \\ \mathrm{SD}_{i2,i3}(O) \end{pmatrix} = \begin{pmatrix} -E & E & 0 \\ 0 & -E & E \end{pmatrix} \begin{pmatrix} O_{i1} \\ O_{i2} \\ O_{i3} \end{pmatrix}$$

$$\mathrm{cov(SD)} = \sigma^2 \begin{pmatrix} -E & E & 0 \\ 0 & -E & E \end{pmatrix} \begin{pmatrix} -E & 0 \\ E & -E \\ 0 & E \end{pmatrix} = \sigma^2 \begin{pmatrix} 2E & -E \\ -E & 2E \end{pmatrix}$$

$$P_s = [\mathrm{cov(SD)}]^{-1} = \frac{1}{3\sigma^2} \begin{pmatrix} 2E & E \\ E & 2E \end{pmatrix}$$

显然，如果测站数大于 2，单差是互相关的，而且互相关性与基线的选取方式相关。所以，无法得到一个单差网的通用协方差表达式。并且，基线不同共视卫星数 n 不同，协方差矩阵的表达更复杂。

采用单差形式进行 GPS 数据网逐基线处理等价于忽略基线间的相关性。

6.6.2　双差

双差是对两颗卫星的单差差分，即

$$\mathrm{DD}_{i1,i2}^{k1,k2}(O) = \mathrm{SD}_{i1,i2}^{k2}(O) - \mathrm{SD}_{i1,i2}^{k1}(O) \tag{6.100}$$

$$\mathrm{DD}_{i1,i2}^{k1,k2}(O) = (O_{i2}^{k2} - O_{i1}^{k2}) - (O_{i2}^{k1} - O_{i1}^{k1}) \tag{6.101}$$

式中，$k1$ 和 $k2$ 为两颗卫星的 ID 号。假定原始观测量有相同的方差 σ^2，则双差观测量方差为 $4\sigma^2$。考虑式（6.89）~式（6.92），得

$$\mathrm{DD}_{i1,i2}^{k1,k2}(R(j)) = \rho_{i2}^{k2} - \rho_{i1}^{k2} - \rho_{i2}^{k1} + \rho_{i1}^{k1} + \mathrm{dd}\delta_{\mathrm{ion}}(j) + \mathrm{dd}\delta_{\mathrm{trop}} + \mathrm{dd}\varepsilon_{\mathrm{c}} \tag{6.102}$$

$$\mathrm{DD}_{i1,i2}^{k1,k2}(\lambda_j \Phi(j)) = \rho_{i2}^{k2} - \rho_{i1}^{k2} - \rho_{i2}^{k1} + \rho_{i1}^{k1} + \lambda_j (N_{i2}^{k2}(j) - N_{i1}^{k2}(j)$$
$$- N_{i2}^{k1}(j) + N_{i1}^{k1}(j)) - \mathrm{dd}\delta_{\mathrm{ion}}(j) + \mathrm{dd}\delta_{\mathrm{trop}} + \mathrm{dd}\varepsilon_{\mathrm{p}} \tag{6.103}$$

$$\mathrm{DD}_{i1,i2}^{k1,k2}(D(j)) = \frac{\dot{\rho}_{i2}^{k2} - \dot{\rho}_{i1}^{k2} - \dot{\rho}_{i2}^{k1} + \dot{\rho}_{i1}^{k1}}{\lambda_j} + \mathrm{dd}\varepsilon_{\mathrm{d}} \tag{6.104}$$

式中，$\mathrm{dd}\delta_{\mathrm{ion}}(j)$ 和 $\mathrm{dd}\delta_{\mathrm{trop}}$ 分别为两颗卫星相对于两个测站的电离层和对流层效应的差分。对消电离层的组合观测量（用 $j=4$ 表示以示区别），电离层误差项已从上式中消除。

双差最重要的特点是完全消除了上述方程中钟差项。需要强调的是钟差仍然隐含地

影响卫星位置的计算，还需仔细考虑。双差可消除大多数电离层和对流层效应，特别是测站之间距离不远的情况。多普勒双差直接描述几何变化。双差模糊度可表示为

$$N_{i1,i2}^{k1,k2}(j) = N_{i2}^{k2}(j) - N_{i1}^{k2}(j) - N_{i2}^{k1}(j) + N_{i1}^{k1}(j) \tag{6.105}$$

在参考卫星改变的情况下，为了方便，式（6.103）中使用原始模糊度。

对单差观测矢量：

$$\mathrm{SD}(O) = \begin{pmatrix} O_{i1,i2}^{k1} & O_{i1,i2}^{k2} & O_{i1,i2}^{k3} \end{pmatrix}^{\mathrm{T}} \quad \text{and} \quad \mathrm{cov(SD}(O)) = 2\sigma^2 E \tag{6.106}$$

双差：

$$\mathrm{DD}(O) = \begin{pmatrix} O_{i1,i2}^{k1,k2} & O_{i1,i2}^{k1,k3} \end{pmatrix}^{\mathrm{T}} \tag{6.107}$$

表示为线性变换形式，有

$$\mathrm{DD}(O) = C_{\mathrm{d}} \cdot SD(O) \tag{6.108}$$

$$C_{\mathrm{d}} = \begin{pmatrix} -1 & 1 & 0 \\ -1 & 0 & 1 \end{pmatrix} = \begin{pmatrix} -I_m & E_{m \times m} \end{pmatrix}, \quad m=2 \tag{6.109}$$

式中，E 为 $m \times m$ 单位矩阵；I 为 m 维 1 矢量（所有元素均为 1）；m 为形成双差的方程数目，$m=n-1$。双差的协方差矩阵为

$$\mathrm{cov(DD}(O)) = C_{\mathrm{d}} \cdot \mathrm{cov(SD}(O)) \cdot C_{\mathrm{d}}^{\mathrm{T}} = 2\sigma^2 C_{\mathrm{d}} \cdot C_{\mathrm{d}}^{\mathrm{T}} = 2\sigma^2 \begin{pmatrix} 2 & 1 \\ 1 & 2 \end{pmatrix} \tag{6.110}$$

对单差和双差：

$$\mathrm{SD}(O) = \begin{pmatrix} O_{i1,i2}^{k1} & O_{i1,i2}^{k2} & O_{i1,i2}^{k3} & O_{i1,i2}^{k4} \end{pmatrix}^{\mathrm{T}}, \quad \mathrm{cov(SD}(O)) = 2\sigma^2 E \tag{6.111}$$

$$\mathrm{DD}(O) = \begin{pmatrix} O_{i1,i2}^{k1,k2} & O_{i1,i2}^{k1,k3} & O_{i1,i2}^{k1,k4} \end{pmatrix}^{\mathrm{T}} \tag{6.112}$$

线性变换矩阵 C_{d} 和协方差矩阵分别为

$$C_{\mathrm{d}} = \begin{pmatrix} -1 & 1 & 0 & 0 \\ -1 & 0 & 1 & 0 \\ -1 & 0 & 0 & 1 \end{pmatrix} = \begin{pmatrix} -I & E \end{pmatrix} \tag{6.113}$$

$$\mathrm{cov(DD}(O)) = C_{\mathrm{d}} \cdot \mathrm{cov(SD}(O)) \cdot C_{\mathrm{d}}^{\mathrm{T}} = 2\sigma^2 C_{\mathrm{d}} \cdot C_{\mathrm{d}}^{\mathrm{T}} = 2\sigma^2 \begin{pmatrix} 2 & 1 & 1 \\ 1 & 2 & 1 \\ 1 & 1 & 2 \end{pmatrix} \tag{6.114}$$

对通用模式

$$\mathrm{SD}(O) = \begin{pmatrix} O_{i1,i2}^{k1} & O_{i1,i2}^{k2} & O_{i1,i2}^{k3} & \dots & O_{i1,i2}^{kn} \end{pmatrix}^{\mathrm{T}}, \quad \mathrm{cov(SD}(O)) = 2\sigma^2 E$$

$$\mathrm{DD}(O) = \begin{pmatrix} O_{i1,i2}^{k1,k2} & O_{i1,i2}^{k1,k3} & \dots & O_{i1,i2}^{k1,km} \end{pmatrix}^{\mathrm{T}} \tag{6.115}$$

显然，通用变换矩阵 C_{d} 和相关的协方差矩阵可表示为

$$C_{\mathrm{d}} = \begin{pmatrix} -I_m & E_{m \times m} \end{pmatrix} \tag{6.116}$$

$$\mathrm{cov(DD}(O)) = C_{\mathrm{d}} \, \mathrm{cov(SD}(O)) C_{\mathrm{d}}^{\mathrm{T}} = 2\sigma^2 C_{\mathrm{d}} C_{\mathrm{d}}^{\mathrm{T}} = 2\sigma^2 \begin{pmatrix} I_{m \times m} + E_{m \times m} \end{pmatrix} \tag{6.117}$$

式中，$I_{m \times m}$ 为 $m \times m$ 维全 1 矩阵，权重矩阵如下：

$$P = [\text{cov}(\text{DD}(O))]^{-1} = \frac{1}{2\sigma^2 n}\left(nE_{m\times m} - I_{m\times m}\right) \qquad (6.118)$$

其中，$n=m+1$。式（6.118）可通过单位矩阵测试验证（$P \cdot \text{cov}(\text{DD}(O)) = E$）。

在三个测站的情况下，假定可共视卫星为 n 颗$(k1,k2,\cdots,kn)$，则单差和双差形式如下：

$$\text{SD}_{i,j}(O) = \begin{pmatrix} O_{i,j}^{k1} & O_{i,j}^{k2} & O_{i,j}^{k3} & \dots & O_{i,j}^{kn} \end{pmatrix}^{\text{T}}$$

$$\text{DD}_{i,j}(O) = \begin{pmatrix} O_{i,j}^{k1,k2} & O_{i,j}^{k1,k3} & \dots & O_{i,j}^{k1,km} \end{pmatrix}^{\text{T}} \quad i,j = i1,i2,i3,i4 \quad i\neq j \qquad (6.119)$$

有下述变换和协方差方程：

$$\begin{pmatrix} \text{DD}_{i1,i2}(O) \\ \text{DD}_{i1,i3}(O) \end{pmatrix} = \begin{pmatrix} C_d & 0 \\ 0 & C_d \end{pmatrix}\begin{pmatrix} \text{SD}_{i1,i2}(O) \\ \text{SD}_{i1,i3}(O) \end{pmatrix}$$

$$\text{cov}(\text{DD}) = \begin{pmatrix} C_d & 0 \\ 0 & C_d \end{pmatrix}\text{cov}(\text{SD})\begin{pmatrix} C_d & 0 \\ 0 & C_d \end{pmatrix}^{\text{T}} = \sigma^2\begin{pmatrix} 2E & -E \\ -E & 2E \end{pmatrix}(C_d C_d^{\text{T}})$$

因为 cov(SD)取决于基线的形式，所以 cov(DD)也取决于基线形式。对 GPS 网数据利用双差进行逐基线差分处理等价于忽略基线间的相关性。

6.6.3 三差

三差方程是两个相邻历元相对于同一测站和卫星的双差的差分，如

$$\text{TD}_{i1,i2}^{k1,k2}(O(t1,t2)) = \text{DD}_{i1,i2}^{k1,k2}(O(t2)) - \text{DD}_{i1,i2}^{k1,k2}(O(t1))$$

或

$$\text{TD}_{i1,i2}^{k1,k2}(O(t1,t2)) = O_{i2}^{k2}(t2) - O_{i1}^{k2}(t2) - O_{i2}^{k1}(t2) + O_{i1}^{k1}(t2)$$
$$- O_{i2}^{k2}(t1) + O_{i1}^{k2}(t1) + O_{i2}^{k1}(t1) - O_{i1}^{k1}(t1) \qquad (6.120)$$

式中，$t1$ 和 $t2$ 为两个相邻历元。假定原始观测量方差同为 σ^2，则三差观测量方差为 $8\sigma^2$。考虑式（6.102）~式（6.104），可得

$$\text{TD}_{i1,i2}^{k1,k2}(R(j,t1,t2)) = \rho_{i2}^{k2}(t2) - \rho_{i1}^{k2}(t2) - \rho_{i2}^{k1}(t2) + \rho_{i1}^{k1}(t2) - \rho_{i2}^{k2}(t1)$$
$$+ \rho_{i1}^{k2}(t1) + \rho_{i2}^{k1}(t1) - \rho_{i1}^{k1}(t1) + td\varepsilon_c \qquad (6.121)$$

$$\text{TD}_{i1,i2}^{k1,k2}(\lambda_j \Phi(j,t1,t2)) = \rho_{i2}^{k2}(t2) - \rho_{i1}^{k2}(t2) - \rho_{i2}^{k1}(t2) + \rho_{i1}^{k1}(t2) - \rho_{i2}^{k2}(t1)$$
$$+ \rho_{i1}^{k2}(t1) + \rho_{i2}^{k1}(t1) - \rho_{i1}^{k1}(t1) + \delta N + td\varepsilon_p \qquad (6.122)$$

$$\text{TD}_{i1,i2}^{k1,k2}(D(j,t1,t2)) = \frac{\dot{\rho}_{i2}^{k2}(t2) - \dot{\rho}_{i1}^{k2}(t2) - \dot{\rho}_{i2}^{k1}(t2) + \dot{\rho}_{i1}^{k1}(t2)}{\lambda_j}$$
$$- \frac{\dot{\rho}_{i2}^{k2}(t1) - \dot{\rho}_{i1}^{k2}(t1) - \dot{\rho}_{i2}^{k1}(t1) + \dot{\rho}_{i1}^{k1}(t1)}{\lambda_j} + td\varepsilon_d \qquad (6.123)$$

其中，

$$\delta N = \lambda_j (N_{i1,i2}^{k1,k2}(j,t2) - N_{i1,i2}^{k1,k2}(j,t1)) \qquad (6.124)$$

电离层和对流层效应被消除。如果期间没有周跳，式（6.124）为 0。所以，式（6.122）

的三差也可用于周跳探测。通过组成三差，系统间周跳具有粗差的效果。

三差最重要的性质是模型中仅留下几何变化。多普勒三差描述了位置的加速度。
对于双差：

$$\mathrm{DD}(O(t)) = \begin{pmatrix} O_{i1,i2}^{k1,k2}(t) & O_{i1,i2}^{k1,k3}(t) & \cdots & O_{i1,i2}^{k1,km}(t) \end{pmatrix}^{\mathrm{T}} \qquad (6.125)$$

可得

$$\mathrm{TD}(O(t1,t2)) = C_T \cdot \begin{pmatrix} \mathrm{DD}(O(t1)) \\ \mathrm{DD}(O(t2)) \end{pmatrix} \qquad (6.126)$$

其中

$$C_T = \begin{pmatrix} -E_{m \times m} & E_{m \times m} \end{pmatrix} \qquad (6.127)$$

则相关协方差矩阵可表示为

$$\begin{aligned}
\mathrm{cov}(\mathrm{TD}(O(t1,t2))) &= C_T \cdot \mathrm{cov}(\mathrm{DD}(O)) \cdot C_T^{\mathrm{T}} \\
&= C_T \cdot C_{\mathrm{d2}}\, \mathrm{cov}(\mathrm{SD}(O)) \cdot C_{\mathrm{d2}}^{\mathrm{T}} C_T^{\mathrm{T}} = 2\sigma^2 C_T C_{\mathrm{d2}} C_{\mathrm{d2}}^{\mathrm{T}} C_T^{\mathrm{T}}
\end{aligned} \qquad (6.128)$$

式中，C_{d2} 为两个历元的双差变换矩阵。因为双差是针对两个独立历元的，所以 C_{d2} 是 C_{d} 的对角线矩阵，即

$$C_{\mathrm{d2}} = \begin{pmatrix} C_{\mathrm{d}} & 0 \\ 0 & C_{\mathrm{d}} \end{pmatrix} \qquad (6.129)$$

注意历元$(t1, t2)$形成的三差与历元$(t0, t1)$和历元$(t1, t2)$的三差相关。这种相关性使三差数据的序贯处理非常复杂。序贯地使用上述协方差公式，表示忽略前一个历元和下一个历元的相关性。

如果考虑基线间的相关性，GPS 网络的三差的准确相关性描述将非常复杂。

6.7 非组合算法和组合算法的等价性

非组合算法和组合算法是标准的 GPS 数据处理方法，常见于文献中（Leick，2004；Hofmann-Wellenhof et al.，2001）。不同组合方式有不同的特性，对处理不同情况下的数据和解决问题有益（Hugentobler et al.，2001；Kouba and Heroux，2001；Zumberge et al.，1997）。非差分算法和差分算法被证明是等效的，Xu（2002，参见 6.8 节）并提出了一种统一的等价数据处理方法。非组合和组合算法是否等价是一个有趣的问题，将在这里详细讨论（Xu et al.，2006a）。

6.7.1 非组合 GPS 数据处理算法

1. 原始 GPS 观测方程

原始 GPS 伪距和载波相位测量表达式（6.44）和式（6.45）（参考 6.5 节）可被简化如下：

$$R_j = C_\rho + \delta_{\mathrm{ion}}(j) \qquad (6.130)$$

$$\lambda_j \Phi_j = C_\rho + \lambda_j N_j - \delta_{\mathrm{ion}}(j)，\ j=1,\ 2 \qquad (6.131)$$

其中,

$$C_\rho = \rho - (\delta t_r - \delta t_k)c + \delta_{\text{trop}} + \delta_{\text{tide}} + \delta_{\text{rel}} + \varepsilon_i, \qquad i\text{=c, p} \qquad (6.132)$$

$$\delta_{\text{ion}}(j) = \frac{A_1}{f_j^2} = \frac{A_1^z}{f_j^2}F = \frac{f_s^2 B_1}{f_j^2} = \frac{f_s^2 B_1^z}{f_j^2}F \qquad (6.133)$$

上述方程符号的意义与式（6.44）~式（6.47）相同。其中，j 为频率 f 和波长 λ 的下标；A_1 和 A_1^z 分别为传播路径和天顶方向的电离层参数；B_1 和 B_1^z 是 A_1 和 A_1^z 由于数值原因被 f_s^2 约化的值；c 为光速，下标 c 为伪距；C_ρ 称为几何距离；N_j 为模糊度。为了方便，伪距（载波相位）的残差用相同的符号 ε_c (ε_p) 表示，且具有相同的标准差 σ_c (σ_p)。式（6.130）和式（6.131）用加权矩阵 P 的形式表达（Blewitt，1998）：

$$\begin{pmatrix} R_1 \\ R_2 \\ \lambda_1 \Phi_1 \\ \lambda_2 \Phi_2 \end{pmatrix} = \begin{pmatrix} 0 & 0 & f_s^2/f_1^2 & 1 \\ 0 & 0 & f_s^2/f_2^2 & 1 \\ 1 & 0 & -f_s^2/f_1^2 & 1 \\ 0 & 1 & -f_s^2/f_2^2 & 1 \end{pmatrix} \begin{pmatrix} \lambda_1 N_1 \\ \lambda_2 N_2 \\ B_1 \\ C_\rho \end{pmatrix}, \quad P = \begin{pmatrix} \sigma_c^2 & 0 & 0 & 0 \\ 0 & \sigma_c^2 & 0 & 0 \\ 0 & 0 & \sigma_p^2 & 0 \\ 0 & 0 & 0 & \sigma_p^2 \end{pmatrix}^{-1} \qquad (6.134)$$

2. 非组合观测方程的解

式（6.134）包括了某一个历元时刻一个接收机观测一颗卫星的观测量。或者，式（6.134）可看作观测量和未知量之间的变换，此变换是线性可逆的。

定义

$$a = \frac{f_1^2}{f_1^2 - f_2^2}, \quad b = \frac{-f_2^2}{f_1^2 - f_2^2}, \quad g = \frac{1}{f_1^2} - \frac{1}{f_2^2}, \quad q = gf_s^2 \qquad (6.135)$$

则得

$$1 - a = b, \quad \frac{1}{f_1^2 g} = b, \quad \frac{1}{f_2^2 g} = -a \qquad (6.136)$$

且

$$\begin{pmatrix} 0 & 0 & f_s^2/f_1^2 & 1 \\ 0 & 0 & f_s^2/f_2^2 & 1 \\ 1 & 0 & -f_s^2/f_1^2 & 1 \\ 0 & 1 & -f_s^2/f_2^2 & 1 \end{pmatrix}^{-1} = \begin{pmatrix} 1-2a & -2b & 1 & 0 \\ -2a & 2a-1 & 0 & 1 \\ 1/q & -1/q & 0 & 0 \\ a & b & 0 & 0 \end{pmatrix} = T \qquad (6.137)$$

式中，a 和 b 分别为 L1 和 L2 波段观测量消电离层组合的系数。式（6.134）的解（两边乘以变换矩阵 T）为

$$\begin{pmatrix} \lambda_1 N_1 \\ \lambda_2 N_2 \\ B_1 \\ C_\rho \end{pmatrix} = \begin{pmatrix} 1-2a & -2b & 1 & 0 \\ -2a & 2a-1 & 0 & 1 \\ 1/q & -1/q & 0 & 0 \\ a & b & 0 & 0 \end{pmatrix} \begin{pmatrix} R_1 \\ R_2 \\ \lambda_1 \Phi_1 \\ \lambda_2 \Phi_2 \end{pmatrix} \qquad (6.138)$$

上述解矢量的协方差矩阵为

$$Q = \text{cov}\begin{pmatrix} \lambda_1 N_1 \\ \lambda_2 N_2 \\ B_1 \\ C_\rho \end{pmatrix} = T \begin{pmatrix} \sigma_c^2 & 0 & 0 & 0 \\ 0 & \sigma_c^2 & 0 & 0 \\ 0 & 0 & \sigma_p^2 & 0 \\ 0 & 0 & 0 & \sigma_p^2 \end{pmatrix} T^{\mathrm{T}}$$

$$= \begin{pmatrix} (1-2a)^2 + 4b^2 + \dfrac{\sigma_p^2}{\sigma_c^2} & 4a^2 - 4ab - 2a + 2b & \dfrac{1-2a+2b}{q} & a - 2a^2 - 2b^2 \\[2ex] 4a^2 - 4ab - 2a + 2b & 8a^2 - 4a + 1 + \dfrac{\sigma_p^2}{\sigma_c^2} & \dfrac{1-4a}{q} & -2a^2 + 2ab - b \\[2ex] \dfrac{1-2a+2b}{q} & \dfrac{1-4a}{q} & \dfrac{2}{q^2} & \dfrac{a-b}{q} \\[2ex] a - 2a^2 - 2b^2 & -2a^2 + 2ab - b & \dfrac{a-b}{q} & a^2 + b^2 \end{pmatrix} \sigma_c^2 \tag{6.139}$$

式（6.139）可通过关系 $1-a=b$，忽略 $(\sigma_p/\sigma_c)^2$ 项（因为 σ_p/σ_c 小于 0.01），并令 $f_s = f_1$（因此 $q = 1/b$）而简化。考虑频率的比率关系 $(f_1 = 154 f_0,\ f_2 = 120 f_0,\ f_0$ 是基准频率)，近似可得

$$\text{cov}\begin{pmatrix} \lambda_1 N_1 \\ \lambda_2 N_2 \\ B_1 \\ C_\rho \end{pmatrix} = \begin{pmatrix} 26.2971 & 33.4800 & 11.1028 & -15.1943 \\ 33.4800 & 42.6629 & 14.1943 & -19.2857 \\ 11.1028 & 14.1943 & 4.7786 & -6.3243 \\ -15.1943 & -19.2857 & -6.3243 & 8.8700 \end{pmatrix} \sigma_c^2 \tag{6.140}$$

6.7.3 节将进一步讨论解的精度。GPS 观测模型的参数是一个重要问题，读者如有兴趣可参见第 9 章。

6.7.2 GPS 数据处理的组合算法

1. 消电离层组合

令变换矩阵：

$$T_1 = \begin{pmatrix} 1 & -1 & 0 & 0 \\ a & b & 0 & 0 \\ 0 & 0 & a & b \\ 1/2 & 0 & 1/2 & 0 \end{pmatrix} \tag{6.141}$$

使用该变换，式（6.134）变为

$$T_1 \begin{pmatrix} R_1 \\ R_2 \\ \lambda_1 \Phi_1 \\ \lambda_2 \Phi_2 \end{pmatrix} = \begin{pmatrix} 0 & 0 & q & 0 \\ 0 & 0 & 0 & 1 \\ a & b & 0 & 1 \\ 1/2 & 0 & 0 & 1 \end{pmatrix} \begin{pmatrix} \lambda_1 N_1 \\ \lambda_2 N_2 \\ B_1 \\ C_\rho \end{pmatrix} \tag{6.142}$$

式（6.142）中的后三个方程是与电离层参数无关的，因此通常称为消电离层组合。求解消电离层方程或式（6.142）将得到同样结果。式（6.142）有一个唯一的解向量：

$$\begin{pmatrix} \lambda_1 N_1 \\ \lambda_2 N_2 \\ B_1 \\ C_\rho \end{pmatrix} = \begin{pmatrix} 0 & -2 & 0 & 2 \\ 0 & (2a-1)/b & 1/b & -2a/b \\ 1/q & 0 & 0 & 0 \\ 0 & 1 & 0 & 0 \end{pmatrix} T_1 \begin{pmatrix} R_1 \\ R_2 \\ \lambda_1 \Phi_1 \\ \lambda_2 \Phi_2 \end{pmatrix} \tag{6.143}$$

或者（注意$(1-a)=b$，参考式（6.136））

$$\begin{pmatrix} \lambda_1 N_1 \\ \lambda_2 N_2 \\ B_1 \\ C_\rho \end{pmatrix} = \begin{pmatrix} 1-2a & -2b & 1 & 0 \\ -2a & 2a-1 & 0 & 1 \\ 1/q & -1/q & 0 & 0 \\ a & b & 0 & 0 \end{pmatrix} \begin{pmatrix} R_1 \\ R_2 \\ \lambda_1 \Phi_1 \\ \lambda_2 \Phi_2 \end{pmatrix} \tag{6.144}$$

式（6.144）和式（6.138）是等价的。因此式（6.144）左侧解向量的协方差矩阵与式（6.139）相同。这说明非组合算法与消电离层组合算法是等价的。

2. 几何无关组合

令变换矩阵：

$$T_2 = \begin{pmatrix} a & b & 0 & 0 \\ 1 & -1 & 0 & 0 \\ 0 & 0 & 1 & -1 \\ -1 & 0 & 1 & 0 \end{pmatrix} \tag{6.145}$$

将其应用于式（6.134），得

$$T_2 \begin{pmatrix} R_1 \\ R_2 \\ \lambda_1 \Phi_1 \\ \lambda_2 \Phi_2 \end{pmatrix} = \begin{pmatrix} 0 & 0 & 0 & 1 \\ 0 & 0 & q & 0 \\ 1 & -1 & -q & 0 \\ 1 & 0 & -2f_s^2/f_1^2 & 0 \end{pmatrix} \begin{pmatrix} \lambda_1 N_1 \\ \lambda_2 N_2 \\ B_1 \\ C_\rho \end{pmatrix} \tag{6.146}$$

式（6.146）中的后三个方程是与几何组合分量无关的，通常称为几何无关组合。求解几何无关方程或式（6.146）将得到相同的结果。式（6.146）有唯一解向量：

$$\begin{pmatrix} \lambda_1 N_1 \\ \lambda_2 N_2 \\ B_1 \\ C_\rho \end{pmatrix} = \begin{pmatrix} 0 & 2/(f_1^2 g) & 0 & 1 \\ 0 & 2/(f_1^2 g)-1 & -1 & 1 \\ 0 & 1/q & 0 & 0 \\ 1 & 0 & 0 & 0 \end{pmatrix} T_2 \begin{pmatrix} R_1 \\ R_2 \\ \lambda_1 \Phi_1 \\ \lambda_2 \Phi_2 \end{pmatrix} \tag{6.147}$$

或（注意 $1/(f_1^2 g)=b$，参见式（6.136））

$$\begin{pmatrix} \lambda_1 N_1 \\ \lambda_2 N_2 \\ B_1 \\ C_\rho \end{pmatrix} = \begin{pmatrix} 2b-1 & -2b & 1 & 0 \\ 2b-2 & 1-2b & 0 & 1 \\ 1/q & -1/q & 0 & 0 \\ a & b & 0 & 0 \end{pmatrix} \begin{pmatrix} R_1 \\ R_2 \\ \lambda_1 \Phi_1 \\ \lambda_2 \Phi_2 \end{pmatrix} \tag{6.148}$$

考虑到式（6.136）中的（$b=1-a$），式（6.148）和式（6.138）是等价的。所以式（6.148）左侧解向量的协方差矩阵等于式（6.139）。这表明非组合算法和几何无关组合是等价的。

3. 消电离层组合和几何无关组合

令变换矩阵:

$$T_3 = \begin{pmatrix} 1 & 0 & 0 & 0 \\ 0 & 1 & 0 & 0 \\ 0 & -1 & 1 & 0 \\ 0 & -1 & 0 & 1 \end{pmatrix} \quad (6.149)$$

可得

$$T_3 T_1 = \begin{pmatrix} 1 & 0 & 0 & 0 \\ 0 & 1 & 0 & 0 \\ 0 & -1 & 1 & 0 \\ 0 & -1 & 0 & 1 \end{pmatrix}\begin{pmatrix} 1 & -1 & 0 & 0 \\ a & b & 0 & 0 \\ 0 & 0 & a & b \\ 1/2 & 0 & 1/2 & 0 \end{pmatrix} = \begin{pmatrix} 1 & -1 & 0 & 0 \\ a & b & 0 & 0 \\ -a & -b & a & b \\ 1/2-a & -b & 1/2 & 0 \end{pmatrix} \quad (6.150)$$

将式（6.150）应用于式（6.134），或者将式（6.149）应用于式（6.142）结果相同，可得

$$T_3 T_1 \begin{pmatrix} R_1 \\ R_2 \\ \lambda_1\Phi_1 \\ \lambda_2\Phi_2 \end{pmatrix} = \begin{pmatrix} 0 & 0 & q & 0 \\ 0 & 0 & 0 & 1 \\ a & b & 0 & 0 \\ 1/2 & 0 & 0 & 0 \end{pmatrix}\begin{pmatrix} \lambda_1 N_1 \\ \lambda_2 N_2 \\ B_1 \\ C_\rho \end{pmatrix} \quad (6.151)$$

$$\begin{pmatrix} R_1 - R_2 \\ aR_1 + bR_2 \\ a\lambda_1\Phi_1 + b\lambda_2\Phi_2 - aR_1 - bR_2 \\ (\lambda_1\Phi_1 + R_1)/2 - aR_1 - bR_2 \end{pmatrix} = \begin{pmatrix} 0 & 0 & q & 0 \\ 0 & 0 & 0 & 1 \\ a & b & 0 & 0 \\ 1/2 & 0 & 0 & 0 \end{pmatrix}\begin{pmatrix} \lambda_1 N_1 \\ \lambda_2 N_2 \\ B_1 \\ C_\rho \end{pmatrix} \quad (6.152)$$

上式后两个方程是电离层和几何无关的，称为电离层和几何无关组合。解消电离层观测和几何无关观测方程，或直接解方程式（6.152）结果相同。方程式（6.152）有唯一解向量:

$$\begin{pmatrix} \lambda_1 N_1 \\ \lambda_2 N_2 \\ B_1 \\ C_\rho \end{pmatrix} = \begin{pmatrix} 0 & 0 & 0 & 2 \\ 0 & 0 & 1/b & -2a/b \\ 1/q & 0 & 0 & 0 \\ 0 & 1 & 0 & 0 \end{pmatrix} T_3 T_1 \begin{pmatrix} R_1 \\ R_2 \\ \lambda_1\Phi_1 \\ \lambda_2\Phi_2 \end{pmatrix} \quad (6.153)$$

或者（注意到$(1-a)/b=1$，参见式（6.136））

$$\begin{pmatrix} \lambda_1 N_1 \\ \lambda_2 N_2 \\ B_1 \\ C_\rho \end{pmatrix} = \begin{pmatrix} 1-2a & -2b & 1 & 0 \\ -2a & 2a-1 & 0 & 1 \\ 1/q & -1/q & 0 & 0 \\ a & b & 0 & 0 \end{pmatrix}\begin{pmatrix} R_1 \\ R_2 \\ \lambda_1\Phi_1 \\ \lambda_2\Phi_2 \end{pmatrix} \quad (6.154)$$

式（6.154）和式（6.138）等价。这说明非组合算法和电离层几何无关组合算法是等价的。

4. 对角线组合

令变换矩阵：

$$T_4 = \begin{pmatrix} 1 & 0 & 0 & 0 \\ 0 & 1 & 0 & 0 \\ 0 & 0 & 1 & -2a \\ 0 & 0 & 0 & 1 \end{pmatrix} \quad (6.155)$$

可得

$$T_4 T_3 T_1 = \begin{pmatrix} 1 & 0 & 0 & 0 \\ 0 & 1 & 0 & 0 \\ 0 & 0 & 1 & -2a \\ 0 & 0 & 0 & 1 \end{pmatrix} \begin{pmatrix} 1 & -1 & 0 & 0 \\ a & b & 0 & 0 \\ -a & -b & a & b \\ 1/2-a & -b & 1/2 & 0 \end{pmatrix} = \begin{pmatrix} 1 & -1 & 0 & 0 \\ a & b & 0 & 0 \\ -2ab & b(2a-1) & 0 & b \\ 1/2-a & -b & 1/2 & 0 \end{pmatrix} \quad (6.156)$$

将式（6.156）的变换应用于式（6.134），或者将式（6.155）的变换应用于式（6.151），可以得到同样的结果：

$$T_4 T_3 T_1 \begin{pmatrix} R_1 \\ R_2 \\ \lambda_1 \Phi_1 \\ \lambda_2 \Phi_2 \end{pmatrix} = \begin{pmatrix} 0 & 0 & q & 0 \\ 0 & 0 & 0 & 1 \\ 0 & b & 0 & 0 \\ 1/2 & 0 & 0 & 0 \end{pmatrix} \begin{pmatrix} \lambda_1 N_1 \\ \lambda_2 N_2 \\ B_1 \\ C_\rho \end{pmatrix} \quad (6.157)$$

上述方程中，电离层、几何和模糊度是相互对角的，这样的组合称为对角线组合。式（6.157）的解向量可容易得到

$$\begin{pmatrix} \lambda_1 N_1 \\ \lambda_2 N_2 \\ B_1 \\ C_\rho \end{pmatrix} = \begin{pmatrix} 0 & 0 & 0 & 2 \\ 0 & 0 & 1/b & 0 \\ 1/q & 0 & 0 & 0 \\ 0 & 1 & 0 & 0 \end{pmatrix} T_4 T_3 T_1 \begin{pmatrix} R_1 \\ R_2 \\ \lambda_1 \Phi_1 \\ \lambda_2 \Phi_2 \end{pmatrix} \quad (6.158)$$

或

$$\begin{pmatrix} \lambda_1 N_1 \\ \lambda_2 N_2 \\ B_1 \\ C_\rho \end{pmatrix} = \begin{pmatrix} 1-2a & -2b & 1 & 0 \\ -2a & 2a-1 & 0 & 1 \\ 1/q & -1/q & 0 & 0 \\ a & b & 0 & 0 \end{pmatrix} \begin{pmatrix} R_1 \\ R_2 \\ \lambda_1 \Phi_1 \\ \lambda_2 \Phi_2 \end{pmatrix} \quad (6.159)$$

式（6.159）和式（6.138）是等价的。即非组合算法和对角线组合是等价的。

5. 一般组合

对于任意组合，只要变换矩阵是可逆的，基于代数理论，变换后的方程与原方程等价，解向量和方差协方差矩阵等价。也就是说，无论采用哪种变换，都不可能得到不同的解和不同精度的解。不同组合对处理相关特殊问题更容易。

6. 宽巷和窄巷组合

令

$$T_5 = \begin{pmatrix} 0 & 0 & 0 & 2 \\ 0 & 0 & 1/b & 0 \\ 1/q & 0 & 0 & 0 \\ 0 & 1 & 0 & 0 \end{pmatrix} \tag{6.160}$$

并令转换矩阵为

$$T_6 = \begin{pmatrix} \dfrac{1}{\lambda_1} & \dfrac{-1}{\lambda_2} & 0 & 0 \\ \dfrac{1}{\lambda_1} & \dfrac{1}{\lambda_2} & 0 & 0 \\ 0 & 0 & 1 & 0 \\ 0 & 0 & 0 & 1 \end{pmatrix} \tag{6.161}$$

直接对式（6.158）乘以式（6.161）得到宽巷和窄巷模糊度（Petovello，2006）：

$$\begin{pmatrix} N_1 - N_2 \\ N_1 + N_2 \\ B_1 \\ C_\rho \end{pmatrix} = T_6 T_5 T_4 T_3 T_1 \begin{pmatrix} R_1 \\ R_2 \\ \lambda_1 \Phi_1 \\ \lambda_2 \Phi_2 \end{pmatrix} \tag{6.162}$$

实际上，$T_5 T_4 T_3 T_1 = T$。由于不同组合解的唯一性，任意直接组合的解必相互等价。没有一个组合可得到更好的解或更高精度的解。严格地说，传统的宽巷模糊度固定技术搜索的效率更高，但是，不会得到更好的模糊度解和更高的精度。

6.7.3　间接 GPS 数据处理算法

1. 可视卫星更多的情况

至今为止，我们仅讨论了一个历元时刻一台接收机观测一颗卫星的情况。原始观测方程见式（6.134）。解向量和协方差矩阵分别见式（6.138）和式（6.139）。协方差矩阵的元素取决于式（6.134）的系数，而观测方程的系数取决于参数化的方法。如用 B_1^z 取代 B_1，则式（6.134）变为

$$\begin{pmatrix} R_1(k) \\ R_2(k) \\ \lambda_1 \Phi_1(k) \\ \lambda_2 \Phi_2(k) \end{pmatrix} = \begin{pmatrix} 0 & 0 & F_k f_s^2/f_1^2 & 1 \\ 0 & 0 & F_k f_s^2/f_2^2 & 1 \\ 1 & 0 & -F_k f_s^2/f_1^2 & 1 \\ 0 & 1 & -F_k f_s^2/f_2^2 & 1 \end{pmatrix} \begin{pmatrix} \lambda_1 N_1(k) \\ \lambda_2 N_2(k) \\ B_1^z \\ C_\rho(k) \end{pmatrix} \tag{6.163}$$

式中，k 是卫星编号。电离层映射函数 F_k 取决于卫星 k 的天顶距离。式（6.163）的解向量与式（6.138）的解向量类似：

$$\begin{pmatrix} \lambda_1 N_1(k) \\ \lambda_2 N_2(k) \\ B_1^z \\ C_\rho(k) \end{pmatrix} = \begin{pmatrix} 1-2a & -2b & 1 & 0 \\ -2a & 2a-1 & 0 & 1 \\ 1/q_k & -1/q_k & 0 & 0 \\ a & b & 0 & 0 \end{pmatrix} \begin{pmatrix} R_1(k) \\ R_2(k) \\ \lambda_1 \Phi_1(k) \\ \lambda_2 \Phi_2(k) \end{pmatrix}, \quad Q(k) \tag{6.164}$$

其中，$q_k=qF_k$，$Q(k)$为协方差矩阵，可以把式（6.139）中的 q 加上下标 k 得到。等式右端可认为是左端未知项的间接观测量。如果有 K 颗卫星可见，可得单个接收机的观测方程如下：

$$
\begin{pmatrix}
\lambda_1 N_1(1) \\
\lambda_2 N_2(1) \\
B_1^z \\
C_\rho(1) \\
\vdots \\
\lambda_1 N_1(K) \\
\lambda_2 N_2(K) \\
B_1^z \\
C_\rho(K)
\end{pmatrix}
=
\begin{pmatrix}
1-2a & -2b & 1 & 0 & \cdots & 0 & 0 & 0 & 0 \\
-2a & 2a-1 & 0 & 1 & \cdots & 0 & 0 & 0 & 0 \\
1/q_1 & -1/q_1 & 0 & 0 & \cdots & 0 & 0 & 0 & 0 \\
a & b & 0 & 0 & \cdots & 0 & 0 & 0 & 0 \\
\vdots & \vdots & \vdots & \vdots & & \vdots & \vdots & \vdots & \vdots \\
0 & 0 & 0 & 0 & \cdots & 1-2a & -2b & 1 & 0 \\
0 & 0 & 0 & 0 & \cdots & -2a & 2a-1 & 0 & 1 \\
0 & 0 & 0 & 0 & \cdots & 1/q_K & -1/q_K & 0 & 0 \\
0 & 0 & 0 & 0 & \cdots & a & b & 0 & 0
\end{pmatrix}
\begin{pmatrix}
R_1(1) \\
R_2(1) \\
\lambda_1 \Phi_1(1) \\
\lambda_2 \Phi_2(1) \\
\vdots \\
R_1(K) \\
R_2(K) \\
\lambda_1 \Phi_1(K) \\
\lambda_2 \Phi_2(K)
\end{pmatrix}
\tag{6.165}
$$

方差矩阵：

$$
Q_K =
\begin{pmatrix}
Q(1) & \cdots & 0 \\
\vdots & & \vdots \\
0 & \cdots & Q(K)
\end{pmatrix}
\tag{6.166}
$$

式（6.165）乘以变换矩阵：

$$
T(K) =
\begin{pmatrix}
1 & 0 & 0 & 0 & \cdots & 0 & 0 & 0 & 0 \\
0 & 1 & 0 & 0 & \cdots & 0 & 0 & 0 & 0 \\
0 & 0 & 1/K & 0 & \cdots & 0 & 0 & 1/K & 0 \\
0 & 0 & 0 & 1 & \cdots & 0 & 0 & 0 & 0 \\
\vdots & \vdots & \vdots & \vdots & & \vdots & \vdots & \vdots & \vdots \\
0 & 0 & 0 & 0 & \cdots & 1 & 0 & 0 & 0 \\
0 & 0 & 0 & 0 & \cdots & 0 & 1 & 0 & 0 \\
0 & 0 & 0 & 0 & \cdots & 0 & 0 & 0 & 1
\end{pmatrix}
\tag{6.167}
$$

则单个测站 GPS 观测方程的解为

$$
\begin{pmatrix}
\lambda_1 N_1(1) \\
\lambda_2 N_2(1) \\
B_1^z \\
C_\rho(1) \\
\vdots \\
\lambda_1 N_1(K) \\
\lambda_2 N_2(K) \\
C_\rho(K)
\end{pmatrix}
= T(K)
\begin{pmatrix}
1-2a & -2b & 1 & 0 & \cdots & 0 & 0 & 0 & 0 \\
-2a & 2a-1 & 0 & 1 & \cdots & 0 & 0 & 0 & 0 \\
1/q_1 & -1/q_1 & 0 & 0 & \cdots & 0 & 0 & 0 & 0 \\
a & b & 0 & 0 & \cdots & 0 & 0 & 0 & 0 \\
\vdots & \vdots & \vdots & \vdots & & \vdots & \vdots & \vdots & \vdots \\
0 & 0 & 0 & 0 & \cdots & 1-2a & -2b & 1 & 0 \\
0 & 0 & 0 & 0 & \cdots & -2a & 2a-1 & 0 & 1 \\
0 & 0 & 0 & 0 & \cdots & 1/q_K & -1/q_K & 0 & 0 \\
0 & 0 & 0 & 0 & \cdots & a & b & 0 & 0
\end{pmatrix}
\begin{pmatrix}
R_1(1) \\
R_2(1) \\
\lambda_1 \Phi_1(1) \\
\lambda_2 \Phi_2(1) \\
\vdots \\
R_1(K) \\
R_2(K) \\
\lambda_1 \Phi_1(K) \\
\lambda_2 \Phi_2(K)
\end{pmatrix}
\tag{6.168}
$$

同时，有

$$
Q = T(K) Q_K (T(K))^{\mathrm{T}}
\tag{6.169}
$$

使用映射函数将 K 个电离层参数组合在一起。类似的讨论可推广到多台接收机的情况。原始观测矢量和所谓的间接观测矢量分别为

$$
\begin{pmatrix} R_1(k) \\ R_2(k) \\ \lambda_1 \Phi_1(k) \\ \lambda_2 \Phi_2(k) \end{pmatrix}, \begin{pmatrix} \lambda_1 N_1(k) \\ \lambda_2 N_2(k) \\ B_1(k) \\ C_\rho(k) \end{pmatrix} \tag{6.170}
$$

6.7.2 节中已经证明两个矢量是等价的，它们可以唯一地相互转换。任何进一步的数据处理可以认为是基于间接观测量进行的。无论间接观测量是否组合，它们具有等价性，且等价性对基于间接观测量的进一步数据处理同样有效。

2. 利用间接观测量的 GPS 数据处理

上述等价性讨论的副产品是 GPS 数据处理可直接基于所谓的间接观测量。除了两个模糊度参数（乘以波长）外，另外两个间接观测量是观测路径上的电子密度（乘以 f_i 的平方）和几何距离。几何距离包含了除电离层和模糊度项外的整个观测模型。对于间接观测量的时间序列，电子密度（或者简化为电离层）和几何距离是实时观测量，而模糊度在没有周跳发生时是常量（Langley，1998a，b）。可采用序贯平差或滤波方法对观测时间序列进行处理。应注意间接观测量是互相关的（见式（6.139）协方差矩阵）。但是，模糊度是模糊参数的直接观测量，而电离层和几何距离分别由式（6.132）和式（6.133）建模。模糊度观测是电离层几何无关的。电离层观测是几何无关和模糊度无关的。几何观测是消电离层的。可见，一些算法虽然更有效，但是，无论采用哪种算法，解算结果及其精度是等价的。需强调的是所有上述讨论都是基于观测模型式（6.134）进行。与 GPS 观测模型的参数化有关的问题不会影响这些讨论的结论，将在第 9 章深入讨论。

3. 精度分析

如果认为原始观测量的序贯时间序列是独立的，则间接"观测量"及其精度也是独立的时间序列。根据式（6.140），L1 和 L2 模糊度标准差分别约为 $5.1281\sigma_c$ 和 $6.5317\sigma_c$。电离层和几何"观测量"的标准差分别约为 $2.1860\sigma_c$ 和 $2.9783\sigma_c$。也即单个历元上"测得的"模糊度要比其他量精度差。如果 P 码观测标准差为 10 cm（载波相位平滑后），那么单个历元确定的模糊度值精度低于 0.5 m。但是，m 个历元数据滤波后的精度将提高 sqrt(m)倍。经过 100 个或 10000 个历元滤波，模糊度的确定精度可达到 5 cm 或 5 mm。"电离层"观测数据精度更高。不过，由于电子的高速运动，电离层效应难以通过平滑提高精度。与其他模型相比，"几何"模型最复杂，关于静态、动态和动力学应用的相关讨论可以在大量的文献（如 ION 论文集或第 10 章）中查到。

6.7.4 小结

非组合和组合算法的等价性在理论上可以通过代数线性变换证明。无论使用何种算法，两者的解向量和协方差矩阵是相同的。不同组合方法的好处是可能使数据更有效和更易处理。本节推导了电离层几何无关和对角线组合的结果，它们具有比传统组合更好的特性。本节简述了间接观测量的数据处理方法，并利用它证明了等价性。因为不同组

合解的唯一性，解的任一个直接组合必定相互等价。没有哪个组合能得到更好的解，或者比其他解精度更高。从这个角度说，传统的宽巷模糊度确定技术可以提高模糊度搜索效率，但并不能得到更好的解和更高的模糊度解算精度。非组合和组合算法的等价性可以被称为 GNSS 数据组合的许氏等价性理论（Xu，2003，2007）。

6.8　非差算法和差分算法的等价性

6.6 节讨论了单差、双差和三差及其相关的观测方程。通过差分方式大大减少了未知参数的个数，但是，协方差的推导很繁琐，对 GPS 网更是如此。

本节将介绍一种基于等价消去方程的统一 GPS 数据处理方法，并证明非差方法和差分方法的等价性。首先介绍该方法的理论背景。通过选取被消除的未知矢量：一个零矢量、一个卫星钟差矢量、一个所有钟差矢量、一个时钟和模糊度参数矢量，或者一个用户自定义的未知矢量，可以分别产生选择性等价观测方程。这些方程等价于零差、单差、双差、三差和用户自定义差分方程。本方法的优点是统一了不同的 GPS 数据处理方法，同时保留了原始观测矢量，而且权矩阵保持了不相关的对角形式。换句话说，通过使用等价方法，可以选择性地减少未知量的个数，但是不需要处理复杂的相关性问题。为了说明该理论，我们将详细讨论几种特殊的单差、双差和三差形式。与参考系相关的参数采用先验基准方法进行处理。

6.8.1　概述

在 GPS 数据处理过程中，最常用的方法是零差（非差）、单差、双差和三差方法（Bauer，1994；Hofmann-Wellenhof et al.，1997；King et al.，1987；Leick，1995；Remondi，1984；Seeber，1993；Strang and Borre，1997；Wang et al.，1988）。众所周知，观测方程的差分可通过对原始方程进行线性变换实现。只要把权矩阵根据协方差传播定律进行相应的变换，所有方法在理论上都是等价的。非差和差分方法理论上的等价性由 Schaffrin 和 Grafarend 在 1986 年给出了理论证明。两类方法的优缺点比较见 Jong（1998）的文献。差分方法的优点是减少了未知参数个数，所以求解的整个问题变得更小。差分模型的缺点是存在相关性的问题，它常出现在单差、双差和三差的多基线情况中。相关性问题通常很复杂而难以确切解决（相对于非相关性的问题）。优点和缺点达到平衡。如果希望简化模型（消除未知量），则必须解决相关性问题。作为一种选择，我们使用等价观测方程方法统一了非差和差分方法，保持了两种方法的优点。

6.8.2 节将介绍 1985 年 Zhou 推导的等价消去方程的理论基础。通过对几个详细例子的讨论，来阐述该理论。采用先验基准方法处理相关的基准参数。最后概略总结了选择性消除等价 GPS 数据处理方法。

6.8.2　等价观测方程的组成

为方便后续讨论，先简要介绍构造一个等价消去方程组的方法。该理论将在 7.6 节中详细介绍。实际上，有时仅对一组未知量感兴趣，因此可以消除其余的未知量（称为多余参数）。这时，采用等价消去观测方程组十分有益（Wang et al.，1988；Xu and Qian，

1986; Zhou, 1985)。多余的参数可直接从观测方程中而不是从法方程中消除。

线性化观测方程，用矩阵形式表示如下：

$$V = L - \begin{pmatrix} A & B \end{pmatrix} \begin{pmatrix} X_1 \\ X_2 \end{pmatrix} , \quad P \tag{6.171}$$

式中，L 为 n 维观测矢量；A 和 B 分别为 $n \times (s-r)$ 和 $n \times r$ 维系数矩阵；X_1 和 X_2 分别为 $s-r$ 和 r 维矢量；V 为残差，s 为未知量总个数；P 为 $n \times n$ 维权矩阵。

相关的最小二乘法方程为

$$\begin{pmatrix} A & B \end{pmatrix}^{\mathrm{T}} P \begin{pmatrix} A & B \end{pmatrix} \begin{pmatrix} X_1 \\ X_2 \end{pmatrix} = \begin{pmatrix} A & B \end{pmatrix}^{\mathrm{T}} PL \tag{6.172}$$

或者

$$M_{11} X_1 + M_{12} X_2 = B_1 \tag{6.173}$$

$$M_{21} X_1 + M_{22} X_2 = B_2 \tag{6.174}$$

其中

$$B_1 = A^{\mathrm{T}} PL , \quad B_2 = B^{\mathrm{T}} PL$$

且

$$\begin{pmatrix} A^{\mathrm{T}} PA & A^{\mathrm{T}} PB \\ B^{\mathrm{T}} PA & B^{\mathrm{T}} PB \end{pmatrix} = \begin{pmatrix} M_{11} & M_{12} \\ M_{21} & M_{22} \end{pmatrix} \tag{6.175}$$

消去未知矢量 X_1 后，等价消去法方程组为

$$M_2 X_2 = R_2 \tag{6.176}$$

其中

$$M_2 = -M_{21} M_{11}^{-1} M_{12} + M_{22} = B^{\mathrm{T}} PB - B^{\mathrm{T}} PA M_{11}^{-1} A^{\mathrm{T}} PB \tag{6.177}$$

$$R_2 = B_2 - M_{21} M_{11}^{-1} B_1 \tag{6.178}$$

式（6.176）相应的等价观测方程为（参见 7.6 节，Xu and Qian, 1986；Zhou, 1985）

$$U = L - (E - J) BX_2 , \quad P \tag{6.179}$$

$$J = AM_{11}^{-1} A^{\mathrm{T}} P \tag{6.180}$$

式中，E 为 n 维单位矩阵；L 和 P 分别为原始观测矩阵和权矩阵；U 为残差矢量且与式（6.171）中的 V 有相同特性。式（6.179）的优点是消去了未知矢量 X_1，而 L 和 P 保持不变。

同样，消 X_2 的等价方程为

$$U_1 = L - (E - K) AX_1 , \quad P \tag{6.181}$$

其中

$$K = BM_{22}^{-1} B^{\mathrm{T}} P , \quad M_{22} = B^{\mathrm{T}} PB$$

U_1 为残差矢量且与式（6.171）中的 V 有相同特性。

式（6.171）被分为两个观测方程，式（6.179）和式（6.181），每个方程只包含部分未知矢量。每个未知矢量可分开独立求解。式（6.179）和式（6.181）称为式（6.171）的等价观测方程。

式（6.171）和式（6.179）的等价性在满足三个隐性假定条件下成立。第一个为使用同一观测矢量；第二个为 X_2 的参数化是相同的；第三个是 X_1 可被消除。否则，等价性不成立。

6.8.3 单差等价方程

本节利用等价方程从原始的零差方程中消去卫星钟差项，然后证明单差方程和非差方程的等价性。

单差从观测方程中消去了所有的卫星钟差。这同样可通过构造等价方程来实现。考虑原始观测方程式（6.171），且 X_1 为卫星钟差矢量，单差的等价方程可采用 6.8.2 节所述方法来构造。

假定观测站 $i1$ 和 $i2$ 共视 n 颗 GPS 卫星($k1, k2, \cdots, kn$)。原始观测方程可写为

$$\begin{pmatrix} V_{i1} \\ V_{i2} \end{pmatrix} = \begin{pmatrix} L_{i1} \\ L_{i2} \end{pmatrix} - \begin{pmatrix} E & B_{i1} \\ E & B_{i2} \end{pmatrix} \cdot \begin{pmatrix} X_1 \\ X_2 \end{pmatrix}, \qquad P = \frac{1}{\sigma^2} \begin{pmatrix} E & 0 \\ 0 & E \end{pmatrix} \qquad (6.182)$$

式中，X_1 为卫星钟差矢量；X_2 为其他未知量矢量。为简化起见，用光速 c 约化后的钟差直接作为未知量，则与 X_1 相关的系数矩阵为单位矩阵 E。

比较式（6.182）和式（6.171）可得

$$A = \begin{pmatrix} E \\ E \end{pmatrix}, \qquad B = \begin{pmatrix} B_{i1} \\ B_{i2} \end{pmatrix}, \qquad L = \begin{pmatrix} L_{i1} \\ L_{i2} \end{pmatrix}, \qquad V = \begin{pmatrix} V_{i1} \\ V_{i2} \end{pmatrix}$$

$$M_{11} = \begin{pmatrix} E & E \end{pmatrix} \frac{1}{\sigma^2} \begin{pmatrix} E & 0 \\ 0 & E \end{pmatrix} \begin{pmatrix} E \\ E \end{pmatrix} = \frac{2}{\sigma^2} E$$

$$J = \begin{pmatrix} E \\ E \end{pmatrix} \frac{\sigma^2}{2} E \begin{pmatrix} E & E \end{pmatrix} P = \frac{1}{2} \begin{pmatrix} E & E \\ E & E \end{pmatrix}$$

$$E_{2n \times 2n} - J = \frac{1}{2} \begin{pmatrix} E & -E \\ -E & E \end{pmatrix}$$

$$(E_{2n \times 2n} - J)B = \frac{1}{2} \begin{pmatrix} B_{i1} - B_{i2} \\ B_{i2} - B_{i1} \end{pmatrix}$$

所以式（6.182）的等价消去方程为

$$\begin{pmatrix} U_{i1} \\ U_{i2} \end{pmatrix} = \begin{pmatrix} L_{i1} \\ L_{i2} \end{pmatrix} - \frac{1}{2} \begin{pmatrix} B_{i1} - B_{i2} \\ B_{i2} - B_{i1} \end{pmatrix} \cdot X_2 , \qquad P = \frac{1}{\sigma^2} \begin{pmatrix} E & 0 \\ 0 & E \end{pmatrix} \qquad (6.183)$$

其中，卫星钟差矢量 X_1 被消去，观测矢量和权矩阵保持不变。

设 $B_s = B_{i2} - B_{i1}$，则式（6.183）的最小二乘法方程为（参见第 7 章，假定式（6.183）可解）

$$\frac{1}{2} \begin{pmatrix} -B_s^T & B_s^T \end{pmatrix} \cdot P \cdot \begin{pmatrix} -B_s \\ B_s \end{pmatrix} \cdot X_2 = \begin{pmatrix} -B_s^T & B_s^T \end{pmatrix} \cdot P \cdot \begin{pmatrix} L_{i1} \\ L_{i2} \end{pmatrix}$$

或者

$$B_s^T B_s \cdot X_2 = B_s^T (L_{i2} - L_{i1}) \qquad (6.184)$$

此外，单差方程可通过对式（6.182）乘以变换矩阵 C_s 得到，且 $C_s = \begin{pmatrix} -E & E \end{pmatrix}$，

$$C_s \cdot \begin{pmatrix} V_{i1} \\ V_{i2} \end{pmatrix} = C_s \cdot \begin{pmatrix} L_{i1} \\ L_{i2} \end{pmatrix} - C_s \cdot \begin{pmatrix} E & B_{i1} \\ E & B_{i2} \end{pmatrix} \cdot \begin{pmatrix} X_1 \\ X_2 \end{pmatrix}$$

或

$$V_{i2} - V_{i1} = (L_{i2} - L_{i1}) - (B_{i2} - B_{i1})X_2 \tag{6.185}$$

且

$$\mathrm{cov}(\mathrm{SD}(O)) = C_s \sigma^2 \begin{pmatrix} E & 0 \\ 0 & E \end{pmatrix} C_s^{\mathrm{T}} = 2\sigma^2 E, \qquad P_s = \frac{1}{2\sigma^2} E \tag{6.186}$$

其中，P_s 为单差方程的权矩阵；$\mathrm{cov}(\mathrm{SD}(O))$ 为单差（SD）观测矢量 O 的协方差。假定式（6.185）可解，则其最小二乘法方程为

$$(B_{i2} - B_{i1})^{\mathrm{T}}(B_{i2} - B_{i1})X_2 = (B_{i2} - B_{i1})^{\mathrm{T}}(L_{i2} - L_{i1}) \tag{6.187}$$

显然式（6.187）和式（6.184）是等价的。所以在双站情况下，单差方程式（6.185）与等价消去方程等价，也与原始非差方程等价。

假定观测站 $i1$，$i2$ 和 $i3$ 共视 n 颗 GPS 卫星 $(k1, k2, \cdots, kn)$。原始观测方程可写成：

$$\begin{pmatrix} V_{i1} \\ V_{i2} \\ V_{i3} \end{pmatrix} = \begin{pmatrix} L_{i1} \\ L_{i2} \\ L_{i3} \end{pmatrix} - \begin{pmatrix} E & B_{i1} \\ E & B_{i2} \\ E & B_{i3} \end{pmatrix} \cdot \begin{pmatrix} X_1 \\ X_2 \end{pmatrix}, \qquad P = \frac{1}{\sigma^2} \begin{pmatrix} E & 0 & 0 \\ 0 & E & 0 \\ 0 & 0 & E \end{pmatrix} \tag{6.188}$$

比较式（6.188）和式（6.171），可得（参见 6.8.2 节）

$$A = \begin{pmatrix} E \\ E \\ E \end{pmatrix}, \qquad B = \begin{pmatrix} B_{i1} \\ B_{i2} \\ B_{i3} \end{pmatrix}, \qquad L = \begin{pmatrix} L_{i1} \\ L_{i2} \\ L_{i3} \end{pmatrix}, \qquad V = \begin{pmatrix} V_{i1} \\ V_{i2} \\ V_{i3} \end{pmatrix}$$

$$M_{11} = A^{\mathrm{T}} P A = \frac{3}{\sigma^2} E$$

$$J = A \frac{\sigma^2}{3} E A^{\mathrm{T}} P = \frac{1}{3} \begin{pmatrix} E & E & E \\ E & E & E \\ E & E & E \end{pmatrix}$$

$$E_{3n \times 3n} - J = \frac{1}{3} \begin{pmatrix} 2E & -E & -E \\ -E & 2E & -E \\ -E & -E & 2E \end{pmatrix}$$

$$(E_{3n \times 3n} - J)B = \frac{1}{3} \begin{pmatrix} 2B_{i1} - B_{i2} - B_{i3} \\ -B_{i1} + 2B_{i2} - B_{i3} \\ -B_{i1} - B_{i2} + 2B_{i3} \end{pmatrix}$$

所以式（6.188）的等价消去方程组为

$$\begin{pmatrix} U_{i1} \\ U_{i2} \\ U_{i3} \end{pmatrix} = \begin{pmatrix} L_{i1} \\ L_{i2} \\ L_{i3} \end{pmatrix} - \frac{1}{3} \begin{pmatrix} 2B_{i1} - B_{i2} - B_{i3} \\ -B_{i1} + 2B_{i2} - B_{i3} \\ -B_{i1} - B_{i2} + 2B_{i3} \end{pmatrix} \cdot X_2, \qquad P = \frac{1}{\sigma^2} \begin{pmatrix} E & 0 & 0 \\ 0 & E & 0 \\ 0 & 0 & E \end{pmatrix} \tag{6.189}$$

相应的最小二乘法方程为

$$\frac{1}{3}\begin{pmatrix} 2B_{i1}-B_{i2}-B_{i3} \\ -B_{i1}+2B_{i2}-B_{i3} \\ -B_{i1}-B_{i2}+2B_{i3} \end{pmatrix}^{\mathrm{T}}\begin{pmatrix} 2B_{i1}-B_{i2}-B_{i3} \\ -B_{i1}+2B_{i2}-B_{i3} \\ -B_{i1}-B_{i2}+2B_{i3} \end{pmatrix}X_2 = \begin{pmatrix} 2B_{i1}-B_{i2}-B_{i3} \\ -B_{i1}+2B_{i2}-B_{i3} \\ -B_{i1}-B_{i2}+2B_{i3} \end{pmatrix}^{\mathrm{T}}\begin{pmatrix} L_{i1} \\ L_{i2} \\ L_{i3} \end{pmatrix} \qquad (6.190)$$

此外，对于方程式（6.188），单差方程可通过使用变换矩阵 C_s 进行构造

$$C_s = \begin{pmatrix} -E & E & 0 \\ 0 & -E & E \end{pmatrix} \quad 且 \quad P_s = [\mathrm{cov(SD)}]^{-1} = \frac{1}{3\sigma^2}\begin{pmatrix} 2E & E \\ E & 2E \end{pmatrix}$$

多基线情况下单差存在相关性问题。相应的观测方程和最小二乘法方程形式如下：

$$\begin{pmatrix} V_{i2}-V_{i1} \\ V_{i3}-V_{i2} \end{pmatrix} = \begin{pmatrix} L_{i2}-L_{i1} \\ L_{i3}-L_{i2} \end{pmatrix} - \begin{pmatrix} B_{i2}-B_{i1} \\ B_{i3}-B_{i2} \end{pmatrix}X_2 \ , \quad P_s \qquad (6.191)$$

$$\begin{pmatrix} B_{i2}-B_{i1} \\ B_{i3}-B_{i2} \end{pmatrix}^{\mathrm{T}}\begin{pmatrix} 2E & E \\ E & 2E \end{pmatrix}\begin{pmatrix} B_{i2}-B_{i1} \\ B_{i3}-B_{i2} \end{pmatrix}X_2 = \begin{pmatrix} B_{i2}-B_{i1} \\ B_{i3}-B_{i2} \end{pmatrix}^{\mathrm{T}}\begin{pmatrix} 2E & E \\ E & 2E \end{pmatrix}\begin{pmatrix} L_{i2}-L_{i1} \\ L_{i3}-L_{i2} \end{pmatrix} \qquad (6.192)$$

式（6.190）和式（6.192）是等价的，可以通过将两个方程展开和结果对比进行证明。这再次表明了等价消去方程与单差方程是等价的，但是不需要处理相关性问题。

6.8.4 双差等价方程

双差可消除观测方程中的所有钟差。这也可通过构造消除所有钟差的等价方程得到。假定原始观测方程形式如式（6.171），X_1 为所有钟差矢量，双差的等价方程的构造见 6.8.2 节。

在双站情况下，假定观测站 $i1$ 和 $i2$ 共视 n 颗 GPS 卫星($k1,k2,\cdots,kn$)，等价单差观测方程如式（6.183）。设 $B_{s1}=B_{i2}-B_{i1}$，测站钟差参数为 $\delta t_{i1}-\delta t_{i2}$（参见式（6.89）～式（6.92）），将系数矩阵第一列分配给测站钟差，即 $B_{s1}=(I_{n\times1}\ B_s)$，式（6.183）变为

$$\begin{pmatrix} U_{i1} \\ U_{i2} \end{pmatrix} = \begin{pmatrix} L_{i1} \\ L_{i2} \end{pmatrix} - \frac{1}{2}\begin{pmatrix} -I_{n\times1} & -B_s \\ I_{n\times1} & B_s \end{pmatrix}\begin{pmatrix} X_c \\ X_3 \end{pmatrix}, \quad P = \frac{1}{\sigma^2}\begin{pmatrix} E & 0 \\ 0 & E \end{pmatrix} \qquad (6.193)$$

式中，X_c 为测站钟差矢量；X_3 为其他未知矢量；B_s 为 X_3 相应的系数矩阵；$I_{n\times1}$ 为全 1 矩阵（即所有元素为 1），钟差已用光速进行约化。

比较式（6.193）和式（6.171），可得（参见 6.8.2 节）

$$A = \frac{1}{2}\begin{pmatrix} -I_{n\times1} \\ I_{n\times1} \end{pmatrix}, \quad B = \frac{1}{2}\begin{pmatrix} -B_s \\ B_s \end{pmatrix}, \quad L = \begin{pmatrix} L_{i1} \\ L_{i2} \end{pmatrix}, \quad V = \begin{pmatrix} U_{i1} \\ U_{i2} \end{pmatrix}$$

$$M_{11} = \frac{1}{4}\begin{pmatrix} -I_{n\times1}^{\mathrm{T}} & I_{n\times1}^{\mathrm{T}} \end{pmatrix}\frac{1}{\sigma^2}\begin{pmatrix} E & 0 \\ 0 & E \end{pmatrix}\begin{pmatrix} -I_{n\times1} \\ I_{n\times1} \end{pmatrix} = \frac{n}{2\sigma^2}$$

$$J = \begin{pmatrix} -I_{n\times1} \\ I_{n\times1} \end{pmatrix}\frac{\sigma^2}{2n}\begin{pmatrix} -I_{n\times1}^{\mathrm{T}} & I_{n\times1}^{\mathrm{T}} \end{pmatrix} \cdot P = \frac{1}{2n}\begin{pmatrix} I_{n\times n} & -I_{n\times n} \\ -I_{n\times n} & I_{n\times n} \end{pmatrix}$$

$$(E_{2n\times2n}-J)\frac{1}{2}\begin{pmatrix} -B_s \\ B_s \end{pmatrix} = \frac{1}{2}\begin{pmatrix} -E_{n\times n}+\dfrac{1}{n}I_{n\times n} \\ E_{n\times n}-\dfrac{1}{n}I_{n\times n} \end{pmatrix}B_s$$

所以，式（6.193）的等价消去方程组为

$$\begin{pmatrix} U_{i1} \\ U_{i2} \end{pmatrix} = \begin{pmatrix} L_{i1} \\ L_{i2} \end{pmatrix} - \frac{1}{2} \begin{pmatrix} -E_{n\times n} + \dfrac{1}{n} I_{n\times n} \\ E_{n\times n} - \dfrac{1}{n} I_{n\times n} \end{pmatrix} B_s X_3, \qquad P = \frac{1}{\sigma^2} \begin{pmatrix} E & 0 \\ 0 & E \end{pmatrix} \tag{6.194}$$

其中，接收机钟差 X_c 已消除，观测量矢量和权矩阵不变。法方程简化为

$$B_s^T \left(E_{n\times n} - \frac{1}{n} I_{n\times n} \right) B_s X_3 = B_s^T \left(E_{n\times n} - \frac{1}{n} I_{n\times n} \right) (L_{i2} - L_{i1}) \tag{6.195}$$

同时，传统单差观测方程式（6.185）和式（6.186）可重新写为

$$V_{i2} - V_{i1} = (L_{i2} - L_{i1}) - \begin{pmatrix} I_{n\times 1} & B_s \end{pmatrix} \begin{pmatrix} X_c \\ X_3 \end{pmatrix}$$

或

$$\begin{pmatrix} V_{i2}^1 - V_{i1}^1 \\ V_{i2}^k - V_{i1}^k \end{pmatrix} = \begin{pmatrix} L_{i2}^1 - L_{i1}^1 \\ L_{i2}^k - L_{i1}^k \end{pmatrix} - \begin{pmatrix} 1 & B_s^1 \\ I_{m\times 1} & B_s^k \end{pmatrix} \begin{pmatrix} X_c \\ X_3 \end{pmatrix}$$

$$\mathrm{cov}(\mathrm{SD}(O)) = C_s \sigma^2 \begin{pmatrix} E & 0 \\ 0 & E \end{pmatrix} C_s^T = 2\sigma^2 E, \qquad P_s = \frac{1}{2\sigma^2} E \tag{6.196}$$

其中，$m = n-1$，上标 1 和 k 分别为矩阵的第一行和其他行（或矢量的列）。双差变换矩阵和协方差矩阵分别为（参见 6.6.2 节，式（6.116）～式（6.118)）

$$C_d = \begin{pmatrix} -I_{m\times 1} & E_{m\times m} \end{pmatrix}$$

$$\mathrm{cov}(\mathrm{DD}(O)) = C_d \, \mathrm{cov}(\mathrm{SD}(O)) C_d^T = 2\sigma^2 C_d C_d^T = 2\sigma^2 \left(I_{m\times m} + E_{m\times m} \right)$$

$$P_d = [\mathrm{cov}(\mathrm{DD}(O))]^{-1} = \frac{1}{2\sigma^2 n} \left(n E_{m\times m} - I_{m\times m} \right)$$

双差观测方程和相应的法方程分别为

$$C_d \begin{pmatrix} V_{i2}^1 - V_{i1}^1 \\ V_{i2}^k - V_{i1}^k \end{pmatrix} = C_d \begin{pmatrix} L_{i2}^1 - L_{i1}^1 \\ L_{i2}^k - L_{i1}^k \end{pmatrix} - C_d \begin{pmatrix} 1 & B_s^1 \\ I_{m\times 1} & B_s^k \end{pmatrix} \begin{pmatrix} X_c \\ X_3 \end{pmatrix}$$

或

$$C_d \begin{pmatrix} V_{i2}^1 - V_{i1}^1 \\ V_{i2}^k - V_{i1}^k \end{pmatrix} = C_d \begin{pmatrix} L_{i2}^1 - L_{i1}^1 \\ L_{i2}^k - L_{i1}^k \end{pmatrix} - C_d \begin{pmatrix} B_s^1 \\ B_s^k \end{pmatrix} X_3$$

即

$$C_d(V_{i2} - V_{i1}) = C_d(L_{i2} - L_{i1}) - C_d B_s X_3 \tag{6.197}$$

$$B_s^T C_d^T P_d C_d B_s X_3 = B_s^T C_d^T P_d C_d (L_{i2} - L_{i1}) \tag{6.198}$$

其中

$$C_d^T P_d C_d = \frac{1}{2\sigma^2 n} \begin{pmatrix} -I_{m\times 1} & E_{m\times m} \end{pmatrix}^T \left(n E_{m\times m} - I_{m\times m} \right) \begin{pmatrix} -I_{m\times 1} & E_{m\times m} \end{pmatrix} \tag{6.199}$$

$$\begin{pmatrix} -I_{m\times 1} & E_{m\times m} \end{pmatrix}^T \left(n E_{m\times m} - I_{m\times m} \right) = \begin{pmatrix} -I_{m\times 1} & n E_{m\times m} - I_{m\times m} \end{pmatrix}^T \tag{6.200}$$

$$\begin{pmatrix} -I_{m\times 1} & n E_{m\times m} - I_{m\times m} \end{pmatrix}^T \begin{pmatrix} -I_{m\times 1} & E_{m\times m} \end{pmatrix} = n E_{n\times n} - I_{n\times n} \tag{6.201}$$

上述三式很容易证明。将式（6.199）~式（6.201）代入式（6.198），可得其与式（6.195）相同。这就证明了双差方程与直接构造的等价方程式（6.193）是等价的。

6.8.5　三差等价方程

三差方程可消除所有钟差和模糊度，也可以通过构造消除所有钟差和模糊度的等价方程得到。假定原始观测方程形式如式（6.171），X_1 为所有钟差和模糊度矢量，三差等价方程的构造见 6.8.2 节。

众所周知，传统的三差在相邻历元和基线之间是互相关的。在三差序列数据处理时，互相关问题是难以处理的。但是，使用等价消去方程，权矩阵保持为对角线矩阵，原始 GPS 观测量保持不变。

Xu（2016）提出和推导了一种替代地证明三差与非差的等价性的方法。顾及 6.6.3 节中三差的定义及式（6.120），三差方程可以重新写成：

$$
\begin{aligned}
\mathrm{TD}_{i1,i2}^{k1,k2}(O(t1,t2)) &= \left\{ \left[O_{i2}^{k2}(t2) - O_{i2}^{k2}(t1) \right] - \left[O_{i1}^{k2}(t2) - O_{i1}^{k2}(t1) \right] \right\} \\
&\quad - \left\{ \left[O_{i2}^{k1}(t2) - O_{i2}^{k1}(t1) \right] - \left[O_{i1}^{k1}(t2) - O_{i1}^{k1}(t1) \right] \right\} \\
&= (D^t \cdot O_{i2}^{k2} - D^t \cdot O_{i1}^{k2}) - (D^t \cdot O_{i2}^{k1} - D^t \cdot O_{i1}^{k1})
\end{aligned}
\tag{6.202}
$$

式中，$t1$ 和 $t2$ 为两个相邻的历元；D^t 为 $t1$ 和 $t2$ 的时间差分观测量。

根据式（6.202），三差方程可以看成是先对同一测站同一卫星两个相邻历元进行差分，在此基础上对其进行两个测站两颗卫星观测数据的双差得到。Xu（2016）证明了时间差分与非差的等价性，相邻两个历元作时间差的观测值与原始观测值具有一样的性质，是不相关的。由 6.8.4 节可得，单差、双差方程与非差方程分别是等价的，且时间差方程与非差方程也是等价的，则可得三差方程与非差方程也是等价的。

6.8.6　基准参数处理方法

在差分 GPS 数据处理中，相应的基准参数通常认为是已知且固定不变的，可以采用先验基准方法实现（见 7.8.2 节）。这里仅简述基本原理。

等价观测方程组式（6.179）变换如下：

$$
U = L - \begin{pmatrix} D_1 & D_2 \end{pmatrix} \begin{pmatrix} X_{21} \\ X_{22} \end{pmatrix}, \qquad P
\tag{6.203}
$$

其中，

$$
D = \begin{pmatrix} D_1 & D_2 \end{pmatrix} \qquad X_2 = \begin{pmatrix} X_{21} \\ X_{22} \end{pmatrix}
$$

假定存在先验约束（Zhou et al.，1997）：

$$
W = \bar{X}_{22} - X_{22}, \qquad P_2
\tag{6.204}
$$

式中，$\bar{X}_{22}$ 为"直接观测"参数子矢量；P_2 为与参数子矢量相关的权矩阵；W 为残差矢量，与 U 有相同的特性。通常，$\bar{X}_{22}$ 是独立观测的，所以 P_2 是对角线矩阵。如果 X_{22} 是测站坐标的子矢量，式（6.204）称为基准约束（这是先验基准名称的由来）。假定 X_{22} 是相应的基准参数（如参考卫星和基准站的钟差和模糊度）。一般地，先验权矩阵 P_2 由

协方差矩阵 Q_W 给出：

$$P_2 = Q_W^{-1} \qquad (6.205)$$

实际上，子矢量 $\bar{X}_{22}$ 常为零矢量。可以通过构造观测方程（6.171）并进行初始化实现。

可以推导出先验基准问题的最小二乘法方程（7.8.2 节）。比较两个法方程，唯一的差别在于法方程系数阵中增加了先验权矩阵 P_2。这表明先验基准问题可通过简单地在观测方程式（6.203）的法方程上增加 P_2 解决。

如果权矩阵 P_2 的某些对角线元素为 0，X_{22} 中相应的参数为自由网平差问题的自由参数（无先验约束）。否则，有先验约束的参数称为先验基准。大权重表示强约束，小权重表示弱约束。最强约束是保持基准不变。相应的基准数据（坐标、钟差和模糊度）可通过最强约束保持不变，即在法方程矩阵中与基准对应的对角线元素上增加最强约束。

6.8.7　统一等价方法小结

对任意线性非差 GPS 观测方程组式（6.171）：

$$V = L - \begin{pmatrix} A & B \end{pmatrix} \begin{pmatrix} X_1 \\ X_2 \end{pmatrix}, \qquad P \qquad (6.206)$$

消去 X_1 的等价 GPS 观测方程为式（6.179）：

$$U = L - (E - J)BX_2, \qquad P \qquad (6.207)$$

其中，$J = AM_{11}^{-1}A^{T}P$，$M_{11} = A^{T}PA$；E 为 n 维单位矩阵；L 和 P 分别为原始观测矩阵和权矩阵；U 为残差矢量且与 V 有相同特性。

同样，消去 X_2 的等价方程为式（6.181）：

$$U_1 = L - (E - K)AX_1, \qquad P \qquad (6.208)$$

其中

$$K = BM_{22}^{-1}B^{T}P, \qquad M_{22} = B^{T}PB$$

U_1 为残差矢量且与 V 有相同特性。

一方面，可以对式（6.207）的法方程矩阵中与 X_{22} 相应的对角线元素增加最强约束来保持 X_2 子矢量 X_{22} 不变。另一方面，可以首先将最强约束直接应用于式（6.206）的法方程。这样，相应的基准参数（坐标、钟差和模糊度等）可保持不变。然后构造等价消去方程式（6.207）。这样，相对和差分 GPS 数据处理可通过选择消去 X_1 后的方程式（6.207）实现。

使用式（6.207）的 GPS 数据处理算法是一种选择性消除等价方法。在式（6.206）中选择 X_1 为零矢量，该算法就是非差方法。分别选择卫星钟差矢量、所有钟差矢量、钟差和模糊度矢量，以及用户自定义矢量作为 X_1，则该算法分与别单差、双差、三差和用户自定义消除方法等价。如果需要，被消除的矢量 X_1 也可独立求解。

本方法与非差方法和差分方法相比，优点在于：

（1）非差和差分 GPS 数据处理采用了等价并统一的方式实现。数据处理过程可通过集成方式和开关选择实现。

（2）消除参数可使用相同的算法求解。

（3）权矩阵保持原来的对角线形式不变。

（4）使用原始观测量，不需要差分。

显然，上述算法同时具有非差和差分 GPS 数据处理方法的优点。非差和差分 GPS 数据处理算法的等价性理论可被描述为许氏等价性理论。

第 7 章 平差和滤波方法

7.1 引 言

本章介绍用于 GPS 静态、动态和动力学数据处理的主要平差和滤波算法，导出必要的估计量，并详细讨论给出的几种方法之间的关系。

这里讨论的平差算法包括最小二乘平差、通过累积的最小二乘平差的序贯应用、序贯最小二乘平差、条件最小二乘平差、条件最小二乘平差的序贯应用、分块最小二乘平差、分块最小二乘平差的序贯应用、码相位组合分块最小二乘平差的一种特殊应用、一种用于组成消去观测方程的等价算法，以及将法方程和等价观测方程对角化的算法。

这里讨论的滤波算法包括经典卡尔曼滤波、作为卡尔曼滤波特例的序贯最小二乘平差方法、抗差卡尔曼滤波，以及自适应抗差卡尔曼滤波。

本章还将讨论用于解决秩亏问题的先验约束平差和滤波方法。在一般性讨论了先验参数约束后，给出一种称为先验基准方法的特例。还将讨论拟稳基准方法。

本章最后给出了总结。介绍了所讨论的各种方法在 GPS 数据处理中的应用。

7.2 最小二乘平差

最小二乘平差的原理可以总结如下（Gotthardt，1978；Cui et al.，1982）。

（1）线性化的观测方程可以表示为

$$V = L - AX , \quad P \tag{7.1}$$

式中，L 为 m 维观测向量；A 为 $m \times n$ 维系数矩阵；X 为 m 维未知参数向量；V 为 m 维残差向量；n 为未知个数；m 为观测量的个数；P 为 $m \times m$ 维对称的权矩阵。

（2）解观测方程的最小二乘准则可表示为

$$V^{\mathrm{T}} P V = \min \tag{7.2}$$

式中，V^{T} 为向量 V 的转置。

（3）为了解算 X 并求出 V，设函数 F 为

$$F = V^{\mathrm{T}} P V \tag{7.3}$$

如果 F 相对于 X 的偏导数等于零，则 F 达到最小值，即

$$\frac{\partial F}{\partial X} = 2 V^{\mathrm{T}} P(-A) = 0$$

或者

$$A^{\mathrm{T}} P V = 0 \tag{7.4}$$

式中，A^{T} 为 A 的转置。

（4）将 $A^{\mathrm{T}}P$ 与方程式（7.1）相乘则有

$$A^{\mathrm{T}}PAX - A^{\mathrm{T}}PL = -A^{\mathrm{T}}PV \tag{7.5}$$

将方程式（7.4）代入式（7.5）可得

$$A^{\mathrm{T}}PAX - A^{\mathrm{T}}PL = 0 \tag{7.6}$$

（5）为了简单，令 $M = A^{\mathrm{T}}PA$，$Q = M^{-1}$，其中上标 -1 表示求逆，M 通常称为法矩阵。则方程式（7.1）的最小二乘解算结果为

$$X = Q(A^{\mathrm{T}}PL) \tag{7.7}$$

（6）估计参数的第 i 个元素的精度为

$$p[i] = m_0 \sqrt{Q[i][i]} \tag{7.8}$$

其中，i 为一个向量或矩阵的元素标记；m_0 称为标准偏差（或者 sigma）；$p[i]$ 为精度向量的第 i 个元素；$Q[i][i]$ 为协因数矩阵 Q 对角线上的第 i 个元素，并且有

$$m_0 = \sqrt{\frac{V^{\mathrm{T}}PV}{m-n}}, \quad 若 \quad (m > n) \tag{7.9}$$

（7）为计算方便，可以采用下式来计算 $V^{\mathrm{T}}PV$：

$$V^{\mathrm{T}}PV = L^{\mathrm{T}}PL - (A^{\mathrm{T}}PL)^{\mathrm{T}} X \tag{7.10}$$

可以通过将式（7.1）代入到 $V^{\mathrm{T}}PV$ 并考虑式（7.4）得到上式。

到此为止，已经推导出最小二乘平差的全部公式。

7.2.1 带有序贯观测组的最小二乘平差

假定有两个序贯观测方程：

$$V_1 = L_1 - A_1 X \tag{7.11}$$

和

$$V_2 = L_2 - A_2 X \tag{7.12}$$

其权矩阵分别为 P_1 和 P_2。这两个方程是非相关或独立的，并且有公共未知向量 X。两方程合并后可表示如下：

$$\begin{pmatrix} V_1 \\ V_2 \end{pmatrix} = \begin{pmatrix} L_1 \\ L_2 \end{pmatrix} - \begin{pmatrix} A_1 \\ A_2 \end{pmatrix} X, \quad P = \begin{pmatrix} P_1 & 0 \\ 0 & P_2 \end{pmatrix} \tag{7.13}$$

最小二乘法方程可表示为

$$\begin{pmatrix} A_1^{\mathrm{T}} & A_2^{\mathrm{T}} \end{pmatrix} \begin{pmatrix} P_1 & 0 \\ 0 & P_2 \end{pmatrix} \begin{pmatrix} A_1 \\ A_2 \end{pmatrix} X = \begin{pmatrix} A_1^{\mathrm{T}} & A_2^{\mathrm{T}} \end{pmatrix} \begin{pmatrix} P_1 & 0 \\ 0 & P_2 \end{pmatrix} \begin{pmatrix} L_1 \\ L_2 \end{pmatrix}$$

或

$$(A_1^{\mathrm{T}}P_1A_1 + A_2^{\mathrm{T}}P_2A_2)X = (A_1^{\mathrm{T}}P_1L_1 + A_2^{\mathrm{T}}P_2L_2) \tag{7.14}$$

上式实际上可由式（7.11）和式（7.12）形成的两个最小二乘法方程相加得到，它们分别为

$$(A_1^{\mathrm{T}}P_1A_1)X = A_1^{\mathrm{T}}P_1L_1 \tag{7.15}$$

和

$$(A_2^{\mathrm{T}} P_2 A_2) X = A_2^{\mathrm{T}} P_2 L_2 \tag{7.16}$$

方程的解为

$$X = (A_1^{\mathrm{T}} P_1 A_1 + A_2^{\mathrm{T}} P_2 A_2)^{-1} (A_1^{\mathrm{T}} P_1 L_1 + A_2^{\mathrm{T}} P_2 L_2) \tag{7.17}$$

估计参数的第 i 个元素的精度为

$$p[i] = m_0 \sqrt{Q[i][i]} \tag{7.18}$$

式中

$$m_0 = \sqrt{\frac{V^{\mathrm{T}} P V}{m-n}}, \quad \text{若} \quad (m > n) \tag{7.19}$$

且

$$Q = (A_1^{\mathrm{T}} P_1 A_1 + A_2^{\mathrm{T}} P_2 A_2)^{-1} \tag{7.20}$$

其中，m 为观测量的所有个数；n 为未知量的个数。可采用下式来计算 $V^{\mathrm{T}} P V$：

$$
\begin{aligned}
V^{\mathrm{T}} P V &= V_1^{\mathrm{T}} P_1 V_1 + V_2^{\mathrm{T}} P_2 V_2 \\
&= L_1^{\mathrm{T}} P_1 L_1 + L_2^{\mathrm{T}} P_2 L_2 - (A_1^{\mathrm{T}} P_1 L_1)^{\mathrm{T}} X - (A_2^{\mathrm{T}} P_2 L_2)^{\mathrm{T}} X \\
&= (L_1^{\mathrm{T}} P_1 L_1 + L_2^{\mathrm{T}} P_2 L_2) - (A_1^{\mathrm{T}} P_1 L_1 + A_2^{\mathrm{T}} P_2 L_2)^{\mathrm{T}} X
\end{aligned} \tag{7.21}
$$

式（7.17）表明最小二乘序贯问题可以简单地通过将观测法方程累加求解。加权二乘残差也可通过采用式（7.21）将各单个残差的二次项累加求得。

对于各个独立观测方程的序列：

$$V_1 = L_1 - A_1 X, \quad P_1 \tag{7.22}$$

$$V_2 = L_2 - A_2 X, \quad P_2 \tag{7.23}$$

$$\cdots$$

$$V_i = L_i - A_i X, \quad P_i \tag{7.24}$$

其解可以简单表示为

$$X = (A_1^{\mathrm{T}} P_1 A_1 + A_2^{\mathrm{T}} P_2 A_2 + \cdots + A_i^{\mathrm{T}} P_i A_i)^{-1} (A_1^{\mathrm{T}} P_1 L_1 + A_2^{\mathrm{T}} P_2 L_2 + \cdots + A_i^{\mathrm{T}} P_i L_i) \tag{7.25}$$

和

$$V^{\mathrm{T}} P V = (L_1^{\mathrm{T}} P_1 L_1 + L_2^{\mathrm{T}} P_2 L_2 + \cdots + L_i^{\mathrm{T}} P_i L_i) - (A_1^{\mathrm{T}} P_1 L_1 + A_2^{\mathrm{T}} P_2 L_2 + \cdots + A_i^{\mathrm{T}} P_i L_i)^{\mathrm{T}} X \tag{7.26}$$

显然，如果每一个时刻都需要求解，则累加的方程组必须在每一时刻求解。累加必须通过序贯法方程进行。当然，也可在一个确定的时刻之后或在最后一个时刻进行求解，这对于一开始解不稳定的情况是很有用的。

7.3 序贯最小二乘平差

由 7.2 节讨论的可知，序贯观测方程可表示为

$$V_1 = L_1 - A_1 X, \quad P_1 \tag{7.27}$$

$$V_2 = L_2 - A_2 X, \quad P_2 \tag{7.28}$$

这两个方程不相关。可采用 7.2 节讨论的对单个法方程进行累加的方法来解决序贯问题：

$$(A_1^T P_1 A_1 + A_2^T P_2 A_2)X = (A_1^T P_1 L_1 + A_2^T P_2 L_2) \tag{7.29}$$

$$X = (A_1^T P_1 A_1 + A_2^T P_2 A_2)^{-1}(A_1^T P_1 L_1 + A_2^T P_2 L_2) \tag{7.30}$$

采用下式来计算 $V^T PV$：

$$V^T PV = (L_1^T P_1 L_1 + L_2^T P_2 L_2) - (A_1^T P_1 L_1 + A_2^T P_2 L_2)^T X \tag{7.31}$$

如果式（7.27）可解，则最小二乘解可表示为

$$X = (A_1^T P_1 A_1)^{-1}(A_1^T P_1 L_1) \tag{7.32}$$

$$V^T PV = L_1^T P_1 L_1 - (A_1^T P_1 L_1)^T X \tag{7.33}$$

为了方便，采用第一组观测量估计的向量 X 用 X_1 表示，残差的二次型可用 $(V^T PV)_1$ 和 $Q_1 = (A_1^T P_1 A_1)^{-1}$ 表示。

利用如下公式（Cui et al.，1982；Gotthardt，1978）：

$$(D + ACB)^{-1} = D^{-1} - D^{-1} AKB D^{-1} \tag{7.34}$$

式中，A 和 B 为任意矩阵；C 和 D 为可逆矩阵，以及

$$K = (C^{-1} + B D^{-1} A)^{-1} \tag{7.35}$$

则法矩阵累积和的逆可用 Q 表示为

$$\begin{aligned}
Q &= (A_1^T P_1 A_1 + A_2^T P_2 A_2)^{-1} \\
&= (A_1^T P_1 A_1)^{-1} - (A_1^T P_1 A_1)^{-1} A_2^T K A_2 (A_1^T P_1 A_1)^{-1} \\
&= Q_1 - Q_1 A_2^T K A_2 Q_1 \\
&= (E - Q_1 A_2^T K A_2)Q_1
\end{aligned} \tag{7.36}$$

$$K = (P_2^{-1} + A_2 Q_1 A_2^T)^{-1} \tag{7.37}$$

式中，E 为单位矩阵。式（7.36）等号右侧括号内所有的项可以看作是 Q_1 矩阵的修正因子。换句话说，由于序贯式（7.28），可以用一个因子与 Q_1 矩阵相乘来计算 Q 矩阵，因此式（7.27）和式（7.28）的序贯最小二乘解为

$$\begin{aligned}
X &= (Q_1 - Q_1 A_2^T K A_2 Q_1)(A_1^T P_1 L_1 + A_2^T P_2 L_2) \\
&= (E - Q_1 A_2^T K A_2)X_1 + Q(A_2^T P_2 L_2)
\end{aligned} \tag{7.38}$$

数学上讲，对于式（7.27）和式（7.28）的序贯问题的解算，采用 7.2.1 节中讨论的最小二乘累加的方法与上述的序贯平差方法应该是一样的。然而，实际计算精度受所采用的计算机有效位数的限制，有效位数限制会引起数值计算的误差。这种误差会累加并进一步传递给下一个计算过程。通过对上述方法的结果进行比较，可发现序贯方法会引起结果的偏移。这个偏移随着时间而增加，通常一个较长时间间隔后变得不能忽略。

7.4　条件最小二乘平差

附加条件方程的最小二乘平差原理可总结如下（Gotthardt，1978；Cui et al.，1982）。

（1）线性化观测方程可用式（7.1）表示（参见 7.2 节）。

（2）相应的条件方程可写为

$$CX - W = 0 \qquad (7.39)$$

式中，C 为 $r \times n$ 维系数矩阵；W 为 r 维常数向量；r 为条件的个数。

（3）解算带有条件方程的观测方程的最小二乘准则可表示为

$$V^{\mathrm{T}} PV = \min \qquad (7.40)$$

式中，V^{T} 为向量 V 的转置。

（4）为了求出 X 并计算 V，函数 F 可表示为

$$F = V^{\mathrm{T}} PV + 2K^{\mathrm{T}}(CX - W) \qquad (7.41)$$

式中，K 为需要确定的增益向量（r 维）。

若 F 相对于 X 的偏微分等于 0，则函数 F 达到最小值，即

$$\frac{\partial F}{\partial X} = 2V^{\mathrm{T}} P(-A) + 2K^{\mathrm{T}} C = 0$$

则有

$$-A^{\mathrm{T}} PV + C^{\mathrm{T}} K = 0 \qquad (7.42)$$

或者

$$A^{\mathrm{T}} PAX + C^{\mathrm{T}} K - A^{\mathrm{T}} PL = 0 \qquad (7.43)$$

式中，A^{T}、C^{T} 分别为 A 和 C 的转置矩阵。

（5）合并式（7.43）和式（7.39）有

$$A^{\mathrm{T}} PAX + C^{\mathrm{T}} K - A^{\mathrm{T}} PL = 0 \qquad (7.44)$$

$$CX - W = 0 \qquad (7.45)$$

（6）为了简化，令 $M = A^{\mathrm{T}} PA,\ W_1 = A^{\mathrm{T}} PL,\ Q = M^{-1}$，式中的上标 -1 表示逆运算。式（7.44）和式（7.45）的解分别为

$$K = (CQC^{\mathrm{T}})^{-1}(CQW_1 - W)，\quad X = -Q(C^{\mathrm{T}} K - W_1) \qquad (7.46)$$

或

$$X = (A^{\mathrm{T}} PA)^{-1}(A^{\mathrm{T}} PL) - (A^{\mathrm{T}} PA)^{-1} C^{\mathrm{T}} K$$

$$= (A^{\mathrm{T}} PA)^{-1}(A^{\mathrm{T}} PL - C^{\mathrm{T}} K) \qquad (7.47)$$

（7）解的精度为

$$p[i] = m_0 \sqrt{Q_{\mathrm{c}}[i][i]} \qquad (7.48)$$

式中，i 为一个向量或矩阵中的元素索引；m_0 为所谓的标准差（或 sigma）；$p[i]$ 为精度向量的第 i 个元素；$Q_{\mathrm{c}}[i][i]$ 为二次矩阵 Q_{c} 的第 i 个对角元素，且

$$Q_{\mathrm{c}} = Q - QC^{\mathrm{T}} Q_2 CQ \qquad (7.49)$$

$$Q_2 = (CQC^{\mathrm{T}})^{-1} \qquad (7.50)$$

$$m_0 = \sqrt{\frac{V^{\mathrm{T}} PV}{m - n + r}}，\quad 若 \quad (m > n - r) \qquad (7.51)$$

（8）为便于序贯计算，$V^{\mathrm{T}} PV$ 可采用下式计算：

$$V^{\mathrm{T}} PV = L^{\mathrm{T}} PL - (A^{\mathrm{T}} PL)^{\mathrm{T}} X - W^{\mathrm{T}} K \qquad (7.52)$$

上式可通过将式（7.1）代入 $V^{\mathrm{T}} PV$ 并利用式（7.39）和式（7.42）之间的关系得到。

至此，已导出了条件最小二乘平差算法的所有公式。

7.4.1 最小二乘平差的序贯应用

回顾 7.2 节讨论的最小二乘平差算法，线性化观测方程为

$$V = L - AX \ , \quad P \tag{7.53}$$

它的解为

$$X = (A^\mathrm{T}PA)^{-1}(A^\mathrm{T}PL) \tag{7.54}$$

解算的精度为

$$p[i] = m_0 \sqrt{Q[i][i]} \tag{7.55}$$

式中

$$m_0 = \sqrt{\dfrac{V^\mathrm{T}PV}{m-n}}, \quad 若 \quad (m > n) \tag{7.56}$$

式中，$V^\mathrm{T}PV$ 可采用下式来计算：

$$V^\mathrm{T}PV = L^\mathrm{T}PL - (A^\mathrm{T}PL)^\mathrm{T}X \tag{7.57}$$

为了方便，最小二乘的解向量用 X 表示，残差的加权平方可用 $(V^\mathrm{T}PV)_0$ 表示。

类似地，在 7.4 节讨论的条件最小二乘平差中，线性化观测方程，以及条件方程分别为

$$V = L - AX \tag{7.58}$$

$$CX - W = 0 \tag{7.59}$$

它的解为

$$X = (A^\mathrm{T}PA)^{-1}(A^\mathrm{T}PL - C^\mathrm{T}K) \tag{7.60}$$

式中，K 为增益，可表示为

$$K = (CQC^\mathrm{T})^{-1}(CQW_1 - W) \tag{7.61}$$

解向量的精度向量可由式（7.48）~式（7.52）求得。采用最小二乘解的表示方法，则有

$$X = X_0 - QC^\mathrm{T}K \tag{7.62}$$

$$V^\mathrm{T}PV = (V^\mathrm{T}PV)_0 + (A^\mathrm{T}PL)^\mathrm{T}QC^\mathrm{T}K - W^\mathrm{T}K \tag{7.63}$$

式（7.62）表明可先在不考虑条件情况下对条件最小二乘进行求解，然后再通过增益 K 来计算改正项。解的改变由条件引起。可采用式（7.63）来计算残差的加权平方（在最小二乘解的加权平方残差上加上两个改正项）。这个特性在实际应用中非常重要，如固定模糊度或固定坐标。例如，经过最小二乘解算和固定模糊度值后，则需要进一步计算模糊度固定解。当然，也可以将求得的模糊度作为已知参数，并重新对问题进行解算。然而，采用上面的公式，可以将求得的模糊度作为条件来计算增益和改正项，直接获得模糊度固定解。类似地，可以采用该特性对某些测站坐标固定的情况进行求解。

7.5　分块最小二乘平差

最小二乘平差的原理可总结如下（Gotthardt，1978；Cui et al.，1982）。

（1）线性化观测方程可用式（7.1）表示（参见 7.2 节）。

（2）未知向量 X 和观测向量 L 可写为两个子向量：

$$\begin{pmatrix} V_1 \\ V_2 \end{pmatrix} = \begin{pmatrix} L_1 \\ L_2 \end{pmatrix} - \begin{pmatrix} A_{11} & A_{12} \\ A_{21} & A_{22} \end{pmatrix} \begin{pmatrix} X_1 \\ X_2 \end{pmatrix}, \quad P = \begin{pmatrix} P_1 & 0 \\ 0 & P_2 \end{pmatrix} \tag{7.64}$$

最小二乘法方程为

$$\begin{pmatrix} A_{11} & A_{12} \\ A_{21} & A_{22} \end{pmatrix}^{\mathrm{T}} \begin{pmatrix} P_1 & 0 \\ 0 & P_2 \end{pmatrix} \begin{pmatrix} A_{11} & A_{12} \\ A_{21} & A_{22} \end{pmatrix} \begin{pmatrix} X_1 \\ X_2 \end{pmatrix} = \begin{pmatrix} A_{11} & A_{12} \\ A_{21} & A_{22} \end{pmatrix}^{\mathrm{T}} \begin{pmatrix} P_1 & 0 \\ 0 & P_2 \end{pmatrix} \begin{pmatrix} L_1 \\ L_2 \end{pmatrix} \tag{7.65}$$

法方程可表示为

$$\begin{pmatrix} M_{11} & M_{12} \\ M_{21} & M_{22} \end{pmatrix} \begin{pmatrix} X_1 \\ X_2 \end{pmatrix} = \begin{pmatrix} B_1 \\ B_2 \end{pmatrix} \tag{7.66}$$

$$M_{11}X_1 + M_{12}X_2 = B_1 \tag{7.67}$$

$$M_{21}X_1 + M_{22}X_2 = B_2 \tag{7.68}$$

式中

$$M_{11} = A_{11}^{\mathrm{T}}P_1A_{11} + A_{21}^{\mathrm{T}}P_2A_{21} \tag{7.69}$$

$$M_{12} = M_{21}^{\mathrm{T}} = A_{11}^{\mathrm{T}}P_1A_{12} + A_{21}^{\mathrm{T}}P_2A_{22} \tag{7.70}$$

$$M_{22} = A_{12}^{\mathrm{T}}P_1A_{12} + A_{22}^{\mathrm{T}}P_2A_{22} \tag{7.71}$$

$$B_1 = A_{11}^{\mathrm{T}}P_1L_1 + A_{21}^{\mathrm{T}}P_2L_2 \tag{7.72}$$

$$B_2 = A_{12}^{\mathrm{T}}P_1L_1 + A_{22}^{\mathrm{T}}P_2L_2 \tag{7.73}$$

（3）法方程式（7.67）和式（7.68）解算如下。

由式（7.67）可得

$$X_1 = M_{11}^{-1}(B_1 - M_{12}X_2) \tag{7.74}$$

将 X_1 代入到式（7.68），可得到与第二个未知参数块相关的法方程：

$$M_2X_2 = R_2 \tag{7.75}$$

式中

$$M_2 = M_{22} - M_{21}M_{11}^{-1}M_{12} \tag{7.76}$$

$$R_2 = B_2 - M_{21}M_{11}^{-1}B_1 \tag{7.77}$$

式（7.75）的解为

$$X_2 = M_2^{-1}R_2 \tag{7.78}$$

由式（7.78）和式（7.74），可计算得到式（7.1）和式（7.64）的分块最小二乘解。为了对求得的解向量精度进行估计（参见 7.2 节的讨论），有

$$p[i] = m_0 \sqrt{Q[i][i]} \tag{7.79}$$

式中

$$m_0 = \sqrt{\frac{V^{\mathrm{T}}PV}{m-n}}, \quad 若 \quad (m > n) \tag{7.80}$$

Q 为总的法矩阵 M 的逆矩阵；m 为所有观测量的个数；n 为所有未知数的个数。

而且，Q 可表示为

$$Q = \begin{pmatrix} M_{11} & M_{12} \\ M_{21} & M_{22} \end{pmatrix}^{-1} = \begin{pmatrix} Q_{11} & Q_{12} \\ Q_{21} & Q_{22} \end{pmatrix} \tag{7.81}$$

式中（Gotthardt，1978；Cui et al.，1982）

$$Q_{11} = (M_{11} - M_{12}M_{22}^{-1}M_{21})^{-1} \tag{7.82}$$

$$Q_{22} = (M_{22} - M_{21}M_{11}^{-1}M_{12})^{-1} \tag{7.83}$$

$$Q_{12} = M_{11}^{-1}(-M_{12}Q_{22}) \tag{7.84}$$

$$Q_{21} = M_{22}^{-1}(-M_{21}Q_{11}) \tag{7.85}$$

可采用下式对 $V^{\mathrm{T}}PV$ 进行计算：

$$V^{\mathrm{T}}PV = L^{\mathrm{T}}PL - (A^{\mathrm{T}}PL)^{\mathrm{T}}X \tag{7.86}$$

在 GPS 数据处理中，一种非常重要的应用方法就是将未知数分成两组，下一小节将会对其进行讨论。

7.5.1 分块最小二乘平差的序贯解算

假定有两个时序观测方程：

$$V_{t1} = L_{t1} - A_{t1}Y_{t1} \tag{7.87}$$

$$V_{t2} = L_{t2} - A_{t2}Y_{t2} \tag{7.88}$$

权矩阵为 P_{t1} 和 P_{t2}。未知向量 Y 可以分成两个子向量，一个是序列相关，另一个是时间上独立。假定

$$Y_{t1} = \begin{pmatrix} X_{t1} \\ X_2 \end{pmatrix}, \quad Y_{t2} = \begin{pmatrix} X_{t2} \\ X_2 \end{pmatrix} \tag{7.89}$$

式中，X_2 为公共未知向量；X_{t1} 和 X_{t2} 为序列（时间）独立未知量（即它们都是互不相同的）。

通过采用分块最小二乘方法，式（7.87）和式（7.88）可分别求解为（见 7.5 节）

$$X_{t1} = (M_{11})_{t1}^{-1}(B_1 - M_{12}X_2)_{t1} \tag{7.90}$$

$$(M_2)_{t1}X_2 = (R_2)_{t1} \tag{7.91}$$

$$X_2 = (M_2)_{t1}^{-1}(R_2)_{t1} \tag{7.92}$$

和

$$X_{t2} = (M_{11})_{t2}^{-1}(B_1 - M_{12}X_2)_{t2} \tag{7.93}$$

$$(M_2)_{t2}X_2 = (R_2)_{t2} \tag{7.94}$$

$$X_2 = (M_2)_{t2}^{-1}(R_2)_{t2} \qquad (7.95)$$

式中，括号外面的标记 $t1$ 和 $t2$ 为矩阵和向量，分别与式（7.87）和式（7.8）的相对应。

可导出式（7.87）和式（7.88）的组合解为

$$X_{t1} = (M_{11})_{t1}^{-1}((B_1)_{t1} - (M_{12})_{t1}(X_2)_{ta}) \qquad (7.96)$$

$$X_{t2} = (M_{11})_{t2}^{-1}((B_1)_{t2} - (M_{12})_{t2}(X_2)_{ta}) \qquad (7.97)$$

$$((M_2)_{t1} + (M_2)_{t2})(X_2)_{ta} = (R_2)_{t1} + (R_2)_{t2} \qquad (7.98)$$

$$(X_2)_{ta} = ((M_2)_{t1} + (M_2)_{t2})^{-1}((R_2)_{t1} + (R_2)_{t2}) \qquad (7.99)$$

式中，标记 ta 为对应所有的方程的解。对与公共未知参数相对应的法方程进行累加并进行求解。求解得到的公共参数被用来计算时序上不同的未知参数。

在存在大量时序观测量的情况下，由于未知参数过多，以及对计算能力需求过高，造成组合求解非常困难，甚至不太可能。因此，采用序贯解算可能为一个好的选择。对于时序观测方程

$$V_{t1} = L_{t1} - A_{t1}Y_{t1}, \qquad P_{t1} \qquad (7.100)$$

$$\cdots$$

$$V_{ti} = L_{ti} - A_{ti}Y_{ti}, \qquad P_{ti} \qquad (7.101)$$

其序贯解为

$$X_{t1} = (M_{11})_{t1}^{-1}(B_1 - M_{12}X_2)_{t1} \qquad (7.102)$$

$$(M_2)_{t1}X_2 = (R_2)_{t1} \qquad (7.103)$$

$$X_2 = (M_2)_{t1}^{-1}(R_2)_{t1} \qquad (7.104)$$

$$\cdots$$

$$X_{ti} = (M_{11})_{ti}^{-1}((B_1)_{ti} - (M_{12})_{ti}X_2) \qquad (7.105)$$

$$((M_2)_{t1} + \cdots + (M_2)_{ti})X_2 = (R_2)_{t1} + \cdots + (R_2)_{ti} \qquad (7.106)$$

$$X_2 = ((M_2)_{t1} + \cdots + (M_2)_{ti})^{-1}((R_2)_{t1} + \cdots + (R_2)_{ti}) \qquad (7.107)$$

需要注意的是第 2 个未知子向量 X_2 的序贯解与最后一步求得的组合解完全相同。组合解和序贯解唯一的差别是所使用的 X_2 不同。序贯解算只采用最近的 X_2。因此，在序贯解的最后（式（7.107）），最后得到的 X_2 必须代入到所有的 X_{tj} 计算公式，其中 $j<i$。有两种实现途径：第一种是记住所有 X_{tj} 的计算公式，通过式（7.107）得到的 X_2 来计算 X_{tj}；第二种是当得到 X_2 后回到开始处，将 X_2 作为已知值再一次解算 X_{tj}。通过这两种途径，就可以采用严格的序贯方式求解组合时序观测方程。

7.5.2 码相位组合的分块最小二乘

回顾 7.5 节讨论的分块观测方程，有

$$\begin{pmatrix} V_1 \\ V_2 \end{pmatrix} = \begin{pmatrix} L_1 \\ L_2 \end{pmatrix} - \begin{pmatrix} A_{11} & A_{12} \\ A_{21} & A_{22} \end{pmatrix} \begin{pmatrix} X_1 \\ X_2 \end{pmatrix}, \qquad P = \begin{pmatrix} P_1 & 0 \\ 0 & P_2 \end{pmatrix} \qquad (7.108)$$

这个观测方程可用来解算码相位组合问题。假定 L_1 和 L_2 分别为相位和码观测向量，且它们有相同的维数，则 X_2 是只存在于相位观测方程的子向量，则有 $A_{22}=0$，$A_{11}=A_{21}$，

$P_1 = w_p P_0$，$P_2 = w_c P_0$，其中 P_0 为权矩阵，w_p 和 w_c 分别为相位和码观测量的权重因子。为了保证系数矩阵 $A_{11} = A_{21}$，必须对观测向量 L_1 和 L_2 进行仔细约化。式（7.108）可重写为

$$\begin{pmatrix} V_1 \\ V_2 \end{pmatrix} = \begin{pmatrix} L_1 \\ L_2 \end{pmatrix} - \begin{pmatrix} A_{11} & A_{12} \\ A_{11} & 0 \end{pmatrix} \begin{pmatrix} X_1 \\ X_2 \end{pmatrix}, \quad P = \begin{pmatrix} w_p P_0 & 0 \\ 0 & w_c P_0 \end{pmatrix} \quad (7.109)$$

可形成最小二乘法方程

$$\begin{pmatrix} A_{11} & A_{12} \\ A_{11} & 0 \end{pmatrix}^T \begin{pmatrix} w_P P_0 & 0 \\ 0 & w_c P_0 \end{pmatrix} \begin{pmatrix} A_{11} & A_{12} \\ A_{11} & 0 \end{pmatrix} \begin{pmatrix} X_1 \\ X_2 \end{pmatrix}$$
$$= \begin{pmatrix} A_{11} & A_{12} \\ A_{11} & 0 \end{pmatrix}^T \begin{pmatrix} w_P P_0 & 0 \\ 0 & w_c P_0 \end{pmatrix} \begin{pmatrix} L_1 \\ L_2 \end{pmatrix} \quad (7.110)$$

法方程可表示为

$$\begin{pmatrix} M_{11} & M_{12} \\ M_{21} & M_{22} \end{pmatrix} \begin{pmatrix} X_1 \\ X_2 \end{pmatrix} = \begin{pmatrix} B_1 \\ B_2 \end{pmatrix} \quad (7.111)$$

式中

$$M_{11} = (w_p + w_c) A_{11}^T P_0 A_{11} \quad (7.112)$$

$$M_{12} = M_{21}^T = w_p A_{11}^T P_0 A_{12} \quad (7.113)$$

$$M_{22} = w_p A_{12}^T P_0 A_{12} \quad (7.114)$$

$$B_1 = A_{11}^T P_0 (w_p L_1 + w_c L_2) \quad (7.115)$$

$$B_2 = w_p A_{12}^T P_0 L_1 \quad (7.116)$$

可采用在 7.2 节和 7.5 节导出的一般公式对法方程式（7.111）进行求解。

7.6 周氏理论——等价消去观测方程系统

在最小二乘平差中，未知参数被分成两种并通过 7.5 节讨论的分块方式进行求解。在实际应用中，有时候只对其中一组未知参数感兴趣，由于大小的关系最好能把另一组未知量（称为多余参数）消除掉。这种情况下，采用所谓的等价消去观测方程系统就很有益处（Wang et al.，1988；Xu and Qian，1986；Zhou，1985）。多余参数可直接从观测方程而不是从法方程中消除掉。

线性化的观测方程系统可表示为

$$V = L - \begin{pmatrix} A & B \end{pmatrix} \begin{pmatrix} X_1 \\ X_2 \end{pmatrix}, \quad P \quad (7.117)$$

式中，L 为 m 维观测向量；A、B 分别为 $m \times (n-r)$ 和 $m \times r$ 维系数矩阵；X_1、X_2 分别为 $n-r$ 维和 r 维未知向量；V 为 m 维残差向量；n 为全部未知参数的个数；m 为观测量的个数；P 为 $m \times m$ 维对称权矩阵。

最小二乘的法方程可表示为

$$\begin{pmatrix} M_{11} & M_{12} \\ M_{21} & M_{22} \end{pmatrix}\begin{pmatrix} X_1 \\ X_2 \end{pmatrix}=\begin{pmatrix} B_1 \\ B_2 \end{pmatrix} \tag{7.118}$$

式中

$$\begin{pmatrix} M_{11} & M_{12} \\ M_{21} & M_{22} \end{pmatrix}=\begin{pmatrix} A^{\mathrm{T}}PA & A^{\mathrm{T}}PB \\ B^{\mathrm{T}}PA & B^{\mathrm{T}}PB \end{pmatrix} \tag{7.119}$$

式中

$$B_1=A^{\mathrm{T}}PL \ , \ B_2=B^{\mathrm{T}}PL \tag{7.120}$$

可定义消去矩阵为

$$\begin{pmatrix} E & 0 \\ -Z & E \end{pmatrix} \tag{7.121}$$

式中, E 为单位矩阵; 0 为零矩阵; $Z=M_{21}M_{11}^{-1}$ 。 M_{11}^{-1} 为 M_{11} 的逆。将消去矩阵式（7.121）与法方程式（7.118）相乘可得

$$\begin{pmatrix} E & 0 \\ -Z & E \end{pmatrix}\begin{pmatrix} M_{11} & M_{12} \\ M_{21} & M_{22} \end{pmatrix}\begin{pmatrix} X_1 \\ X_2 \end{pmatrix}=\begin{pmatrix} E & 0 \\ -Z & E \end{pmatrix}\begin{pmatrix} B_1 \\ B_2 \end{pmatrix}$$

或

$$\begin{pmatrix} M_{11} & M_{12} \\ 0 & M_2 \end{pmatrix}\begin{pmatrix} X_1 \\ X_2 \end{pmatrix}=\begin{pmatrix} B_1 \\ R_2 \end{pmatrix} \tag{7.122}$$

式中

$$\begin{aligned} M_2&=-M_{21}M_{11}^{-1}M_{12}+M_{22} \\ &=B^{\mathrm{T}}PB-B^{\mathrm{T}}PAM_{11}^{-1}A^{\mathrm{T}}PB=B^{\mathrm{T}}P(E-AM_{11}^{-1}A^{\mathrm{T}}P)B \end{aligned} \tag{7.123}$$

$$R_2=B_2-M_{21}M_{11}^{-1}B_1=B^{\mathrm{T}}P(E-AM_{11}^{-1}A^{\mathrm{T}}P)L \tag{7.124}$$

如果只对未知向量 X_2 感兴趣，则只需解算式（7.122）的第二个式子。得到的解与对整个式（7.122）进行求解的结果相同。上面所述的消去过程类似于 Gauss-Jordan 算法，该算法常被用来对法矩阵求逆（或用于求解线性方程系统）。事实上，式（7.122）的第二式等同于由分块最小二乘平差推导的式（7.75）（参见 7.5 节）。

令

$$J=AM_{11}^{-1}A^{\mathrm{T}}P \tag{7.125}$$

其存在特性：

$$J^2=(AM_{11}^{-1}A^{\mathrm{T}}P)(AM_{11}^{-1}A^{\mathrm{T}}P)=AM_{11}^{-1}A^{\mathrm{T}}P\,AM_{11}^{-1}A^{\mathrm{T}}P=AM_{11}^{-1}A^{\mathrm{T}}P=J$$

$$(E-J)(E-J)=E^2-2EJ+J^2=E-2J+J=E-J$$

$$[P(E-J)]^{\mathrm{T}}=(E-J^{\mathrm{T}})P=P-(AM_{11}^{-1}A^{\mathrm{T}}P)^{\mathrm{T}}P=P-PAM_{11}^{-1}A^{\mathrm{T}}P=P(E-J)$$

即，矩阵 J 和 $(E-J)$ 幂等且 $(E-J)^{\mathrm{T}}P$ 对称，或者

$$J^2=J, \quad (E-J)^2=E-J, \quad (E-J)^{\mathrm{T}}P=P(E-J) \tag{7.126}$$

利用上面推导的特性，式（7.123）中的 M_2 和式（7.124）中的 R_2 可重写为

$$M_2=B^{\mathrm{T}}P(E-J)B=B^{\mathrm{T}}P(E-J)(E-J)B=B^{\mathrm{T}}(E-J)^{\mathrm{T}}P(E-J)B \tag{7.127}$$

$$R_2 = B^{\mathrm{T}} P(E - J)L = B^{\mathrm{T}}(E - J)^{\mathrm{T}} PL \tag{7.128}$$

令

$$D_2 = (E - J)B \tag{7.129}$$

则消去后的法方程（式（7.122）中的第二式）可以重写为

$$B^{\mathrm{T}}(E - J)^{\mathrm{T}} P(E - J)BX_2 = B^{\mathrm{T}}(E - J)^{\mathrm{T}} PL \tag{7.130}$$

或

$$D_2^{\mathrm{T}} PD_2 X_2 = D_2^{\mathrm{T}} PL \tag{7.131}$$

这就是下面线性观测方程的最小二乘法方程：

$$U_2 = L - D_2 X_2 , \quad P \tag{7.132}$$

或

$$U_2 = L - (E - J)BX_2 , \quad P \tag{7.133}$$

式中，L 和 P 分别为初始观测向量和权矩阵；U_2 为残差向量，它与式（7.117）中的 V 有相同的特性。

使用式（7.133）的优点是未知向量 X_1 已经被消除掉，然而 L 向量和 P 矩阵仍与初始量保持相同。这个理论的应用可以见 6.8 节、8.3 节和 9.2 节。该理论 1985 年由周江文提出。

7.6.1　周氏–许氏理论：对角化法方程和等价观测方程

在最小二乘平差中，未知参数可以分成两组。可通过矩阵分块的方法得到一组未知参数的等价消去法方程系统，这样就可以消除掉另一组未知参数。分别对这两组未知参数进行两次消去处理，法方程就可以进行对角化。算法可表述如下。

分别用式（7.117）和式（7.118）来表示一个线性化观测方程和法方程。由式（7.118）的第一个方程可得到

$$X_1 = M_{11}^{-1}(B_1 - M_{12}X_2) \tag{7.134}$$

将 X_1 代入到式（7.118）中的第二个方程，可得到 X_2 的一个等价消去法方程为

$$M_2 X_2 = R_2 \tag{7.135}$$

式中

$$\begin{aligned} M_2 &= M_{22} - M_{21}M_{11}^{-1}M_{12} \\ R_2 &= B_2 - M_{21}M_{11}^{-1}B_1 \end{aligned} \tag{7.136}$$

相似地，由式（7.118）的第二个方程可得

$$X_2 = M_{22}^{-1}(B_2 - M_{21}X_1) \tag{7.137}$$

将 X_2 代入到式（7.118）中的第一个方程，可得到 X_1 的一个等价消去法方程为

$$M_1 X_1 = R_1 \tag{7.138}$$

式中

$$\begin{aligned} M_1 &= M_{11} - M_{12}M_{22}^{-1}M_{21} \\ R_1 &= B_1 - M_{12}M_{22}^{-1}B_2 \end{aligned} \tag{7.139}$$

将式（7.138）和式（7.135）进行合并可得

$$\begin{pmatrix} M_1 & 0 \\ 0 & M_2 \end{pmatrix}\begin{pmatrix} X_1 \\ X_2 \end{pmatrix} = \begin{pmatrix} R_1 \\ R_2 \end{pmatrix} \tag{7.140}$$

式中（Gotthardt，1978；Cui et al.，1982）

$$\begin{aligned} Q_{11} &= M_1^{-1}, & Q_{22} &= M_2^{-1} \\ Q_{12} &= -M_{11}^{-1}(M_{12}Q_{22}), & Q_{21} &= -M_{22}^{-1}(M_{21}Q_{11}) \end{aligned} \tag{7.141}$$

显然，式（7.118）和式（7.140）为两个等价法方程。这两个方程的解是等价的。式（7.140）是相对于 X_1 和 X_2 的一个对角化法方程。由式（7.118）~式（7.140）的构建过程称为一个法方程的对角化过程。

由 7.6 节可知，式（7.140）第二式表示的等价消去观测方程就是式（7.133）。类似地，如果令

$$I = BM_{22}^{-1}B^{\mathrm{T}}P，\quad D_1 = (E-I)A$$

则式（7.140）第一个法方程的等价消去观测方程可表示为

$$U_1 = L - (E-I)AX_1，\quad P$$

式中，U_1 为一个残差向量，它与式（7.117）中的 V 具有相同的特性；L 和 P 分别为初始观测向量和权矩阵。

上述的方程和式（7.133）写在一起可表示为

$$\begin{pmatrix} U_1 \\ U_2 \end{pmatrix} = \begin{pmatrix} L \\ L \end{pmatrix} - \begin{pmatrix} D_1 & 0 \\ 0 & D_2 \end{pmatrix}\begin{pmatrix} X_1 \\ X_2 \end{pmatrix}，\quad \begin{pmatrix} P & 0 \\ 0 & P \end{pmatrix} \tag{7.142}$$

方程（7.142）由法方程（7.140）推导得到，因此反过来也是正确的，即方程（7.140）为观测方程（7.142）的最小二乘法方程。方程（7.118）和方程（7.140）分别为观测方程（7.117）和观测方程（7.142）的法方程。故方程（7.142）为方程（7.117）的一个等价观测方程。方程（7.140）和方程（7.142）分别称为方程（7.118）和方程（7.117）的对角化方程。该对角化法方程和等价观测方程可以称作周氏-许氏对角化和等价性理论（Xu 2003）。

7.7 卡尔曼滤波

7.7.1 经典卡尔曼滤波

经典卡尔曼滤波原理可总结如下（Yang et al.，1999）。

线性化观测方程系统可表示为

$$V_i = L_i - A_iX_i，\quad P_i \tag{7.143}$$

式中，L 为 m 维观测向量；A 为 $m \times n$ 维系数矩阵；X 为 m 维未知参数向量；V 为 m 维残差向量；n 为未知个数；m 为观测量的个数；i 为序列标记，$i=1,2,3,\cdots$；P_i 为标记 i 的权矩阵。

假定系统方程已知，可表示为

$$U_i = X_i - F_{i,i-1} X_{i-1}, \qquad i = 2, 3, \cdots \tag{7.144}$$

式中，F 为 $n \times n$ 维转移矩阵；U 为 n 维残差向量。U 和 V 是非相关的，期望为 0。采用协方差传播定律，由式（7.144）可得

$$Q(X_i) = F_{i,i-1} Q(X_{i-1}) (F_{i,i-1})^{\mathrm{T}} + Q_U \tag{7.145}$$

法方程式（7.143）可构建为

$$M_i X_i = B_i \tag{7.146}$$

对于第一步或初始历元，即 $i=1$，式（7.146）基于最小二乘的解为

$$\tilde{X}_i = Q_i B_i \tag{7.147}$$

其中，$Q_i = M_i^{-1}$，这里假定：

$$\tilde{Q}_i = Q_i \tag{7.148}$$

式中，$\tilde{X}_i$ 和 $\tilde{Q}_i$ 称为估计值。采用估计值和转移矩阵可以对下一个历元的未知参数和协方差矩阵进行估计（如 $i=2$）：

$$\underline{X}_i = F_{i,i-1} \tilde{X}_{i-1} \tag{7.149}$$

$$\underline{Q}_i = F_{i,i-1} \tilde{Q}_{i-1} (F_{i,i-1})^{\mathrm{T}} + Q_U \tag{7.150}$$

式中，$\underline{X}_i$ 和 $\underline{Q}_i$ 称为估计值（向量或矩阵）。则这一历元的估计值可通过下式计算：

$$\tilde{X}_i = \underline{X}_i + K(L_i - A_i \underline{X}_i) \tag{7.151}$$

$$\tilde{Q}_i = (E - KA_i)\underline{Q}_i \tag{7.152}$$

$$K = \underline{Q}_i A_i^{\mathrm{T}} (A_i \underline{Q}_i A_i^{\mathrm{T}} + Q_V)^{-1} \tag{7.153}$$

式中，K 为增益矩阵。

对于下一个历元 i，采用式（7.149）和式（7.150）来计算预测值，采用式（7.151）和式（7.152）来计算估计值。上述的迭代过程就称为卡尔曼滤波。

在经典卡尔曼滤波中，对于式（7.143）的问题，假定存在一个式（7.144）中的系统转移矩阵 $F_{i,i-1}$ 和一个协因子 Q_U，因此，卡尔曼滤波过程中的估计值依赖于 $F_{i,i-1}$ 和 Q_U。转移矩阵应基于精确的物理模型，协因子应为已知值或合理给出。如果系统描述的足够精确，卡尔曼滤波当然会给出一个更加精确的解。然而，如果系统不是充分已知，则卡尔曼滤波的结果有时不会收敛到真值（发散）。而且，一个运动过程通常很难通过采用理论的系统方程来精确描述。但对于一个动力学过程（如对于星载 GPS 的卫星跟踪或轨道确定），系统方程可以容易的给出（通过一个轨道运动方程）。卡尔曼滤波的另一个问题是强依赖于给出的初始值。在这个领域已经做过很多研究来克服上述的这些缺点。

7.7.2 卡尔曼滤波——序贯最小二乘平差的一般形式

序贯最小二乘问题是经典卡尔曼滤波的一个特例。如果令

$$F_{i,i-1} = E \tag{7.154}$$

则 7.7.1 节中的系统方程式（7.144）为

$$X_i = X_{i-1}, \quad U = 0, \quad Q_U = 0 \tag{7.155}$$

卡尔曼滤波过程为如下所述，对于第一步或初始历元，即 $i=1$，7.3 节中的式（7.27）的基于最小二乘原理的解为

$$\tilde{X}_i = Q_i B_i, \quad Q_i = M_i^{-1} \tag{7.156}$$

且

$$\tilde{Q}_i = Q_i \tag{7.157}$$

式中，$\tilde{X}_i$ 和 $\tilde{Q}_i$ 称为估计值。在 7.7.1 节式（7.149）和式（7.150）中下一个历元的预测未知值和协方差矩阵则表示为

$$\underline{X}_i = \tilde{X}_{i-1} \tag{7.158}$$

$$\underline{Q}_i = \tilde{Q}_{i-1} \tag{7.159}$$

7.7.1 节中式（7.151）~式（7.153）的估计值简化为

$$\tilde{X}_i = \tilde{X}_{i-1} + G(L_i - A_i \tilde{X}_{i-1}) \tag{7.160}$$

$$\tilde{Q}_i = (E - GA_i)\tilde{Q}_{i-1} \tag{7.161}$$

$$G = \tilde{Q}_{i-1} A_i^{\mathrm{T}} (A_i \tilde{Q}_{i-1} A_i^{\mathrm{T}} + Q_V)^{-1} \tag{7.162}$$

式中，G 为增益矩阵。注意到 $Q_V = (P_i)^{-1}$ 并利用 Bennet 公式（Cui et al.，1982；Koch，1986），则有

$$\tilde{Q}_{i-1} A_i^{\mathrm{T}} (A_i \tilde{Q}_{i-1} A_i^{\mathrm{T}} + Q_V)^{-1} = \tilde{Q}_{i-1} A_i^{\mathrm{T}} P_i \tag{7.163}$$

式（7.160）可重写为

$$\begin{aligned}
\tilde{X}_i &= (E - GA_i)\tilde{X}_{i-1} + GL_i \\
&= (E - GA_i)\tilde{X}_{i-1} + \tilde{Q}_i A_i^{\mathrm{T}} P_i L_i
\end{aligned} \tag{7.164}$$

将得到的式（7.161）和式（7.164）与 7.3 节推导的式（7.36）和式（7.38）进行比较，则很容易发现它们是等效的。因此，序贯最小二乘平差是卡尔曼滤波的特例。

7.7.3 抗差卡尔曼滤波

经典卡尔曼滤波比较适合实时应用。卡尔曼滤波的主要问题是由系统方程的不准确描述和其统计特性导致的发散，以及精度不均匀的数据导致的发散。

为改善卡尔曼滤波特性采用过多种措施。在经典卡尔曼滤波中，观测量的权矩阵 P 是静态的，即假定 P 为一个确定的矩阵。通过考虑卡尔曼滤波的残差，可相应地调整观测量权矩 P。该过程称为抗差卡尔曼滤波（Koch and Yang，1998a，b；Yang，1999）。

通常，在最小二乘平差和经典卡尔曼滤波中的观测量要么采用，要么弃用。换句话说，权要么是 1（采用），要么是 0（弃用）。而在抗差卡尔曼滤波中则引入介于 0 和 1 之间的一个连续权。

初始时有 $P = (Q_V)^{-1}$，调整的 P 用 $\bar{P}$ 表示，则经典卡尔曼滤波中的式（7.153）可重新表示为

$$K = \underline{Q}_i A_i^{\mathrm{T}} (A_i \underline{Q}_i A_i^{\mathrm{T}} + \bar{P}_i^{-1})^{-1} \tag{7.165}$$

假定观测量相互独立，P_i 为对角矩阵。若考虑残差，则 P_i 可调整为（Huber，1964；Yang et al.，2000）

$$\bar{P}_i(k) = \begin{cases} P_i(k) & \\ P_i(k)\dfrac{c}{|V_i(k)/\sigma_i|}, \end{cases} \quad 若 \quad \begin{aligned} &|V_i(k)/\sigma_i| \leqslant c \\ &|V_i(k)/\sigma_i| > c \end{aligned} \quad (7.166)$$

式中，$V_i(k)$ 为向量 V 的第 k 个元素；$P_i(k)$ 为矩阵 P_i 的第 k 个对角元素；c 为常量，通常在 1.3~2.0 取值（Yang et al.，2000）；V_i 为观测量 L_i 的残差；σ_i 为第 i 历元的标准差，且 $P_i = 1/\sigma_i$。采用这种方法就可通过相关残差来调整观测量 L_i 的权。

如果观测量互相关，权矩阵可表示为（Yang et al.，2000）

$$\bar{P}_{kj} = \begin{cases} P_{kj} & \\ P_{kj}\dfrac{c}{\max\{|V_i(k)/\sigma_i|,|V_i(j)/\sigma_i|\}}, \end{cases} \quad 若 \quad \begin{aligned} &|V_i(k)/\sigma_i| \leqslant c \quad 和 \quad |V_i(j)/\sigma_i| \leqslant c \\ &|V_i(k)/\sigma_i| > c \quad 或 \quad |V_i(j)/\sigma_i| > c \end{aligned} \quad (7.167)$$

显然，一个调整的权矩阵可以更好地反映不同数据的质量，更符合观测量的实际情况。

通常如果残差的绝对值大于 $e\sigma_i$，即 $|V_i| > e\sigma_i$，则对应的观测值被作为粗差弃用，其中 e 为一个常数，可以在 3~4 取值，σ_i 为标准差，i 为迭代计算的标记。也就是说当 $|V_i/\sigma_i| \geqslant e$ 时，$\bar{P}_i = 0$。将 $|V_i/\sigma_i| = e$ 代入到式（7.166）可得 $\bar{P}_i = (c/e)P_i$。换句话说，式（7.166）和式（7.167）的权定义在 e 点是不连续的。可通过下面的定义对式（7.166）进行修改：

$$\bar{P}_i(k) = \begin{cases} p_i(k) & \\ y_1 P_i(k) & \\ y_2 P_i(k), & \\ 0 \end{cases} \quad 若 \quad \begin{aligned} &|V_i(k)/\sigma_i| \leqslant c \\ &c < |V_i(k)/\sigma_i| \leqslant d \\ &d < |V_i(k)/\sigma_i| \leqslant e \\ &|V_i(k)/\sigma_i| > e \end{aligned} \quad (7.168)$$

其中

$$y_1 = 1 - \frac{1-b}{(d-c)^2}\left(\left|\frac{V_i(k)}{\sigma_i}\right| - c\right)^2 \quad (7.169)$$

$$y_2 = \frac{b}{(e-d)^2}\left(e - \left|\frac{V_i(k)}{\sigma_i}\right|\right)^2 \quad (7.170)$$

式中，b 为当 $|V_i(k)/\sigma_i| = d$ 时 y_1 的取值；c, d, e 为常数，且 $0 < c < d < e$。为了简化，如果令 $b = (e-d)/(e-c)$，则有 $1-b = (d-c)/(e-c)$。为进一步简化，可令 $d = (e+c)/2$，则有

$$y_1 = 1 - \frac{2}{(e-c)^2}\left(\left|\frac{V_i(k)}{\sigma_i}\right| - c\right)^2$$

$$y_2 = \frac{2}{(e-c)^2}\left(e - \left|\frac{V_i(k)}{\sigma_i}\right|\right)^2$$

通过取 $c=1$，$e=3$ 并利用上面的假设，图 7.1 分别采用虚线和实线给出了式（7.166）和式（7.168）的权函数。显然，式（7.168）的权函数更合理，它使卡尔曼滤波更具抗差性。

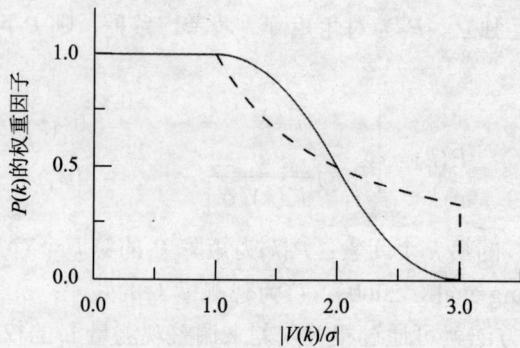

图 7.1 权函数

对于相关的情况也可进行类似的讨论。将 $|V_i(k)/\sigma_i|$ 表示为 $v(k)$，则式（7.167）修改为

$$\bar{P}_i(k,j) = \begin{cases} p_i(k,j) \\ z_1 P_i(k,j) \\ z_2 P_i(k,j) \\ 0 \end{cases}, \quad 若 \quad \begin{cases} \max\{v(k),v(j)\} \leqslant c \\ c < \max\{v(k),v(j)\} \leqslant d \\ d < \max\{v(k),v(j)\} \leqslant e \\ \max\{v(k),v(j)\} > e \end{cases} \quad (7.171)$$

其中

$$z_1 = 1 - \frac{1-b}{(d-c)^2}(\max\{v(k),v(j)\}-c)^2 \quad (7.172)$$

$$z_2 = \frac{b}{(e-d)^2}(e-\max\{v(k),v(j)\})^2 \quad (7.173)$$

式中，b 为当 $\max\{v(k),v(j)\}=d$ 时 z_1 的取值。为了简化，若令 $b=(e-d)/(e-c)$，则有 $1-b=(d-c)/(e-c)$。进一步简化可令 $d=(e-c)/2$，则有

$$z_1 = 1 - \frac{2}{(e-c)^2}(\max\{v(k),v(j)\}-c)^2$$

$$z_2 = \frac{2}{(e-c)^2}(e-\max\{v(k),v(j)\})^2$$

7.7.4　杨氏滤波——自适应抗差卡尔曼滤波

然而，当滤波中运动模型的噪声不能精确地模拟或者任意历元的测量噪声不是正态分布时，线性滤波结果的可靠性就会下降。这一节将介绍由 Yang 等（2000a，b）提出的一种基于抗差最大似然估计的新的自适应抗差滤波。主要包括对更新参数的影响值进行加权，影响值即为更新参数与动态测量的抗差估计值之差的幅值；对每个离散历元的单个测量值进行加权。这个新的过程不同于函数模型误差补偿，它通过改变协方差矩阵或等效改变预测参数的权矩阵来弥补模型误差。一个自适应抗差滤波存在一个一般估计器，它包括经典卡尔曼滤波的估计器、自适应卡尔曼滤波、抗差滤波、序贯最小二乘（LS）平差和抗差序贯平差。这个过程不但可以消除错误运动模型误差的影响，而且还可以控制观测粗差的影响。除了抗差特性，通过测量值的等价权和预测的状态参数达到新滤波

实现的可行性。

卡尔曼滤波在动态或运动定位中的应用有时会遇到困难，通常称其为发散。导致发散的原因主要有三个因素：①动态或运动模型不足够精确（状态方程的函数模型误差）；②观测量模型不足够精确（观测方程的函数模型误差）；③观测值和更新参数的分布或先验协方差矩阵模型不足够精确（随机模型误差）。

目前对卡尔曼滤波进行质量控制的基本过程包括：

（1）相对于模型误差的函数模型补偿，即向状态和（或）观测方程引入不确定参数。任何模型误差项都可任意引入到模型中，然后对状态方程进行扩展（Jazwinski，1970）。Schaffrin（1991）的研究过程也很相似。他把状态向量分成 h 组，每一组都受到一个共同的标度误差的影响。接着将 $h×1$ 维的标度参数向量引入到模型中。当然，这种方法会产生一个高维的状态向量，它会极大地增加滤波的计算量（Jazwinski，1970）。

（2）随机模型补偿，即引入一个模型误差的方差协方差矩阵。这种方法可以防止发散，但必须确定加入一个什么样的协方差矩阵。一个合适的协方差矩阵可以补偿模型误差。然而，一个无效的协方差矩阵会增加模型的发散。例如，若动态或运动周期内模型是精确的，则模型误差协方差距阵不合适的增加将会使状态估计器变差。模型误差的有效协方差矩阵只能通过尝试的方法确定。

（3）DIA 过程——探测、诊断和调节（Teunissen，1990）。它采用递推测试的过程来消除误差。在探测阶段，需要寻找不精确的模型误差。在诊断阶段，需要尝试找到模型误差的起因及最有可能的起始时间。当一个模型误差被探测和诊断后，就必须要对模型误差引起的状态估计偏移进行消除。模型从误差当中的恢复称为调节（Salzmanm，1995）。然而，模型的诊断是相当困难的，尤其是当测量值不够精确，无法对不确定的模型误差进行探测的时候。

（4）序贯最小二乘过程。这是一个经常在动态定位中采用的完全不同的方法，它并不使用动态模型信息，而是在观测历元确定离散的位置（Cannon et al.，1986）。这种情况下并不假设一个动态模型，只是采用离散历元的观测值对状态参数进行估计。因此，模型误差并不能影响新的状态参数的估计值。通常，这种方法称为序贯最小二乘算法（Schwarz et al.，1989）。目前这种方法的局限是：当某些情况下模型精确地描述了动态过程时，其浪费了状态模型的有用信息。

（5）自适应卡尔曼滤波。Mohamed 和 Schwarz（1999）针对 INS/GPS 组合导航提出了一种实时的自适应卡尔曼滤波，这种方法基于通过选择合适的滤波权的最大似然判据。Wang 等（1999）研究了另一种自适应卡尔曼滤波算法，这种算法直接对观测量的方差和协方差分量进行估计。这两种算法都需要观测量的残差或更新序列来计算状态方差-协方差矩阵。

（6）基于最小-最大抗差理论的抗差滤波。观测误差偏离高斯分布则可能严重降低卡尔曼滤波的性能。因此，这就需要考虑一种在非高斯环境下受抗差控制表现良好的滤波器。对于这个问题，Masreliez 和 Martin（1997）用最大-最小抗差理论的影响函数来替代经典卡尔曼滤波的记录函数。这种抗差滤波器的主要缺点是估计器需要未知噪声成对称分布，它不能与标准卡尔曼滤波器在高斯噪声环境下表现的一样好。

（7）基于 M 估计理论的抗差滤波器（Huber，1964）和贝叶斯统计。为了抑制状态模型误差和测量误差的负面影响，研制了一种抗差 M-M 滤波器（Yang，1991，1997a，b；Zhou et al.，1997）。采用这种滤波器，可通过测量值的抗差等价权对测量误差进行控制；可通过由预测的参数与估计的参数之间的偏差得到的更新参数的等价权来抑制模型误差。而且，Koch 和 Yang（1998a，b）通过采用贝叶斯统计和应用抗差 M 估计研制了一种非满秩观测模型的抗差滤波器。

上面所描述的所有方法都是基于动态模型误差的知识，利用其构建了用于补偿模型误差的函数或随机模型，以及抗差滤波的等价权。在实际应用中，对更新参数的误差分布或误差类型，以及动态模型误差进行预测是非常困难的，故构建函数和随机模型也是非常困难的。而且，当一个移动的载体从零开始加速或减速直至停止，那么它的加速过程是不连续的。如果这种不连续性存在于两个测量历元之间，则并不能用状态方程对这种动态进行精确地模拟或预测。在这种情况下，不能过多地依赖从动态模型得到的预测信息。因此，滤波过程将会减弱更新参数的影响。另外，如果更新的参数向量被模型误差污染，则它通常会完全的失真。因此，我们就不需要像抗差 M-M 滤波器那样考虑更新的参数向量中单个元素的误差影响。在这种情况下就需要一个自适应滤波器来对动态模型信息和测量值进行平衡。

1.自适应抗差滤波的一般估计器

构建一个自适应抗差滤波器为（见 Yang et al.，2001a，b）

$$\tilde{X}_i = (A_i^{\mathrm{T}}\overline{P}_i A_i + \alpha P_{\underline{X}_i})^{-1}(A_i^{\mathrm{T}}\overline{P}_i L_i + \alpha P_{\underline{X}_i}\underline{X}_i) \tag{7.174}$$

$$Q_{\tilde{X}_i} = (A_i^{\mathrm{T}}\overline{P}_i A_i + \alpha P_{\underline{X}_i})^{-1}\sigma_0^2 \tag{7.175}$$

式中，$\overline{P}_i$ 为观测向量的等价权矩阵；$P_{\underline{X}_i}$ 为预测向量 $\underline{X}_i$ 的权矩阵；$Q_{\tilde{X}_i}$ 为估计的状态向量的协方差矩阵；σ_0^2 为比例因子；α 为自适应因子。可表示为

$$\alpha = \begin{cases} 1 & |\Delta\tilde{X}_i| \leqslant c_0 \\ \dfrac{c_0}{|\Delta\tilde{X}_i|}\left(\dfrac{c_1-|\Delta\tilde{X}_i|}{c_1-c_0}\right)^2 & c_0 < |\Delta\tilde{X}_i| \leqslant c_1 \\ 0 & |\Delta\tilde{X}_i| > c_1 \end{cases} \tag{7.176}$$

式中，c_0 和 c_1 为常量，其经验值为 c_0=1.0~1.5，c_1=3.0~4.5，且

$$\Delta\tilde{X}_i = \frac{\left\|\hat{X}_i - \hat{\underline{X}}_i\right\|}{\sqrt{\mathrm{tr}\{Q_{\hat{X}_i}\}}} \tag{7.177}$$

其中，$\hat{X}_i$ 为状态向量（状态位置）的一个抗差估计，它只由历元 i 上新的测量值计算得到，原始速度观测量并不包含在其中。$\hat{\underline{X}}_i$ 为由式（7.149）得到的一个预测位置，先验速度分量并不包括在其中。由式（7.177）表示的位置的改变也可以反映速度的稳定性（Yang et al.，2001a，b）。

表达式（7.174）为自适应抗差滤波器的一般估计器。假定 $\alpha \neq 0$，则采用矩阵恒等

运算（Koch，1988），式（7.174）变为

$$\tilde{X}_i = \underline{X}_i + Q_{\underline{X}_i} A_i^{\mathrm{T}} (A_i Q_{\underline{X}_i} A_i^{\mathrm{T}} + \alpha Q_V)^{-1} (L_i - A_i \underline{X}_i) \tag{7.178}$$

2. 特殊估计器

自适应因子α在 0~1 变化，它平衡新的测量值和更新参数对状态参数新的估计的贡献。

情况 1：如果$\alpha = 0$ 且 $\bar{P}_i = P_i$，则

$$\tilde{X}_i = (A_i^{\mathrm{T}} P_i A_i)^{-1} A_i^{\mathrm{T}} P_i L_i \tag{7.179}$$

它是只采用在历元i的新的观测值得到的最小二乘估计器。这种估计器可适应于如下情况：测量值没有被粗差污染；更新的参数偏离的太大以至于式（7.177）中的$\Delta \tilde{X}_i$大于c_1（抑制点）；更新参数的信息完全被遗忘。

情况 2：如果$\alpha = 1$ 且 $\bar{P}_i = P_i$，则

$$\tilde{X}_i = (A_i^{\mathrm{T}} P_i A_i + P_{\underline{X}_i})^{-1} (A_i^{\mathrm{T}} P_i L_i + P_{\underline{X}_i} \underline{X}_i) \tag{7.180}$$

这是经典卡尔曼滤波的一般估计器。

情况 3：如果α由式（7.177）确定且 $\bar{P}_i = P_i$，则

$$\tilde{X}_i = (A_i^{\mathrm{T}} P_i A_i + \alpha P_{\underline{X}_i})^{-1} (A_i^{\mathrm{T}} P_i L_i + \alpha P_{\underline{X}_i} \underline{X}_i) \tag{7.181}$$

这是一个卡尔曼滤波的自适应最小二乘估计器。它平衡更新参数和测量值的贡献。式（7.174）和式（7.181）之间的唯一不同是L_i的权矩阵。前者采用等价权，后者采用L_i的初始权。

情况 4：如果$\alpha = 0$，则可得到

$$\tilde{X}_i = (A_i^{\mathrm{T}} \bar{P}_i A_i)^{-1} A_i^{\mathrm{T}} \bar{P}_i L_i \tag{7.182}$$

这是一个只采用在历元i的新的观测值的抗差估计器。

情况 5：如果$\alpha = 1$，则

$$\tilde{X}_i = (A_i^{\mathrm{T}} \bar{P}_i A_i + P_{\underline{X}_i})^{-1} (A_i^{\mathrm{T}} \bar{P}_i L_i + P_{\underline{X}_i} \underline{X}_i) \tag{7.183}$$

这是一个 M-LS 滤波估计器（Yang, 1997a, b）。

理论的进一步研究

Ou（2004）认为自适应因子α为一个对角矩阵，Yang 和 Xu（2004）根据参数的物理意义将其进行分组。从那之后，先后做了一些改进（Yang and Cui, 2006；Yang and Gao，2005a，b，2006a，b，c；Yang et al.，2006）。

7.7.5 自适应抗差滤波理论及应用的主要进展

近年来，中国学者建立了一种用于动态导航定位的新自适应抗差滤波理论（Yang et al.，2013）。该理论运用抗差估计原理来抑制观测异常误差的影响，构造自适应因子来控制动力学模型误差的影响（Yang et al.，2011a）。它可以根据动力学模型信息与观测值之间差异的大小来平衡其各自的贡献。本节将介绍自适应抗差滤波理论及应用的主要进展。

自适应滤波必然涉及误差判别统计量及自适应因子。随着自适应抗差滤波理论的发展，基于经验构造了四种动力学模型误差学习统计量及四种自适应因子，并在实践应用中证明了其有效性。构造了一种基于三段函数模型的自适应因子和一种基于预测状态参数向量与状态参数估计向量不符值的学习统计量。也构造了三种其他的自适应因子，包括两段函数模型（Yang et al.，2011）、指数函数模型（Yang and Gao，2005）和选权函数模型（Ou et al.，2004；Ren et al.，2005）。提出建立了三种其他的学习统计量，包括预测残差统计量（Xu and Yang，2000；Yang and Gao，2006b）、方差分量比统计量（Yang and Xu，2003）和速度不符值统计量（Cui and Yang，2006）。

通过构建自适应因子来平衡观测量与预测动力学模型信息不符值之间的贡献是自适应滤波中的关键问题。若要求预测状态向量的理论协方差矩阵等于或约等于估计的状态协方差矩阵，或要求预测残差理论协方差矩阵等于或约等于估计的预测残差协方差矩阵，由此又得到了两类最优自适应因子（Yang and Gao，2006a）。之后又发展了分类自适应因子（Cui and Yang，2006）和多类自适应因子（Yang and Cui，2008）。

为了进一步减弱模型误差的影响，先后又发展了基于当前加速度模型的抗差自适应滤波（Gao et al.，2006b），并研究了自适应抗差滤波与神经网络的结合，来解决动态模型构造问题（Gao et al.，2007a，b）。自适应抗差滤波也可以与误差探测、诊断、调节（detection，identification and adaption，DIA）相结合。为了控制非线性动力学模型误差的影响，又提出了一种提高神经网络泛化能力的自适应 UKF 滤波算法（Gao et al.，2008）和一种基于 Bancroft 算法的动态抗差自适应滤波（Zhang et al.，2007）。

在应用方面，自适应抗差滤波已成功应用于卫星轨道测定（Yang and Wen，2004），大地网重复观测的数据处理（Sui et al.，2007），并研究了附有函数模型约束的自适应滤波导航算法（Yang et al.，2011）。在组合导航方面，发展了 IMU/GPS 组合导航自适应 Kalman 滤波算法（Gao et al.，2006a）和 GPS/INS 组合导航两步自适应抗差 Kalman 滤波算法（Wu and Yang，2010）。为了同时控制有色噪声与动力学模型误差的影响，研究了多种有色噪声自适应滤波算法（Cui et al.，2006）。在导航卫星钟差拟合与预报研究中，提出了钟差估计的开窗分类因子抗差自适应序贯平差法（Huang et al.，2011）和卫星钟差实时估计的多因子抗差自适应滤波方法（Huang and Zhang，2012）。将自适应滤波用于物理模型与几何观测信息组估计地壳形变参数也取得进展（Yang and Zeng，2009）。

7.7.6 智能卡尔曼滤波简介

动态导航中的滤波方法，通常毫无例外地都是根据经验来描述运动载体的状态模型。然而载体运动一般很难仅满足某特定规则，因而精确的函数模型构造十分困难；随机模型先验信息的获取一般都基于现有的统计信息，而任何统计信息都可能失真，尤其是难以精确表征当前物理现实和观测现实。因此本节介绍了一种智能卡尔曼滤波来对自适应滤波理论进行拓展和改进。智能卡尔曼滤波的方法在2007年由Guochang Xu提出，并自2012年起获得国家自然科学基金的资助。

所谓的智能卡尔曼滤波试图采用多普勒观测信息来构造系统方程，把至今为止卡尔曼滤波中毫无例外的有限个的先验的系统方程描述，改进为通过多普勒测速信息而动态地确定的更符合实际运动的描述。由于增加了几乎与定位信息等量的测速信息，增强了特别是动态系统描述的客观性，增强了误差干扰统计估值的合理性和准确性，并利用GNSS测速信息合理地确定自适应因子，这种自适应滤波的拓展改进不仅会提高GNSS动态导航定位的精度，也会使滤波更加稳定。智能卡尔曼滤波理论正应用于动态GNSS导航定位中，特别是在自主定轨及轨道机动方面将具有巨大的贡献意义。

7.8 最小二乘平差的先验约束

这一章截止到目前已经讨论了几种平差和滤波方法。所有这些方法都适合于满秩的线性方程问题。一个满秩二次型矩阵意味着这个矩阵可以反向求它的逆。一个非满秩线性方程系统有时候涉及过度参数化问题。除了条件最小二乘平差方法，上面讨论的所有方法都不能直接用来求解非满秩问题。带有额外条件的条件最小二乘平差方法可以求解该问题。当然，这个条件在数学上要表示正确，并具有合理的物理意义。换句话说，条件要被认为是精确已知的。在实际中，条件通常作为带有一个特定的先验精度的已知值。采用先验信息作为约束的这种平差被称为先验约束平差，这一节将会具体讨论。

7.8.1 先验参数约束

（1）一个线性观测方程系统可表示为

$$V = L - AX , \qquad P_L \tag{7.184}$$

式中，P_L 为 $m \times m$ 维对称正定权矩阵。

（2）相应的先验约束方程系统可表示为

$$U = W - BX , \qquad P_W \tag{7.185}$$

式中，B 为 $r \times n$ 维系数矩阵；W 为 r 维常数向量；U 为 r 维残差向量；P_W 为 $r \times r$ 维先验（对称且确定）权矩阵；r 为条件方程的个数，$r < n$。

（3）可把式（7.185）中的约束解释为额外的伪观测量或虚拟观测量，则全部观测方程为

$$\begin{pmatrix} V \\ U \end{pmatrix} = \begin{pmatrix} L \\ W \end{pmatrix} - \begin{pmatrix} A \\ B \end{pmatrix} X , \qquad P = \begin{pmatrix} P_L & 0 \\ 0 & P_W \end{pmatrix} \tag{7.186}$$

最小二乘法方程为（参见 7.2.1 节）

$$\begin{pmatrix} A^{\mathrm{T}} & B^{\mathrm{T}} \end{pmatrix} \begin{pmatrix} P_L & 0 \\ 0 & P_W \end{pmatrix} \begin{pmatrix} A \\ B \end{pmatrix} X = \begin{pmatrix} A^{\mathrm{T}} & B^{\mathrm{T}} \end{pmatrix} \begin{pmatrix} P_L & 0 \\ 0 & P_W \end{pmatrix} \begin{pmatrix} L \\ W \end{pmatrix}$$

或

$$(A^{\mathrm{T}} P_L A + B^{\mathrm{T}} P_W B) X = (A^{\mathrm{T}} P_L L + B^{\mathrm{T}} P_W W) \tag{7.187}$$

为了方便起见，将因子 k（这里是 $k=1$）引入到式（7.187）得

$$(A^{\mathrm{T}} P_L A + k B^{\mathrm{T}} P_W B) X = (A^{\mathrm{T}} P_L L + k B^{\mathrm{T}} P_W W) \tag{7.188}$$

式（7.188）表明先验信息约束可以加入到原始最小二乘法方程中。换句话说，可采用先验信息来解决非满秩问题并使法矩阵可逆。当然，先验信息约束应该合理且真实，否则求得的解会被糟糕的先验约束所干扰。假定 $k=0$，则式（7.188）变为原始式，其

解为自由解（没有任何先验约束）。

先验约束最小二乘解为

$$X = (A^T P_L A + k B^T P_W B)^{-1}(A^T P_L L + k B^T P_W W) \qquad (7.189)$$

式中，$k = 1$。通常，先验权矩阵可通过协方差矩阵 Q_W 表示为

$$P_W = Q_W^{-1} \qquad (7.190)$$

先验约束只引起在法方程的两端分别加上两个附加项，因此，可直接采用上面讨论的平差和滤波算法对先验约束问题进行求解。

7.8.2 先验基准

假定先验约束式（7.185）中的矩阵 B 为一个单位矩阵，则参数向量 W 只是所有参数向量的一个坐标子向量。这种特例称为先验基准。观测方程和先验约束可以表示为

$$V = L - \begin{pmatrix} A_1 & A_2 \end{pmatrix} \begin{pmatrix} X_1 \\ X_2 \end{pmatrix}, \qquad P_L \qquad (7.191)$$

和

$$U = \bar{X}_2 - X_2, \qquad P_2 \qquad (7.192)$$

式中，$\bar{X}_2$ 为"可观测"参数子向量；P_2 为相对于参数子向量 X_2 的权矩阵，通常为一个对角矩阵；U 为与 V 具有相同特性的一个残差向量。通常，$\bar{X}_2$ 为独立"可观测"的，因此 P_2 为一个对角矩阵。如果 X_2 为测站坐标的一个子向量，则式（7.192）的约束称为基准约束（这也是为什么采用先验基准作为名称的原因）。

式（7.191）和式（7.192）的最小二乘法方程可表示为（与 7.8.1 节讨论的类似）

$$\begin{pmatrix} M_{11} & M_{12} \\ M_{21} & M_{22} \end{pmatrix} \begin{pmatrix} X_1 \\ X_2 \end{pmatrix} = \begin{pmatrix} B_1 \\ B_2 \end{pmatrix} \qquad (7.193)$$

或

$$M_{11} X_1 + M_{12} X_2 = B_1 \qquad (7.194)$$

和

$$M_{21} X_1 + M_{22} X_2 = B_2 \qquad (7.195)$$

式中

$$M_{11} = A_1^T P_L A_1 \qquad (7.196)$$

$$M_{12} = M_{21}^T = A_1^T P_L A_2 \qquad (7.197)$$

$$M_{22} = A_2^T P_L A_2 + P_2 \qquad (7.198)$$

$$B_1 = A_1^T P_L L \qquad (7.199)$$

$$B_2 = A_2^T P_L L + P_2 \bar{X}_2 \qquad (7.200)$$

这里采用的最小二乘原理为

$$V^T P_L V + U^T P_2 U = \min \qquad (7.201)$$

也可通过将式（7.201）相对于 X 求偏导使其等于零并考虑式（7.192）来对式（7.193）进行推导。在实际中，$\overline{X}_2$ 的子向量通常是一个零向量，这可通过形成观测方程式（7.191）时初始化达到。对式（7.191）和式（7.192）的先验基准问题的法方程与式（7.191）的法方程进行比较，唯一的不同就是 M_{22} 加上了一个先验权矩阵 P_2。这表明将 P_2 加入到观测方程式（7.191）的法方程中可以很容易解决先验基准问题。

如果将权矩阵 P_2 的一些对角元素设为零，则相关参数（X_2）为平差问题（没有先验条件）的自由参数（无基准）。另外，带有先验条件的参数称为先验基准。大的权表示强约束，小的权表示弱约束。最强的约束是保持基准不变。

7.8.3 周氏理论：拟稳基准

拟稳基准方法是由 Zhou 等（1997）提出的。其基本思想是网络是动态的，即大多数参数是随时间变化的。然而，少数点是相对稳定的，或者说它们的几何中心是相对稳定的。所有假定和观测方程与 7.8.2 节相同，则

$$V = L - \begin{pmatrix} A_1 & A_2 \end{pmatrix} \begin{pmatrix} X_1 \\ X_2 \end{pmatrix}, \quad P_L \tag{7.202}$$

$$U = \overline{X}_2 - X_2, \quad P_2 \tag{7.203}$$

拟稳基准的最小二乘原理为

$$V^{\mathrm{T}} P_L V = \min \tag{7.204}$$

$$U^{\mathrm{T}} P_2 U = \min \tag{7.205}$$

式（7.204）与原始最小二乘原理相同。由式（7.204）可得法方程为

$$\begin{pmatrix} M_{11} & M_{12} \\ M_{21} & M_{22} \end{pmatrix} \begin{pmatrix} X_1 \\ X_2 \end{pmatrix} = \begin{pmatrix} B_1 \\ B_2 \end{pmatrix} \tag{7.206}$$

式中

$$\begin{cases} M_{11} = A_1^{\mathrm{T}} P_L A_1 \\ M_{12} = M_{21}^{\mathrm{T}} = A_1^{\mathrm{T}} P_L A_2 \\ M_{22} = A_2^{\mathrm{T}} P_L A_2 \\ B_1 = A_1^{\mathrm{T}} P_L L \\ B_2 = A_2^{\mathrm{T}} P_L L \end{cases} \tag{7.207}$$

即使式（7.206）为一个非满秩方程，也可首先求解式（7.206）来获得 X_2 的显式表达式。由 7.5 节的讨论可得与 X_2 相关的法方程为

$$M_2 X_2 = R_2 \tag{7.208}$$

式中

$$M_2 = M_{22} - M_{21} M_{11}^{-1} M_{12}, \quad R_2 = B_2 - M_{21} M_{11}^{-1} B_1^{\mathrm{T}} \tag{7.209}$$

则新的条件可表示为

$$F = U^{\mathrm{T}} P_2 U + 2K^{\mathrm{T}} (M_2 X_2 - R_2)$$

$$\frac{\partial F}{\partial X} = 2U^{\mathrm{T}}P_2 + 2K^{\mathrm{T}}M_2 = 0$$

考虑到 M_2 的对称性，则有

$$U = -P_2^{-1}M_2K \tag{7.210}$$

将式（7.210）代入到式（7.203）可得

$$X_2 = \bar{X}_2 + P_2^{-1}M_2K \tag{7.211}$$

或

$$M_2X_2 = M_2\bar{X}_2 + M_2P_2^{-1}M_2K \tag{7.212}$$

将式（7.208）代入到式（7.212）可得

$$K = (M_2P_2^{-1}M_2)^{-1}(M_2\bar{X}_2 - R_2) \tag{7.213}$$

这样则有

$$X_2 = \bar{X}_2 + P_2^{-1}M_2K \tag{7.214}$$

$$X_1 = M_{11}^{-1}(A_1^{\mathrm{T}}P_LL - M_{12}X_2) \tag{7.215}$$

$$m_0 = \sqrt{\frac{V^{\mathrm{T}}P_LV}{n-r}} \tag{7.216}$$

式中，m_0 为标准差；n 为观测量的个数；r 为矩阵 A_1 和 A_2 两者秩的和。

7.9 总 结

这一章主要陈述了静态和动态 GPS 数据处理现行和必需的大多数算法。

最小二乘平差是最基本的平差方法。首先，建立观测方程并形成法方程，接着对未知量进行求解。最小二乘平差的序贯应用通过将时序法方程进行累加使最小二乘平差的应用更加有效。法方程可进行分块，并对其进行累加。这种方法不但可用来得到最终解，还可得到分块的解。它适合于静态 GPS 数据处理。也推导了可见于不同的已发表文献的等价序贯最小二乘平差。这是一种分块求解方法，因此通常不适用于静态 GPS 数据处理。Xu（作者）和 Morujao（Coimbra University，Portugal）都单独指出采用这种方法得到的解与累加方法得到的解是不相同的。这种不同会随着时间而增加且通常是不可忽视的。因此，采用这种方法，必须对数值处理进行仔细检查，从而避免数值误差的累加。

如果必须考虑某些约束的话，条件最小二乘平差是需要的。从这个原理可推导出通常采用的最小二乘模糊度搜索准则（8.3.4 节）。整周模糊度搜索的一般准则也是基于此理论（8.3.5 节）。在 GPS 数据处理中这种方法的典型应用就是考虑多个运动天线之间的已知距离。由于实际需要，讨论了条件最小二乘平差的序贯应用。对于这个问题，可首先在没有条件的情况下进行求解，然后再对条件进行考虑。像固定在飞机上的多个天线之间的距离这样的约束必须在每个历元进行考虑。

为了将未知量分成两组，对分块最小二乘平差进行了讨论。例如，一组为时间相关参数，如运动坐标，另一组为时间非相关参数，如模糊度。分块最小二乘平差的序贯应用为在处理过程中放弃某些未知量（如过期未知量、过去的坐标）并保存与一般未知量相关的信息提供了可能。这种方法避免了可能由未知量个数的快速增大所引起的问题。存在两种方法使解与非序贯解保持等价。一种方法是在数据处理最后将时间非相关未知量作为已知值，接着对数据重新进行处理。另一种方法是存储所有的序贯法方程直到获得最好的时间非相关未知量的解，接着对坐标进行重新计算。对于码相位组合模型讨论了分块最小二乘平差的特殊应用。当然，这两个观测量的比例和权必须合适。

为了消除一些多余的参数，讨论了等价消去观测方程系统。如果对第二组未知量的法方程（7.5 节）和消去法方程（7.6 节）进行仔细比较就会发现这种方法与分块最小二乘平差是非常相似的。然而，最重要的一点是这里已经对等价消去观测方程进行了推导。并不是对初始问题进行求解，而是可以通过直接求解等价消去观测方程，极大地减少未知量的个数，而观测向量和权矩阵保持不变（即问题仍然是非相关的）。通过采用由最小二乘平差推导的公式，精确估计也将会更加简单。这个等价观测方程首先由 Zhou（1985）进行推导，然后被 Xu（2002）应用于 GPS 理论中。统一的 GPS 数据处理方法都是采用这个原理进行推导的（6.8 节）。基于等价方程的推导，讨论了法方程和观测方程的对角化算法。对角化算法可以用来将一个平差问题分成两个子问题。

本章还讨论了经典卡尔曼滤波，它适合于实时应用。经典卡尔曼滤波的关键问题是由系统方程的不精确描述和其统计特性，以及数据的不均匀质量所引起的发散。而且，它的解对初始值有很强的依赖性。作为卡尔曼滤波的特例，这里简要对序贯最小二乘平差方法进行了描述。

目前已经对经典卡尔曼滤波性能的改善做了很多努力。在经典卡尔曼滤波中，观测量的权矩阵 P 为一个静态值，即 P 被假定为一个确定的定义的矩阵。在考虑卡尔曼滤波残差的情况下，可以对观测量的权 P 进行相应的调整，这个过程称为抗差卡尔曼滤波（Koch and Yang，1998a，b）。也可以用这个原理对观测量误差进行控制（Yang，1999）。这个思想也确实可以用于所有的平差方法。通常一个观测量的权要么是 1（采用），要么是 0（弃用）。在抗差卡尔曼滤波中，引入并定义一个 0~1 连续的权。对改进的权函数进行了讨论，并进行了应用。一般来说，抗差权方法可以改进滤波的收敛过程。

只要对系统进行了定义，卡尔曼滤波也就获得了记忆能力。然而，如果系统产生了不连续的变化（如飞机从静态开始运动），卡尔曼滤波应会忘记一部分更新参数。将这个能力加入到抗差卡尔曼滤波中就称为自适应抗差卡尔曼滤波（Yang et al.，2001a，b），本章对其进行了详细的讨论。

为解决非满秩问题，7.8 节对先验约束的最小二乘平差方法进行了讨论。并对先验参数约束进行了一般性的讨论。这种方法可以使用一般方法组成观测方程，接着加入先验信息使一些参考量保持固定，如参考卫星的钟差及基站的坐标。作为先验参数约束的一个特例，对所谓的先验基准方法进行了讨论。这种方法的优点是先验约束只通过在法方程上添加一项（先验权矩阵），则所有讨论的最小二乘平差和滤波方法可以直接用来解决非满秩问题。通过采用这种方法，介绍了与坐标参数相关的线性条件。也对拟稳基准方法进行了讨论。从运动的地球的观点看，没有测站是固定的。拟稳基准方法考虑了测站的这种动态特性。

第8章　周跳探测与整周模糊度解算

相位测量中存在一个整周模糊度问题。如果信号发生失锁，相位测量必须重新开始。这种现象叫做整周跳变，即由于信号的中断导致整周计数重新开始。周跳产生的结果是相邻的载波相位观测量会跳过周数的整数倍，因此在相关的观测模型中，需要一个新的整周模糊度参数。周跳的精确探测可以确保正确的模糊度参数化。介绍完周跳的探测后，重点讨论整周模糊度的解算问题，包括整周模糊度的搜索准则。以往的模糊度函数方法也要在此进行介绍。

8.1　周跳的探测

回顾一下 6.5 节的讨论，可以总结周跳探测的四种方法。

1. 相位-码比较法

使用式（6.88）的第一个方程：

$$\Delta_t R_j = \lambda_j \Delta_t \Phi_j - \lambda_j \Delta_t N_j + \varepsilon \tag{8.1}$$

工作频率 j 的相位观测量中的周跳可以被探测出来。Δ_t、R_j、Φ_j、N_j、λ_j、ε 和 j 分别为时间差分算子、伪距、相位、模糊度、波长、残差和频率标记。在没有周跳的情况下，模糊度的时间差分为 0，即 $\Delta_t N_j = 0$。由于伪距噪声要比相位大很多，因此这种方法只适用于大周跳的探测。

2. 双频载波相位电离层残差法

使用式（6.80）

$$\lambda_1 \Delta_t \Phi_1(t_j) - \lambda_2 \Delta_t \Phi_2(t_j) = \lambda_1 \Delta_t N_1 - \lambda_2 \Delta_t N_2 - \Delta_t \Delta \delta_{ion}(t_j) + \Delta_t \Delta \varepsilon_p \tag{8.2}$$

频率 1 和 2 的两个相位观测量的周跳可以被探测出来。$\Delta_t \Delta \delta_{ion}(t_j)$ 被称为电离层残差。一般来说，两个相邻时刻的电离层残差很小。因此，电离层残差发生任何大的变化都说明在一个或两个相位上发生了周跳。然而，也会有当两个周跳 ΔN_1 和 ΔN_2 同时发生并导致 $\lambda_1 \Delta_t N_1 - \lambda_2 \Delta_t N_2$ 的值很小的这种特殊情况。这种例子可在文献（Hofmann-Wellenhof et al., 1997）中找到。所以，大的电离层残差可表明周跳的存在，然而，小的电离层残差并不能确保周跳不存在。这种方法的另一个缺点是电离层残差本身并不能确定周跳在哪一个频率产生。

3. 多普勒积分法

使用式（6.87）

$$\Delta_t N_j = \Delta_t \Phi_j - \int_{t_{j-1}}^{t_j} D_j dt + \varepsilon, \qquad j = 1, 2, 5 \tag{8.3}$$

工作频率 j 的相位观测量中的周跳可以被探测出来。D_j 是频率 j 的多普勒观测量。可以回顾第 4 章所讨论的，相位是通过对相位的小数部分进行跟踪并对整数计数进行累加得到的。如果在这个时间有任何的失锁情况发生，则整周累加就会出错，即发生周跳。因此，一个外部的瞬时多普勒积分可以很好地对周跳进行探测。积分时可首先用一个合适阶数的多项式对多普勒数据进行拟合，接着再采用需要的时间间隔进行积分。多项式匹配和数值积分方法见 11.5.2 节和 3.4 节。

4.差分相位（时间）法

可以采用式（6.86）的第一个方程

$$\lambda_j \Delta_t \Phi_j = \Delta_t \rho - \Delta_t (\delta t_r - \delta t_e)c + \lambda_j \Delta_t N_j + \varepsilon_p, \qquad j = 1, 2 \tag{8.4}$$

对周跳进行探测。等号右边除了模糊度这一项，其他项都为很小的变量。任何的周跳都会导致相位时间差值的突然跳变。差分的数据可用多项式进行拟合，多项式可应用于检测历元的内插或外推数据。接着对计算和差分的数据进行比较来确定是否存在周跳。

8.2　周跳修复方法

随着周跳被探测出来，这里有两种方法对其进行修复。一个是对周跳进行修复，另一个是在 GPS 观测方程中设一个新的模糊度未知参数。为了对周跳进行修复，周跳必须精确已知。任何不正确的修复都会影响以后的观测量。周跳发生后设一个新的未知模糊度参数是一个更加保险的方法。这种方法似乎使观测方程有更多的未知数。然而，原先的模糊度参数 $N(1)$ 和新的模糊皮参数 $N(2)$ 之间存在一个条件，即

$$N(1, i, j, k) = N(2, i, j, k) + I(i, j, k) \tag{8.5}$$

式中，I 为一个整周常数；i、j 和 k 分别为接收机、卫星和观测频率。对 $N(1)$ 和 $N(2)$ 任何高质量的解算，整周常数可以很容易地被识别。如果 $I=0$，则表明没有周跳发生。

如果硬件延迟偏差并没有模型化，则偏差可能会破坏原始模糊度参数的整周特性。然而，在这种情况下，双差模糊度仍为整数。

8.3　整周模糊度搜索的一般准则

这一节介绍一种基于条件平差原理的整周模糊度搜索方法。利用坐标和模糊度残差，推导出了一种一般的模糊度搜索准则，搜索可在模糊度域和坐标域内进行；讨论了一般准则的唯一和最优特性；给出了一般准则的数值说明；基于对角化的法方程，推导出了一般准则的一个等价准则，它表明了通常使用的最小二乘模糊度搜索（LSAS）准则只是等价一般准则其中的一个特例，给出了算例来表明等价准则的两个组成部分。

8.3.1 引言

众所周知，在 GPS 精密测量中，整周模糊度的解算是一个需要解决的关键问题。近十年来已提出了许多固定和搜索模糊度的算法。这些算法大体分为四类：第一类为 Remondi 的静态初始化方法（Remondi，1984；Wang et al.，1988；Hofmann-Wellenhof et al.，1997），它需要即使在完全失锁后仍有足够的静态测量时间以求解模糊度。一般情况下，凑整周模糊度后的固定解能得到好的结果。第二类为相位和码距组合方法（Goad and Remondi，1984；Han and Rizos，1997；Sjoeberg，1999），在解算中假定采用的相位和码距等精度，并且在 AS（反电子欺骗）的情况下，采用 C/A 码。在此情况下，搜索过程也是需要的。第三类为模糊度函数法（Remondi，1984；Han and Rizos，1997），其搜索域为几何形域。第四类为逼近法，其搜索域仅限于模糊度域，包括一些如何减小搜索空间和加速搜索过程的最优算法（Euler and Landau，1992；Teunissen，1995；Cannon et al.，1997；Han and Rizos，1997）。由于有效准则的统计特性，仍可能出现在搜索最后没有有效结果。Gehlich 和 Lelgemann（1997）将模糊度从其他参数中分离，与 6.7 节提到的等价方法类似。

基于重力测量对 GPS 动态定位的需求，1994 年年初我们在波茨坦地学研究中心（GFZ）开始开发 KSGsoft（Kinematic/Static GPS software）软件（Xu et al.，1998）。这个软件需要一种最优模糊度解算方法，然而上述几种方法都被证明是不适合的。因此，我们提出了这种整周模糊度搜索方法。经验证明这是一种非常有效的算法。使用这种一般准则，可以搜索并找到一个最优的解算向量。在最小二乘原理和整周模糊度特性的条件下，搜索结果就是一个最优的解。

为便于讨论，本节先对条件平差进行简要介绍；接着论述了在模糊度域以及坐标和模糊度域内的模糊度搜索算法；讨论了一般准则的性质；推导了一般准则的等价准则；最后给出了一些算例并进行了总结。

8.3.2 条件最小二乘平差小结

具有条件方程的最小二乘平差原理如下。

（1）列出线性化观测误差方程为

$$V = L - AX, \quad P \tag{8.6}$$

式中，L 为 m 维观测向量；A 为 $m \times n$ 维系数矩阵；X 为 n 维未知数向量；V 为 m 维残差向量；n 和 m 分别为未知数和观测量的个数；P 为 $m \times m$ 维对称二次权矩阵。

（2）写出相应的条件方程为

$$CX - W = 0 \tag{8.7}$$

式中，C 为 $r \times n$ 维系数短阵；W 为 r 维常数向量；r 为条件方程的个数。

（3）求解带条件方程的观测方程的最小二乘准则为

$$V^{\mathrm{T}} P V = \min \tag{8.8}$$

式中，V^{T} 为向量 V 的转置。

（4）求解式（8.6）和式（8.7）的相关方程，由式（8.8）的最小二乘原理可得

$$X_c = (A^T PA)^{-1}(A^T PL) - (A^T PA)^{-1} C^T K$$
$$= (A^T PA)^{-1}(A^T PL - C^T K) \qquad (8.9)$$

且

$$K = (CQC^T)^{-1}(CQW_1 - W) \qquad (8.10)$$

式中，A^T 和 C^T 分别为 A、C 的转置矩阵；上标 -1 为求逆运算，$Q = (A^T PA)^{-1}$；K 为 r 维增益矩阵；下标 c 用来表示与条件解算相关的变量；$W_1 = A^T PL$。

（5）解的精度为

$$p[i] = s_d \sqrt{Q_c[i][i]} \qquad (8.11)$$

式中，i 为向量或矩阵的元素索引；s_d 为单位权标准差（或 sigma）；$p[i]$ 为精度向量的第 i 个元素；$Q_c[i][i]$ 为正交矩阵 Q_c 的第 i 个对角元素，即

$$Q_c = Q - QC^T Q_2 CQ \qquad (8.12)$$

$$Q_2 = (CQC^T)^{-1} \qquad (8.13)$$

$$s_d = \sqrt{\frac{(V^T PV)_c}{m-n+r}}, \qquad 若 \quad (m > n-r) \qquad (8.14)$$

（6）为方便起见，可利用下式来计算 $(V^T PV)_c$

$$(V^T PV)_c = L^T PL - (A^T PL)^T X_c - W^T K \qquad (8.15)$$

到此为止，已经导出了条件最小二乘平差的完整公式，以下几节将讨论其在整周模糊度算法中的应用。

8.3.3 浮点解

可以用式（8.6）表示 GPS 的观测方程。在不考虑条件（式（8.7））的情况下，即 $C=0, W=0$，式（8.6）的最小二乘解为

$$X_0 = Q(A^T PL) = QW_1 \qquad (8.16)$$

且

$$(V^T PV)_0 = L^T PL - (A^T PL)^T X_0 \qquad (8.17)$$

$$s_d = \sqrt{\frac{(V^T PV)_0}{m-n}}, \qquad 若 \quad (m > n) \qquad (8.18)$$

$$p[i] = s_d \sqrt{Q[i][i]} \qquad (8.19)$$

式中，为方便起见，用标记 0 表示无条件下与最小二乘解算相关的变量，X_0 为完整的未知向量，包括坐标和模糊度，以下称其为浮点解。解 X_0 为基于最小二乘原理的最优解。然而，由于观测量、模型误差及方法的限制，浮动点 X_0 并不是最为正确的值，如模糊度参数为实数，并不符合整数特性。因此，需要搜索一个解，如 X，它不但满足特殊的条件，并且使解的偏差最小。它可以用下式表示：

$$V_x^T PV_x = \min \qquad (8.20)$$

或用对称二次型表示为（详见式（8.35）的导出结果）

$$(X_0 - X)^{\mathrm{T}} Q^{-1}(X_0 - X) = \min \tag{8.21}$$

在式（8.20）中，V_x 为在解为 X 情况下的残差向量。为了简化，令

$$\begin{cases} X = \begin{pmatrix} Y \\ N \end{pmatrix}, & Q = \begin{pmatrix} Q_{11} & Q_{12} \\ Q_{21} & Q_{22} \end{pmatrix}, & W_1 = A^{\mathrm{T}} PL = \begin{pmatrix} W_{11} \\ W_{12} \end{pmatrix} \\[2mm] M = A^{\mathrm{T}} PA = \begin{pmatrix} M_{11} & M_{12} \\ M_{21} & M_{22} \end{pmatrix}, & M = Q^{-1} \end{cases} \tag{8.22}$$

式中，Y 为坐标向量；N 为模糊度向量（通常为实向量）。浮点解可表示为

$$X_0 = \begin{pmatrix} Y_0 \\ N_0 \end{pmatrix} = \begin{pmatrix} Q_{11}W_{11} + Q_{12}W_{12} \\ Q_{21}W_{11} + Q_{22}W_{12} \end{pmatrix}$$

其中，X_0 为无条件式（8.7）的情况下式（8.6）的解。

8.3.4 在模糊度域中整周模糊度搜索

为了将条件平差算法应用于模糊度域中的模糊度搜索，条件可以选为 $N=W$，这里 W 为整数向量。通常，设 $C = (0, E)$，则条件（8.7）变为

$$N = W \tag{8.23}$$

应用 C 和 Q 的定义有：

$$CQ = \begin{pmatrix} Q_{21} & Q_{22} \end{pmatrix}, \quad CQC^{\mathrm{T}} = Q_{22}$$

增益 K_N 可用式（8.10）计算得到：

$$K_N = Q_{22}^{-1}(CQW_1 - W) = Q_{22}^{-1}(N_0 - W) \tag{8.24}$$

故在式（8.23）的条件下，式（8.9）中的条件最小二乘解可表示为

$$X_c = \begin{pmatrix} Y_c \\ N_c \end{pmatrix} = \begin{pmatrix} Q_{11} & Q_{12} \\ Q_{21} & Q_{22} \end{pmatrix} \begin{pmatrix} W_{11} \\ W_{12} - K_N \end{pmatrix} = \begin{pmatrix} Y_0 \\ N_0 \end{pmatrix} - \begin{pmatrix} Q_{12} \\ Q_{22} \end{pmatrix} K_N \tag{8.25}$$

简化式（8.25）得

$$Y_c = Y_0 - Q_{12} K_N \tag{8.26}$$

$$N_c = N_0 - Q_{22} K_N = N_0 - Q_{22} Q_{22}^{-1}(N_0 - W) = W \tag{8.27}$$

附加条件式（8.23）的精密计算公式可推导如下

$$Q_c = Q - QC^{\mathrm{T}} Q_{22}^{-1} CQ = \begin{pmatrix} Q_{11} - Q_{12} Q_{22}^{-1} Q_{21} & 0 \\ 0 & 0 \end{pmatrix} \tag{8.28}$$

$$\begin{aligned}
(V^{\mathrm{T}} PV)_c &= L^{\mathrm{T}} PL - (A^{\mathrm{T}} PL)^{\mathrm{T}} X_c - W^{\mathrm{T}} K_N \\
&= L^{\mathrm{T}} PL - (A^{\mathrm{T}} PL)^{\mathrm{T}} X_0 + (A^{\mathrm{T}} PL)^{\mathrm{T}} \begin{pmatrix} Q_{12} \\ Q_{22} \end{pmatrix} K_N - W^{\mathrm{T}} K_N \\
&= (V^{\mathrm{T}} PV)_0 + \begin{pmatrix} W_1^{\mathrm{T}} & W_2^{\mathrm{T}} \end{pmatrix} \begin{pmatrix} Q_{12} \\ Q_{22} \end{pmatrix} K_N - W^{\mathrm{T}} K_N \\
&= (V^{\mathrm{T}} PV)_0 + (N_0 - W)^{\mathrm{T}} K_N \\
&= (V^{\mathrm{T}} PV)_0 + (N_0 - W)^{\mathrm{T}} Q_{22}^{-1}(N_0 - W)
\end{aligned} \tag{8.29}$$

式中，$(V^{\mathrm{T}} PV)_0$ 为未加条件（8.23）求解得到的值。式（8.29）最后一行右端的第二项，

就是常用的在模糊度域中进行整周模糊度搜索的最小二乘模糊度搜索准则，它可以表示为

$$\delta(\mathrm{d}N) = (N_0 - N)^{\mathrm{T}} Q_{22}^{-1} (N_0 - N) \tag{8.30}$$

它表明任何整周模糊度的固定都会引起标准偏差的增大。然而，可以注意到在这里只考虑了由模糊度参数变化引起的标准方差的增大。而且，式（8.23）的条件实际上并不存在。虽然模糊度为整数，但它们为未知数。由于在条件平差中模糊度条件被认为是准确已知的，故正确求解模糊度向量的公式实际上并不存在。

8.3.5 在坐标和模糊度域中整周模糊度搜索

为了解决固定解引起的标准偏差的增大问题，条件可以选为 $X=W$，此处，W 由两个子向量组成（与坐标和模糊度有关的参数），只有与模糊度有关的子向量为整数。设 $C=E$，则条件式（8.7）为

$$X = W \tag{8.31}$$

有

$$CQ = CQC^{\mathrm{T}} = Q$$

采用符号 $X_0 = QW_1$，此处 X_0 为未加条件式（8.31）的式（8.6）的解。增益 K 可通过式（8.10）求得

$$K = Q^{-1}(CQW_1 - W) = Q^{-1}(X_0 - W) \tag{8.32}$$

于是，在式（8.31）的条件下，式（8.9）的条件最小二乘解可以写为

$$X_{\mathrm{c}} = X_0 - QK = X_0 - QQ^{-1}(X_0 - W) = W \tag{8.33}$$

在式（8.31）的条件下，精度计算方式推导如下：

$$\begin{cases} Q_{\mathrm{c}} = 0 \\ (V^{\mathrm{T}} P V)_{\mathrm{c}} = L^{\mathrm{T}} P L - (A^{\mathrm{T}} P L)^{\mathrm{T}} X_{\mathrm{c}} - W^{\mathrm{T}} K \\ \quad = L^{\mathrm{T}} P L - (A^{\mathrm{T}} P L)^{\mathrm{T}} X_0 + (A^{\mathrm{T}} P L)^{\mathrm{T}} (X_0 - X_c) - W^{\mathrm{T}} K \\ \quad = (V^{\mathrm{T}} P V)_0 + W_1^{\mathrm{T}} Q K - W^{\mathrm{T}} K \\ \quad = (V^{\mathrm{T}} P V)_0 + (X_0 - W)^{\mathrm{T}} K \\ \quad = (V^{\mathrm{T}} P V)_0 + (X_0 - W)^{\mathrm{T}} Q^{-1} (X_0 - W) \end{cases} \tag{8.34}$$

式中，$(V^{\mathrm{T}} P V)_0$ 为未带条件式（8.31）求得的解。

式（8.31）使条件 W 作为观测方程式（8.6）的解，并将零值作为条件解算的精度（即精度是未定义的）。其原因是在条件平差中条件被认为是精确已知的。式（8.34）等号右侧第二项可表示为

$$\delta = (X_0 - X)^{\mathrm{T}} Q^{-1} (X_0 - X) \tag{8.35}$$

式（8.34）中的这一项表明不同于浮点解向量 X_0，任何解向量 X 都将增大加权二乘残差。众所周知，浮点解是基于最小二乘原理的最优解。因此，统计上最优解 X 的值应使式（8.35）的 δ 值最小。数学上讲，式（8.35）表示向量 X 和 X_0 在解空间内之间的距离（n 维）。若 $n=3$ 且 Q^{-1} 为一个对角矩阵，则 δ 就是立方空间内点 X 和 X_0 之间的几何距离。故式（8.35）可以作为表示两向量最近的通用判据。通过使用式（8.35）的准则，

可以在搜索区域内搜索解 X 使 δ 值达到最小。基于这样一个准则，搜索得到的向量 X 与浮动解 X_0 之间的偏差要同时考虑。

进一步分析发现，在条件平差中，式（8.31）是精确已知的。但是，在整数模糊度搜索中，我们只知道模糊度是整数，但是它们的值实际上是未知的，或者说它们在浮点解周围是不确定的。故需要对最优解进行搜索。为计算待搜索的 X 值的精度，需采用最小二乘平差公式，同时还要对增大的残差进行考虑：

$$\begin{cases} p[i] = s_d \sqrt{Q[i][i]} \\ s_d = \sqrt{\dfrac{(V^T P V)_c}{m-n}}, m > n \\ (V^T P V)_c = (V^T P V)_0 + \delta \end{cases} \tag{8.36}$$

换句话说，初始矩阵 Q 和式（8.6）中的最小二乘问题 $(V^T P V)_0$ 也要被采用。δ 为标准偏差的函数。计算式的精度与条件无关。搜索最小的 δ 值，则标准偏差 s_d 最小，精度最高。

式（8.35）称为整周模糊度搜索的一般准则（许氏一般准则），它可以用作在模糊度域或坐标和模糊度两者域中对最优解进行搜索（Xu，2002a）。大多数情况下，从模糊度域中开始搜索。在搜索域中先选择一个整数向量 N，接着运用 Y 和 N 的一致关系（见式（8.26）和式（8.24））来计算相关的坐标向量 Y。搜索的最优解 X 将使式（8.35）的值最小。

当在模糊度域搜索时，X 包含有式（8.27）中选择的子向量 N_c 和式（8.26）中计算的坐标子向量 Y_c，即

$$W = \begin{pmatrix} Y_c \\ N_c \end{pmatrix} \tag{8.37}$$

8.3.6　许氏一般准则的特性

1. 两种搜索算法的等价性

需要强调的是：两种整周模糊度搜索情况采用了相同的搜索准则式（8.35）和相同的精度估计式（8.36）。同时，相同的法方程式（8.6）被用来计算 Y_c，如果有必要的话，使用选择的 N_c。这两种搜索过程处理的是相同的问题，只是采用不同的搜索方法。

假定在模糊度域进行搜索，求得向量 $X = (Y_c \quad N_c)^T$，则 δ 达到最小值，其中 N_c 是选择的整数子向量，Y_c 为计算的量。在坐标和模糊度域进行搜索的情况下，向量 $X = (Y \quad N)^T$ 确定以后，δ 达到最小值，其中 N 是选择的整数子向量，Y 是选择的坐标向量。因为式（8.35）中向量 X 的最优和唯一性（参见下面将要讨论的 2.），选择的 $(Y \quad N)^T$ 必定等于 $(Y_c \quad N_c)^T$。因此证明了两种搜索算法是等价的。

2. 最优和唯一特性

浮动解 X_0 是式（8.6）基于最小二乘的唯一最优解。式（8.35）中的 δ 达到最小时，式（8.36）中的 $(V^T P V)_c$ 即为最小。故类似地采用式（8.35）为准则，在最小二乘原理和整周模糊度特性条件下，搜索得到的向量 X 为式（8.6）的最优解。其唯一特性是很显

然的。如果有 X_1 和 X_2 使 $\delta(X_1)=\delta(X_2)=\min$ 或 $\delta(X_1)-\delta(X_2)=0$，则根据式（8.35）有 X_1 一定等于 X_2。

3. 许氏一般准则的几何扩展

几何上讲，$\delta=(X_0-X)^{\mathrm{T}}Q^{-1}(X_0-X)$ 表示向量 X 与浮点解 X_0 之间的距离。距离使标准偏差 s_d 增大（如式（8.36））。模糊度搜索也就是解向量的搜索，它具有整周模糊度的特性且距离浮点解向量最近。

8.3.7 一个等价的模糊度搜索准则及其特性

假定一个相同的 GPS 观测方程及其相关的最小二乘法方程为

$$V=L-\begin{pmatrix} A_1 & A_2 \end{pmatrix}\begin{pmatrix} X_1 \\ X_2 \end{pmatrix}, \qquad P \tag{8.38}$$

$$\begin{pmatrix} M_{11} & M_{12} \\ M_{21} & M_{22} \end{pmatrix}\begin{pmatrix} X_1 \\ X_2 \end{pmatrix}=\begin{pmatrix} W_1 \\ W_2 \end{pmatrix} \tag{8.39}$$

式中

$$\begin{pmatrix} A_1^{\mathrm{T}}PA_1 & A_1^{\mathrm{T}}PA_2 \\ A_2^{\mathrm{T}}PA_1 & A_2^{\mathrm{T}}PA_2 \end{pmatrix}=\begin{pmatrix} M_{11} & M_{12} \\ M_{21} & M_{22} \end{pmatrix}=M, \qquad M^{-1}=Q=\begin{pmatrix} Q_{11} & Q_{12} \\ Q_{21} & Q_{22} \end{pmatrix} \tag{8.40}$$

$$W_1=A_1^{\mathrm{T}}PL, \qquad W_2=A_2^{\mathrm{T}}PL$$

这里所有的符号与式（7.117）和式（7.118）中的符号意思相同。式（8.39）可以对角化为（参见 7.6.1 节）

$$\begin{pmatrix} M_1 & 0 \\ 0 & M_2 \end{pmatrix}\begin{pmatrix} X_1 \\ X_2 \end{pmatrix}=\begin{pmatrix} B_1 \\ B_2 \end{pmatrix} \tag{8.41}$$

式中

$$Q_{11}=M_1^{-1}, \qquad\qquad Q_{22}=M_2^{-1}$$
$$Q_{12}=-M_{11}^{-1}(M_{12}Q_{22}), \quad Q_{21}=-M_{22}^{-1}(M_{21}Q_{11}) \tag{8.42}$$

对角化法方程式（8.41）对应的等价观测方程可以写为（参见 7.6.1 节）

$$\begin{pmatrix} U_1 \\ U_2 \end{pmatrix}=\begin{pmatrix} L \\ L \end{pmatrix}-\begin{pmatrix} D_1 & 0 \\ 0 & D_2 \end{pmatrix}\begin{pmatrix} X_1 \\ X_2 \end{pmatrix}, \qquad \begin{pmatrix} P & 0 \\ 0 & P \end{pmatrix} \tag{8.43}$$

式中所有的符号与式（7.140）和式（7.142）中的符号意思相同。

假定 GPS 的观测方程为式（8.38），其相对应的最小二乘法方程为式（8.39），其中，$X_2=N$（N 为模糊度子向量），$X_1=Y$（Y 为其他未知子向量），则一般准则为（参见式（8.35））

$$\delta(\mathrm{d}X)=(X_0-X)^{\mathrm{T}}Q^{-1}(X_0-X) \tag{8.44}$$

式中，$X=(Y\ N)^{\mathrm{T}}$，$X_0=(Y_0\ N_0)^{\mathrm{T}}$，$\mathrm{d}X=X_0-X$，标记 0 为浮点解。在模糊度域的搜索过程就是找到解 X 的过程（它包括在搜索域的 N 和要求解的 Y），此时 $\delta(\mathrm{d}X)$ 达到最小值。显然，这个准则具有最优特性。

对于等价观测方程式（8.43），对应的最小二乘法方程为式（8.41）。则对应的等价一般准则为（将式（8.41）的对角线协因数代入式（8.44）并考虑式（8.40）和式（8.42））

$$\delta_1(dX) = (Y_0 - Y)^T Q_{11}^{-1}(Y_0 - Y) + (N_0 - N)^T Q_{22}^{-1}(N_0 - N) = \delta(dY) + \delta(dN) \quad (8.45)$$

式中，标记 1 用来对式（8.45）的准则与式（8.44）的准则进行区分。观测方程（8.38）和方程（8.43）是等价的，对应的法方程（8.39）和方程（8.41）也是等价的。因此，式（8.45）称为许氏一般准则式（8.44）的一个等价准则（或许氏等价准则）。Zhang 等（2016）证明了等价准则与一般准则的一致性。相对于一般准则，等价准则在实际中能更清楚容易地被应用。

而且，Y 和 N 两者之间应该是一致的，因为它们都出现在相同的法方程（8.39）和方程（8.41）中。采用条件 $W=N$ 及式（8.42）的符号表示，由方程（8.26）和方程（8.24）可得出

$$Y_0 - Y = Q_{12}Q_{22}^{-1}(N_0 - N) \quad (8.46)$$

将式（8.46）代入到式（8.45），则有

$$\delta_1(dX) = (N_0 - N)^T [Q_{22}^{-1}(E + Q_{21}Q_{11}^{-1}Q_{12}Q_{22}^{-1})](N_0 - N) \quad (8.47)$$

需要注意的是一般准则式（8.45）中的第二项 $\delta(dN)$ 与式（8.30）中通常采用的最小二乘模糊度搜索（LSAS）准则是完全一样的（Teunissen，1995；Leick，1995；Hofmann-Wellenhof et al.，1997；Euler and Landau，1992；Han and Rizos，1997）。由式（8.47）可以清楚地发现式（8.30）和式（8.45）准则的差别。当采用式（8.30）搜索的结果不同于式（8.45）搜索的结果时，由于式（8.45）的唯一最优特性，采用式（8.30）搜索的结果应该只是次优的。式（8.45）等号右边第一项表示由模糊度固定解引起的坐标改变所导致的残差的增大（参见 8.3.3 节）。式（8.45）等号右边第二项表示由模糊度固定解引起的坐标变化所导致的残差的增大（参见 8.3.4 节）。式（8.45）考虑了这两者的影响。

1. 许氏等价准则的唯一最优特性

浮点解 X_0 是在最小二乘原理条件下式（7.117）的唯一最优。准则式（8.45）与准则式（8.44）是等价的。存在一个 X 使式（8.45）中的 $\delta_1(dX)$ 值最小，则式（8.44）中的 $\delta(dX)$ 的值为最小，因而式（8.36）中的 $(V^T PV)_c$ 到达最小值。故类似地采用式（8.45）准则，在最小二乘原理和整周模糊度特性条件下，搜索的向量 X 为式（8.38）的最优解。其最优特性是很显然的。如果有 X_1 和 X_2 使 $\delta_1(dX_1) = \delta_2(dX_2) = \min$ 或 $\delta_1(dX_1) - \delta_1(dX_2) = 0$，则根据式（8.45）有 X_1 一定等于 X_2。

值得注意的是用式（8.44）和式（8.45）搜索是等价的，然而，使用等价准则更好。

8.3.8 等价准则的数据算例

这里给出几个数据算例来说明两项准则的效果。式（8.45）等号右边第一项和第二项分别用 $\delta(dY)$ 和 $\delta(dN)$ 表示。$\delta_1(dX) = \delta(dY) + \delta(dN)$ 为一般准则的等价准则，采用 $\delta(total)$ 表示。$\delta(dN)$ 项为 LSAS 准则。当然，搜索在模糊度域进行。搜索域由浮点解的精度向量决定。对所有可能的解进行逐个测试，将其对应的 $\delta_1(dX)$ 互相比较并找到最小的值。

第一个算例采用 Brst 站（48.3805°N , 355.5034°E）和 Hers 站（50.8673°N, 0.3363°E）在 1999 年 4 月 15 日的精密轨道和双频 GPS 数据。采集的数据长度为 4h。全部待搜索

的解的个数为 1020。图 8.1 给出了两个 Delta 分量的二维图形，横轴表示搜索个数，纵轴表示 Delta 值。黑线和灰线分别表示$\delta(dY)$ 和 $\delta(dN)$。搜索到 237 个时$\delta(dY)$达到最小值，搜索到 769 个时$\delta(dN)$达到最小值。图 8.2 给出了$\delta(total)$。可以看出，当搜索到第 493 个时，一般准则达到最小值。为了更加详细，表 8.1 列出了一部分值。

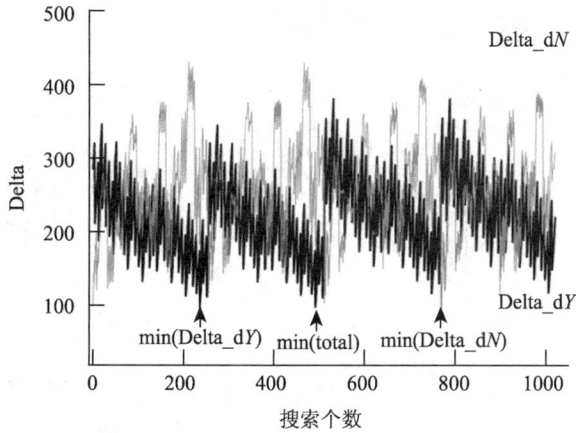

图 8.1　等价模糊度搜索准则的两个分量

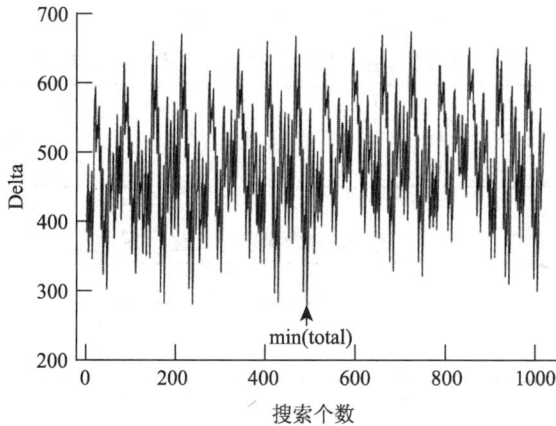

图 8.2　等价模糊度搜索准则

表 8.1　搜索过程中的 Delta 值

搜索序列	$\delta(dN)$	$\delta(dY)$	$\delta(total)$
237	183.0937	97.8046	280.8984
493	181.7359	97.9494	279.6853
769	93.3593	315.2760	408.6353
771	96.0678	343.5736	439.6414

当搜索到第 771 个时，$\delta(dN)$达到次最小值。这个例子表明$\delta(dN)$的最小值并不会使总的 Delta 达到最小值，因为其对应的$\delta(dY)$为最大。如果在这个例子中采用 Delta 比率准则，则 LSAS 方法将会拒绝找到的最小值，说明并不能求得模糊度固定解。然而，由于一般准则的唯一性原理，搜索的值唯一地达到总的最小值。

第二个例子与第一个例子很相似。图 8.3 给出了搜索过程的 Delta 值，其中，$\delta(\mathrm{d}Y)$ 远小于 $\delta(\mathrm{d}N)$ 的值。当搜索到第 5 个时，$\delta(\mathrm{d}N)$ 达到最小值，当搜索到第 171 个时，$\delta(\mathrm{d}Y)$ 达到最小值。δ (total) 在搜索到第 129 个时达到最小值。表 8.2 列出了确定的全部 11 个模糊度参数。两个模糊度固定解只有在第 6 个模糊度参数中有一整周的差别。表 8.3 给出了模糊度固定之后相对应的坐标解。在 x 轴和 z 轴的坐标差大概为 5 mm。虽然最终的结果差别不大，但两种准则给出了不同的解。

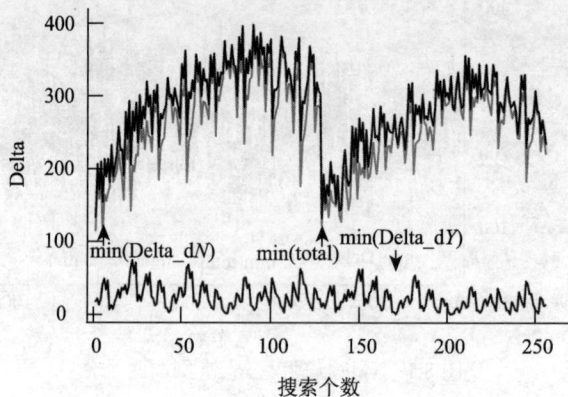

图 8.3　等价模糊度搜索准则算例

表 8.2　采用两种准则求得的模糊度固定解

模糊度序列	1	2	3	4	5	6	7	8	9	10	11
LSAS 固定	0	0	1	0	0	0	−1	0	0	−1	−1
一般固定	0	0	1	0	0	−1	−1	0	0	−1	−1

表 8.3　模糊度固定坐标解

坐标值	x	y	z
LSAS 固定	0.2140	−0.0449	0.1078
一般固定	0.2213	−0.0465	0.1127

第三个例子采用 1997 年 10 月 3 日在 Faim（38.5295°N, 331.3711°E）站和 Flor（39.4493°N, 328.8715°E）站采集的实时 GPS 数据。表 8.4 给出了搜索过程中的 Delta

表 8.4　模糊度搜索过程中的 Delta 值

搜索序列	$\delta(\mathrm{d}N)$	$\delta(\mathrm{d}Y)$	$\delta(\mathrm{total})$
1	248.5681	129.0555	377.6236
2	702.6925	58.9271	761.6195
3	889.5496	107.9330	997.4825
4	452.1952	42.3226	494.5178
5	186.7937	112.3030	299.0967
6	739.0487	55.9744	795.0231
7	931.4125	89.9074	1021.3199
8	592.1887	38.0969	630.2856

值。当搜索到第 5 个时，$\delta(dN)$ 和 $\delta(total)$ 都达到了最小值。这表明 LSAS 准则和等价准则有时也能给出相同的结果。

8.3.9 总结与评论

1. 总结

这一节论述了整周模糊度搜索的一般准则及其等价准则。在最小二乘原理和整周模糊度条件下，采用这两种准则搜索的解是唯一最优解。一般准则有一个很明确的几何解释。等价准则与通常采用的最小二乘模糊度搜索（LSAS）准则两者之间的理论关系是很显然的。它表明 LSAS 准则只是一般准则的等价准则其中的一项（这里并不考虑由模糊度固定解引起的坐标变化而导致的残差增大的影响）。几个算例表明一个最小的 $\delta(dN)$ 值可能对应一个大的 $\delta(dY)$ 值，因此，一个最小的 $\delta(dN)$ 值并不能保证 $\delta(total)$ 值最小。对于一个最优的搜索，应采用等价准则或一般准则。

2. 评论

浮点解是在最小二乘原理条件下 GPS 问题的最优解。采用等价一般准则搜索得到的解是基于最小二乘原理和整周模糊度条件下的最优解。然而，模糊度搜索准则只是一个统计的准则。统计情况下的正确并不能保证在所有应用中都正确。模糊度固定解只有在 GPS 观测量足够好且数据处理模型足够精确的情况下才是有意义的。

8.4 基于一般准则的模糊度搜索方法

8.3 节提出了整周模糊度搜索的一般准则及其等价准则。此外，Xu 等（2010）也对模糊度搜索的最优准则进行了讨论。本节主要介绍一种由 Marujao 和 Mendes（2008）提出的一种称为基于一般准则的级联模糊度固定（GECCAR）方法，该方法使用模糊度搜索的一般准则来选择整数模糊度。

GECCAR 旨在即时固定 GPS 和 Galileo 的模糊度，它利用：①级联程序；②一个先验变换来对模糊度去相关；③搜索算法，根据之前选择的模糊度值来对每个模糊度进行约束；④基于一般模糊度搜索准则或等价一般准则对整数模糊度进行选择。

Forsell 等（1997）介绍了三频系统的级联过程。他们为 Galileo 载波相位模糊度固定开发了三频载波模糊度固定（TCAR）方法，且 Jung（1999）提出了针对现代化的 GPS 的级联整数固定（CIR）方法。虽然针对不同的系统，但两种方法都是基于宽巷思想，利用载波相位从最长波长到最短波长精度逐步提高的优点。这两种方法都是与几何无关的，使用化整的即时整数模糊度固定方法。基于这一原理又开发了其他方法，如集成三频载波模糊度固定（ITCAR）（Vollath et al.，1998）和基于几何的级联模糊度固定方法（Zhang et al.，2003）。

在实现的算法中使用的线性组合是基于现代化的 GPS（L1，L2，L5）和 Galileo（E1，E5a，E5b）系统而设立的频率集合。

完整的 GECCAR 程序包括三个步骤：①利用可得的最精确的伪距和 EWL 相位组合观测量来估计 EWL（超宽巷）模糊度；②在基于①获得的结果为基础的范围内，利用最精确的伪距和 WL（wide lane）或 ML（medium lane）相位组合观测量来估计 WL 或 ML 模糊度；③估计 L1/E1 模糊度——所使用的观测量为 L1/E1、L2/E5b 和 L5/E5a 载波相位，这时未知模糊度仅为 L1/E1 模糊度，因为 L2/E5b 和 L5/E5a 模糊度可以写成 L1/E1、ML、WL 和 EWL 模糊度的函数，并且 ML、WL 和 EWL 模糊度已分别在①和②中进行估计。

在每个步骤中，我们遵循 Teunissen（1993）提出的去相关过程。在估计模糊度的整数前，将浮点模糊度 $\hat{a}$ 转换为等价但相关性降低的模糊度集合 $\hat{z}$，并利用 Z 变换将相应的方差协方差矩阵 $Q_{\hat{a}}$ 转换为方差协方差矩阵 $Q_{\hat{z}}$：

$$\hat{z} = Z^{\mathrm{T}}\hat{a}, \quad Q_{\hat{z}} = Z^{\mathrm{T}}Q_{\hat{a}}Z \tag{8.48}$$

由于要保持模糊度的整数性质，因此该 Z 矩阵需要满足一定的条件。Z 矩阵中的所有元素都应该是整数，Z 矩阵的逆应该存在且其所有元素也应该是整数（Teunissen，1994）。Z 变换应旨在可以对模糊度最大程度地去相关，使搜索算法更加有效。

去相关后，在搜索空间区域上进行搜索来估计模糊度参数向量的正确值。这一步要通过用之前选择的模糊度的值来约束每个模糊度候选值来实现。为了利用等价的一般准则选出正确的模糊度集合 $\breve{a}$，对于每个候选值 a，应该做到：①计算 $\mathrm{d}a$；②计算 b 和 $\mathrm{d}b$；③计算 $\mathrm{d}a + \mathrm{d}b$；④选择 $\breve{a}$ 使 $\mathrm{d}a + \mathrm{d}b$ 最小，其中，$\mathrm{d}a$ 表示由模糊度固定引起的模糊度变化所导致的残差的扩大，$\mathrm{d}b$ 表示由模糊度固定引起的坐标变化所导致的残差的扩大。

为了验证算法的有效性，分别采用实测 GPS 数据和现代化的单 GPS 系统、单 Galileo 系统和两个系统的模拟数据。计算细节可以参见 Marujao 和 Mendes（2008）。结果表明，一般模糊度搜索准则在选择正确的模糊度方面表现出明显的改善。可以得出结论，GECCAR 方法是一种用于即时模糊度固定的很有前景的算法。模拟计算表明，当同时使用来自两个系统的三个频率时，单历元模糊度固定率可达 99%。

8.5 模糊度函数

众所周知，在 GPS 精密定位中，模糊度解算是需要解决的一个关键问题。过去已经提出了许多模糊度固定和搜索算法。其中一个算法就是模糊度函数（AF）法，它可以在许多正规出版物中找到（Remondi，1984；Wang et al.，1988；Han and Rizos，1995；Hofmann-Wellenhof et al.，1997）。

模糊度函数方法的原理是采用单差相位观测量：

$$\Phi_j(t_k) = \frac{1}{\lambda}\rho_j(t_k) + N_j - \gamma(t_k) \tag{8.49}$$

组成一个复指数函数：

$$\mathrm{e}^{\mathrm{i}2\pi[\Phi_j(t_k) - \rho_j(t_k)/\lambda]} = \mathrm{e}^{\mathrm{i}2\pi[N_j - \gamma(t_k)]} \tag{8.50}$$

$$\mathrm{e}^{\mathrm{i}2\pi[\Phi_j(t_k) - \rho_j(t_k)/\lambda]} = \mathrm{e}^{-\mathrm{i}2\pi\gamma(t_k)} \tag{8.51}$$

式中，Φ 为相位观测量；ρ 为信号传播路径的几何距离；λ 为波长；标记 j 为观测的卫星；

t_k 为第 k 个观测时刻；N 为模糊度；γ 为接收机钟差模型；i 为虚数单位。式（8.49）中的所有项都以整周为单位，且为单差项。为得到式（8.51），采用特性

$$e^{i2\pi N_j} = 1$$

将所有卫星相加并做求模运算，可得到

$$\left| \sum_{j=1}^{n_j} e^{i2\pi[\varPhi_j(t_k) - \rho_j(t_k)/\lambda]} \right| = n_j(k) \qquad (8.52)$$

式中，特性

$$\left| e^{-i2\pi\gamma(t_k)} \right| = 1$$

被采用，n_j 为卫星的个数；$n_j(k)$ 为在是历元观测的卫星的个数。

对式（8.52）的所有观测历元进行相加可得

$$\sum_{k=1}^{n_k} \left| \sum_{j=1}^{n_j} e^{i2\pi[\varPhi_j(t_k) - \rho_j(t_k)/\lambda]} \right| = \sum_{k=1}^{n_k} n_j(k) \qquad (8.53)$$

式中，n_k 为所有历元个数。式（8.53）的左边称为模糊度函数，式中的未知数为远程站的坐标值。必须对模糊度函数进行求解来计算待求的坐标值，当函数达到最大值时可求得一个最优解，即

$$\sum_{k=1}^{n_k} \left| \sum_{j=1}^{n_j} e^{i2\pi[\varPhi_j(t_k) - \rho_j(t_k)/\lambda]} \right| \Rightarrow \text{maximum} \qquad (8.54)$$

搜索区域由初始坐标的标准差（σ）决定（如边长为 3σ 的一个立方体或半径为 3σ 的一个球）。模糊度函数法是一个真正的模糊度无关算法。可采用式（8.54）的最优坐标解来对模糊度进行求解。

下一小节将对模糊度函数法作进一步论述。

8.5.1 许氏猜测：模糊度函数的最大特性

8.5 节叙述了模糊度函数法。这里给出了一个关于模糊度最大特性的一个算例。模糊度函数的最大值似乎往往出现在任意给定的搜索区域的边界，给出的算例将对该结论进行说明。但现在并没有找到理论上的证明，包括作者也没有找到。

1. 算例

这里给出几个算例对模糊度函数准则进行说明。将采用 EU AGMASCO 项目（Xu et al.，1997a）中的 GPS 数据和 IGS 网络中的数据解算得到的精确坐标值作为参考值。将 Faim（38.5295°N, 331.3711°E）站作为基准站，Flor（39.4493°N, 328.8715°E）站作为移动站。基线长度约为 240 km，数据长度大概为 4h，时间为 1997 年 10 月 3 日。采用 KSGsoft（Xu et al.，1998）软件对 Flor 移动站的静态坐标进行解算。在地球直角坐标系下，KSGsoft 解和 IGS 解的差值为（0.26,1.93,1.37）cm。KSGsoft 解相对应的标准差为（0.04,0.04,0.02）cm。偏差一部分是由不同的数据长度引起的。这确保所用软件正确无误。

采用 1 mm 作为搜索步长。对流层误差和电离层误差已被修正。第一个例子采用 3h 长的数据。搜索区域为在(x, y, z)上的一个边长为±（0.7,0.7,0.4）cm 的三维立方体。结果表明模糊度函数最大值在点（−0.7,0.7,0.4）cm 上，该点就在搜索区域的边界上。

图 8.4 给出了二维搜索过程图（搜索区域为±7mm，数据长 1h），其中，第一个轴为搜索个数，第二个轴为模糊度函数值。这幅图看起来像一个立体搜索区域的三维模糊度函数投影（图形与其他例子完全不一样）。图 8.4 清楚表明了模糊度函数准则的边界最大值的猜测。扩展搜索区域（即扩展边界），则在新的边界达到最大值（新的立方体表面）。

另外，也可能在一个扩展半径的球体表面上进行搜索。图 8.5 给出了这种例子的结果，其中只给出了半径分别为 1, 2, ⋯, 10 mm 的情况。随着半径的扩展，模糊度函数最大值增大，总是出现在最大值半径的球体表面上。

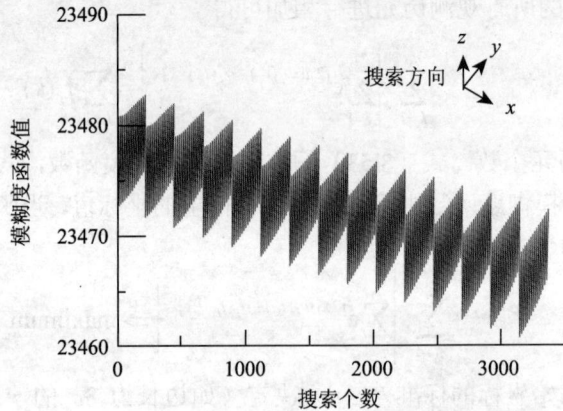

图 8.4　采用模糊度函数的三维坐标搜索

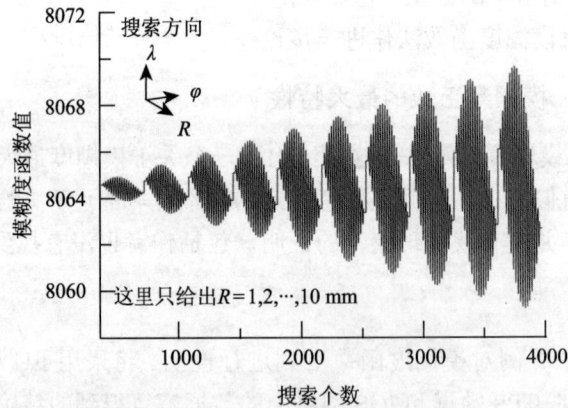

图 8.5　采用模糊度函数的球坐标搜索

2. 理论表述

模糊度函数式（8.54）可写为

$$\sum_{k=1}^{n_k} G(t_k) \Rightarrow \max \tag{8.55}$$

$$G(t_k) = |S_k|, \qquad S_k = \sum_{j=1}^{n_j} e^{i2\pi \cdot v_j(t_k)} \tag{8.56}$$

$$v_j(t_k) = \Phi_j(t_k) - \rho_j(t_k) / \lambda, \qquad Y \in \Omega \tag{8.57}$$

$$e^{i2\pi \cdot v_j(t_k)} = \cos(2\pi v_j(t_k)) + i \sin(2\pi v_j(t_k)) \tag{8.58}$$

式中，Y 为坐标向量；Ω 为将要搜索的坐标区域，是一个闭合区域（即它含有边界Γ）；$v_j(t_k)$ 为 GPS 观测方程的残差（Y 的一个连续函数）；S_k 为 Y 的复变函数；$G(t_k)$ 为 S_k 的模。

如果 GPS 数据的采样间隔足够接近且数值积分误差可忽略不计（Xu，1992），则有

$$\frac{1}{n_k}\sum_{k=1}^{n_k} G(t_k) = \frac{1}{T}\int_{t_1}^{t_e} G(t) \cdot dt \tag{8.59}$$

式中，$T = t_e - t_1$，$t_e = t(n_k)$，t_1 和 t_e 分别为观测量的开始和结束时刻。根据积分的中值定理（Bronstein and Semendjajew，1987；Wang et al.，1979）（这个理论可以在所有与积分相关的书上找到），则存在一个时间点ξ $(t_1 < \xi < t_e)$使

$$\frac{1}{T}\int_{t_1}^{t_e} G(t) \cdot dt = G(\xi) \tag{8.60}$$

即模糊度函数可由一个唯一的在时刻ξ 的 $G(t)$表示（这里省略了常数因子）。式（8.55）的结果为

$$G(\xi) \Rightarrow \max \tag{8.61}$$

由模糊度函数的定义可知，$G(\xi)$为复变函数的模。

在复变函数分析理论里有一个所谓的最大值定理（Bronstein and Semendjajew，1987；Wang et al.，1979），即：

模最大值定理 如果复变函数 $f(z)$ 在有限区域 Z 内是解析函数，且在闭区域 Z 内是连续的，那么模 $|f(z)|$在 Z 的边界Γ上达到最大值。

然而，这个定理并不能直接应用于式（8.61），因为它只适用于在一个复平面内定义的复解析函数。在这个复平面内，函数 $G(\xi)$为一个复杂的三维复变函数。

感兴趣的读者可深入地对其进行考虑，并找到它的理论证明。

8.6　PPP 模糊度固定

在传统的精密单点定位（PPP）中，由于未校准相位延迟的小数部分（FCBs）的存在，非差模糊度不再是一个整数（Collins，2008；Ge et al.，2008；Mercier and Laurichesse，2008）。与 PPP 模糊度固定相关的研究过去十来年在世界范围内成为研究重点，因其能显著提高定位质量，尤其是在东方向（Blewitt，1989；Dong and Bock，1989；Geng et al.，2010）。本节将简要介绍这些研究成果。PPP 模糊度固定的基本思路都是利用区域的参考站网络计算一个能够恢复非差模糊度整数特性的信息，流动站用户利用这个改正信息实现 PPP 模糊度固定。从区域的参考站网络获得的改正信息可以是 FCBs 产品，宽巷和窄巷模糊度，或者双差模糊度。

1. 基于星间单差方法的模糊度固定

Ge 等（2008）提出了一种基于星间单差方法的 PPP 模糊度固定方法。这种方法将非差模糊度分解为宽巷和窄巷模糊度，利用星间差分来消除接收机端的 FCBs。基于参考站网络，宽巷 FCBs 可以通过对 Melbourne-Wübbena 组合观测值（Melbourne，1985；Wübbena，1985）计算的所有相关的宽巷模糊度的小数部分取平均值来确定。类似地，窄巷 FCBs 可以通过对利用无电离层组合模糊度和宽巷模糊度得到的窄巷模糊度的小数部分取平均值得到。对于单个流动站来说，宽巷和窄巷 FCBs 被当作先验约束来恢复 PPP 模糊度的整数特性。这个约束可以表示为

$$N_{3,m}^{i,j} = \frac{f_1 f_2}{f_1^2 - f_2^2} n_{w,m}^{i,j} + \frac{f_1}{f_1 + f_2}\left(n_{1,m}^{i,j} + \Delta\phi_{1,m}^{i,j}\right) \tag{8.62}$$

式中，上标 (i,j) 为卫星 i 和 j 之间的单差；f_1 和 f_2 为载波相位频率；$N_{3,m}^{i,j}$ 为流动站 m 上的无电离层组合模糊度；$n_{w,m}^{i,j}$ 和 $n_{1,m}^{i,j}$ 分别是宽巷和窄巷模糊度；$\Delta\phi_{1,m}^{i,j}$ 为窄巷 FCBs，可以通过区域参考站网络解算确定。

2. 基于整数钟估计的模糊度固定

Laurichesse 等（2009）提出了整数钟估计方法。这种方法采用与星间单差一样的分解方法，但直接将非差模糊度固定为整数。因此，需要对特定接收机的 FCBs 设定一个任意值来获得卫星端的 FCBs。宽巷 FCB 的确定与星间单差方法一样。然而，窄巷 FCBs 不单独进行确定，而是直接并入卫星钟差估计中。基于参考站网络，在估计钟差前可以将窄巷模糊度固定为整数值。如此，可以得到被称为整数钟的包含有窄巷 FCBs 的钟差。对于流动站来说，整数钟保证了窄巷模糊度的整周特性。因此，可以通过宽巷 FCBs 和整数钟实现 PPP 模糊度固定。

3. 基于双差整周模糊度方法的模糊度固定

Bertiger 等（2010）提出了双差整数模糊度方法。这种方法直接计算包含有 FCBs 的实数模糊度。对于参考站网络，实数宽巷模糊度可以直接从 Melbourne-Wübbena 组合观测值获得，并利用传统的 PPP 算法估计无电离层组合实数模糊度。流动站采用相同的方法估计非差宽巷和非差无电离层组合实数模糊度。通过双差可以同时消除接收机端和卫星端的 FCBs，由此可以组成参考站与流动站之间的双差整数宽巷模糊度并进行固定。因此，参考站与流动站之间的双差无电离层模糊度可以被固定并作为一种双差约束用于 PPP 模糊度固定。

与实数解相比，通过固定整周模糊度可以显著提高 PPP 精度。同时，也可减少 PPP 的收敛时间，提高其实用性。

第 9 章　GPS 数据处理的参数化和算法

本书第 1 版的 12.1 节概要介绍了 GPS 观测模型偏差参数的参数化问题。这些问题大部分已经得到解决（Xu，2004；Xu et al.，2006b），本章将详细描述该理论。本章还将描述 GPS 数据处理算法的等价特性，概述标准算法。

9.1　GPS 观测模型的参数化

常用的 GPS 数据处理模型包括所谓的非组合和组合、非差分和差分算法（Hofmann-Wellenhof et al.，2001；　Leick，2004；Remondi，1984；Seeber，1993；Strang and Borre 1997；Blewitt，1998）。通过对原始（非组合和非差）方程进行线性转换，可以得到组合和差分方法的观测方程。只要是根据方差协方差传播规律进行了相似的权矩阵转换，则各方法在理论上等价。组合和差分算法的等价性分别在 6.7 节和 6.8 节进行了讨论。组合方法之间严格等价，而差分算法的等价性则稍有不同（Xu，2004，9.2 节）。在以往讨论中，只是隐含涉及了这些参数，因此等价方法的参数问题尚未得到详细讨论。当时，这个主题还被认为是 GPS 的一个遗留理论问题（Xu，2003；Wells et al.，1987）。接下来本章将对其进行深入探讨。

本节首先给出非差 GPS 观测模型参数化问题的三个证明；接着进行理论分析和数值推导，以展示如何独立参数化各非差 GPS 观测模型的偏差影响。讨论了相位-码组合情况下的一个几何无关例子，进行了相关分析。最后，给出了结论和说明。

9.1.1　非差观测模型参数化问题的证明

1. 非差和差分算法证明

设非差 GPS 观测方程及相应的 LS 法方程为

$$V = L - \begin{pmatrix} A_1 & A_2 \end{pmatrix} \begin{pmatrix} X_1 \\ X_2 \end{pmatrix}, \quad P \tag{9.1}$$

$$\begin{pmatrix} M_{11} & M_{12} \\ M_{21} & M_{22} \end{pmatrix} \begin{pmatrix} X_1 \\ X_2 \end{pmatrix} = \begin{pmatrix} W_1 \\ W_2 \end{pmatrix} \tag{9.2}$$

式中各符号意义与式（7.117）和式（7.118）相同。式（9.2）也可列为对角线形式（见7.6.1 节）：

$$\begin{pmatrix} M_1 & 0 \\ 0 & M_2 \end{pmatrix} \begin{pmatrix} X_1 \\ X_2 \end{pmatrix} = \begin{pmatrix} B_1 \\ B_2 \end{pmatrix} \tag{9.3}$$

与对角化法方程（9.3）对应的等价观测方程为

$$\begin{pmatrix} U_1 \\ U_2 \end{pmatrix} = \begin{pmatrix} L \\ L \end{pmatrix} - \begin{pmatrix} D_1 & 0 \\ 0 & D_2 \end{pmatrix} \begin{pmatrix} X_1 \\ X_2 \end{pmatrix}, \qquad \begin{pmatrix} P & 0 \\ 0 & P \end{pmatrix} \qquad (9.4)$$

其中，各符号意义同式（7.142）和式（7.140）。如果 X_1 是包含所有钟差的向量，则式（9.3）的第二个方程就是等价的双差 GPS 法方程。众所周知，双差算法中 X_2 中的模糊度子向量必须是双差模糊度，否则该问题通常会奇异。注意这里的 X_2 与原始非差观测方程（9.1）中的 X_2 一致。因此，X_2（方程（9.1））中的模糊度子向量必须是一组双差模糊度（或者是一组等价的模糊度）。这是采用非差模糊度的非差 GPS 观测模型奇异性的第一个证明（或暗示）。

2. 非组合和组合算法的证明

设一颗可视卫星的初始 GPS 观测方程为（见式（6.134））

$$\begin{pmatrix} R_1 \\ R_2 \\ \lambda_1 \Phi_1 \\ \lambda_2 \Phi_2 \end{pmatrix} = \begin{pmatrix} 0 & 0 & f_s^2/f_1^2 & 1 \\ 0 & 0 & f_s^2/f_2^2 & 1 \\ 1 & 0 & -f_s^2/f_1^2 & 1 \\ 0 & 1 & -f_s^2/f_2^2 & 1 \end{pmatrix} \begin{pmatrix} \lambda_1 N_1 \\ \lambda_2 N_2 \\ B_1 \\ C_\rho \end{pmatrix}, \qquad P \qquad (9.5)$$

则非组合或组合算法有同样的解如下（见式（6.138））

$$\begin{pmatrix} \lambda_1 N_1 \\ \lambda_2 N_2 \\ B_1 \\ C_\rho \end{pmatrix} = \begin{pmatrix} 1-2a & -2b & 1 & 0 \\ -2a & 2a-1 & 0 & 1 \\ 1/q & -1/q & 0 & 0 \\ a & b & 0 & 0 \end{pmatrix} \begin{pmatrix} R_1 \\ R_2 \\ \lambda_1 \Phi_1 \\ \lambda_2 \Phi_2 \end{pmatrix} \qquad (9.6)$$

其中各符号意义同式（6.134）和式（6.138）。注意式（9.6）中电离层 B_1 和几何 C_ρ 是码伪距（R_1 和 R_2）的函数，且独立于式（9.6）中的相位观测量（Φ_1 和 Φ_2）。换句话说，载波相位观测量对于电离层和几何距离没有任何影响。当然这是不可能的，导致这种不合逻辑的结论的原因在于式（9.5）观测模型中模糊度的参数化。考虑到前面讨论的第一个证明，如果事先约定每个测站的可视卫星组中必须选择一颗参考卫星，且相应的模糊度被合并于钟差参数，则载波相位参数就会对电离层和几何距离造成影响。再次注意参数化问题是一个非常重要的主题，有必要深入讨论。不合适的观测模型参数化会通过模型的推导导致错误的结论。

3. 实践中的证明

如果没有先验信息，则采用非差算法直接实施 GPS 数据处理将导致无解（即法方程奇异，见（Xu，2004））。为此需要准确地描述参数化问题，接下来将对此进行讨论。

9.1.2 一种非相关偏差参数化方法

这里，我们限定只讨论偏差参数（或者说是常值影响，如钟差和模糊度）的参数化问题。

回顾在 6.8 节中关于非差和差分算法等价性的讨论。该等价性在满足以下三个条件时有效：方程（9.1）中的采用观测向量 L 相同；X_2 的参数化相同；且 X_1 可以被消去（见

6.8 节）。

第一个条件对于精确等价是必需条件，因为通过构建差分将消除非成对数据。

第二个条件表明非差分和差分模型的参数化应该相同。解释如下：如果差分构建过程为满秩线性变换，则非差和差分方程的秩应该相同。即只有当考虑进差分方程因素，则非差模型的秩应该等于差分模型的秩加上被消除的独立参数个数。

众所周知，钟差参数中的任何一个与其他的线性相关。在双差等价性证明中可以看出这一点，基线两端的两台接收机的钟差无法彼此分开，只能转换为单一参数后消除（Xu，2002，6.8 节）。这表明：如果在非差模型中所有钟差参数均被建模，则问题必然奇异（即秩亏）。实际上 Wells 等（1987）注意到：如果在偏差参数化过程中增加观测量以避免秩亏，则等价就有效。即钟差必须被特意固定。由于卫星和接收机钟的品质不同，一种好的选择是固定一颗卫星钟差（该钟被称为参考钟）。而在实际中由于钟差未知，难以固定为合适的值，除非固定为 0。这种情况下，其他偏差参数的意义就发生了变化，将表示彼此之间的相对误差。

第三个条件用于确保将被消除的参数向量 X_1 的满秩参数化。

如果 X_1 和 X_2 未过度参数化，则非差方程（9.1）可解。单差情况下，X_1 包括卫星钟差且可被消除。为保证非差模型方程（9.1）不奇异，方程中的 X_2 必须避免过度参数化。在双差情况下，X_1 中包括了除参考钟外的所有钟差。这里我们注意到：式（9.1）的第二个观测方程与双差观测方程等价，而式（9.2）的第二个方程就是对应的法方程。在传统的双差观测方程中，模糊度参数表示为双差模糊度。回顾等价性，X_2 中的非线性相关的模糊度参数个数（或是秩）必须与双差模糊度个数相等。在三差情况下，X_1 中包括所有钟差和模糊度。X_1 应可以被消除的事实，再次引出以下结论：模糊度应该是线性独立的。

这两个等价线性方程应该秩相等。因此，如果对所有钟差（参考钟除外）建模，则独立的非差模糊度参数个数应该等于双差模糊度个数。根据双差模糊度定义，对于一条基线有

$$
\begin{cases}
N_{i1,i2}^{k1,k2} = N_{i2}^{k2} - N_{i1}^{k2} - N_{i2}^{k1} + N_{i1}^{k1} \\
N_{i1,i2}^{k1,k3} = N_{i2}^{k3} - N_{i1}^{k3} - N_{i2}^{k1} + N_{i1}^{k1} \\
N_{i1,i2}^{k1,k4} = N_{i2}^{k4} - N_{i1}^{k4} - N_{i2}^{k1} + N_{i1}^{k1} \\
\quad\quad\quad\quad\vdots \\
N_{i1,i2}^{k1,kn} = N_{i2}^{kn} - N_{i1}^{kn} - N_{i2}^{k1} + N_{i1}^{k1}
\end{cases}
\tag{9.7}
$$

式中，$i1$ 和 $i2$ 为测站标记；kj 为第 j 颗卫星；n 为观测卫星数目（是基线的函数）；N 为模糊度。于是，式中有 $n-1$ 个双差模糊度和 $2n$ 个非差模糊度。考虑到基线之间的关联性，则对于任何一根新增基线，就会增加 $n-1$ 个双差模糊度和 n 个新的非差模糊度。如果定义 $i1$ 为整个网络的参考站，$k1$ 为站 $i2$ 的参考卫星，则参考站的非差模糊度不能与其他模糊度分离（即它们之间线性相关）。站 $i2$ 的参考卫星的非差模糊度也不能与其他卫星的非差模糊度分离（彼此线性相关）。也就是说，参考站和非参考站的参考星的模糊度都无法单独确定。每一个都无法单独建模和固定。直接对所有非差模糊度建模将造成秩亏，导致问题奇异而无解。

于是，根据 GPS 数据处理中等价方程的等价特性，我们得出以下结论：参考站和参考星的模糊度与其他模糊度和钟差参数线性相关。然而，参数化的一般方法应该与参考测站或参考卫星的选择无关。这里，我们采用一个由两根基线构成的网进行深入分析。初始观测方程如下

$$
\left\{
\begin{aligned}
L_{i1}^{k1} &= \cdots \delta_{i1} + \delta_{k1} + N_{i1}^{k1} + \cdots \\
L_{i1}^{k2} &= \cdots \delta_{i1} + \delta_{k2} + N_{i1}^{k2} + \cdots \\
L_{i1}^{k3} &= \cdots \delta_{i1} + \delta_{k3} + N_{i1}^{k3} + \cdots \\
L_{i1}^{k4} &= \cdots \delta_{i1} + \delta_{k4} + N_{i1}^{k4} + \cdots \\
L_{i1}^{k5} &= \cdots \delta_{i1} + \delta_{k5} + N_{i1}^{k5} + \cdots \\
L_{i1}^{k6} &= \cdots \delta_{i1} + \delta_{k6} + N_{i1}^{k6} + \cdots
\end{aligned}
\right.
\tag{9.8}
$$

$$
\left\{
\begin{aligned}
L_{i2}^{k1} &= \cdots \delta_{i2} + \delta_{k1} + N_{i2}^{k1} + \cdots \\
L_{i2}^{k2} &= \cdots \delta_{i2} + \delta_{k2} + N_{i2}^{k2} + \cdots \\
L_{i2}^{k3} &= \cdots \delta_{i2} + \delta_{k3} + N_{i2}^{k3} + \cdots \\
L_{i2}^{k4} &= \cdots \delta_{i2} + \delta_{k4} + N_{i2}^{k4} + \cdots \\
L_{i2}^{k5} &= \cdots \delta_{i2} + \delta_{k5} + N_{i2}^{k5} + \cdots \\
L_{i2}^{k7} &= \cdots \delta_{i2} + \delta_{k7} + N_{i2}^{k7} + \cdots
\end{aligned}
\right.
\tag{9.9}
$$

$$
\left\{
\begin{aligned}
L_{i3}^{k2} &= \cdots \delta_{i3} + \delta_{k2} + N_{i3}^{k2} + \cdots \\
L_{i3}^{k3} &= \cdots \delta_{i3} + \delta_{k3} + N_{i3}^{k3} + \cdots \\
L_{i3}^{k4} &= \cdots \delta_{i3} + \delta_{k4} + N_{i3}^{k4} + \cdots \\
L_{i3}^{k5} &= \cdots \delta_{i3} + \delta_{k5} + N_{i3}^{k5} + \cdots \\
L_{i3}^{k6} &= \cdots \delta_{i3} + \delta_{k6} + N_{i3}^{k6} + \cdots \\
L_{i3}^{k7} &= \cdots \delta_{i3} + \delta_{k7} + N_{i3}^{k7} + \cdots
\end{aligned}
\right.
\tag{9.10}
$$

式中只列出了偏差参数，其中 L 和 δ 分别为观测量和钟差。测站 $i1$、$i2$ 和 $i3$ 的观测方程分别为式（9.8）～式（9.10）。定义由 $i1$ 和 $i2$，以及 $i2$ 和 $i3$ 分别构成基线 1 和基线 2。选定 $i1$ 为参考站并设关联模糊度为固定值（简单起见，设为 0）。为了进一步讨论，选择 δ_{i1} 为参考钟差（同样也设为 0），分别选择 $k1$、$k2$ 作为测站 $i2$ 和 $i3$ 的参考卫星（设相应的模糊度为 0）。于是，式（9.8）～式（9.10）变为

$$
\left\{
\begin{aligned}
L_{i1}^{k1} &= \cdots \delta_{k1} + \cdots \\
L_{i1}^{k2} &= \cdots \delta_{k2} + \cdots \\
L_{i1}^{k3} &= \cdots \delta_{k3} + \cdots \\
L_{i1}^{k4} &= \cdots \delta_{k4} + \cdots \\
L_{i1}^{k5} &= \cdots \delta_{k5} + \cdots \\
L_{i1}^{k6} &= \cdots \delta_{k6} + \cdots
\end{aligned}
\right.
\tag{9.11}
$$

$$\begin{cases} L_{i2}^{k1} = \cdots \delta_{i2} + \delta_{k1} + \cdots \\ L_{i2}^{k3} = \cdots \delta_{i2} + \delta_{k3} + N_{i2}^{k3} + \cdots \\ L_{i2}^{k3} = \cdots \delta_{i2} + \delta_{k3} + N_{i2}^{k3} + \cdots \\ L_{i2}^{k4} = \cdots \delta_{i2} + \delta_{k4} + N_{i2}^{k4} + \cdots \\ L_{i2}^{k5} = \cdots \delta_{i2} + \delta_{k5} + N_{i2}^{k5} + \cdots \\ L_{i2}^{k7} = \cdots \delta_{i2} + \delta_{k7} + N_{i2}^{k7} + \cdots \end{cases} \tag{9.12}$$

$$\begin{cases} L_{i3}^{k2} = \cdots \delta_{i3} + \delta_{k2} + \cdots \\ L_{i3}^{k3} = \cdots \delta_{i3} + \delta_{k3} + N_{i3}^{k3} + \cdots \\ L_{i3}^{k4} = \cdots \delta_{i3} + \delta_{k4} + N_{i3}^{k4} + \cdots \\ L_{i3}^{k5} = \cdots \delta_{i3} + \delta_{k5} + N_{i3}^{k5} + \cdots \\ L_{i3}^{k6} = \cdots \delta_{i3} + \delta_{k6} + N_{i3}^{k6} + \cdots \\ L_{i3}^{k7} = \cdots \delta_{i3} + \delta_{k7} + N_{i3}^{k7} + \cdots \end{cases} \tag{9.13}$$

通过线性运算可组成差分。所有运算为满秩线性变换，不会改变初始方程的最小二乘解。单差可由以下各式表示（式（9.11）保持不变，因此不再重复列出）：

$$\begin{cases} L_{i2}^{k1} - L_{i1}^{k1} = \cdots \delta_{i2} + \cdots \\ L_{i2}^{k2} - L_{i1}^{k2} = \cdots \delta_{i2} + N_{i2}^{k2} + \cdots \\ L_{i2}^{k3} - L_{i1}^{k3} = \cdots \delta_{i2} + N_{i2}^{k3} + \cdots \\ L_{i2}^{k4} - L_{i1}^{k4} = \cdots \delta_{i2} + N_{i2}^{k4} + \cdots \\ L_{i2}^{k5} - L_{i1}^{k5} = \cdots \delta_{i2} + N_{i2}^{k5} + \cdots \\ L_{i2}^{k7} = \cdots \delta_{i2} + \delta_{k7} + N_{i2}^{k7} + \cdots \end{cases} \tag{9.14}$$

$$\begin{cases} L_{i3}^{k2} - L_{i2}^{k2} = \cdots \delta_{i3} - \delta_{i2} - N_{i2}^{k2} + \cdots \\ L_{i3}^{k3} - L_{i2}^{k3} = \cdots \delta_{i3} - \delta_{i2} + N_{i3}^{k3} - N_{i2}^{k3} + \cdots \\ L_{i3}^{k4} - L_{i2}^{k4} = \cdots \delta_{i3} - \delta_{i2} + N_{i3}^{k4} - N_{i2}^{k4} + \cdots \\ L_{i3}^{k5} - L_{i2}^{k5} = \cdots \delta_{i3} - \delta_{i2} + N_{i3}^{k5} - N_{i2}^{k5} + \cdots \\ L_{i3}^{k6} = \cdots \delta_{i3} + \delta_{k6} + N_{i3}^{k6} + \cdots \\ L_{i3}^{k7} - L_{i2}^{k7} = \cdots \delta_{i3} - \delta_{i2} + N_{i3}^{k7} - N_{i2}^{k7} + \cdots \end{cases} \tag{9.15}$$

其中根据基线的定义，两个观测量非成对匹配。双差可由下列各式构成：

$$\begin{cases} L_{i2}^{k1} - L_{i1}^{k1} = \cdots \delta_{i2} + \cdots \\ L_{i2}^{k2} - L_{i1}^{k2} - L_{i2}^{k1} + L_{i1}^{k1} = \cdots N_{i2}^{k2} + \cdots \\ L_{i2}^{k3} - L_{i1}^{k3} - L_{i2}^{k1} + L_{i1}^{k1} = \cdots N_{i2}^{k3} + \cdots \\ L_{i2}^{k4} - L_{i1}^{k4} - L_{i2}^{k1} + L_{i1}^{k1} = \cdots N_{i2}^{k4} + \cdots \\ L_{i2}^{k5} - L_{i1}^{k5} - L_{i2}^{k1} + L_{i1}^{k1} = \cdots N_{i2}^{k5} + \cdots \\ L_{i2}^{k7} - L_{i2}^{k1} + L_{i1}^{k1} = \cdots \delta_{k7} + N_{i2}^{k7} + \cdots \end{cases} \tag{9.16}$$

$$\begin{cases} L_{i3}^{k2} - L_{i2}^{k2} = \cdots \delta_{i3} - \delta_{i2} - N_{i2}^{k2} + \cdots \\ L_{i3}^{k3} - L_{i2}^{k3} - L_{i3}^{k2} + L_{i2}^{k2} = \cdots N_{i3}^{k3} - N_{i2}^{k3} + N_{i2}^{k2} + \cdots \\ L_{i3}^{k4} - L_{i2}^{k4} - L_{i3}^{k2} + L_{i2}^{k2} = \cdots N_{i3}^{k4} - N_{i2}^{k4} + N_{i2}^{k2} + \cdots \\ L_{i3}^{k5} - L_{i2}^{k5} - L_{i3}^{k2} + L_{i2}^{k2} = \cdots N_{i3}^{k5} - N_{i2}^{k5} + N_{i2}^{k2} + \cdots \\ L_{i3}^{k6} = \cdots \delta_{i3} + \delta_{k6} + N_{i3}^{k6} + \cdots \\ L_{i3}^{k7} - L_{i2}^{k7} - L_{i3}^{k2} + L_{i2}^{k2} = \cdots N_{i3}^{k7} - N_{i2}^{k7} + N_{i2}^{k2} + \cdots \end{cases} \tag{9.17}$$

根据式（9.16）和式（9.11），式（9.17）可进一步改写为

$$\begin{cases} L_{i3}^{k2} - L_{i2}^{k2} + (L_{i2}^{k1} - L_{i1}^{k1}) + (L_{i2}^{k2} - L_{i1}^{k2} - L_{i2}^{k1} + L_{i1}^{k1}) = \cdots \delta_{i3} + \cdots \\ L_{i3}^{k3} - L_{i2}^{k3} - L_{i3}^{k2} + L_{i2}^{k2} + (L_{i2}^{k3} - L_{i1}^{k3} - L_{i2}^{k1} + L_{i1}^{k1}) - (L_{i2}^{k2} - L_{i1}^{k2} - L_{i2}^{k1} + L_{i1}^{k1}) = \cdots N_{i3}^{k3} + \cdots \\ L_{i3}^{k4} - L_{i2}^{k4} - L_{i3}^{k2} + L_{i2}^{k2} + (L_{i2}^{k4} - L_{i1}^{k4} - L_{i2}^{k1} + L_{i1}^{k1}) - (L_{i2}^{k2} - L_{i1}^{k2} - L_{i2}^{k1} + L_{i1}^{k1}) = \cdots N_{i3}^{k4} + \cdots \\ L_{i3}^{k5} - L_{i2}^{k5} - L_{i3}^{k2} + L_{i2}^{k2} + (L_{i2}^{k5} - L_{i1}^{k5} - L_{i2}^{k1} + L_{i1}^{k1}) - (L_{i2}^{k2} - L_{i1}^{k2} - L_{i2}^{k1} + L_{i1}^{k1}) = \cdots N_{i3}^{k5} + \cdots \\ L_{i3}^{k6} - L_{i1}^{k6} = \cdots \delta_{i3} + N_{i3}^{k6} + \cdots \\ L_{i3}^{k7} - L_{i2}^{k7} - L_{i3}^{k2} + L_{i2}^{k2} + (L_{i2}^{k7} - L_{i2}^{k1} + L_{i1}^{k1}) - (L_{i2}^{k2} - L_{i1}^{k2} - L_{i2}^{k1} + L_{i1}^{k1}) = \cdots - \delta_{k7} + N_{i3}^{k7} + \cdots \end{cases} \tag{9.18}$$

或

$$\begin{cases} L_{i3}^{k2} - L_{i1}^{k2} = \cdots \delta_{i3} + \cdots \\ L_{i3}^{k3} - L_{i1}^{k3} - L_{i3}^{k2} + L_{i1}^{k2} = \cdots N_{i3}^{k3} + \cdots \\ L_{i3}^{k4} - L_{i1}^{k4} - L_{i3}^{k2} + L_{i1}^{k2} = \cdots N_{i3}^{k4} + \cdots \\ L_{i3}^{k5} - L_{i1}^{k5} - L_{i3}^{k2} + L_{i1}^{k2} = \cdots N_{i3}^{k5} + \cdots \\ L_{i3}^{k6} - L_{i1}^{k6} - L_{i3}^{k2} + L_{i1}^{k2} = \cdots N_{i3}^{k6} + \cdots \\ L_{i3}^{k7} - L_{i3}^{k2} + L_{i1}^{k2} = \cdots - \delta_{k7} + N_{i3}^{k7} + \cdots \end{cases} \tag{9.19}$$

显然根据式（9.16）和式（9.19）中的最后一式，卫星 $k7$（参考站未观测该星）的钟差和模糊度彼此线性相关。必须保持测站 $i2$ 或 $i3$ 的 $k7$ 星模糊度中的一个为固定值（二者等价）。所以，对于任意未在参考站观测的卫星而言，其对应的模糊度至少应有一个保持固定（至于属于哪个非参考测站无所谓）。换句话说，对于所有卫星而言，其模糊度中的一个必须保持固定。通过这种方式，每个转换后的方程仅包括一个偏差参数且该偏差参数线性独立（正规化）。而且，每条基线的非成对观测量无法构成差分。然而在非差分平差情况下，情况有所不同。我们注意到，式（9.18）中的 $k6$ 方程可以转换为式（9.19）中的一个双差形式。如果在非差分算法中采用比差分方法更多的数据，则非差分模糊度参数的个数将多于双差参数。因此，我们不得不推导所谓的数据条件以保证能够进行差分；或者等价地，不得不扩展双差构成方式，以使得差分不仅仅局限于特殊设计的基线。这两方面的内容将在 9.2 节予以讨论。

式（9.11）~式（9.13）表明独立的参数化过程将改变参数的意义。参考站观测到的卫星钟差中，包含了接收机钟差和模糊度。接收机钟差包括了同一测站参考卫星的模糊度偏差。由于这些偏差参数的不可分割性，钟差参数不再代表纯粹钟差，模糊度也不再表示纯粹物理模糊度。理论上而言，GPS 的同步应用不一定采用载波相位观测量实现。

此外，在式（9.19）表示的情况下，测站 $i3$ 的非差分模糊度具备了由测站 $i3$ 和 $i1$ 构成的双差模糊度的意义。

至此，我们已经讨论了偏差参数的相关性问题，建立了一个可避免秩亏问题的规则化 GPS 观测量参数化方法。当然，也可通过类似方式导出许多其他方法，以用于 GPS 观测模型的参数化。然而，只要采用的数据相同，这些参数集合必须彼此等价并且能够相互之间唯一转换。

9.1.3　几何无关说明

参考参数必须固定的原因在于距离观测量自身无法提供基准原点信息（Wells et al., 1987）。设 d 为卫星 k 和接收机 i 的钟差直接测量值，即 $d_i^k = \delta_i + \delta_k$，无论进行多少次观测，以及上下标如何变动，某个参数（如参考钟）总是无法同其他参数分开，只能被固定。设 h 为模糊度 N、卫星 k 钟差和接收机 i 钟差的直接测量值，即对 $h_i^k = \delta_i + \delta_k + N_i^k$，则过度参数化的偏差个数严格等于总观测卫星数和所用的接收机个数之和。这再次表明：我们的参数化方法，即保持参考站钟差、各卫星模糊度中的一个以及各非参考站的参考卫星模糊度中的一个为固定是合理的。接下来将讨论 d 和 h（作为码和载波相位观测量）的组合情况。

9.1.4　载波相位-码组合情况下的相关分析

一个相位-码组合观测方程可以写为（见 7.5.2 节）

$$\begin{pmatrix} V_1 \\ V_2 \end{pmatrix} = \begin{pmatrix} L_1 \\ L_2 \end{pmatrix} - \begin{pmatrix} A_{11} & A_{12} \\ A_{11} & 0 \end{pmatrix} \begin{pmatrix} X_1 \\ X_2 \end{pmatrix}, \quad P = \begin{pmatrix} w_p P_0 & 0 \\ 0 & w_c P_0 \end{pmatrix} \quad (9.20)$$

式中，L_1 和 L_2 分别为载波相位和码观测向量（其中载波相位转换为距离量）；V_1 和 V_2 为相应的残差向量；X_2 和 X_1 为模糊度和其他未知参数向量；A_{12} 和 A_{11} 为相应的系数矩阵；P_0 为对称权阵；w_p 和 w_c 分别为相位和码观测量的权因子。

相位、码及相位-码法方程分别可以表示为

$$\begin{cases} \begin{pmatrix} N_{11} & N_{12} \\ N_{21} & N_{22} \end{pmatrix} \begin{pmatrix} X_1 \\ X_2 \end{pmatrix} = \begin{pmatrix} R_1 \\ R_2 \end{pmatrix} \\[4mm] N_{11} X_1 = R_c \\[4mm] \begin{pmatrix} M_{11} & M_{12} \\ M_{21} & M_{22} \end{pmatrix} \begin{pmatrix} X_1 \\ X_2 \end{pmatrix} = \begin{pmatrix} B_1 \\ B_2 \end{pmatrix} \end{cases} \quad (9.21)$$

其中

$$\begin{cases} M_{11} = (w_p + w_c) A_{11}^T P_0 A_{11} = (w_p + w_c) N_{11} \\ M_{12} = M_{21}^T = w_p A_{11}^T P_0 A_{12} = w_p N_{12} \\ M_{22} = w_p A_{12}^T P_0 A_{12} = w_p N_{22} \\ B_1 = A_{11}^T P_0 (w_p L_1 + w_c L_2) = w_p R_1 + w_c R_c \\ B_2 = w_p A_{12}^T P_0 L_1 = w_p R_2 \end{cases} \quad (9.22)$$

协方差阵 Q 可以表示为

$$Q = \begin{pmatrix} M_{11} & M_{12} \\ M_{21} & M_{22} \end{pmatrix}^{-1} = \begin{pmatrix} Q_{11} & Q_{12} \\ Q_{21} & Q_{22} \end{pmatrix} \qquad (9.23)$$

其中（Gotthardt，1978；Cui et al.，1982）

$$\begin{cases} Q_{11} = (M_{11} - M_{12}M_{22}^{-1}M_{21})^{-1} \\ Q_{22} = (M_{22} - M_{21}M_{11}^{-1}M_{12})^{-1} \\ Q_{12} = M_{11}^{-1}(-M_{12}Q_{22}) \\ Q_{21} = M_{22}^{-1}(-M_{21}Q_{11}) \end{cases} \qquad (9.24)$$

即

$$\begin{cases} Q_{11} = ((w_{\mathrm{p}} + w_{\mathrm{c}})N_{11} - w_{\mathrm{p}}N_{12}N_{22}^{-1}N_{21})^{-1} \\ Q_{22} = (w_{\mathrm{p}}N_{22} - w_{\mathrm{p}}^2(w_{\mathrm{p}} + w_{\mathrm{c}})^{-1}N_{21}N_{11}^{-1}N_{12})^{-1} \\ Q_{21} = -N_{22}^{-1}N_{21}((w_{\mathrm{p}} + w_{\mathrm{c}})N_{11} - w_{\mathrm{p}}N_{12}N_{22}^{-1}N_{21})^{-1} \end{cases} \qquad (9.25)$$

相关系数 C_{ij} 是 w_{p} 和 w_{c} 的函数，即

$$C_{ij} = f(w_{\mathrm{p}}, w_{\mathrm{c}}) \qquad (9.26)$$

其中，i 和 j 为 X_1 和 X_2 中未知参数的下标。对于 $w_{\mathrm{c}} = 0$（只用载波相位，X_1 和 X_2 部分线性相关），以及 $w_{\mathrm{c}} = w_{\mathrm{p}}$（$X_1$ 和 X_2 不相关）的情况，存在 i、j 使得

$$C_{ij} = f(w_{\mathrm{p}}, w_{\mathrm{c}} = 0) = 1, \qquad C_{ij} = f(w_{\mathrm{p}}, w_{\mathrm{c}} = w_{\mathrm{p}}) = 0 \qquad (9.27)$$

换句话说，存在这样的下标 i 和 j，即如果 $w_{\mathrm{c}} = 0$，则相应的未知参数彼此相关；如果 $w_{\mathrm{c}} = w_{\mathrm{p}}$，则彼此不相关。在相位-码组合情况下，可以设 $w_{\mathrm{c}} = 0.01 w_{\mathrm{p}}$，则可有

$$C_{ij} = f(w_{\mathrm{p}}, w_{\mathrm{c}} = 0.01 w_{\mathrm{p}}) \qquad (9.28)$$

在我们讨论的这种情况下，其值应该非常接近于 1（强相关）。式（9.26）~式（9.28）表明，对于相关未知参数 i、j 而言，由于码比相位权重低，因此虽然组合了码和相位，相关程度也不会有大的变化。有个数值实验证明了这个结论（Xu，2004）。

9.1.5 结论和说明

本节指出了非差 GPS 数据处理的奇异问题，给出了一个 GPS 观测模型偏差参数的独立参数化方法。该方法已由软件实现，实验结果确认了理论和算法的正确性。可以得到以下结论。

（1）采用除参考钟外的所有钟差，以及所有非差分模糊度进行的非差分 GPS 相位观测量偏差参数化是线性相关的。会导致非差分 GPS 的线性方程系统奇异，从而在理论上无解。

（2）通过采用固定参考站的参考钟钟差，固定某个指定测站的各卫星构成的模糊度中的一个（该测站就被称为这些卫星的参考站），以及固定各非参考站的参考卫星模糊度的方法，可以实现线性独立的偏差参数化。参考站可任意选择，但是选择不能重复。

（3）线性独立的模糊度参数集合与双差模糊度参数集合等价，且如果采用了相同的数据，则二者之间可唯一相互转换。

（4）参数化方式会导致偏差参数的物理意义发生变化。由于偏差参数彼此不可分离，采用载波相位观测量的 GPS 同步应用可能无法实现。

（5）相位-码组合无法显著改变相关的偏差参数之间的相关关系。

关于非差算法的使用，给出以下一些说明。

（1）在非差算法中，如果没有考虑过度参数化问题，则观测方程秩亏。至今在实际计算应用中，奇异问题可解，是因为通过消除钟差参数和使用其他参数的先验信息导致的数值不精确。

（2）如果非差分 GPS 数据模型确实是一个等价模型，且未过度参数化，则无论采用非差分还是差分方法，共同参数的解一定相同。

（3）通过引入条件，或者通过引入先验信息固定某些参数，可以将一个奇异的非差分参数化变为正常。

9.2 GPS 数据处理算法的等价性

本节给出等价性理论，该定理是用于构建独立基线网的最优方法。并探讨了数据条件，以及采用二级观测量的等价算法（Xu et al.，2006c）。

9.2.1 GPS 数据处理算法的等价性理论

在 6.7 节，给出了 GPS 数据处理的非组合和组合算法的等价特性。无论采用非组合还是组合算法，获得的结果以及解算精度都一致。注意参数化过程非常重要，解算结果依赖于参数化。为方便起见，将 GPS 原始观测方程及解重列如下（见 6.7 节）

$$\begin{pmatrix} R_1 \\ R_2 \\ \lambda_1 \Phi_1 \\ \lambda_2 \Phi_2 \end{pmatrix} = \begin{pmatrix} 0 & 0 & f_s^2/f_1^2 & 1 \\ 0 & 0 & f_s^2/f_2^2 & 1 \\ 1 & 0 & -f_s^2/f_1^2 & 1 \\ 0 & 1 & -f_s^2/f_2^2 & 1 \end{pmatrix} \begin{pmatrix} \lambda_1 N_1 \\ \lambda_2 N_2 \\ B_1 \\ C_\rho \end{pmatrix}, \quad P = \begin{pmatrix} \sigma_c^2 & 0 & 0 & 0 \\ 0 & \sigma_c^2 & 0 & 0 \\ 0 & 0 & \sigma_p^2 & 0 \\ 0 & 0 & 0 & \sigma_p^2 \end{pmatrix}^{-1} \quad (9.29)$$

$$\begin{pmatrix} \lambda_1 N_1 \\ \lambda_2 N_2 \\ B_1 \\ C_\rho \end{pmatrix} = \begin{pmatrix} 1-2a & -2b & 1 & 0 \\ -2a & 2a-1 & 0 & 1 \\ 1/q & -1/q & 0 & 0 \\ a & b & 0 & 0 \end{pmatrix} \begin{pmatrix} R_1 \\ R_2 \\ \lambda_1 \Phi_1 \\ \lambda_2 \Phi_2 \end{pmatrix} \quad (9.30)$$

其中，各符号意义同式（6.134）和式（6.138）。

在 6.8 节中给出了 GPS 数据处理的非差分和差分算法的等价特性。不管是采用非差分还是差分算法，获得的结果及解算精度都应该一致。注意这里的等价同组合算法的等价略有不同。为了区分这两种等价，我们称差分等价为弱等价（soft quivalence）。弱等价成立需要三个条件：第一个是数据条件，要保证在非差分和差分算法中所用的数据相同，下一节将讨论数据条件；第二个是参数化条件，即参数化也必须相同；第三个是消去条件，即将要消去的参数集合必须是能够被消去的（隐含的意思是，该问题的参数集合必须正则）。由于消参过程，非差分和差分方程的协因数矩阵不同。如果一个非差分

法方程的协因数矩阵形式如下

$$\begin{pmatrix} M_{11} & M_{12} \\ M_{21} & M_{22} \end{pmatrix}^{-1} = Q = \begin{pmatrix} Q_{11} & Q_{12} \\ Q_{21} & Q_{22} \end{pmatrix} \tag{9.31}$$

则称协因数矩阵的对角线部分:

$$Q_e = \begin{pmatrix} M_1 & 0 \\ 0 & M_2 \end{pmatrix}^{-1} = \begin{pmatrix} Q_{11} & 0 \\ 0 & Q_{22} \end{pmatrix} \tag{9.32}$$

为一个等价协因子。等价协因子的对角线元素块与初始协因子矩阵 Q 的相同,能保证未知参数之间的精度关系保持不变。弱等价定义如下:解算结果一致且协方差矩阵也等价。这种定义在传统分块最小二乘平差中被隐含采用。注意参数化过程非常重要,非差分观测方程法方程的秩,必须等于差分观测方程法方程的秩加上被消去的独立参数的个数。为方便,可将 GPS 原始观测方程及等价的差分方程写为

$$V = L - \begin{pmatrix} A_1 & A_2 \end{pmatrix} \begin{pmatrix} X_1 \\ X_2 \end{pmatrix}, \qquad P \tag{9.33}$$

$$\begin{pmatrix} U_1 \\ U_2 \end{pmatrix} = \begin{pmatrix} L \\ L \end{pmatrix} - \begin{pmatrix} D_1 & 0 \\ 0 & D_2 \end{pmatrix} \begin{pmatrix} X_1 \\ X_2 \end{pmatrix}, \qquad \begin{pmatrix} P & 0 \\ 0 & P \end{pmatrix} \tag{9.34}$$

在 9.1 节给出了 GPS 观测量独立参数化的方法。正确和合理的参数化是通过组合和差分得到正确结果的关键。在 6.7 节曾给出了一个例子,展示了一个不精确的参数化导致的不合理结论。

对于任意一个确定时空配置的 GPS 测量而言,都可以将 GPS 观测数据采用合适的方式进行参数化,以线性方程的形式列在一起用于处理。组合和差分就是两种线性变换。因为非组合和组合数据(或方程)等价,因此将非组合或组合方程进行差分也是(弱)等价的。反过来,组合运算是一种可逆变换;对于等价的非差分或差分方程(式(9.33)和式(9.34)),进行或是不进行组合运算也是等价的。也就是说,组合和差分的混合算法也同原始的非差分和非组合算法等价。这些等价特性可归纳为以下定理。

GPS 数据处理算法的等价性理论

基于三个等价条件和弱等价的定义,对于确定时空配置中的任意一个 GPS 测量而言,GPS 数据处理算法——包括非组合和组合算法、非差分和差分算法,以及它们的混合——至少是弱等价的。也就是说,采用任何单一算法或混合算法得到的结果一致,协方差矩阵的对角线元素一致,且这些解算结果的精度一致。就解算结果和精度方面而言,没有任何一种算法更优。但对于特殊类型的数据处理,采用合适的算法或者混合算法则可能有特定的优势。

该理论的隐含条件是:参数化必须相同而且正则。参数化依赖于不同的 GPS 观测配置及 GPS 数据处理策略。该定理表明,如果采用相同数据且模型的参数化一致正则,则结果必然一致且精度也相同。这是实际 GPS 数据处理的一个指导原则。

9.2.2 GPS 基线网的优化组构和数据条件

众所周知,n 个测站的基线网有 $n-1$ 条独立基线。一个独立基线网可以用文字描述为:所有的测站均通过这些基线连接,且从一个测站到另一个测站的最短路径唯一。通

常而言，基线越短共视星越好。所以，基线应尽量短。对于一个网络，最优选择应该是所有独立基线的加权长度和最小。这是一个特殊的、称为最小生成树的数学问题（Wang et al.，1979）。

可以通过算法软件解决这种最小生成树问题。因此这里仅举一个例子。图 9.1 给出了一个约 100 个测站组成的 IGS 网，绘出了相应的最优和独立基线树。基线的平均长度约为 1300 km，最长距离约为 3700 km。

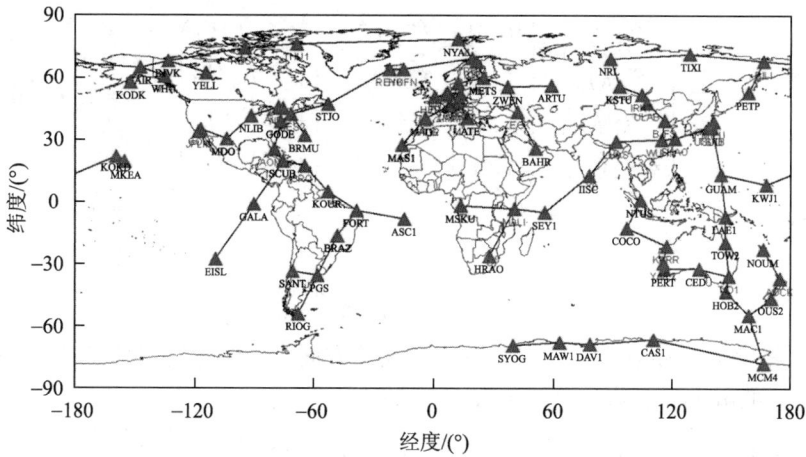

图 9.1　独立和最优 IGS GPS 基线网（100 个站）

根据传统的双差模型，每条设计基线中无法配对的 GPS 观测量只能被剔除，因为无法满足差分需求（在 9.1.2 节的例子中，$k6$ 的两个观测量就被剔除了。然而，如果差分不受基线设计限制，则没有必要剔除任何观测量）。因此，双差的最优方法应首先基于最优基线设计构建差分，然后在没有基线设计限制的条件下检查非配对观测以构建可能的差分。这种措施可以提高差分方法的数据利用率。Xu（2004）给出了一个例子，一个由 47 个测站构成的 IGS 网一天的观测表明，在基于最优基线设计构成的差分中采用了 87.9% 的数据；而在采用没有基线设计限制条件下的扩展差分构建方法情况下，利用了 99.1% 的数据。也就是说，在这种双差方法下原始数据几乎 100% 被采用。

非差模型为了能够消除钟差参数，充分条件是每颗卫星至少要在两个测站同时被观测（为了消除卫星钟差）；且在每个测站，存在一颗卫星与其他某颗卫星构成的组合，该组合至少被一个其他测站同时观测（为了消除接收机钟差）。这一条件保证了可由数据组成扩展双差。如果条件不满足，则该数据将不得不被剔除，或者对应数据中的模糊度必须保持固定。

方便起见，将数据条件表述如下。

数据条件：所有卫星至少被观测两次（为了组成单差），且某颗卫星与其他一颗卫星构成的组合至少被其他一个测站同时观测（为了构成双差）。

注意上述数据条件对于单差和双差有效。对于三差和用户自定差分也可以类似定义数据条件。以上数据条件是非差和差分算法等价的条件之一。该数据条件源自于差分构建。然而，建议将这一条件同时用于非差分算法以减少奇异数据。基线网的优化组构有利于差分方法提高数据利用率。

9.2.3　采用二级 GPS 观测量的算法

6.7 节和 9.2 节表述了非组合和组合算法的等价性。在 6.7.3 节中简述了采用二级（secondary）数据的一个 GPS 数据处理方法。然而，只有在 9.1 节讨论了独立参数化方法后，才有可能实现具体的观测模型参数化。采用二级观测量的数据处理会得到与任何组合算法等价的结果。所以有必要再次专门讨论 GPS 观测模型的具体参数化问题。某个测站观测 m 颗卫星的观测方程为（见式（9.134）和式（9.5））

$$
\begin{pmatrix} R_1(k) \\ R_2(k) \\ \lambda_1\Phi_1(k) \\ \lambda_2\Phi_2(k) \end{pmatrix} = \begin{pmatrix} 0 & 0 & f_s^2/f_1^2 & 1 \\ 0 & 0 & f_s^2/f_2^2 & 1 \\ 1 & 0 & -f_s^2/f_1^2 & 1 \\ 0 & 1 & -f_s^2/f_2^2 & 1 \end{pmatrix} \begin{pmatrix} \lambda_1 N_1(k) \\ \lambda_2 N_2(k) \\ B_1(k) \\ C_\rho(k) \end{pmatrix}, \quad k=1,\cdots,m \tag{9.35}
$$

其中关系：

$$
B_1^z = \frac{1}{m}\sum_{k=1}^{m} B_1(k)/F_k \tag{9.36}
$$

可以用于将电离层参数从路径方向投射到天顶方向。其中各符号的意义等同于 6.7 节。
式（9.35）的解为（类似于式（9.6）

$$
\begin{pmatrix} \lambda_1 N_1(k) \\ \lambda_2 N_2(k) \\ B_1(k) \\ C_\rho(k) \end{pmatrix} = \begin{pmatrix} 1-2a & -2b & 1 & 0 \\ -2a & 2a-1 & 0 & 1 \\ 1/q & -1/q & 0 & 0 \\ a & b & 0 & 0 \end{pmatrix} \begin{pmatrix} R_1(k) \\ R_2(k) \\ \lambda_1\Phi_1(k) \\ \lambda_2\Phi_2(k) \end{pmatrix}, \quad Q(k), \quad k=1,\cdots,m \tag{9.37}
$$

其中，协方差矩阵 $Q(k)$ 可以通过方差协方差传播律获得。式（9.37）的左侧向量称为二级观测向量。在可视 K 颗卫星情况下，观测模型及关联的二级解的传统组合与式（9.35）和式（9.37）相同，其中 $m=K$。然而，考虑到参数化模型，至少一颗卫星必须被选作参考星从而其模糊度无法模型化。若设卫星 K 为参考卫星，则前 $m=K-1$ 个观测方程与式（9.35）相同。卫星 K 对应的观测方程可以写为

$$
\begin{pmatrix} R_1(k) \\ R_2(k) \\ \lambda_1\Phi_1(k) \\ \lambda_2\Phi_2(k) \end{pmatrix} = \begin{pmatrix} 0 & 0 & f_s^2/f_1^2 & 1 \\ 0 & 0 & f_s^2/f_2^2 & 1 \\ 0 & 0 & -f_s^2/f_1^2 & 1 \\ 0 & 0 & -f_s^2/f_2^2 & 1 \end{pmatrix} \begin{pmatrix} \lambda_1 N_1(k) \\ \lambda_2 N_2(k) \\ B_1(k) \\ C_\rho(k) \end{pmatrix}, \quad k=K \tag{9.38}
$$

其中的模糊度未模型化，其常数效应被钟差参数吸收。式（9.38）的解为

$$
\begin{pmatrix} \lambda_1 N_1(k) \\ \lambda_2 N_2(k) \\ B_1(k) \\ C_\rho(k) \end{pmatrix} = \frac{1}{2} \begin{pmatrix} 0 & 0 & 0 & 0 \\ 0 & 0 & 0 & 0 \\ 1/q & -1/q & -1/q & 1/q \\ 1/2 & 1/2 & 1/2 & 1/2 \end{pmatrix} \begin{pmatrix} R_1(k) \\ R_2(k) \\ \lambda_1\Phi_1(k) \\ \lambda_2\Phi_2(k) \end{pmatrix}, \quad Q(K) \tag{9.39}
$$

注意传统组合解为式（9.37）（$m=K$），而对于独立偏差参数化的组合，其解为式（9.37）（$m=K-1$）和式（9.39）的组合。显然这两个解不同。因为使用的传统观测模型并不精

确，因此传统组合解也不精确。未模型化的偏差效应（模糊度）被合并到钟偏参数中，由于偏差效应无法被非偏差参数吸收，因此只会导致钟差参数结果有所不同，且具有不同的意义。进一步地，在独立参数化情况下，消电离层组合（ionosphere-free）和几何无关组合（geometry-free）是正确的。

这表明通过准确的参数化，这些组合在卫星和卫星之间不再独立。对于多站测量，通过正确的参数化，这些组合在站与站之间也不再独立。因此，因为参数化不准确，传统组合会导致不正确的结果。

位于式（9.37）和式（9.39）左侧的所谓的二级观测量也可进一步处理。原始观测量可以唯一地转换为二级观测量。二级观测量是模糊度、电离层及几何距离的等价直接观测量。任何进一步的 GPS 数据处理都可以基于二级观测量（见 6.7 节）。

9.2.4　GPS 观测方程的简化等价表示

第 6 章讨论了 GPS 观测模型、数据差分（单差、双差和三差），以及非差和差分算法之间的等价性质。根据等价性理论，Shen 和 Xu（2008）提出了简化方程，该方程可以等价地表示在单基线或多基线解中使用相应的伪距观测值的单差和双差观测方程。然而，这项研究的基础是假定所有测站等权观测相同的卫星，因此 Shen 等（2009）对简化方程进行扩展，使其适用于每个测站以高度角定权观测不同的卫星的情况。结果证明推导出的简化等价算法便于编程实现和提高计算效率，有助于高效的 GNSS 软件开发，并有益于本地、区域甚至全球的 GNSS 多基线解算。详细的算法可参见相关参考文献。

9.3　非等价算法

正如 GPS 算法等价性理论所述，对于确定时空配置中的 GPS 测量而言等价性质成立。只要观测量相同且参数化一致正则，GPS 数据处理算法就等价。注意如果观测量和参数化不同，则算法彼此之间不再等价。例如，单点定位算法和多点定位算法、轨道固定和轨道辅助定位算法、静态和动态算法，以及动力学应用等，都是非等价算法。

9.4　GPS 差分算法中变换参考的研究

9.4.1　变换参考星

具有单一参考站的单基线解是 GPS 动态相对定位中最简单和常用的处理模式。与多参考站的网解相比，单基线解具有解算未知参数少、定权方法简单、无基线相关性，以及数据处理量小等优点。但通常情况下，单基线处理模式很难满足长距离精密动态定位的要求。对于长航时而言，则势必会遇到参考卫星的更换问题。Wang 等（2010）和Wang（2013）对该相关问题进行了研究，本节将具体介绍该方法。

变换参考星方法的基本思想是：当原参考卫星消失或其观测数据出现周跳需更换新参考卫星时，只需利用换星前的双差模糊度乘以一个转换矩阵，即可得到换星后的双差模糊度。

假设换星前的原双差模糊度与非差模糊度的关系可表示为

$$\nabla \Delta N = A N_0 \tag{9.40}$$

式中，$\nabla \Delta N$ 为原双差模糊度；N_0 为非差模糊度；A 为转换矩阵。

换星后的新双差模糊度可表示为

$$\nabla \Delta \bar{N} = B N_0 \tag{9.41}$$

式中，$\nabla \Delta \bar{N}$ 为新双差模糊度；B 为新的转换矩阵。

则新旧双差模糊度之间的关系可表示为

$$\nabla \Delta \bar{N} = C \nabla \Delta N \tag{9.42}$$

式中，C 为新旧双差模糊度之间的转换矩阵。

由此可见，如何获取转换矩阵 C 是解决参考星变换的关键问题。将式（9.40）和式（9.41）分别代入式（9.42）并约去 N_0 得

$$CA = B \tag{9.43}$$

对式（9.43）两边同时右乘 $A^{\mathrm{T}}(AA^{\mathrm{T}})^{-1}$ 得

$$C = BA^{\mathrm{T}}(AA^{\mathrm{T}})^{-1} \tag{9.44}$$

由此可知，更换参考卫星后的新双差模糊度可利用原双差模糊度乘以一个转换矩阵式（9.44）得到。该方法的算例可参见 Wang（2013）。

9.4.2 变换参考站

广泛应用于动态相对定位中的单基线解对于长距离的机载动态定位通常也并不适用。这主要是因为当流动站和参考站间的距离达到一定限度后，许多与距离相关的公共误差将很难通过差分的方式进行有效的消除。同时随着基线距离的增大，相同的可视卫星数目也将随之减少。因此通过更换较近的参考站作为新参考站将解决这些问题。本节介绍了一种由 Wang 等（2010，2011）提出的针对长距离机载 GPS 定位应用的自适应换站方法。

该自适应换站的基本思想是：处理长距离机载动态定位数据时，在整个解算中始终保持单基线的处理模式。当流动站和参考站之间的距离大于用户自定义的一个最大距离时，自动更换周围最近的参考站为新参考站。同时，利用等价消去参数方法对换站前后的观测方程和协方差矩阵等信息进行自适应融合。自适应变换参考站方法的计算步骤如下。

假设变换参考站前后的观测方程分别可以表示为

$$L - A \begin{bmatrix} X_1 \\ X_2 \\ \nabla \Delta N_{i1,i2} \end{bmatrix} = V, \quad P \tag{9.45}$$

$$L' - B \begin{bmatrix} X_2 \\ X_3 \\ \nabla \Delta N_{i3,i2} \end{bmatrix} = V', \quad P' \tag{9.46}$$

式中，L 和 L' 为双差观测值；A 和 B 为系数矩阵；X_1 和 X_3 分别为旧新参考站的位置参数；X_2 为流动站的位置参数；$\nabla\Delta N_{i1,i2}$ 为旧参考站 $i1$ 和动态站 $i2$ 间的双差模糊度；$\nabla\Delta N_{i3,i2}$ 为新参考站 $i3$ 和动态站 $i2$ 间的双差模糊度；V，V'，P，P' 分别为其残差向量和权阵。

式（9.45）可以重写为

$$L - \begin{bmatrix} A_1 & A_2 \end{bmatrix} \begin{bmatrix} X_2 \\ \overline{X} \end{bmatrix} = V, \quad P \tag{9.47}$$

式中，$\overline{X}$ 包括 X_1 和 $\nabla\Delta N_{i1,i2}$。

式（9.47）的法方程为

$$\begin{bmatrix} M_{11} & M_{12} \\ M_{21} & M_{22} \end{bmatrix} \begin{bmatrix} X_2 \\ \overline{X} \end{bmatrix} = \begin{bmatrix} U_1 \\ U_2 \end{bmatrix} \tag{9.48}$$

其中

$$\begin{bmatrix} M_{11} & M_{12} \\ M_{21} & M_{22} \end{bmatrix} = \begin{bmatrix} A_1^{\mathrm{T}} P A_1 & A_1^{\mathrm{T}} P A_2 \\ A_2^{\mathrm{T}} P A_1 & A_2^{\mathrm{T}} P A_2 \end{bmatrix}, \quad \begin{bmatrix} U_1 \\ U_2 \end{bmatrix} = \begin{bmatrix} A_1^{\mathrm{T}} P L \\ A_2^{\mathrm{T}} P L \end{bmatrix} \tag{9.49}$$

式（9.48）的等价消去方程（参见 7.6 节）为

$$\begin{bmatrix} M_1 & 0 \\ M_{21} & M_{22} \end{bmatrix} \begin{bmatrix} X_2 \\ \overline{X} \end{bmatrix} = \begin{bmatrix} R_1 \\ U_2 \end{bmatrix} \tag{9.50}$$

式中，$M_1 = A_1^{\mathrm{T}}(E-J)^{\mathrm{T}} P(E-J) A_1$；$R_1 = A_1^{\mathrm{T}}(E-J)^{\mathrm{T}} PL$，$J = A_2 M_{22}^{-1} A_2^{\mathrm{T}} P$。

令 $D_1 = (E-J)A_1$，则式（9.50）的第一个方程可以表示为

$$D_1^{\mathrm{T}} P D_1 X_2 = D_1^{\mathrm{T}} P L \tag{9.51}$$

则式（9.51）的等价观测方程为

$$L - D_1 X_2 = V, \quad P \tag{9.52}$$

式（9.46）的法方程为

$$B^{\mathrm{T}} P' B \begin{bmatrix} X_2 \\ X_3 \\ \nabla\Delta N_{i3,i2} \end{bmatrix} = B^{\mathrm{T}} P' L' \tag{9.53}$$

由于式（9.51）和式（9.53）具有相同的位置参数 X_2，两个法方程对应的元素可以直接累加，得

$$\overline{B}^{\mathrm{T}} \overline{P}' \overline{B} \begin{bmatrix} X_2 \\ X_3 \\ \nabla\Delta N_{i3,i2} \end{bmatrix} = \overline{B}^{\mathrm{T}} \overline{P}' \overline{L}' \tag{9.54}$$

式中，$\overline{B}$ 和 $\overline{L}'$ 为累加后的系数矩阵和观测矩阵；$\overline{P}'$ 为权阵。

因此根据序贯最小二乘平差，流动站的位置参数和模糊度参数可以通过式（9.54）进行估计。

验证该方法的算例可参见 Wang 等（2011）。

9.5　GPS 数据处理的标准算法

9.5.1　GPS 数据处理准备

GPS 数据处理准备可以在预处理阶段，也可以在主数据处理阶段，这取决于数据处理的策略和目的。只有在数据事后处理（即在处理前数据已经完整得到）情况下才有可能进行预处理。在数据准实时或实时处理中，通常只能得到瞬时历元之前的数据。数据获取方式不同，处理策略也不同。

数据准备可能包括原始数据解码。ASCII 码数据通常采用 RINEX 格式（Gurtner，1994）。即使采用同一的格式，不同的解码器的解码效果彼此也有微小差别。当采用不同解码器解码得到的数据时，需要对此注意。通常，大部分 GPS 数据处理软件都有自己的内部数据格式。将 RINEX 格式数据（可以是多站数据）转换为内部格式基本不是问题。

在数据准备中，周跳探测是最重要的一项工作。在数据周跳处打上标记以备后续应用。周跳有两种类型：一种可修复；另一种无法修复。无法修复的周跳只能用新的模糊度未知数模型化。如果修复正确且新的未知模糊度被很好地求解，则修复和设置新的未知模糊度等价。在实时数据处理情况下，该过程必须在主数据处理过程中进行。

还需要准备轨道数据。根据数据处理的目的不同，可以使用广播星历数据、IGS 精密轨道和 IGS 预报轨道，其中同时包含了卫星钟差模型。在广播数据中还可获得电离层模型。即使对于 GPS 精密定轨，也需要初始轨道。

进一步的数据准备依赖数据处理的组织和目的。通常而言，需要采用标准对流层模型（见 5.2 节）。如果不使用无电离层组合，则电离层模型（来自广播星历）可以用作初始模型（见 5.1 节）。电离层模型也可以从模糊度电离层方程（见 6.5.2 节讨论）获得。地球潮汐、海洋潮汐及相对论效应也必须计算备用（见 5.4 节）。

在定轨与（或）地球重力场确定情况中，需要一个初始地球重力场模型，计算太阳光压和大气阻力初始模型。所有改正数都可以实时或者事先计算，并排列成表以备使用。ECEF 和 ECSF 系统之间的坐标转换也需要。

9.5.2　单点定位

单点定位是 GPS 数据处理子环节，几乎在所有的数据处理中都需要。通过该环节可以获得测站坐标和接收机钟差。依据精度需求，单点定位可以采用单频码或相位数据，双频码或相位数据，以及码相位组合数据。通常而言，单点定位精度低于相对定位，相对定位可以削弱系统误差（通过固定参考站）。然而，由单点定位获得的接收机钟偏已足够准确，可用于修正第二类的钟差影响（与卫星速度成比例的影响，见 5.5 节）。

1. 码数据单点定位

GPS 伪距模型为（见 6.1 节）

$$R_i^k(t_r, t_e) = \rho_i^k(t_r, t_e) - (\delta t_r - \delta t_k)c + \delta_{ion} + \delta_{trop} + \delta_{tide} + \delta_{rel} + \varepsilon \quad (9.55)$$

式中，R 为观测伪距；t_e 为 GPS 卫星 k 的信号发射时刻；t_r 为接收机 i 的 GPS 信号接收时刻；c 为光速；下标 i 和上标 k 分别为接收机和卫星；δt_r 和 δt_k 分别为接收机和卫星在时刻 t_r 和 t_e 的钟差；δ_{ion}、δ_{trop}、δ_{tide} 和 δ_{rel} 分别为电离层、对流层、固体潮和相对论效应。这里忽略了多路径效应。剩余误差标记为 ε。ρ_i^k 为几何距离。伪距计算值（标记为 C）为

$$C = \rho_i^k(t_r, t_e) + \delta t_k c + \delta_{ion} + \delta_{trop} + \delta_{tide} + \delta_{rel} \quad (9.56)$$

式中，卫星钟差可以通过 IGS 轨道数据或广播导航电文内插得到，其他效应影响的模型可在第 5 章找到，接收机钟差的初始值设为 0，需要强调的是：无论在地固还是在空间固定坐标系中计算几何距离，都需要考虑地球自转修正（见 5.3.2 节）。

式（9.55）线性化，可得（见 6.2 节和 6.3 节）

$$l_k = \frac{-1}{\rho_i^k(t_r, t_e)} \begin{pmatrix} x_k - x_{i0} & y_k - y_{i0} & z_k - z_{i0} \end{pmatrix} \begin{pmatrix} \Delta x \\ \Delta y \\ \Delta z \end{pmatrix} - \Delta t + v_k \quad (9.57)$$

式中，l_k 为所谓的 $O - C$（观测值减去伪距计算值）；v_k 为残差；向量 $(\Delta x \quad \Delta y \quad \Delta z)^T$ 是坐标向量 $(x_i \quad y_i \quad z_i)^T$ 和初始坐标向量 $(x_{i0} \quad y_{i0} \quad z_{i0})^T$ 之差；Δt 为以距离表示的接收机钟差（$\Delta t = \delta t_r c$），初始坐标向量用于计算几何距离。式（9.57）可以写为一个更为一般的形式：

$$l_k = \begin{pmatrix} a_{k1} & a_{k2} & a_{k3} & -1 \end{pmatrix} \begin{pmatrix} \Delta x \\ \Delta y \\ \Delta z \\ \Delta t \end{pmatrix} + v_k \quad (9.58)$$

其中，a_{kj} 为式（9.57）给出的对应的系数。将来自所有观测卫星的方程放在一起，可以发现单点定位方程系统有一个一般形式：

$$L = AX + V, \qquad P \quad (9.59)$$

式中，L 称为观测向量；X 为未知参数向量；A 为系数矩阵；V 为残差向量；P 为观测向量的权矩阵。式（9.59）的最小二乘解为（参见 7.2 节）

$$X = (A^T P A)^{-1} A^T P L \quad (9.60)$$

计算向量 X 的精度向量公式可在 7.2 节找到。注意方程的系数要采用初始坐标向量进行计算，而初始坐标向量通常无法（精确）已知，因此解算单点定位问题必须采用迭代过程。对于给定的初始向量，通过解算上述问题可以进行修正，修正后的初始向量可再次用于构建方程和进行问题解算直到收敛。由于在单点定位方程中有 4 个未知数，因此为保证问题有解，至少需要 4 个观测量。换句话说，只要观测到 4 颗或以上卫星，单点定位总是可以实现。

对于静态参考站，只要坐标以足够的精度已知，未知向量 $(\Delta x \quad \Delta y \quad \Delta z)^T$ 就可以认为是零。则式（9.58）变为

$$l_k = -\Delta t + v_k \quad (9.61)$$

则接收机钟差可以直接计算得到

$$\Delta t = \frac{-1}{K} \sum_{k=1}^{K} l_k \tag{9.62}$$

式中，K 为给定历元时刻的总观测卫星数目。式（9.62）可用于计算静态参考站的接收机钟差。

2. 双频码无电离层单点定位

上述单点定位（采用单频码数据）已足够准确，可用于修正第二类钟差影响（与卫星速度成比例的影响）。对于更高精度的单点定位，采用双频码数据可以构建无电离层组合（见 6.5 节）。设对于频率 1 和 2，单点定位方程（9.59）可以构建为

$$L_1 = AX + V_1，\quad P_1 \text{ 和 } L_2 = AX + V_2，\qquad P_2 \tag{9.63}$$

则无电离层组合可以采用以下形式构建（见 6.5.1 节）：

$$\frac{f_1^2}{f_1^2 - f_2^2} L_1 - \frac{f_2^2}{f_1^2 - f_2^2} L_2 = AX + V，\qquad P \tag{9.64}$$

式中，

$$P = Q^{-1}，\quad Q = \left(\frac{f_1^2}{f_1^2 - f_2^2} \right)^2 P_1^{-1} + \left(\frac{f_2^2}{f_1^2 - f_2^2} \right)^2 P_2^{-1}$$

且 V 为残差向量。因为式（9.64）可以消除电离层影响，因此通过计算式（9.63）的 L_1 和 L_2，就可以忽略电离层模型。于是，式（9.64）的解就是双频码无电离层单点定位问题的解。

3. 相位单点定位

GPS 载波相位模型为（见 6.1 节）

$$\lambda \Phi_i^k (t_r, t_e) = \rho_i^k (t_r, t_e) - (\delta t_r - \delta t_k)c + \lambda N_i^k - \delta_{ion} + \delta_{trop} + \delta_{tide} + \delta_{rel} + \varepsilon \tag{9.65}$$

其中，$\lambda \Phi$ 为长度的观测相位；Φ 为周数相位；λ 为波长；N_i^k 为与接收机 i 和卫星 k 对应的模糊度。除了模糊度项以及电离层影响项的符号差别外，其他项与本节一开始讨论的伪距模型完全相同。

相位的计算值（表示为 C）为

$$C = \rho_i^k (t_r, t_e) + \delta t_k c + \lambda N_{i0}^k - \delta_{ion} + \delta_{trop} + \delta_{tide} + \delta_{rel} \tag{9.66}$$

式中，N_{i0}^k 为接收机 i 和卫星 k 的初始模糊度参数。将模糊度参数换算为长度且令

$$\Delta N_i^k = \lambda N_i^k - \lambda N_{i0}^k \tag{9.67}$$

相位单点定位方程为（非常类似于式（9.58））

$$l_k = \begin{pmatrix} a_{k1} & a_{k2} & a_{k3} & -1 \end{pmatrix} \begin{pmatrix} \Delta x \\ \Delta y \\ \Delta z \\ \Delta t \end{pmatrix} + \Delta N_i^k + v_k \tag{9.68}$$

将所有观测卫星相关的方程放在一起，则单点定位方程系统的一般形式为

$$L = AX + EN + V , \qquad P \tag{9.69}$$

式中，L 为观测向量；X 为坐标和钟差未知向量；A 为与 X 相关的系数阵；E 为阶数为 K 的单位阵；K 为观测卫星数目；N 为模糊度参数 ΔN_i^k 的未知向量；V 为残差向量；P 为权矩阵。如果观测了 K 颗卫星，会有 K 个模糊度参数、三个坐标参数和一个钟参数，则相位单点定位问题在最初的几个历元无法解算。采用由模糊度电离层方程（见 6.5 节）得到的模糊度参数作为初始模糊度值，则 N 为 0（可以消除），且式（9.69）的形式将与式（9.59）相同。通过这种途径，每个历元的单频相位单点定位方程系统都可以构建和解算。即使在模糊度电离层方程中采用了测距码，通过设置合理的权及硬件偏差模型，依然可以获得高精度的模糊度参数（见 6.7 节和 9.2 节）。

4. 双频相位无电离层单点定位

频率 1 和 2 的双频相位观测量单点定位方程可以写为

$$
\begin{aligned}
L_1 &= AX + EN_1 + V_1, \qquad P_1 \\
L_2 &= AX + EN_2 + V_2, \qquad P_2
\end{aligned} \tag{9.70}
$$

则消电离层组合可以通过下式构建（见 6.5.1 节）：

$$\frac{f_1^2}{f_1^2 - f_2^2} L_1 - \frac{f_2^2}{f_1^2 - f_2^2} L_2 = AX + EN_c + V , \qquad P \tag{9.71}$$

其中

$$N_c = \frac{f_1^2}{f_1^2 - f_2^2} N_1 - \frac{f_2^2}{f_1^2 - f_2^2} N_2 \tag{9.72}$$

$$P = Q^{-1}, \qquad Q = \left(\frac{f_1^2}{f_1^2 - f_2^2} \right)^2 P_1^{-1} + \left(\frac{f_2^2}{f_1^2 - f_2^2} \right)^2 P_2^{-1} \tag{9.73}$$

其中，V 为残差向量；下标 c 用来表示无电离层组合。式（9.71）为双频相位无电离层单点定位方程系统，式（9.71）的解就是双频相位无电离层单点定位问题的解。

5. 相位-码组合单点定位

相位和码无电离层单点定位方程（9.71）和式（9.64）可以写为更为简洁的形式

$$
\begin{aligned}
L_p &= A_{11} X_1 + A_{12} N + V_p, \qquad P_p \\
L_c &= A_{11} X_1 + V_c, \qquad P_c
\end{aligned} \tag{9.74}
$$

式中，下标 p 和 c 分别为相位和码对应的变量；X_1 为坐标和接收机钟差向量；N 为模糊度向量；P 为权矩阵；V 为残差向量。为保证相位和码观测方程有相同的系数矩阵 A_{11}，必须采用共同观测卫星的数据。

通常码单点定位问题（式（9.74）的第二个方程）总是可解（只要观测了 4 颗以上卫星）。模糊度参数个数与相位观测量个数相等。因此，通常式（9.74）的相位-码组合单点定位问题在每个历元都可解。

在 7.5.2 节中讨论的采用分块最小二乘平差方法解算相位-码组合问题，该算法可以直接用于解算组合式（9.74）。

6. 精密单点定位

国际全球卫星导航系统（GNSS）服务组织（IGS）的 GPS 精密卫星轨道和时钟产品使精密单点定位（PPP）技术的发展成为可能。对单台 GPS 接收机所采集的伪距和相位非差观测值进行处理，由于该法无需基站，因此可有效地消除差分 GPS 处理所带来的基站间的限制。同时也提供了一种逻辑上更加简单，几乎同等精确的代替差分 GPS 的方法（Zumberge et al.，1997；Kouba and Héroux，2001）。虽然 PPP 无需任何基站，但需要准确地知道 GPS 卫星坐标和时钟状态。PPP 的算法描述如下。

对于单台 GPS 双频接收机，可应用下列无电离层组合，利用非差观测值简化精密单点定位：

$$P_{\mathrm{IF}} = \frac{f_1^2 \cdot P_1 - f_2^2 \cdot P_2}{f_1^2 - f_2^2} = \rho + c \cdot \mathrm{d}t + d_{\mathrm{trop}} + \mathrm{d}m_{\mathrm{IF}} + \varepsilon_{P_{\mathrm{IF}}} \tag{9.75}$$

$$\Phi_{\mathrm{IF}} = \frac{f_1^2 \cdot \Phi_1 - f_2^2 \cdot \Phi_2}{f_1^2 - f_2^2} = \rho + c \cdot \mathrm{d}t + d_{\mathrm{trop}} + \frac{cf_1 N_1 - cf_2 N_2}{f_1^2 - f_2^2} + \delta m_{\mathrm{IF}} + \varepsilon_{\Phi_{\mathrm{IF}}} \tag{9.76}$$

其中，P_{IF} 为无电离层码观测值；Φ_{IF} 为无电离层相位观测值，P_i 和 Φ_i（i=1,2）分别为伪距观测值和 L_i 上的相位观测值；f_i 为 L_i 的频率；ρ 为卫星与接收机间的几何距离；c 为光速；$\mathrm{d}t$ 接收机钟差；d_{trop} 为对流层延迟；N_i 为 L_i 的整数相位模糊度；$\mathrm{d}m_{\mathrm{IF}}$ 和 δm_{IF} 分别表示包括相对论效应、地球和海洋潮汐、伪距与相位观测值中的硬件延迟等在内的一系列误差改正。ε_P 和 ε_Φ 分别为码和相位的多路径误差和观测噪声等非模型化误差。卫星轨道和钟差未出现在式（9.75）和式（9.76）中，因为通过使用精密轨道和时钟产品可以消除该误差。式（9.75）和式（9.76）中的接收机钟差和对流层延迟在精密单点定位中会进行估算。

PPP 在定位方面有着重要的潜在影响。它不仅给实地作业带来了很大的灵活性，同时也降低了劳动力和设备成本，并且由于无需建立基站而简化了操作流程。利用 IGS 所提供的事后精密轨道和时钟进行精密单点定位在位置确定方面的性能已经在各种文章（Zumberge et al.，1997；Kouba and Héroux，2001；Gao and Shen，2002；Gao et al.，2003）中得到验证。随着实时精密 GPS 卫星轨道和时钟产品的出现，PPP 在实时动态定位（RTK）中也得到了应用（Gao and Chen 2004；Chen et al.，2013）。

9.5.3 标准非差 GPS 数据处理

单点定位中采用的是非差 GPS 数据。正如在 9.5.2 节中讨论的，通常只需要解算 4 个未知参数。单点定位解算具有与历元相关特性。根据单点定位算法，标准静态非差 GPS 数据处理应考虑更多的未知模型及更多的站数据。在动态条件下，由于运动造成接收机坐标为时间的变量，因此通常采用其他算法提前确定模型参数，以减少未知参数数量。

GPS 码伪距和载波相位可建模为（6.1 节，式（6.1）、式（6.2）、式（9.55）和式（9.65））

$$R_i^k(t_{\mathrm{r}}, t_{\mathrm{e}}) = \rho_i^k(t_{\mathrm{r}}, t_{\mathrm{e}}) - (\delta t_{\mathrm{r}} - \delta t_k)c + \delta_{\mathrm{ion}} + \delta_{\mathrm{trop}} + \delta_{\mathrm{tide}} + \delta_{\mathrm{rel}} + \varepsilon_{\mathrm{c}} \tag{9.77}$$

$$\lambda \Phi_i^k(t_{\mathrm{r}}, t_{\mathrm{e}}) = \rho_i^k(t_{\mathrm{r}}, t_{\mathrm{e}}) - (\delta t_{\mathrm{r}} - \delta t_k)c + \lambda N_i^k - \delta_{\mathrm{ion}} + \delta_{\mathrm{trop}} + \delta_{\mathrm{tide}} + \delta_{\mathrm{rel}} + \varepsilon_{\mathrm{p}} \tag{9.78}$$

除了模糊度参数项以及电离层效应的符号外，式（9.77）和式（9.78）右侧的其他项不变。

对于像式（9.63）和式（9.66）那样给出的任何数据组合（详见 6.5 节），上述模型式（9.77）和式（9.78）仍然有效。当然，在式（9.77）和式（9.78）的左侧采用的是组合伪距和组合相位（乘以了波长），而在右侧的模糊度和电离层效应也分别是组合数据。确切地，对于以下组合：

$$R = \frac{n_1 R_1 + n_2 R_2}{n_1 + n_2} \tag{9.79}$$

$$\Phi = n_1 \Phi_1 + n_2 \Phi_2 \tag{9.80}$$

$$\lambda \Phi = \frac{1}{f}(n_1 f_1 \lambda_1 \Phi_1 + n_2 f_2 \lambda_2 \Phi_2) \tag{9.81}$$

其中组合信号频率和波长为

$$f = n_1 f_1 + n_2 f_2, \quad \lambda = c / f \tag{9.82}$$

组合模糊度和电离层效应为

$$N_{\text{com}} = n_1 N_1 + n_2 N_2 \tag{9.83}$$

$$\delta_{\text{ion\_comc}} = \frac{n_1 \delta_{\text{ion1}} + n_2 \delta_{\text{ion2}}}{n_1 + n_2}, \quad \delta_{\text{ion\_comp}} = \frac{-1}{f}(n_1 f_1 \delta_{\text{ion1}} + n_2 f_2 \delta_{\text{ion2}}) \tag{9.84}$$

式中，n_1 和 n_2 为选用的实际常数；下标 1 和 2 为频率 1 和 2；下标 comc 和 comp 为码和相位组合项。

计算得到的码伪距和相位距离为

$$C_c = \rho_i^k(t_r, t_e) - (\delta t_r - \delta t_k)c + \delta_{\text{ion\_comc}}^0 + \delta_{\text{trop}}^0 + \delta_{\text{tide}}^0 + \delta_{\text{rel}} \tag{9.85}$$

$$C_p = \rho_i^k(t_r, t_e) - (\delta t_r - \delta t_k)c + \lambda N_{i0\_\text{com}}^k - \delta_{\text{ion\_comp}}^0 + \delta_{\text{trop}}^0 + \delta_{\text{tide}}^0 + \delta_{\text{rel}} \tag{9.86}$$

式中，上标 0 为模型初始值；下标 c 和 p 为码和相位观测量；com 为组合项。在消电离层组合情况下，没有电离层影响项。否则，应假定电离层影响可以通过已知模型或通过模糊度-电离层方程给定。

在 6.2 节中一般性地讨论了 GPS 观测方程的线性化，在 6.3 节中给出了对应的偏导数。式（9.79）和式（9.81）可线性化为

$$L_c = A_{11} X_{\text{coor}} + A_{12} X_{\text{clock}} + A_{13} X_{\text{trop}} + A_{14} X_{\text{tide}} + V_c, \quad P_c$$
$$L_p = A_{11} X_{\text{coor}} + A_{12} X_{\text{clock}} + A_{13} X_{\text{trop}} + A_{14} X_{\text{tide}} + A_{15} N + V_p, \quad P_p \tag{9.87}$$

式中，X_{coor} 为坐标向量；X_{clock} 为钟差向量；下标 trop 和 tide 用于表示对应的未知向量；N 为模糊度向量；P 为权矩阵；V 为残差向量；A 为相应的系数阵。必须采用共视卫星数据以保证相位和码观测方程的系数阵 A 相同。

为了处理多站数据，应逐站构建方程（9.87），然后将这些方程组合在一起。注意对于所有的站有些参数是共用的参数，如卫星钟差和地球固体潮的 Love 数。在定轨情况中（详见第 11 章），轨道参数和力模型参数也是公共参数。于是，非差 GPS 总的观测方程可以符号化写为

$$L_c = A_1 X_1 + A_4 X_4 + V_c, \quad P_c$$

$$L_p = A_1X_1 + A_4X_4 + A_5X_5 + V_p, \quad P_p$$

$$(9.88)$$

式中，X_1 为两个方程中公共变量的一个子向量；X_4 为两个方程的其他变量向量；X_5 为模糊度向量。在第一个方程中增加 $0X_5$，且令 $X_2 = [X_4 \quad X_5]^T$，则式（9.88）可进一步简化为

$$L_c = A_1X_1 + A_2X_2 + V_c, \quad P_c$$

$$(9.89)$$

$$L_p = A_1X_1 + A_3X_2 + V_p, \quad P_p$$

式（9.89）可以认为是一个与历元相关的观测方程，也可以是所有历元的观测方程。在第 7 章中讨论的大部分平差算法可直接用于解算上面的方程系统。

9.5.4 GPS 数据处理的等价方法

正如在 6.8 节中已经讨论的，式（9.89）的等价消去方程可以表示为（详见 6.8 节和 7.6 节）

$$U_c = L_c - (E - J_c)A_2X_2, \quad P_c$$

$$(9.90)$$

$$U_p = L_p - (E - J_p)A_3X_2, \quad P_p$$

其中

$$\begin{cases} J_c = A_1 M_{11c}^{-1} A_1^T P_c \\ J_p = A_1 M_{11p}^{-1} A_1^T P_p \\ M_{11c} = A_1^T P_c A_1 \\ M_{11p} = A_1^T P_p A_1 \end{cases}$$

$$(9.91)$$

E 为 J 阶单位阵；L 和 P 为原始观测向量和权矩阵；U 为残差向量，其与式（9.89）中的 V 有相同的统计特性。无论式（9.89）是单历元还是所有历元方程，只要式（9.89）中的 X_1 可以被消除，就可以构建等价方程（9.90）。

如果式（9.89）中的变量向量 X_1 被认为是一个零向量，则方程（9.90）为零差分（非差分）GPS 观测方程系统。

如果式（9.89）中的变量向量 X_1 被认为是一个卫星钟差的未知向量，则方程（9.90）为等价的单差 GPS 观测方程系统。

如果式（9.89）中的变量向量 X_1 被认为是一个卫星钟差和接收机钟差的未知向量，则方程（9.90）为等价的双差 GPS 观测方程系统。

如果式（9.89）第二个方程中的变量向量 X_1 被认为是一个所有钟差和模糊度的未知向量，则方程（9.90）的第二个方程为等价的三差 GPS 观测方程系统。

可以采用等价统一的方式处理非差和差分 GPS 数据。这种方法的优点在于：

（1）权保持为初始值，不用处理相关性问题；

（2）采用的是原始数据，不用构建差分；

（3）可以很容易地采用一个开关切换非差分和差分 GPS 数据处理，或者采用一种组合方式，使整个平差和滤波问题的未知参数数量（矩阵阶数）显著减少。

采用等价方法的组合方式可以实现如下。首先，采用等价三差以确定除钟差和模糊度参数之外的未知参数。在这些参数已获取的情况下，观测方程系统式（9.89）可以削

减为只包括钟差和模糊度参数。第二，采用等价的双差方程以确定模糊度向量。再一次，在模糊度已知的条件下，式（9.89）可以进一步削减为只包括钟差参数。第三，采用等价单差以确定接收机钟差。最后，式（9.89）可以削减为只包括卫星钟差，而且可以确定。最后的两步可以合并为一步进行。

顺便说一句，在所有方法中模糊度参数通常以非差形式处理，因此可以避免在双差情况下因参考卫星变动而导致的问题。这在动态 GPS 应用中特别重要。

9.5.5 相对定位

传统上相对定位可以采用差分定位方式实施。相对定位的关键在于保持参考站的坐标固定。换句话说，将参考站坐标初始值考虑为真值，以使相关的未知参数不需参与平差或者等于零。因此，相对定位可以概括为以下两种方式：①消除式（9.89）中的参考坐标未知参数；②采用在 7.8.2 节和 6.8.6 节中讨论的先验基准方法以保持坐标固定为初始值。两种方法是等价的。先验基准方法（见 7.8.2 节和 6.8.6 节）也可以用于保持某些非差模糊度参数和钟差参数固定。在相对定位中保持参考坐标固定，可以更好确定与参考站相关的方程中的其他参数，从而可以间接导致残差下降。

9.5.6 测速

1. 单点测速

类似于在 9.4.2 节中讨论的单点定位，可以采用多普勒数据实现单点测速。GPS 多普勒观测可以模型化为（见式（6.46））

$$D = \frac{\mathrm{d}\rho_i^k(t_\mathrm{r},t_\mathrm{e})}{\lambda \mathrm{d}t} - f\frac{\mathrm{d}(\delta t_\mathrm{r} - \delta t_k)}{\mathrm{d}t} + \delta_{\mathrm{rel}\_f} + \varepsilon \tag{9.92}$$

式中，D 为多普勒观测量；t_e 为卫星 k 的 GPS 信号发送时刻；t_r 为接收机 i 的 GPS 信号接收时刻；下标 i 和上标 k 分别为接收机和卫星；δt_r 和 δt_k 分别为接收机和卫星在时刻 t_r 和 t_e 的钟差；ε 为剩余误差；f 为频率；λ 为波长；δ_{rel_f} 为由于相对论效应的频率改正；ρ_i^k 为几何距离；$\mathrm{d}_i^k/\mathrm{d}t$ 为在时刻 t_r 的卫星和接收机径向距离的时间导数。

多普勒计算值（表示为 C）为

$$C = \frac{\mathrm{d}\rho_i^k(t_\mathrm{r},t_\mathrm{e})}{\lambda \mathrm{d}t} + f\frac{\mathrm{d}(\delta t_k)}{\mathrm{d}t} + \delta_{\mathrm{rel}\_f} \tag{9.93}$$

其中，右侧第一项可以由式（6.14）和式（6.15）进行计算。

卫星钟差和卫星位置速度的时间导数可以通过 IGS 轨道数据或广播导航信息进行计算；第 5 章给出了相对论效应对频率的影响。为了计算式（6.76），显然还需要接收机的初始位置，接收机初始速度设为零。在几何距离计算中需要考虑地球自转修正（见 5.3.2 节）。

于是观测方程（9.93）线性化后为（见 6.2 节、6.3 节及式（6.20）的偏导数）

$$l_k = \frac{-1}{\lambda \rho_i^k(t_\mathrm{r},t_\mathrm{e})}\begin{pmatrix} x_k - x_i & y_k - y_i & z_k - z_i \end{pmatrix}\begin{pmatrix} \dot{x}_i \\ \dot{y}_i \\ \dot{z}_i \end{pmatrix} - \Delta D + v_k \tag{9.94}$$

式中，l_k 为 $O-C$ （观测值减去多普勒计算值）；v_k 为残差；接收机速度为$(\dot{x}, \dot{y}, \dot{z})^{\mathrm{T}}$，$(x\ \ y\ \ z)^{\mathrm{T}}$ 为位置向量；k 为卫星；i 为接收机；ΔD 为接收机钟漂（周数/s），即$\Delta D = f(\mathrm{d}\delta t_\mathrm{r}/\mathrm{d}t)$。则式（9.94）可以写成更为一般的形式：

$$l_k = \begin{pmatrix} a_{k1} & a_{k2} & a_{k3} & -1 \end{pmatrix} \begin{pmatrix} \dot{x} \\ \dot{y} \\ \dot{z} \\ \Delta D \end{pmatrix} + v_k \tag{9.95}$$

其中，a_{kj} 为式（9.94）中相应的系数。如果将所有观测卫星的方程放在一起，则可得到一个一般形式的单点测速方程系统：

$$L = AX + V, \quad P \tag{9.96}$$

式中，L 称为观测向量；X 为包括钟漂的未知速度向量；A 为系数矩阵；V 为残差向量；P 为观测向量权矩阵。式（9.96）的最小二乘解为（见 7.2 节）

$$X = (A^{\mathrm{T}}PA)^{-1}A^{\mathrm{T}}PL \tag{9.97}$$

用于计算解向量 X 的精度公式见 7.2 节。注意方程的系数需要采用初始速度向量计算得到，而初始速度向量通常未知，因此解单点测速问题需要一个迭代过程。对于给定的初始速度向量，通过解该问题可以得到修正解；修正后的初始速度向量可再次用于构建方程，然后再次解算直到过程收敛。如果运动非常迅速，则需要这样一个迭代过程。因为在单点测速方程中有四个未知参数，因此至少需要四个观测量才能保证问题可解。换句话说，当观测到四颗或四颗以上卫星时，总可以确定单点速度。

对于静态测站，未知速度向量$(\dot{x}, \dot{y}, \dot{z})^{\mathrm{T}}$可以视为零，则式（9.94）变为

$$l_k = -\Delta D + v_k \tag{9.98}$$

接收机频率误差可以直接计算为

$$\Delta D = \frac{-1}{K} \sum_{k=1}^{K} l_k \tag{9.99}$$

其中，K 为观测卫星总数。式（9.99）可以用于计算静态参考接收机的频漂。动态接收机频漂也可以通过静态初始化进行计算。

2. 差分多普勒数据处理

更为一般的多普勒数据处理模型要考虑卫星钟频率偏差（钟漂）：

$$l_k = \begin{pmatrix} a_{k1} & a_{k2} & a_{k3} & -1 \end{pmatrix} \begin{pmatrix} \dot{x} \\ \dot{y} \\ \dot{z} \\ \Delta D_i \end{pmatrix} + \Delta D_k + v_k \tag{9.100}$$

式中，标记 i 和 k 分别为接收机和卫星；ΔD 为相应的频偏。对于卫星频率偏差，可以使用来自 IGS 数据或导航数据的初始值。如果将所有测站所有卫星的所有方程放在一起，则式（9.100）的一般形式为

$$L_D = A_1 X_1 + A_2 X_2 + V_D, \quad P_D \tag{9.101}$$

式中，X_1 为公共变量的子向量；X_2 为其他变量向量；A 为相应的系数矩阵。式（9.101）

的等价消去方程可以构成为（详见 6.8 节）

$$U_D = L_D - (E - J_D)A_2X_2, \quad P_D \tag{9.102}$$

其中

$$J_D = A_1 M_{11D}^{-1} A_1^T P_D, \quad M_{11D} = A_1^T P_D A_1 \tag{9.103}$$

E 为 J_D 阶单位矩阵；L 和 P 为初始观测向量和权矩阵；U 为残差向量，其与式（9.101）中的 V 拥有相同特性。

如果式（9.101）中的变量向量 X_1 被认为是一个卫星钟频偏向量，则式（9.102）为等价单差 GPS 多普勒观测方程。

如果式（9.101）中的变量向量 X_1 被认为是一个卫星和接收机钟频偏向量，则式（9.102）为等价双差 GPS 多普勒观测方程。

3. 相对测速

通常采用差分方法进行相对测速。相对测速的关键在于保持参考站速度固定或为零。因此，相对测速可以采用以下两种方式：①从式（9.101）中消去参考速度未知数；②采用在 7.8.2 节中讨论的先验基准方法以保持参考速度固定为初始值。

9.5.7 采用速度信息的 Kalman 滤波

如在 6.5.5 节中所讨论，来自差分多普勒的速度信息可以用于描述在 Kalman 滤波中所需的系统信息。无论接收机运动或静止，差分多普勒包括了关于接收机运动状态的信息。因此，采用速度信息作为系统描述应该优于任何经验模型。

采用速度信息的 Kalman 滤波原理可概括如下（也可见 7.7 节）。

对于初始（或预报）向量 $\bar{Z}$，相位观测法方程为

$$M_z Z = B_z, \quad Z = \begin{pmatrix} X \\ N \end{pmatrix} \tag{9.104}$$

式中，M_z 为法矩阵；B_z 为等式右侧的向量。它们都由初始向量 $\bar{Z}$ 构建，Z 包括子向量 X（坐标）和 N（模糊度）。则式（9.104）的估计解为

$$\tilde{Z} = \tilde{Q}_z B_z, \quad \tilde{Q}_z = M_z^{-1} \tag{9.105}$$

差分多普勒观测方程（见式（9.102），其中只有速度向量未知）的法方程可以构建为

$$M_{\dot{x}} \dot{X} = B_{\dot{x}} \tag{9.106}$$

式中，$\dot{X}$ 为接收机速度向量，也用作相应的法矩阵和等式右侧向量的下标。式（9.106）的解于是为

$$\dot{X} = Q_{\dot{x}} B_{\dot{x}}, \quad Q_{\dot{x}} = M_{\dot{x}}^{-1} \tag{9.107}$$

则对于以 k 表示的下一个历元，预测向量为

$$\bar{Z}(k) = \tilde{Z}(k-1) + \dot{Z}(k-1) \cdot \Delta t \tag{9.108}$$

其中，Δt 为历元 $k-1$ 和 k 之间的时间间隔，且

$$\dot{Z}(k-1) = \begin{pmatrix} \dot{X}(k-1) \\ 0 \end{pmatrix} \tag{9.109}$$

式（9.108）指出差分多普勒必须作为观测量用于式（9.107），因为这里速度被视作一个平均值，因此相应的预测向量的协方差矩阵则为

$$\bar{Q}_z(k) = \tilde{Q}_z(k-1) + (\Delta t)^2 \begin{pmatrix} Q_{\dot{x}} & 0 \\ 0 & 0 \end{pmatrix} \tag{9.110}$$

权矩阵为

$$\bar{P}_z(k) = \bar{Q}_z^{-1}(k) \tag{9.111}$$

历元 k 的法方程式（9.104）为

$$M_z(k)Z(k) = B_z(k) \tag{9.112}$$

则式（9.112）的 Kalman 滤波解为

$$\tilde{Z}(k) = \tilde{Q}_z(k)B_z(k), \quad \tilde{Q}_z(k) = (M_z(k) + \bar{P}_z(k))^{-1} \tag{9.113}$$

注意法方程式（9.112）必须采用式（9.108）的预测向量 $\bar{Z}(k)$ 进行计算。

后续历元重复从式（9.106）~式（9.113）的各步骤，这就是采用速度信息的 Kalman 滤波过程。上述算法既可用于动态也可用于静态数据处理。特别是适用于静态数据处理，因为测站没有严格设定为固定（如式（9.106）所描述）。这种算法可以改变 Kalman 滤波对初始值的强烈依赖。法方程式（9.106）的构建是一个迭代过程（见 9.5.6 节），必须采用速度信息构建方程。式（9.106）代表了真实的系统描述。

9.6 观测几何精度

回顾第 7 章平差中的讨论，解向量的精度向量通常表示为（见式（7.8））

$$p[i] = m_0 \sqrt{Q[i][i]}, \quad m_0 = \sqrt{\frac{V^{\mathrm{T}}PV}{m-n}}, \quad \text{if} \quad (m > n) \tag{9.114}$$

式中，i 为元素索引；m_0 为所谓的标准差（或 sigma）；$p[i]$ 为精度向量的第 i 个元素；$Q[i][i]$ 为方阵 Q（法矩阵的逆矩阵）的第 i 个对角线元素；V 为残差向量；上标 T 为向量转置；P 为权矩阵；n 为未知参数个数；m 为观测量个数。

式（9.114）用于描述未知参数向量中的单个参数的精度。这些参数通常可以根据其物理性质分为几组，如位置参数和钟差参数；进一步这些位置参数又可根据测站区分，而钟差则可以根据卫星和接收机区分等。为了描述一组未知参数的精度，采用均方根定义如下：

$$p_{jJ} = \sqrt{\frac{1}{n} \sum_{i=j}^{J} p[i]^2} \tag{9.115}$$

式中，j 为讨论的参数组中第一个索引；J 为最后一个；n 为组内参数总个数。当然，这里我们假定参数按照组排序。将式（9.114）代入上式，则有

$$p_{jJ} = \frac{m_0}{\sqrt{n}} \text{DOP}, \quad \text{DOP} = \sqrt{\sum_{i=j}^{J} Q[i][i]} \tag{9.116}$$

式中，DOP 为精度衰减因子的简称。可以看到 DOP 因子对于描述同类的一组参数的精

度非常重要。设在未知向量中，$X[i]$，$i=1,2,3$ 为接收机坐标 x，y，z，且 $i=4$ 为接收机钟差，则位置 DOP（PDOP）式（9.116）中的 $j=1$ 和 $J=3$ 定义，时间 DOP（TDOP）由式（9.116）中的 $j=J=4$ 定义。几何 DOP（GDOP）由式（9.116）中的 $j=1$ 和 $J=4$ 定义（Hofmann-Wellenhof et al.，1997）。对于多站，定义形式可类似扩展。

PDOP 是一个表示位置精度的因子。我们经常需要在当地坐标系表示位置精度，即在水平和垂直两个分量上。回顾全球和当地坐标系之间的关系（见 2.3 节），则有

$$X_{local} = RX_{global}, \qquad X_{global} = R^T X_{local} \tag{9.117}$$

式中，X_{local} 和 X_{global} 为当地和全球坐标系统的单位阵；R 为在式（2.11）中给出的旋转阵。根据协方差传播定理，则有

$$Q_{local} = RQ_{global}R^T, \qquad Q_{global} = R^T Q_{local}R \tag{9.118}$$

式中，Q_{global} 为 Q 的子矩阵，对应于坐标部分。设未知向量 $X_{local}[i]$，$i=1,2,3$ 为接收机水平坐标 x，y 和垂直坐标 z，则水平精度衰减因子（HDOP）和垂直精度衰减因子（VDOP）定义为

$$HDOP = \sqrt{\sum_{i=1}^{2} Q_{local}[i][i]}, \qquad VDOP = \sqrt{\sum_{i=3}^{3} Q_{local}[i][i]} \tag{9.119}$$

多站情况下的定义可类似给出。

9.7 实时定位系统简介

现如今，实时定位已成为 GNSS 领域的热点问题。本节介绍了两种最主要的精密实时定位方法，即网络实时动态定位（NRTK）和实时动态精密单点定位（PPP-RTK）。

9.7.1 网络 RTK

传统的 RTK 使用单个参考站，由于无线电通信的距离限制和由轨道电离层及对流层误差引起的与距离相关的非空间相关性的误差的存在，流动站需要在离参考站较近的距离内工作。因此，RTK 定位的作业区域与大气环境相关，通常限制在 10~20 km 的距离范围内。网络 RTK（NRTK）是一种可以克服传统 RTK 的应用范围受限的方法。网络中每个站的距离通常不超过 100 km，每个参考站将观测数据发送到处理中心，通过网平差处理观测数据，并计算观测值的误差和改正信息。然后通过卫星链路或因特网向用户发送观测值改正信息。网络覆盖区域的用户可以通过这些改正信息来减小观测误差（Mowafy，2012）。

网络 RTK 的原理起始于，RTK 网络内的所有参考站将卫星观测值持续流式地传输到运行网络 RTK 软件（如 Trimble RTKNet、Leica GNSS Spider 和 Geo ++）的中央服务器上。网络 RTK 的目的是在网络范围内最大程度地减小与距离相关的误差对流动站位置计算的影响。NRTK 通常需要至少三个参考站来生成网络区域的改正信息。一般来说，网络的规模没有限制，其可以是区域的、全国性的甚至全球性的。

原则上，RTK 网络方法由四个基本步骤组成（图 9.2）：①参考站的数据采集；②在网络处理中心处理数据并生成改正信息；③播发改正信息；④最后流动站利用 NRTK 的信息进行定位。在第一步中，多个参考站同时收集 GNSS 卫星观测值，并将其发送到控

制中心，并进行模糊度固定。只有固定了模糊度的观测值才可以用于建立与距离相关的偏差的精确模型。各个参考站之间相对较长的距离和实时固定模糊度的要求使得该步骤成为网络 RTK 的最大的挑战。

通常，NRTK 服务器系统由以下部分组成（Leica Geo. systems，2011）：

（1）站点服务器，管理并连接到各个参考站接收机；

（2）网络服务器，从站点服务器获取数据并将其发送到处理中心；

（3）承载网络处理软件的集群服务器，网络处理软件执行的任务包括：数据质量检查、应用天线相位中心改正、模糊度固定、系统误差的建模与估计、某些技术（如 VRS，PRS）中的误差（改正值）内插和虚拟观测值或其他技术中的模型参数（如 FKP、Mac）的生成；

（4）防火墙，通常用来防止用户访问上述服务器；

（5）RTK 代理服务器，处理来自用户的请求并发回网络信息；

（6）用户界面，用于从 NRTK 中心发送或接收数据。

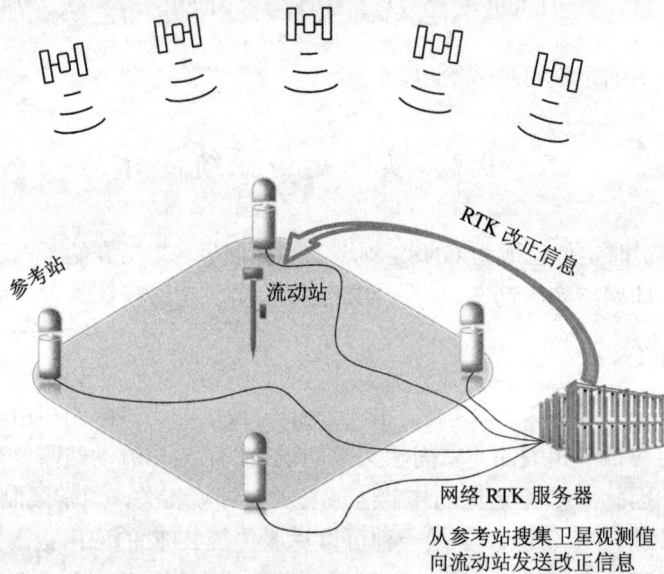

图 9.2 网络 RTK 的原理

网络 RTK 最显著的优点可概括如下：

（1）与单参考站 RTK 相比，由于无需为每个用户设置基准参考站，故成本和劳动力均有所降低；

（2）由于误差的控制使用一个处理软件，其具有相同的函数、随机模型及假设条件，并使用相同的数据，故计算出的流动站位置的精度更加均匀一致；

（3）当参考站和流动站之间的距离较远时仍能保证精度；

（4）与使用单参考 RTK 所需的永久性参考站数量相比，覆盖相同的区域时网络 RTK 所用的参考站数量更少。网络测站间的距离可达几十千米，通常保持在 100km 以内；

（5）NRTK 在提供 RTK 改正信息方面具有更高的可靠性和可用性，可有效提高冗余度，使得如果一个测站出现故障，仍然可以从其余参考站获得解；

（6）网络 RTK 能够支持多个用户和多种应用。

然而，网络 RTK 也存在一些缺点，包括：

（1）需向 NRTK 供应商提供订购费用；

（2）使用网络无线通信需要成本（通常利用无线移动通信，如 GPRS 技术）；

（3）对提供必要信息的外部来源存在依赖。

9.7.2　PPP-RTK

由于当前要求必须使用无电离层影响的线性组合，故 PPP 的精度有限。精确的电离层模型通常也无法获得。由于无电离层线性组合不是基于整数系数，并且当前的状态信息不保留模糊度的整数性质，所以不可能通过恰当地固定模糊度来获得 GNSS 载波相位的最优精度水平。因此，PPP 需要更长的积分或观测时间。使用状态空间建模的 RTK（实时动态）网络可以克服 PPP 的局限性。这种 RTK 网络可以连续地实时地导出所有单独的 GNSS 误差。可以对大气 GNSS 效应进行建模，得到电离层和对流层的状态信息。完整的状态信息也能够实时播发给用户。所以用户能够固定模糊度，并达到已知的 RTK 精度水平。这种可以固定模糊度的精密单点定位就是 PPP-RTK（Wübbena et al.，2005）。

PPP 模式使用非差观测值，通过使用精密卫星钟差来减小卫星相关误差，并采用精密轨道来避免轨道误差。这些精密卫星产品通常由分析全球数据的处理中心如国际 GNSS 服务（IGS）提供。由于在 PPP 中只使用一个接收机，所以模糊度作为未知参数的一部分求其实数解而不进行固定。因此，处理中需要几分钟的数据来使解可靠地收敛。PPP-RTK 的概念是通过使用精密的未差分的来自参考网络的大气改正和卫星钟差改正来增强 PPP 估计，使得在网络覆盖范围内的用户可即时地进行模糊度固定。

第10章 GPS理论和算法应用

本章讨论了 GPS 原理和算法的软件编程。并给出了精密动态定位的概念和机载遥感系统的飞行状态监测的应用案例。

10.1 软 件 开 发

GPS/Galileo 软件通常由三个主要部分组成：一个函数库、一个数据平台和一个数据处理内核。函数库提供可能用到的物理模型、算法和工具。数据平台提供可能需要的数据并通过时间循环实现。数据处理内核组成观测方程、进行方程累加和必要解算。软件开发可以利用本书及相关手册中涉及的理论和算法。

10.1.1 函数库

函数库由物理模型、算法和工具组成。为方便起见，下面列出这些函数及其在本书中对应的章节内容（图 10.1~图 10.3）。

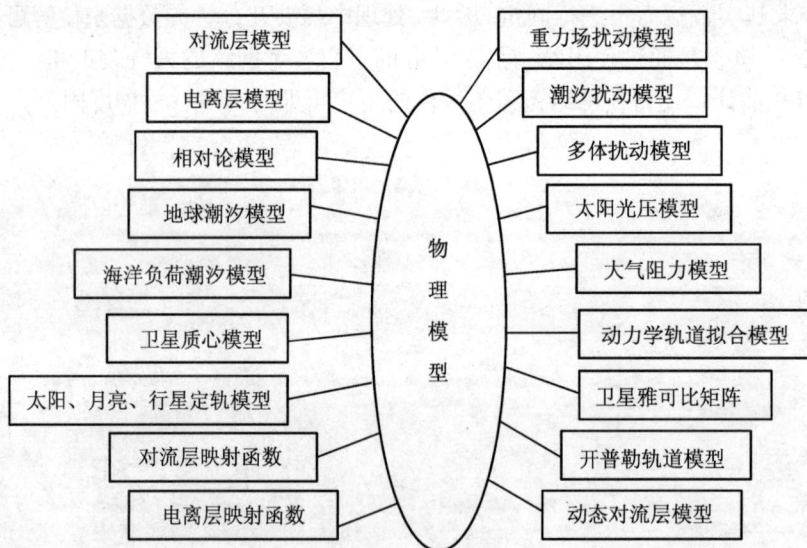

图 10.1 物理模型

1. 物理模型

（1）用于修正或确定对流层效应的对流层模型（5.2 节）。

（2）用于修正电离层效应的电离层模型（5.1 节）。

（3）用于修正相对论效应的相对论模型（5.3 节）。

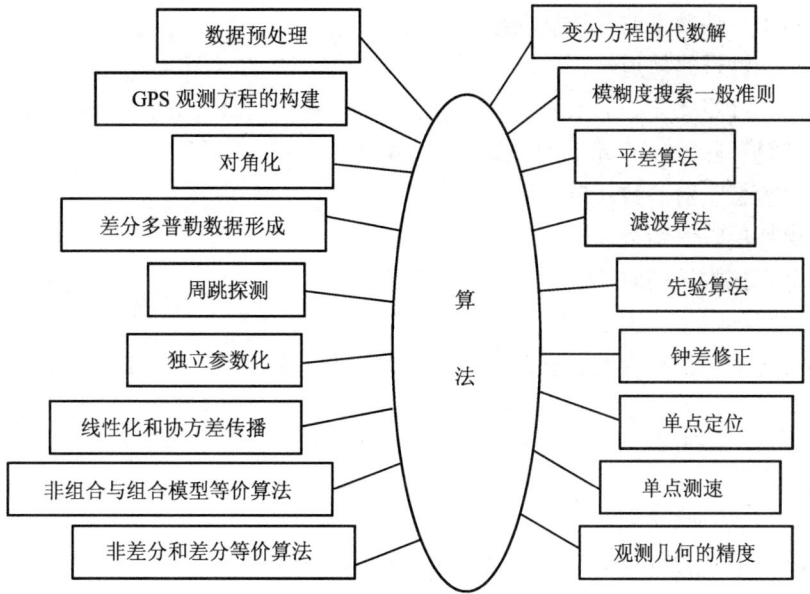

图 10.2　算法

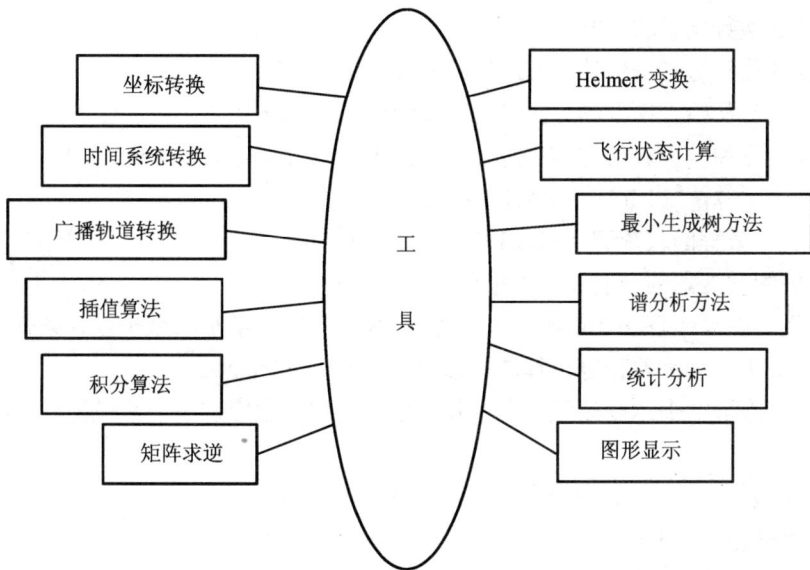

图 10.3　工具

（4）用于修正地球固体潮的地球潮汐模型（5.4 节）。

（5）用于修正海水负荷偏移（尤其是靠近海岸的情况下）的海洋负荷潮汐模型（5.4 节）。

（6）用于 GPS 卫星质心和天线相位中心变换的卫星质心模型（5.8 节）。

（7）用于定轨的太阳光压模型（11.2.4 节）。

（8）用于低轨卫星定轨的大气阻力模型（11.2.5 节）。

（9）动力学定轨和低轨卫星重力场确定的重力场扰动模型（11.2.1 节）。

（10）精确的动力学定轨和低轨卫星重力场测定的潮汐扰动模型(11.2.3 节)。

（11）用于摄动改正的多体扰动模型（11.2.2 节）。

（12）区域性网络轨道修正的动力学轨道拟合模型（11.4 节）。

（13）用于计算太阳、月亮和行星的星历、多体摄动和地球固体潮效应的太阳、月亮和行星轨道模型（11.2.8 节、11.2.2 节和 5.4 节）。

（14）对流层映射函数（5.2 节）。

（15）电离层映射函数（5.1 节）。

（16）动态接收机的对流层模型（10.3.2 节）。

（17）开普勒轨道模型（3.1.3 节）。

（18）开普勒参数和卫星状态向量的雅可比矩阵（3.1.1 节、3.1.2 节、3.1.3 节、11.3 节和 11.7 节）。

2. 算法

（1）数据预处理（9.5.1 节）。

（2）GPS 观测方程的构建（4.1 节、4.2 节、4.3 节和 6.1 节）。

（3）必要的差分多普勒数据的形成（6.5.5 节）。

（4）周跳探测（8.1 节）。

（5）独立参数化算法（9.1 节）。

（6）线性化和协方差传播（6.3 节、6.4 节、11.5 节和 11.7 节）。

（7）非组合和组合模型的等价算法（6.5 节、6.7 节和 9.2 节）。

（8）非差分和差分算法的等价算法（6.6 节、6.8 节、7.6 节和 9.2 节）。

（9）对角化算法（7.6.1 节和 9.1 节）。

（10）变分方程的代数解（11.5.1 节）。

（11）模糊度搜索的一般和等价准则（8.3 节）。

（12）经典的平差算法（最小二乘平差（LSA）、序贯最小二乘平差、条件最小二乘平差、分块最小二乘平差和等价算法，参见 7.1 节～7.5 节）。

（13）滤波算法（卡尔曼滤波、抗差卡尔曼滤波和自适应抗差卡尔曼滤波，7.7.1 节～7.7.3 节）。

（14）先验约束最小二乘平差（7.8.1 节和 7.8.2 节）。

（15）钟差修正（5.5 节）。

（16）单点定位（9.5.2 节）。

（17）单点测速（9.5.6 节）。

（18）观测几何的精度（9.6 节）。

3. 工具

（1）坐标转换工具（2.1 节、2.3 节、2.4 节和 2.5 节）。

（2）时间系统转换函数（2.6 节）。

（3）IGS 格式的广播轨道转换（3.3 节）。

（4）插值算法（3.4 节，5.4.2 节和 11.6.5 节）。

（5）积分方法（11.6.1 节，11.6.2 节，11.6.3 节和 11.6.4 节）。

（6）矩阵求逆函数（Gauss-Jordan 和 Cholesdy 算法）。

（7）Helmert 变换（2.2 节）。

（8）飞行状态计算(10.3.3 节)。

（9）基线网优化组构的最小生成树方法（9.2 节）。

（10）谱分析方法（Xu，1992）。

（11）统计分析（6.4 节和 7.2 节）。

（12）图形显示。

10.1.2 数据平台

数据平台包括三部分：公共部分、顺序时间循环部分和总结部分。为方便起见，下面列出本书内容中涉及的相关函数（图 10.4）。

1. 公共部分

（1）开始程序。

（2）读取控制软件运行的输入参数文件（输入参数文件的例子，参见文献（Xu，2004））。

（3）读取软件运行的所有可能需要的数据文件（如卫星信息文件、测站信息文件、重力场数据文件、海水负荷系数、GPS 轨道数据文件和极移数据文件，等等）。

（4）读取或构建太阳-月亮-行星轨道数据。

（5）计算地球／海水负荷潮汐位移。

（6）如需要，进行 GPS 卫星轨道数据变换。

（7）如可能，进行 GPS 数据预处理。

（8）基线网优化组构和初始化。

2. 顺序时间循环部分

（1）顺序时间循环开始。

（2）获取对应历元的必要数据（如接收机初始坐标等）。

（3）计算对应历元的所有可能有用的参数和模型的值（如变换矩阵、内插轨道数据和改正模型的值等）。

（4）读取 GPS 观测数据并转换成适用的格式。

（5）单点定位（如对于第二类型的钟差改正）。

（6）单点测速（速度属于测站的一种状态矢量）。

（7）数据处理内核（10.1.3 节）。

（8）顺序时间循环结束。

3. 总结部分

（1）结果统计分析和谱分析。

（2）质量控制和报告。

（3）如有必要，迭代。

（4）文档和图表显示。

（5）如有必要，预报。

（6）程序运行结束。

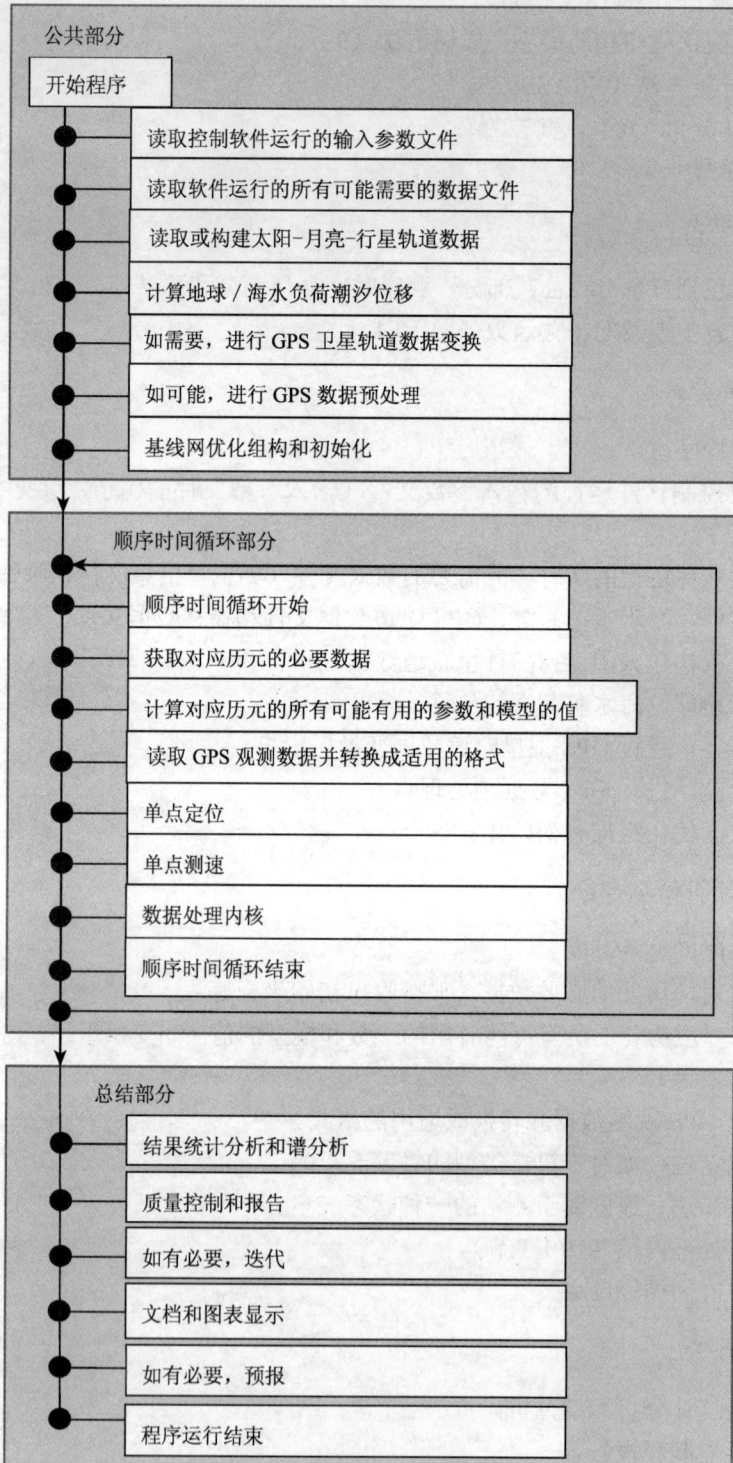

图 10.4 程序公共部分、顺序时间循环部分和总结部分

10.1.3 数据处理内核

数据处理内核是由开关控制的 GPS 数据处理算法集合。基于上面提到的函数库和数据平台，欲实现一个 GPS 软件的指定功能，就转换成为一个相对简单的工作——仅需构造这个函数并且把它添加到数据处理中心。多功能数据处理内核是一些单独函数的集合并且通过输入参数进行功能转换。因此，数据处理内核是一系列特定程序函数的集合。特定函数被称为子内核，取决于数据处理的特定目的。实际上单点定位和速度确定也是数据处理内核的两个函数。下面列举了多功能数据处理内核的可能函数和子内核的结构。

1. 多功能数据处理内核的函数

（1）静态、动态和动力学应用的单点定位。
（2）静态和动态应用的相对定位。
（3）电离层和大气探测。
（4）综合轨道修正的区域地壳形变监测。
（5）全球网络定位和 GPS 定轨。
（6）低轨卫星（LEO）定轨和重力场确定。

2. 子内核的结构

（1）利用轨道和测站数据，以及物理模型计算观测量（可以被用作系统仿真）。
（2）计算线性化观测方程的系数。
（3）在动态应用的情形下，求解构建轨道相关观测方程的变分方程。
（4）构建法方程。
（5）法方程的累加。
（6）求解需要解决的问题。

10.2 常用 GPS 软件介绍

本节将介绍世界上一些常用的 GPS 软件。

1. GAMIT/GLOBK/TRACK

GAMIT、GLOBK 和 TRACK（http://www-gpsg.mit.edu/~simon/gtgk）构成了一套综合程序，主要用于分析 GPS 观测数据，研究地壳形变。这套软件由美国麻省理工学院（MIT）、斯克里普斯海洋研究所和哈佛大学联合开发，并得到美国国家科学基金会（NSF）的支持。个人、高校及政府机构出于任何非商业用途均可获得该软件，而无需书面协议或使用费。下载密码和软件升级更新可通过联系 Robert W King 博士（rwk@chandler.mit.edu）获得。

GAMIT 是用于分析 GPS 数据的一套程序。它利用 GPS 广播载波相位和伪距观测值来估计地面站和卫星轨道的三维相对位置、大气天顶延迟和地球定向参数。该软件可在任何 UNIX 操作系统下运行。GLOBK 是一个卡尔曼滤波器，其主要目的是综合各种大地测量如 GPS、VLBI 和 SLR 实验的结果。它处理数据，或虚拟观测值的估值及其协方差矩阵。虚拟观测值是指通过对原始观测量进行分析得到的测站坐标、地球定向参数、轨道参数及目标位置等信息。通常输入的解以松的先验不确定性赋予所有全局参数，因此在联合解算中可应用统一约束。TRACK 是一种 GPS 差分相位动态定位程序。TrackRT 是一种实时 GPS 动态处理程序。

2. GIPSY-OASIS II

GIPSY-OASIS（GOA II）（https://gipsy-oasis.jpl.nasa.gov）是一种快速自动化的超高精度的 GPS 数据处理软件包，它具有严格的数据质量控制，由美国加州帕萨迪纳国家航空航天局（NASA）喷气动力实验室（JPL）支持。

GOA II 的特点有：厘米级精度（地面和空间）；自动化、无人化的低成本运营；创新的 GPS 和非 GPS 分析能力；实时能力（使用 RTG，实时 GIPSY）；超越的 GPS 估算能力和精度，独特的滤波器或平滑器；适用于非 GPS 轨道和非 NASA 项目（FAA、军事、商业）。使用 GOA II，可以进行定轨（单个航天器或卫星星座）；地面、海洋和空中的精密定位和授时；近实时和 RTG 实时功能的自动（无人化）作业。

此外，自动精密定位服务（APPS，替代自动 GIPSY）是 GIPSY 的 e-mail 或 ftp 接口。它对 RINEX 文件中的 GPS 数据进行基本分析。用户无需 GIPSY 就可以使用 APPS，所有的数据处理都在 JPL 的计算机上进行。e-mail 用于通知 APPS 用户的数据位置。APPS 发送 e-mail 通知用户数据结果的位置。APPS 使用匿名 ftp 来获取数据，用户使用匿名 ftp 来获取结果。

3. Bernese

Bernese GNSS 软件（http://www.bernese.unibe.ch）是瑞士伯尔尼大学天文研究所（AIUB）开发的一款科学的、高精度的多 GNSS 数据处理软件。欧洲定轨中心（CODE）就利用这款软件进行国际 GPS 服务（IGS）和欧洲（欧洲参考框架 EUREF 和欧洲参考框架连续运行观测网 EPN）的研究活动。

Bernese 具有如下特点：拥有最先进的模型，对相关处理选项的精细化控制，强大的自动化批处理工具，坚持最新的国际通用标准，以及由于高度模块化设计而具有的内在灵活性。该软件特别适用于小型单频和双频组合测量的快速处理；永久网络的自动化处理；对大量接收机数据的处理；不同接收机类型的组合，顾及天线相位中心变化；GPS 和 GLONASS 观测值的组合处理；长基线（2000km 或更长）的模糊度固定；电离层和对流层监测；钟差估计和时间传递；生成最小约束网解；轨道确定和地球定向参数估计。

4. RTKLIB

RTKLIB（http://www.rtklib.com）是用于 GNSS 定位的开源程序包。 RTKLIB 具有以下特点：支持 GPS、GLONASS、Galileo、QZSS、BeiDou 和 SBAS 的标准和精密定位算法；支持 GNSS 的多种实时和事后定位模式（单点、差分 GPS/差分 GNSS（DGPS / DGNSS）、动态、静态、移动基线、固定基线、动态 PPP、静态 PPP 和固定 PPP）；支持 GNSS 的多种标准格式和协议，以及一些 GNSS 接收机的专有信息；它支持通过串口、TCP/IP、NTRIP、本地日志文件（记录和播放）及 FTP/HTTP（自动下载）进行外部通信；为 GNSS 数据处理提供多种库函数和应用程序接口（APIs）。

10.3　精密动态定位和飞行状态监测的方法

本节介绍机载遥感系统的精密动态定位和飞行状态监测的概念，它来源于欧盟的 AGMASCO 项目中的实践经验。这个项目在三年时间的四次飞行中，收集了大约两个月的 GPS 动态飞行数据和静态参考站数据。在数据处理中使用了独立开发的 GPS 软件包和几种商业 GPS 软件包。本章将讨论为飞机轨迹建立的对流层模型，并将静态模糊度的结果作为条件应用在动态定位中。这些概念涉及的内容在动态 / 静态 GPS 软件 KSGsoft 中实现，并且已经证明效果良好（Xu，2000）。

10.3.1　概论

欧盟的 AGMASCO（Airborne Geoid Mapping System for Coastal Oceanograpgy）项目由五个欧洲研究机构参与，已经收集了大约两个月的多种静态和空中动态 GPS 数据，这些数据用作机载遥感系统的动态定位和飞行状态监测。遥感系统包括了航空重力仪、加速度计、雷达、激光高度计、惯性导航系统（INS）和数据记录器。该项目在欧洲完成了四个架次的飞行活动（图 10.5）。它们是 1996 年 6 月在德国不伦瑞克的测量活动（图 10.6）、1996 年 9 月在斯卡格拉克海峡的测量活动（图 10.7）、1997 年 7 月的法拉姆海峡测量活动（图 10.8）和 1997 年 10 月的亚述尔群岛测量活动（图 10.9）。在机身、机背和机翼上安装了 2～3 个 GPS 航空天线，使用了至少三台 GPS 接收机作为静态参考站。

上面提及的遥感系统有两个非常重要的目标：测量地球的重力加速度和探测海面地形。因为航空重力计（或加速度计）和高度计稳固地安装在飞机上，利用 GPS 进行动态定位和飞行状态监测在确定飞机加速度、速度、位置和方向中起着关键作用。传感器的高灵敏度要求高质量的飞机定位和飞行状态监测。因此，专门为此研究开发并实现了新的 GPS 数据处理方法与模型。

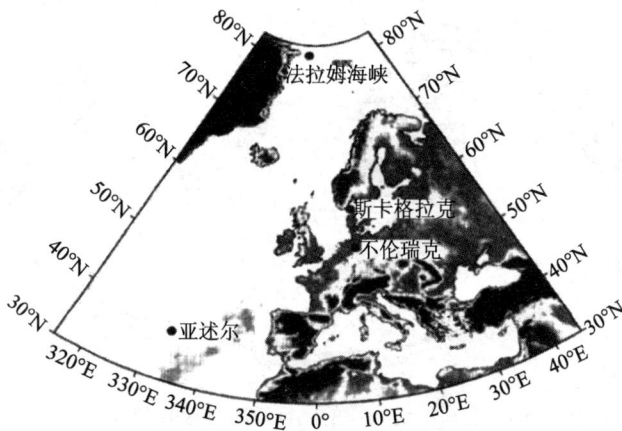

图 10.5　四次飞行活动的测量区域

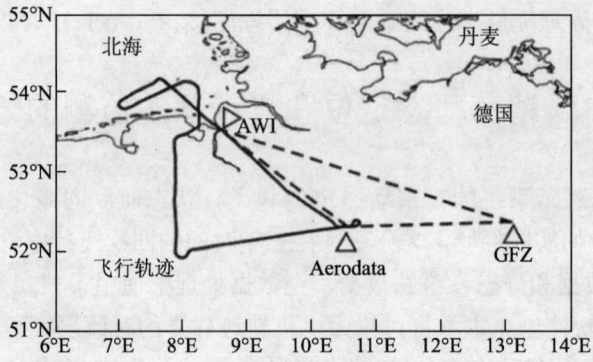

图 10.6 在德国不伦瑞克的飞行活动（1996 年 6 月）

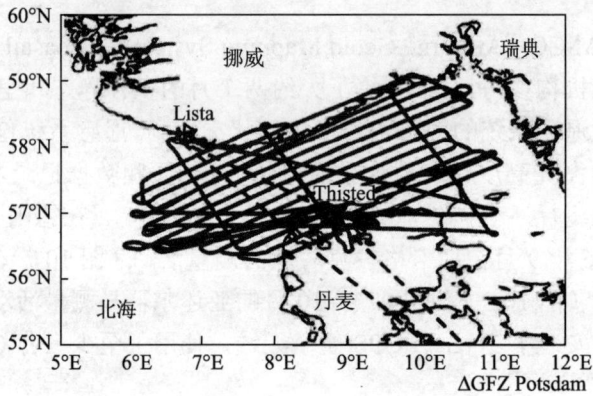

图 10.7 在斯卡格拉客海峡的飞行活动（1996 年 9 月）

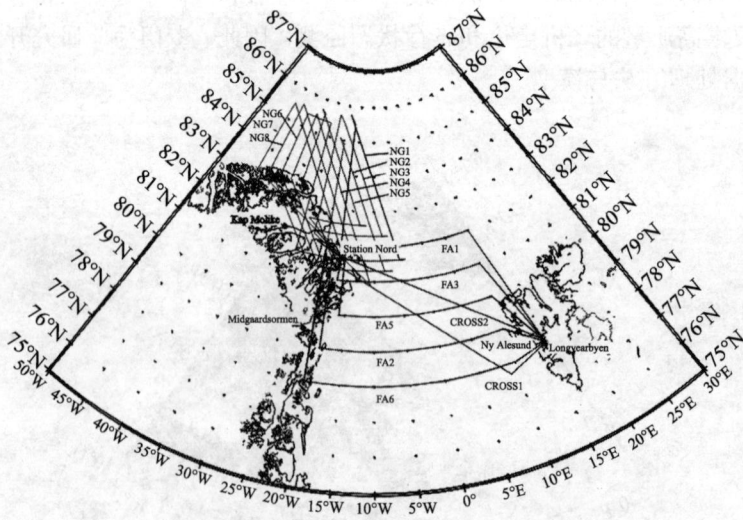

图 10.8 在法拉姆海峡的飞行活动（1997 年 7 月）

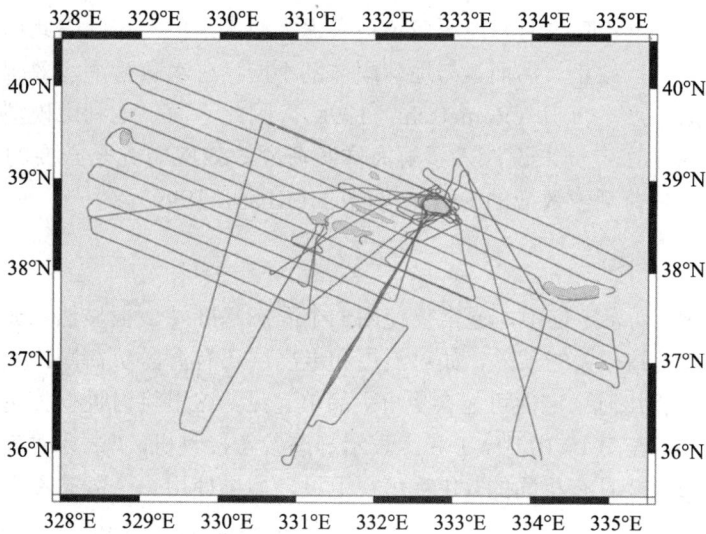

图 10.9　在亚述尔群岛的飞行活动（1997 年 10 月）

精密动态定位和飞行状态监测的概念将分别在 10.3.2 节和 10.3.3 节中讨论。

10.3.2　精密动态定位的概念

大量文献介绍精密动态定位的问题（Remondi，1984；Wang et al.，1988；Schwarz et al.，1989；Cannon et al.，1997；Hofmann-Wellenhof et al.，1997）。基于 AGMASCO 的实践，提出了一种新概念并且应用到了数据处理中。

1. 综合静态参考站和 IGS 站

众所周知，差分 GPS 定位的结果依赖于参考站的精度。但是，并没有明确这种依赖性的强度，或者换言之，在动态差分定位中并没有明确对参考站站址坐标有精度要求。在 AGMASCO 数据处理期间，我们注意到，参考站址坐标的精确度是非常重要的。参考站站址坐标的一点偏差将在动态飞行路线中引起不仅仅一点的偏差，而是一种显著的线性的趋势。这种线性的趋势依赖于飞行的方向和参考接收机的位置。因此，在精密动态定位中，静态参考站站址坐标应当谨慎确定，如连测这些站址到最近的 IGS 基准站。有关参考站站址坐标精度对动态和静态定位质量影响的详细研究见 Jensen（1999）的研究。

2. 地球固体潮和负荷潮改正

Xu 和 Knudsen（2000）详细研究了地球固体潮效应对 GPS 动态／静态定位的影响。对于机载动态差分 GPS 定位，在静态参考站中应进行地球固体潮效应修正。潮汐影响在丹麦和格陵兰岛可达到 30cm，在世界上的其他地方可达到 60cm。潮汐效应可能在几小时测量时段内引起漂移。对基线长度小于 80km 的陆基动态和静态差分 GPS 定位来说，地球固体潮效应的影响可能超过 5mm。在精密 GPS 定位应用中，无论是静态还是动态情况下，地球固体潮效应予以考虑，哪怕是相对小范围的 GPS 网络。

在特殊情况下（Ramatschi，1998），海水负荷潮汐效应的影响同样可以达到厘米级。

通常，海水负荷潮汐效应在沿海地区应该被考虑为厘米级的水平，因此这些效应必须在 GPS 数据处理中予以改正。然而，与地球固体潮不同，海水负荷潮汐效应利用海洋潮汐模型仅可能模拟 60%～90%（Ramatschi，1998）。因此，简单地利用模型去修正这些影响是不够的，对精密定位来说深入了解海洋负荷潮汐效应研究是必要的。然而，使用 GPS 去确定海洋负荷潮汐效应的参数是可能的（Khan，1999）。

3. 多基站动态定位

在差分 GPS 动态定位中，通常仅使用一个静态基准站。很显然，如果使用多个静态参考站，与参考站相关的误差，如对流层和电离层还有海洋负荷潮汐效应的误差便可以削弱并且系统的几何稳定性可能会更好。简单起见，这里将讨论仅使用两个静态参考站接收机的例子。在图 10.10 中，1 和 2 表示静态参考接收机，k 表示动态目标。假设两个静态站靠近布设并且有相同的 GPS 可视卫星。如果使用一个静态参考接收机用于动态定位，未知的矢量是 $(X_k \quad N_{1k})$，这里 X 是坐标的子向量，N 是模糊度的子向量。使用两个静态参考站，未知向量为 $(X_k \quad N_{1k} \quad N_{2k})$，因为未知的坐标子向量 X 是相同的。在动态情形下，子向量 N 与 X 相比，其维数非常小。因此，在动态定位中通过使用多个静态参考接收机，观测量的总数是增加的，但是未知数的总数几乎是相同的，因此结果将会有所改进。

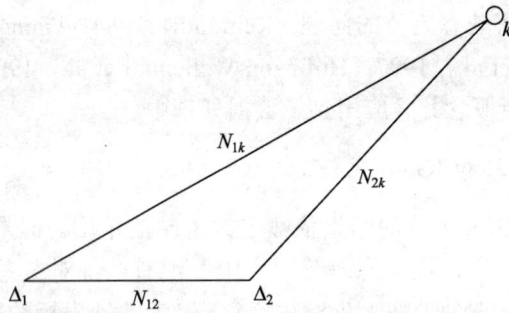

图 10.10　动态定位的多静态参考站

此外，根据双差模糊度的定义：

$$N_{1k} = N_1^j - N_k^j - N_1^J + N_k^J \tag{10.1}$$

$$N_{2k} = N_2^j - N_k^j - N_2^J + N_k^J \tag{10.2}$$

$$N_{12} = N_1^j - N_2^j - N_1^J + N_2^J \tag{10.3}$$

式中，右侧的 N 为非差模糊度；指数 j 和 J 为卫星；1 和 2 为静态基准站；k 为动态站。可以得到

$$N_{1k} - N_{2k} = N_{12} \tag{10.4}$$

N_{12} 为静态基线的双差模糊度矢量，它可以从静态结果中获得。利用关系式（10.4），N_{2k} 可以描述为（$N_{1k} - N_{12}$）。利用两个静态参考站进行动态定位，有几乎双倍的观测量，然而如果使用另外一个静态结果的话，其未知量是相同的（通常静态测量要经过很长的时间，这样才能得到精确的静态结果）。

在单差的情况下，有

$$N_{1k} = N_1^j - N_k^j \tag{10.5}$$

$$N_{2k} = N_2^j - N_k^j \tag{10.6}$$

$$N_{12} = N_1^j - N_2^j \tag{10.7}$$

式中，右边的 N 为非差分模糊度；指数 j 为卫星；1 和 2 为静态基准站；k 为动态站。然后得到与双差例子相同的结果：

$$N_{1k} - N_{2k} = N_{12} \tag{10.8}$$

对于非差分数据处理，在动态数据处理中，使用单一参考站的模糊度矢量是$(N_1^j \ N_k^j)$和$(N_2^j \ N_k^j)$。$(N_1^j \ N_2^j)$是静态数据处理模糊度矢量。无论如何处理，从静态数据处理获得的公共模糊度部分都可以在动态数据处理中使用。

通过使用多静态参考站，并引入静态解的模糊度作为条件，动态定位的精度可以显著提高。图 10.14 中（使用模糊度浮点解）举例说明了采用多参考站接收机，利用静态模糊度条件与否对前端天线高度测量的影响差异。其差异的均值和标准差分别为 27.07cm 和 4.34cm。这些结果明确表明多静态条件已经修正了计算结果。模糊度的变化不仅引起了定位结果的偏差，也引起了一个高频的变化。基准站与基准站距离约 200km，动态轨迹长度约为 400km（图 10.9）。

对于三个或更多的静态参考接收机，有类似的结论和改进的结果。

4. 引入高程信息作为条件

即使使用了多静态参考站接收机和静态条件后，动态定位模糊度可能仍然是错误的。在这种情况下，可能在动态轨迹中会存在偏差和变化（见 10.3.4 节第 2 部分和图 10.14）。因此，将飞机的初始或静止点高程信息引入数据处理中将会有极大的帮助，特别是在航空测高应用中。使用不同的软件获得的结果偏差可以被剔除掉。

5. 动态对流层模型的构建

使用多个静态参考接收机，对流层模型的参数就能够估算出来。利用这些参数，动态接收机的对流层模型参数也可以内插求得。然而，这样的模型通常仅适用于动态平台对应的地面覆盖区。因此，引入气温的垂直方向梯度和气压与湿度的指数变化（Syndergaard，1999）到标准的模型中，从而构造一个空中动态站的对流层模型。当然，这并不是一个理想的模型，然而，它是一个合理的模型。

6. 高阶电离层效应改正

对于长距离动态定位，使用无电离层组合以消除电离层效应。众所周知，无电离层组合仅仅是一个一阶方法（Klobuchar，1996）。二阶电离层效应大约是一阶的 0.1%（Syndergaard，1999）。因此残留的电离层效应可达到几个厘米的水平，使用一些电离层效应模型时必须考虑这些残留的电离层误差。

7. 一种整周模糊度固定解的一般方法

8.3 节提出了一种基于条件平差理论的整周模糊度搜索方法。该方法在波茨坦 GFZ

研制的 GPS 软件 KSGsoft（Kinematic/Static GPS Software）中已实现（Xu et al.，1998），并且广泛应用于欧盟的 AGMASCO 项目的实验数据处理中（Xu et al.，1997a，b）。搜索可在坐标域、模糊度域或两个域中进行。如果仅选择模糊度搜索域而不考虑由模糊度固定引起的坐标的不确定性的话，大多数最小二乘模糊度搜索方法（Euler and Landau，1992；Teunissen，1995；Merbart，1995；Han and Rizas，1995,1997）可以作为此种算法的特例。通过把坐标和模糊度的残差考虑进去，提出一种模糊度搜索的一般准则来保证最佳的搜索结果。详细的公式推导和用法参见 8.3 节。一般准则与最小二乘模糊度搜索准则之间的理论关系推导及其数据算例参见 8.3 节。

10.3.3 飞行状态监测的方法

对于飞机的飞行状态监测，必须使用几个 GPS 天线。多个天线之间的相对位置必须被估算出来。作为一个例子，使用 10.3.2 节给出的方法，一个动态天线的位置和速度可以计算出来。将此点作为参考，其他天线的相对位置差也能够计算出来。因为多个天线之间的距离仅有几米，大气和电离层效应几乎是一样的，所以仅利用单频 L1 观测量进行相对定位就够了。另外，由于距离很短，相对定位精度很高。

安装在平台上的多动态 GPS 天线的早期测试使用已知的基线长度达到检核的目的。这种检核表明，如果从分别测定的两个位置计算距离，那么这个距离有一个系统偏差。然而，多个动态定位的组合结果并不能完全克服由于模糊度解算误差引起的距离偏差问题。因此，对于精密的空中状态监测来说，将固定在飞机上天线之间的已知距离作为附加条件引入到数据处理中是必要的。

距离条件可以描述为

$$\rho = \sqrt{(\Delta X)^2 + (\Delta Y)^2 + (\Delta Z)^2} \tag{10.9}$$

式中，ΔX、ΔY 和 ΔZ 为两个天线之间的坐标之差；ρ 为两个天线之间的距离。由于距离比较短，条件线性化不能在初始步骤中精确使用，因此只能使用迭代处理。这些条件可以用作条件平差，或者可以用作消除未知量。两种方法是等价的。

飞行状态通常由所谓的状态角（航向、俯仰和横滚）表示。它们是机体坐标系与当地水平坐标系的旋转角度。当地水平坐标系坐标轴选择如下：x^b 轴指向机头，y^b 轴与右侧机翼平行，z^b 轴指向机腹以符合右手坐标系法则，这里 b 表示机体坐标系。机体坐标系可以以如下三个步骤旋转成正右手意义的当地水平坐标。首先，机体坐标系绕当地垂直向下坐标轴 z 旋转角度 ψ（航向角）。然后，机体坐标系绕新的 y^b 轴旋转角度 θ（俯仰角）。最后，机体系绕新的 x^b 轴旋转角度 ϕ（横滚角）。在当地水平坐标系中，航向角是机体坐标系 x^b 轴的方位角，俯仰角是飞机坐标轴 x^b 的高度角，横滚角是飞机坐标轴 y^b 的高度角。值得注意的是，x^b 轴的方向和飞机的速度矢量通常是不同的。通过动态定位，三种飞行状态监视角可以被计算出来（Cohen，1996）。

假设三个动态 GPS 天线安装在飞机的前端、后端和右翼（用 f、b、w 表示），因此在机体坐标系下，前端和后端的天线坐标 y 为 0，即 $y^b_f = y^b_b = 0$，在右翼的天线坐标 x、z 均为 0，即 $x^b_w = z^b_w = 0$。于是，在机体固定坐标系下，三个天线的坐标为 $P_f(x^b_f, 0, z^b_f)$，$P_b(x^b_b, 0, z^b_b)$，$P_w(0, y^b_w, 0)$。由于天线的安装位置已假设为上面提到的情形，并且飞行状态由三个天线的位置解算出来，俯仰和横滚修正角度可由三个坐标计算出来，公式如下

$$\tan(\theta_0) = \frac{z_f^b - z_b^b}{x_f^b - x_b^b} \qquad (10.10)$$

$$\tan(\phi_0) = -\frac{z_0}{y_w^b} \qquad (10.11)$$

其中

$$z_0 = z_f^b - x_f^b \tan(\theta_0) \qquad (10.12)$$

通过动态定位和坐标转换，得到当地水平坐标下的三个点的坐标 $P_f(x_f, y_f, z_f)$，$P_b(x_b, y_b, z_b)$， $P_w(x_w, y_w, z_w)$。于是三个状态监测角可以由以下公式解算出来：

$$\tan(\psi) = \frac{y_f - y_b}{x_f - x_b} \qquad (10.13)$$

$$\tan(\theta - \theta_0) = \frac{z_f - z_b}{S} \qquad (10.14)$$

$$S = \sqrt{(x_f - x_b)^2 + (y_f - y_b)^2} \qquad (10.15)$$

$$\tan(\phi - \phi_0) = \frac{z_w - z_0}{s} \qquad (10.16)$$

$$s = \sqrt{(x_w - x_0)^2 + (y_w - y_0)^2} \qquad (10.17)$$

其中，"$\sqrt{\ }$"为平方根算子，并且

$$x_0 = x_f - (x_f - x_b)K \qquad (10.18)$$

$$y_0 = y_f - (y_f - y_b)K \qquad (10.19)$$

$$z_0 = z_f - (z_f - z_b)K \qquad (10.20)$$

$$K = \frac{x_f^b}{x_f^b - x_b^b} \qquad (10.21)$$

将 GPS 飞行状态监测的数值结果与 INS 的结果进行比较。利用 GPS 测定航向角的精度约为 0.1°，俯仰和横滚角约为 0.2°。在这个例子中，三个天线之间的距离为 5.224 m、5.510 m 和 4.798 m。

10.3.4 结果、精度估计与对比

用于说明上述方法的示例动态 / 静态 GPS 数据是 1997 年 10 月 3 日在大西洋葡萄牙属亚述尔群岛的校飞中收集的。两个参数站（Faim 和 Flor）作为静态基准站，两站之间的距离约为 239.4 km。三个天线分别固定在飞机的前端、后端和机翼上用作飞行状态的判定。前端和后端、前端和机翼、后端和机翼之间的基线长度分别为 5.224 m、5.510 m 和 4.798 m，飞行时间约为 4 小时，飞行区域约为 400 km（图 10.11），飞行高度约为 400 m（图 10.12）。

1. 多静态参考站用作动态定位

使用多参考站测量飞行轨迹是一种对各单站测量的加权平均轨迹。前端天线的海拔高分别通过使用单一参考站和多个参考站来测量。图 10.13 给出 Flor-Faim、Flor-2ref、

Faim-2ref 的高程偏差，分别以黑色、浅灰和灰色来表示。在这里 Flor-Faim 表示使用 Flor 和 Faim 分别作为静态参考站获得结果之间的高程偏差，2ref 表示使用两个参考站。表 10.1 给出了偏差的统计。统计结果表明多参考站有利于结果的稳定。

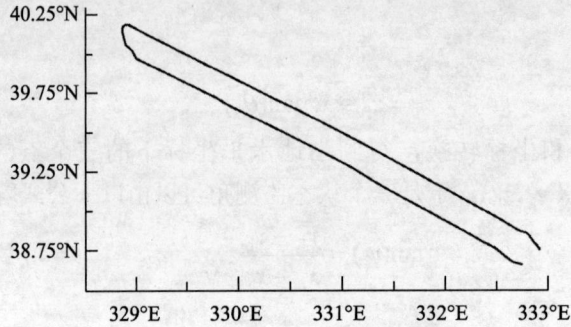

图 10.11　动态 GPS 飞行轨迹

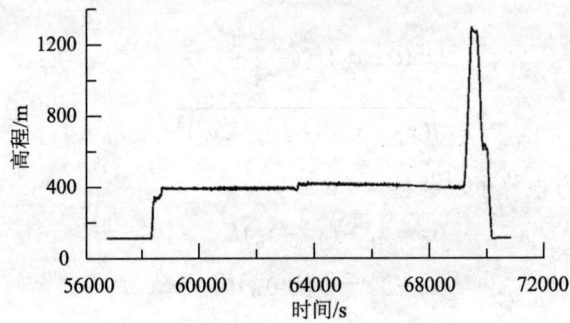

图 10.12　动态 GPS 高程图

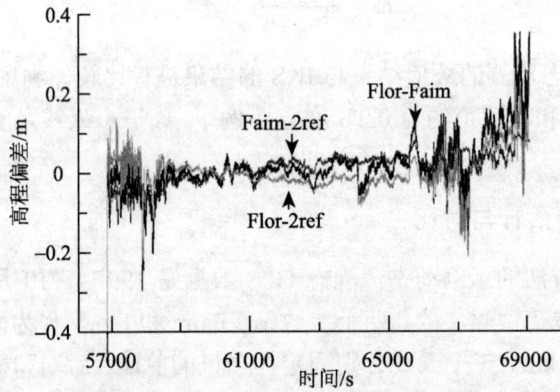

图 10.13　由参考站引起的高程偏差

表 10.1　高程测量误差的统计　　　　　　　　　　　　　（单位：cm）

高程误差	均值	偏差
Flor-2ref	1.62	3.52
Faim-2ref	−0.27	4.76
Flor-Faim	1.89	6.27

2. 多静态参考站作为条件的动态定位模糊度

在多静态参考站的情况下，多个静态参考站的静态解算可以获得静态模糊度矢量，其质量很好。通过引入这样的结果作为条件用于动态定位，定位结果精度可改善。图 10.14 给出了多参考站使用静态模糊度作为一种条件和没使用静态模糊度作为一种条件分别测量前端天线的高度偏差。偏差的均值和标准差分别为 27.07 cm 和 4.34 cm。这表明多静态条件有利于结果的改进。模糊度的改变不仅引起了偏差，还带来了结果的变化。

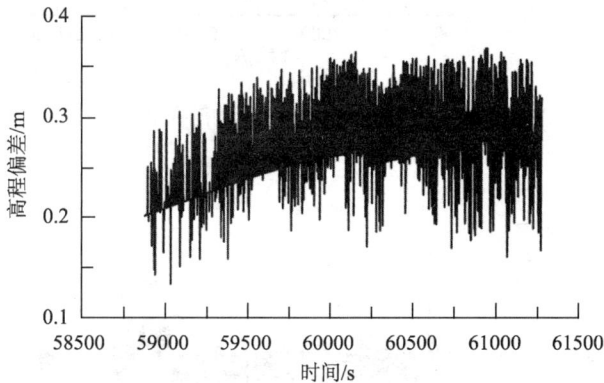

图 10.14 由静态参考站引起的高程偏差

使用多静态参考站和引入静态模糊度条件，可以显著提升动态定位精度。然而机载测高结果显示 GPS 高程结果仍然存在偏差。因此，航空测高信息作为一个条件引入用于修正模糊度解算和消除 GPS 解算高程偏差。为引入飞机对流层参数，使用了静态测定的参数和垂直温度梯度。

3. 多动态 GPS 飞行状态监测及其与 INS 的比对

图 10.15 和图 10.16（黑色和灰色线条）分别给出了 GPS 测量的航向、俯仰和横滚角，并将结果与 INS 结果对比。利用 GPS 和 INS 测量飞行状态角的差异如图 10.17 所示。航向、俯仰和横滚角的差异分别用黑色、灰色和浅灰色线条表示。表 10.2 给出了航向、俯仰和横滚角的误差统计。俯仰角和横滚角的较大偏差是由于 GPS 测量的高程分量的不确定性较大引起的。考虑到较大偏差大概在第 66000 历元时刻并且 INS 的数据中断大概在第 68000 历元时刻，有可能利用 GPS 确定航向角的精度优于 0.1°，俯仰角和横滚角的精度优于 0.2°。

4. 静态 GPS 数据动态处理

静态 GPS 数据动态处理是用于检验 GPS 软件在动态模块方面可靠性的一种方法。这种静态数据动态处理已用于地球固体潮和海洋负荷潮影响的研究当中（Xu and Knudsen，2000）。Faim 当作参考站，Flor 的位置利用静态和动态模块解算出来。Flor 的静态高程值为 98.257 m，动态解的平均值为 98.272 m，方差为 3.8 cm。这表明在基线长度为 240 km 的情况下，动态数据处理精度可以达到 4 cm，结果看起来非常好。然而，动态解高程图（图 10.18）显示在动态数据处理中存在明显的模糊度问题。一旦一颗卫星升起或者落下，就会在解算轨迹中出现一个跳跃。

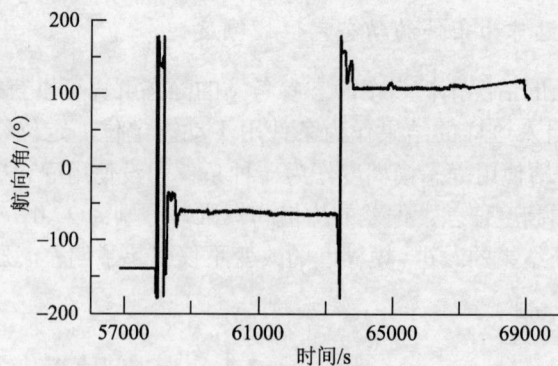

图 10.15　GPS 测量的航向

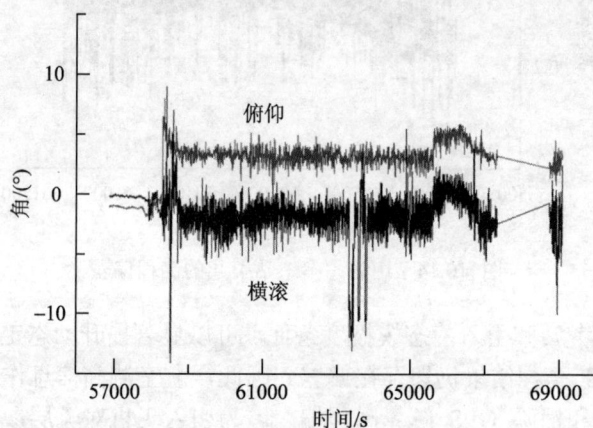

图 10.16　GPS 测量的俯仰角和横滚角

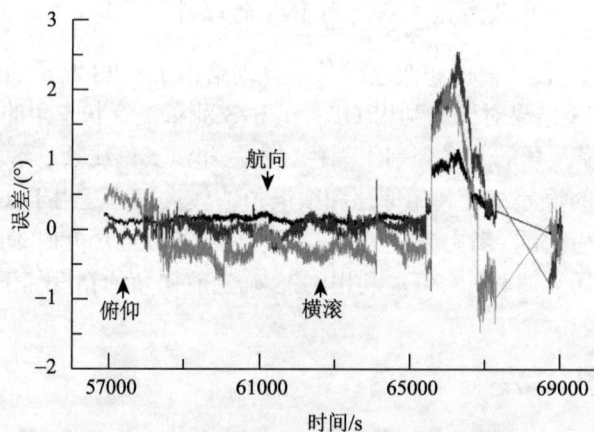

图 10.17　GPS 和 INS 的飞行状态角度的比对误差

表 10.2　GPS 和 INS 的飞行状态角度的比对误差统计　　　　（单位：（°））

误差	均值	偏差
航向角	0.230	0.238
俯仰角	0.233	0.596
横滚角	−0.249	0.612

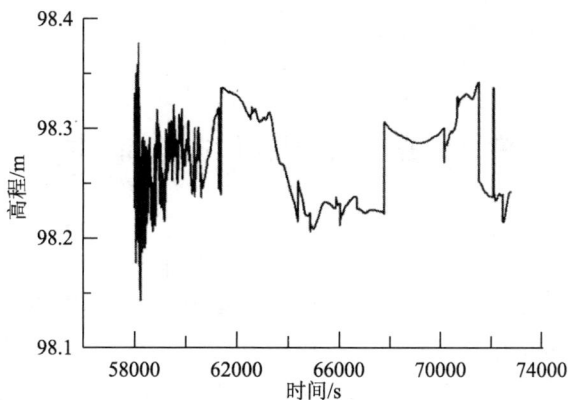

图 10.18　静态数据动态处理的高程变化

5. 多普勒速度比较

以前的一些研究（Xu et al.，1997a，b）表明采用多普勒观测量测速可以得到较高的精度。并且速度解算独立于静态参考站。通过使用不同的静态参考站（Flor 或 Faim）解算的速度差异统计分析结果在表 10.3 中给出，这再次证实了上述结论。理论飞行速度水平分量约为 80 m/s，垂直分量最大速度约为 5 m/s。

表 10.3　速度差异统计表　　　　　　　　　　　（单位：cm/s）

速度差异	dV_s	dV_e	dV_h
均值	0.03	−0.01	−0.06
误差	0.27	0.17	0.53

10.3.5　结论

通过在 AGMASCO 项目期间对 GPS 的研究，可以得出以下结论：GPS 可以用于在空中动态定位和飞行状态监测，进而满足遥感系统在航空和航海中的导航应用需求。

本书提出了一种精密动态 GPS 定位的方法，观点如下：

（1）从 IGS 基准站获得精密参考坐标，并且引入了地球固体潮和海水负荷潮汐修正；

（2）引入了多静态参考接收机，并且使用静态模糊度结果作为条件；

（3）引入了初始高程信息作为条件，在飞机 GPS 动态定位中引入了对流层模型；

（4）对高阶电离层修正模型建模，并且在坐标和模糊度域内使用模糊度搜索的一般方法。

对于飞行状态监测，使用了单频 L1 的动态参考站和数据。并使用多个动态天线之间的已知距离作为附加约束。

结果显示此种方法取得了良好的效果。

第 11 章　受摄轨道及确定

卫星不仅受到地球中心引力作用，而且受到地球非中心力、日月引力，以及大气阻力的作用。同时，还受到太阳光压、地球和海洋潮汐、广义相对论效应（见第 5 章），以及坐标摄动影响。卫星运动方程只能以摄动方程形式表示。在本章将首先探讨引力和受摄运动方程，接着为了便于计算地球潮和海洋负荷潮汐，描述了日月星历计算问题。根据 $\bar{C}_{20}$ 摄动解的分析讨论了轨道修正。重点讨论了精密定轨问题，该问题涵盖定轨原理、变分方程的代数解、数值积分和插值算法，以及相应的偏导数等。

11.1　卫星运动的受摄方程

在惯性笛卡儿坐标系内，卫星的受摄运动方程可根据牛顿第二定律描述如下

$$m\ddot{\vec{r}} = \vec{f} \tag{11.1}$$

式中，$\vec{f}$ 为作用在卫星上的力的和；$\vec{r}$ 为质量 m 的卫星的轨道半径向量，$\ddot{\vec{r}}$ 为加速度。式（11.1）是一个二阶微分方程。为方便起见，可写为两个一阶微分方程形式如下

$$\frac{\mathrm{d}\vec{r}}{\mathrm{d}t} = \dot{\vec{r}}$$

$$\frac{\mathrm{d}\dot{\vec{r}}}{\mathrm{d}t} = \frac{1}{m}\vec{f} \tag{11.2}$$

将卫星的状态向量表示为

$$\vec{X} = \begin{pmatrix} \vec{r} \\ \dot{\vec{r}} \end{pmatrix} \tag{11.3}$$

则式(11.2)可以写为

$$\dot{\vec{X}} = \vec{F} \tag{11.4}$$

其中

$$\vec{F} = \begin{pmatrix} \dot{\vec{r}} \\ \vec{f}/m \end{pmatrix} \tag{11.5}$$

式（11.4）称为卫星运动的状态方程。从 t_0 到 t 积分式（11.4），则有

$$\vec{X}(t) = \vec{X}(t_0) + \int_{t_0}^{t} \vec{F}\mathrm{d}t \tag{11.6}$$

式中，$\vec{X}(t)$ 为卫星的瞬时状态向量；$\vec{X}(t_0)$ 为 t_0 时刻的初始状态向量；$\vec{F}$ 为状态向量 $\vec{X}(t)$ 和时间 t 的函数。将初始状态向量表示为 $\vec{X}_0$，则受摄卫星轨道问题可转换为一个解微分状态方程问题，其初始条件如下

$$\begin{cases} \dot{\vec{X}}(t) = \vec{F} \\ \vec{X}(t_0) = \vec{X}_0 \end{cases} \tag{11.7}$$

11.1.1 卫星运动的拉格朗日受摄方程

如果力 f 仅包括保守力，则存在位函数 V 使得

$$\frac{\vec{f}}{m} = \mathrm{grad} V = \left(\frac{\partial V}{\partial x} \quad \frac{\partial V}{\partial y} \quad \frac{\partial V}{\partial z} \right) \tag{11.8}$$

式中，(x, y, z) 为笛卡儿坐标。以 R 表示摄动位，以 V_0 表示中心力 $\vec{f}_0$ 的位，则

$$R = V - V_0, \qquad \frac{\vec{f} - \vec{f}_0}{m} = \mathrm{grad} R \tag{11.9}$$

则在笛卡儿坐标系中的卫星运动受摄方程式（11.2）变为

$$\begin{aligned} \frac{\mathrm{d}x}{\mathrm{d}t} &= \dot{x} \\[2mm] \frac{\mathrm{d}y}{\mathrm{d}t} &= \dot{y} \\[2mm] \frac{\mathrm{d}z}{\mathrm{d}t} &= \dot{z} \\[2mm] \frac{\mathrm{d}\dot{x}}{\mathrm{d}t} &= -\frac{\mu}{r^3} x + \frac{\partial R}{\partial x} \\[2mm] \frac{\mathrm{d}\dot{y}}{\mathrm{d}t} &= -\frac{\mu}{r^3} y + \frac{\partial R}{\partial y} \\[2mm] \frac{\mathrm{d}\dot{z}}{\mathrm{d}t} &= -\frac{\mu}{r^3} z + \frac{\partial R}{\partial z} \end{aligned} \tag{11.10}$$

式中，μ 为地球引力常数。卫星状态向量 $(\vec{r}, \dot{\vec{r}})$ 对应一个瞬时开普勒椭圆 $(a, e, \omega, i, \Omega, M)$。应用这两套参数之间的关系（见第 3 章），则受摄运动方程式（11.10）可以转化为一个所谓的 Lagrangian 受摄方程系统（Kaula，1966）：

$$\begin{aligned} \frac{\mathrm{d}a}{\mathrm{d}t} &= \frac{2}{na} \frac{\partial R}{\partial M} \\[2mm] \frac{\mathrm{d}e}{\mathrm{d}t} &= \frac{1-e^2}{na^2 e} \frac{\partial R}{\partial M} - \frac{\sqrt{1-e^2}}{na^2 e} \frac{\partial R}{\partial \omega} \\[2mm] \frac{\mathrm{d}\omega}{\mathrm{d}t} &= \frac{\sqrt{1-e^2}}{na^2 e} \frac{\partial R}{\partial e} - \frac{\cos i}{na^2 \sqrt{1-e^2} \sin i} \frac{\partial R}{\partial i} \\[2mm] \frac{\mathrm{d}i}{\mathrm{d}t} &= \frac{1}{na^2 \sqrt{1-e^2} \sin i} \left(\cos i \frac{\partial R}{\partial \omega} - \frac{\partial R}{\partial \Omega} \right) \\[2mm] \frac{\mathrm{d}\Omega}{\mathrm{d}t} &= \frac{1}{na^2 \sqrt{1-e^2} \sin i} \frac{\partial R}{\partial i} \\[2mm] \frac{\mathrm{d}M}{\mathrm{d}t} &= n - \frac{2}{na} \frac{\partial R}{\partial a} - \frac{1-e^2}{na^2 e} \frac{\partial R}{\partial e} \end{aligned} \tag{11.11}$$

根据以上方程系统，Kaula 导出了一阶受摄解析解（Kaula，1966）。在 e 很小（$e \ll 1$）条件下，轨道近似为圆，则近地点以及相应的开普勒参数 f 和 ω 无法明确定义（此处请勿混淆力向量 $\vec{f}$ 和真近点角 f）。为解决该问题，令 $u = f + \omega$，并用一组参数（$a, i, \Omega, \xi, \eta, \lambda$）描述卫星运动，其中

$$\xi = e\cos\omega$$
$$\eta = -e\sin\omega \qquad\qquad\qquad (11.12)$$
$$\lambda = M + \omega$$

则有

$$\frac{\mathrm{d}\xi}{\mathrm{d}t} = \frac{\xi}{e}\frac{\mathrm{d}e}{\mathrm{d}t} + \eta\frac{\mathrm{d}\omega}{\mathrm{d}t}$$

$$\frac{\mathrm{d}\eta}{\mathrm{d}t} = \frac{\eta}{e}\frac{\mathrm{d}e}{\mathrm{d}t} - \xi\frac{\mathrm{d}\omega}{\mathrm{d}t} \qquad\qquad (11.13)$$

$$\frac{\mathrm{d}\lambda}{\mathrm{d}t} = \frac{\mathrm{d}M}{\mathrm{d}t} + \frac{\mathrm{d}\omega}{\mathrm{d}t}$$

且

$$\frac{\partial R}{\partial \omega} = \frac{\partial R}{\partial(\xi, \eta, \lambda)}\frac{\partial(\xi, \eta, \lambda)}{\partial \omega} = \frac{\partial R}{\partial(\xi, \eta, \lambda)}(\eta, -\xi, 1)^{\mathrm{T}} = \eta\frac{\partial R}{\partial \xi} - \xi\frac{\partial R}{\partial \eta} + \frac{\partial R}{\partial \lambda}$$

$$\frac{\partial R}{\partial e} = \frac{\partial R}{\partial(\xi, \eta, \lambda)}\frac{\partial(\xi, \eta, \lambda)}{\partial e} = \frac{\partial R}{\partial(\xi, \eta, \lambda)}\left(\frac{\xi}{e}, \frac{\eta}{e}, 0\right)^{\mathrm{T}} = \frac{\xi}{e}\frac{\partial R}{\partial \xi} + \frac{\eta}{e}\frac{\partial R}{\partial \eta} \qquad (11.14)$$

$$\frac{\partial R}{\partial M} = \frac{\partial R}{\partial(\xi, \eta, \lambda)}\frac{\partial(\xi, \eta, \lambda)}{\partial M} = \frac{\partial R}{\partial(\xi, \eta, \lambda)}(0, 0, 1)^{\mathrm{T}} = \frac{\partial R}{\partial \lambda}$$

将式（11.14）代入式（11.11），接着将第 2、第 3 和第 6 个方程代入式（11.13）则有

$$\frac{\mathrm{d}a}{\mathrm{d}t} = \frac{2}{na}\frac{\partial R}{\partial \lambda}$$

$$\frac{\mathrm{d}i}{\mathrm{d}t} = \frac{1}{na^2\sqrt{1-e^2}\sin i}\left[\cos i\left(\eta\frac{\partial R}{\partial \xi} - \xi\frac{\partial R}{\partial \eta} + \frac{\partial R}{\partial \lambda}\right) - \frac{\partial R}{\partial \Omega}\right]$$

$$\frac{\mathrm{d}\Omega}{\mathrm{d}t} = \frac{1}{na^2\sqrt{1-e^2}\sin i}\frac{\partial R}{\partial i}$$

$$\frac{\mathrm{d}\xi}{\mathrm{d}t} = \frac{\sqrt{1-e^2}}{na^2}\frac{\partial R}{\partial \eta} - \eta\frac{\cos i}{na^2\sqrt{1-e^2}\sin i}\frac{\partial R}{\partial i} + \xi\frac{1-e^2-\sqrt{1-e^2}}{na^2e^2}\frac{\partial R}{\partial \lambda} \qquad (11.15)$$

$$\frac{\mathrm{d}\eta}{\mathrm{d}t} = -\frac{\sqrt{1-e^2}}{na^2}\frac{\partial R}{\partial \xi} + \xi\frac{\cos i}{na^2\sqrt{1-e^2}\sin i}\frac{\partial R}{\partial i} + \eta\frac{1-e^2-\sqrt{1-e^2}}{na^2e^2}\frac{\partial R}{\partial \lambda}$$

$$\frac{\mathrm{d}\lambda}{\mathrm{d}t} = n - \frac{2}{na}\frac{\partial R}{\partial a} - \frac{\cos i}{na^2\sqrt{1-e^2}\sin i}\frac{\partial R}{\partial i} - \frac{1-e^2-\sqrt{1-e^2}}{na^2e^2}\left(\xi\frac{\partial R}{\partial \xi} + \eta\frac{\partial R}{\partial \eta}\right)$$

式（11.12）中的新变量没有明确的几何意义。另一种选择是采用 Hill 变量（Cui，1990）。

11.1.2 Gaussian 卫星受摄运动方程

考虑到光压和大气阻力等非保守摄动力不存在位函数，因此不能直接应用 Lagrangian 受摄运动方程。必须推导非保守力的受摄运动方程。

考虑在 ECSF 系中的任意力向量 $\vec{f} = (f_x \; f_y \; f_z)^{\mathrm{T}}$，有

$$\begin{pmatrix} f_x \\ f_y \\ f_z \end{pmatrix} = R_3(-\Omega)R_1(-i)R_3(-u)\begin{pmatrix} f_r \\ f_\alpha \\ f_h \end{pmatrix} \tag{11.16}$$

其中，$(f_r \; f_\alpha \; f_h)^{\mathrm{T}}$ 为轨道平面坐标系中的三个正交分量组成的力向量，前两个分量位于轨道面内；f_r 为径向力分量；f_α 为垂直于 f_r 且指向卫星运动方向的分量；f_h 则与前面两个分量共同构成了一个右手系统。为方便起见，力向量也可由轨道面内的切向和向心分量 (f_t, f_n) 及 f_h 表示（图 11.1）。很显然

$$\begin{pmatrix} f_r \\ f_\alpha \\ f_h \end{pmatrix} = R_3(-\beta)\begin{pmatrix} f_t \\ f_n \\ f_h \end{pmatrix} \tag{11.17}$$

其中

$$\tan\beta = r\frac{\mathrm{d}f}{\mathrm{d}r} = \frac{a(1-e^2)}{1+e\cos f}\frac{\mathrm{d}f}{\dfrac{a(1-e^2)}{(1+e\cos f)^2}e\sin f\mathrm{d}f} = \frac{1+e\cos f}{e\sin f} \tag{11.18}$$

$$\sin\beta = \frac{1+e\cos f}{\sqrt{1+2e\cos f+e^2}}$$
$$\cos\beta = \frac{e\sin f}{\sqrt{1+2e\cos f+e^2}} \tag{11.19}$$

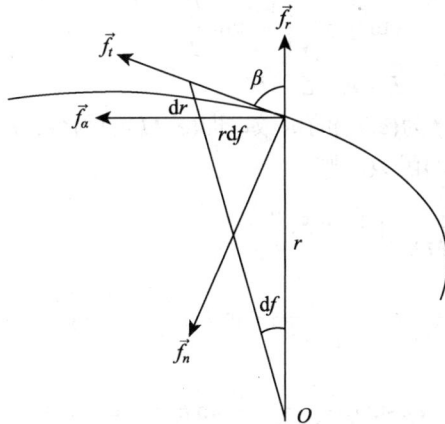

图 11.1 径向和切向力之间的关系

为了采用力分量替代偏导数 $\partial R/\partial\sigma$，必须推导出它们之间的关系，其中 σ 为所有开普勒参数共用的一个符号。采用偏导规则，则有

$$\frac{\partial R}{\partial \sigma} = \frac{\partial R}{\partial \vec{r}} \cdot \frac{\partial \vec{r}}{\partial \sigma} = \vec{f} \cdot \left(\frac{\partial r}{\partial \sigma} \vec{e}_r + r \frac{\partial \vec{e}_r}{\partial \sigma} \right)$$

$$= R_3(-\Omega)R_1(-i)R_3(-u) \begin{pmatrix} f_r \\ f_\alpha \\ f_h \end{pmatrix} \cdot \left(\frac{\partial r}{\partial \sigma} \vec{e}_r + r \frac{\partial \vec{e}_r}{\partial \sigma} \right) \tag{11.20}$$

其中，$\vec{e}_r$ 为卫星的径向单位向量，点表示向量点积，且

$$\vec{e}_r = \begin{pmatrix} \varepsilon_1 \\ \varepsilon_2 \\ \varepsilon_3 \end{pmatrix} = R_3(-\Omega)R_1(-i)R_3(-u) \begin{pmatrix} 1 \\ 0 \\ 0 \end{pmatrix} = \begin{pmatrix} \cos\Omega\cos u - \sin\Omega\cos i \sin u \\ \sin\Omega\cos u + \cos\Omega\cos i \sin u \\ \sin i \sin u \end{pmatrix}$$

$$\frac{\partial \vec{e}_r}{\partial \sigma} = \begin{pmatrix} \sin\Omega\sin i \sin u \dfrac{\partial i}{\partial \sigma} - \varepsilon_2 \dfrac{\partial \Omega}{\partial \sigma} - (\cos\Omega\sin u + \sin\Omega\cos i \cos u)\dfrac{\partial u}{\partial \sigma} \\ -\cos\Omega\sin i \sin u \dfrac{\partial i}{\partial \sigma} + \varepsilon_1 \dfrac{\partial \Omega}{\partial \sigma} - (\sin\Omega\sin u - \cos\Omega\cos i \cos u)\dfrac{\partial u}{\partial \sigma} \\ \cos i \sin u \dfrac{\partial i}{\partial \sigma} + \sin i \cos u \dfrac{\partial u}{\partial \sigma} \end{pmatrix} \tag{11.21}$$

将式（11.21）代入式（11.20）并简化，则有

$$\frac{\partial R}{\partial \sigma} = \frac{\partial r}{\partial \sigma} f_r + r\left(\cos i \frac{\partial \Omega}{\partial \sigma} + \frac{\partial u}{\partial \sigma} \right) f_\alpha + r\left(\sin u \frac{\partial i}{\partial \sigma} - \sin i \cos u \frac{\partial \Omega}{\partial \sigma} \right) f_h \tag{11.22}$$

为了导出 r 和 $u(u=f+\omega)$ 对六个开普勒参数的偏导数，需要采用以下基本关系（见第 3 章）：

$$r = \frac{a(1-e^2)}{1+e\cos f} = a(1-e\cos E)$$

$$r\cos f = a(\cos E - e)$$

$$r\sin f = a\sqrt{1-e^2}\sin E \tag{11.23}$$

$$\tan\frac{f}{2} = \sqrt{\frac{1+e}{1-e}}\tan\frac{E}{2}$$

$$E - e\sin E = M$$

式中，E 为 (e, M) 的函数；f 为 (e, E) 的函数，即 (e, M) 的函数；r 为 (a, e, M) 的函数；u 为 (ω, f) 的函数，即 (ω, e, M) 的函数。则

$$\frac{\partial E}{\partial (e, M)} = \left(\frac{a}{r}\sin E, \frac{a}{r} \right)$$

$$\frac{\partial f}{\partial (e, M)} = \left(\frac{2+e\cos f}{1-e^2}\sin f, \left(\frac{a}{r}\right)^2 \sqrt{1-e^2} \right)$$

$$\frac{\partial r}{\partial M} = ae\sin E \frac{\partial E}{\partial M} = \frac{a^2 e}{r}\sin E = \frac{ae}{\sqrt{1-e^2}}\sin f \tag{11.24}$$

$$\frac{\partial r}{\partial (a, e, i, \Omega, \omega)} = \left(\frac{r}{a}, -a\cos f, 0, 0, 0 \right)$$

$$\frac{\partial u}{\partial e} = \frac{\partial u}{\partial f}\frac{\partial f}{\partial e} = \frac{2+e\cos f}{1-e^2}\sin f$$

$$\frac{\partial u}{\partial M} = \frac{\partial u}{\partial f} \frac{\partial f}{\partial M} = \left(\frac{a}{r}\right)^2 \sqrt{1-e^2}$$

$$\frac{\partial u}{\partial(a,i,\Omega,\omega)} = \begin{pmatrix} 0, & 0, & 0, & 1 \end{pmatrix}$$

将式（11.24）代入式（11.22），则有

$$\frac{\partial R}{\partial a} = \frac{r}{a} f_r$$

$$\frac{\partial R}{\partial e} = -a\cos f \cdot f_r + \frac{r\sin f}{1-e^2}(2+e\cos f) \cdot f_\alpha$$

$$\frac{\partial R}{\partial i} = r\sin u \cdot f_h$$

$$\frac{\partial R}{\partial \Omega} = i\cos i \cdot f_\alpha - r\sin i\cos u \cdot f_h \tag{11.25}$$

$$\frac{\partial R}{\partial \omega} = r \cdot f_\alpha$$

$$\frac{\partial R}{\partial M} = \frac{ae}{\sqrt{1-e^2}}\sin f \cdot f_r + \frac{a(1+e\cos f)}{\sqrt{1-e^2}} \cdot f_\alpha$$

将式（11.25）代入 Lagrangian 受摄运动方程式（11.11），则所谓的 Gaussian 受摄运动方程为

$$\frac{\mathrm{d}a}{\mathrm{d}t} = \frac{2}{n\sqrt{1-e^2}}\left[e\sin f \cdot f_r + (1+e\cos f) \cdot f_\alpha\right]$$

$$\frac{\mathrm{d}e}{\mathrm{d}t} = \frac{\sqrt{1-e^2}}{na}\left[\sin f \cdot f_r + (\cos E + \cos f) \cdot f_\alpha\right]$$

$$\frac{\mathrm{d}i}{\mathrm{d}t} = \frac{(1-e\cos E)\cos u}{na\sqrt{1-e^2}} \cdot f_h$$

$$\frac{\mathrm{d}\Omega}{\mathrm{d}t} = \frac{(1-e\cos E)\sin u}{na\sqrt{1-e^2}\sin i} \cdot f_h \tag{11.26}$$

$$\frac{\mathrm{d}\omega}{\mathrm{d}t} = \frac{\sqrt{1-e^2}}{nae}\left[-\cos f \cdot f_r + \frac{2+e\cos f}{1+e\cos f}\sin f \cdot f_\alpha\right] - \cos i\frac{\mathrm{d}\Omega}{\mathrm{d}t}$$

$$\frac{\mathrm{d}M}{\mathrm{d}t} = n - \frac{1-e^2}{nae}\left[-\left(\cos f - \frac{2e}{1+e\cos f}\right) \cdot f_r + \frac{2+e\cos f}{1+e\cos f}\sin f \cdot f_\alpha\right]$$

式中使用了力分量(f_r, f_α, f_h)。根据式（11.17），Gaussian 受摄运动方程也可由扰动力向量(f_t, f_n, f_h)表示。

11.2 卫星运动摄动力

本节将讨论卫星运动摄动力。其中包括地球引力，日、月和行星引力，大气阻力，太阳光压，地球和海洋潮汐，以及坐标摄动等。

11.2.1 地球引力场摄动

简单回顾地球引力场后，将给出地球摄动力的简单描述。

1. 地球引力场

Laplace 方程的完整实数解被称为地球位函数 V。球坐标形式的 V 可以表示为（Moritz，1980；Sigl，1989）

$$V = \sum_{lmi} \frac{1}{r^{l+1}} V_{lmi} = \sum_{l=0}^{\infty} \sum_{m=0}^{l} \frac{1}{r^{l+1}} P_{lm}(\sin\varphi)[C_{lm}\cos m\lambda + S_{lm}\sin m\lambda] \quad (11.27)$$

式中，r 为半径；φ 为纬度；λ 为东经（从 z 轴看向原点为逆时针）。当然可以使用余纬度 ϑ（或极距）替代纬度 φ（$\sin\varphi = \cos\vartheta$）；第一项中的下标 i 为 $\cos m\lambda$ 或 $\sin m\lambda$ 项；$P_{lm}(\sin\varphi)$ 为所谓的关联 Legendre 函数；V_{lmi} 为球面调和项；C_{lm}、S_{lm} 为球函数的系数，且

$$P_{lm}(\sin\varphi) = \cos^m\varphi \sum_{t=0}^{k} T_{lmt} \sin^{l-m-2t}\varphi \quad (11.28)$$

其中，k 为 $(1-m)/2$ 的整数部分，且

$$T_{lmt} = \frac{(-1)^t(2l-2t)!}{2^l t!(l-t)!(l-m-2t)!} \quad (11.29)$$

球面调和项 V_{lmi} 的一个重要特性是正交性。即对于球面积分，有（Heiskanen and Moritz，1967；Kaula，1966）

$$\int_{\text{sphere}} V_{LMI} V_{lmi} \mathrm{d}\sigma = 0, \quad \text{if} \quad L \neq l \quad \text{or} \quad M \neq m \quad \text{or} \quad I \neq i \quad (11.30)$$

对于 $C_{lm}=1$ 或 $S_{lm}=1$，V_{lmi} 平方的积分为

$$\int_{\text{sphere}} V^2_{lmi} \mathrm{d}\sigma = \left[\frac{(l+m)!}{(l-m)!(2l+1)(2-\delta_{0m})}\right]4\pi \quad (11.31)$$

其中 Kronecker delta 值 δ_{0m} 当 $m=0$ 时等于 1，当 $m \neq 0$ 时等于 0。

正则化后的 Legendre 函数可以定义和表示为

$$\bar{P}_{lm}(x) = P_{lm}(x)\left[\frac{(l-m)!(2l+1)(2-\delta_{0m})}{(l+m)!}\right]^{1/2} \quad (11.32)$$

其中 $x = \sin\varphi = \cos\vartheta$。很容易导出递推方程如下（Wenzel，1985）

$$\begin{cases} \bar{P}_{(l+1)(l+1)}(x) = \bar{P}_{ll}(x)\left[\frac{(2l+3)}{(l+1)(2-\delta_{0l})}\right]^{1/2}(1-x^2)^{1/2} \\[2mm] \bar{P}_{(l+1)l}(x) = \bar{P}_{ll}(x)[2l+3]^{1/2}x, l \geqslant 1 \\[2mm] \bar{P}_{(l+1)m}(x) = \bar{P}_{lm}(x)\left[\frac{(2l+1)(2l+3)}{(l+m+1)(l-m+1)}\right]^{1/2}x \\[2mm] \qquad\qquad - \bar{P}_{(l-1)m}(x)\left[\frac{(l+m)(l-m)(2l+3)}{(l+m+1)(l-m+1)(2l-1)}\right]^{1/2} \\[2mm] \bar{P}_{00}(x) = 1, \quad \bar{P}_{10}(x) = \sqrt{3}x, \quad \bar{P}_{11}(x) = \sqrt{3(1-x^2)} \end{cases} \quad (11.33)$$

因为 V（即 $l=0$）的第一项可以表示为 GM/r，完全正则化的引力位函数可以写为（Torge，1989；Rapp，1986）

$$V(r,\varphi,\lambda) = \frac{GM}{r}\left[1 + \sum_{l=2}^{\infty}\sum_{m=0}^{l}\left(\frac{a}{r}\right)^{l}\bar{P}_{lm}(\sin\varphi)[\bar{C}_{lm}\cos m\lambda + \bar{S}_{lm}\sin m\lambda]\right] \qquad (11.34)$$

其中，GM 为地心引力常数；$\bar{C}_{lm}$ 和 $\bar{S}_{lm}$ 为正则系数；a 为地球平均赤道半径；V 的第一项为地球中心引力位。则地球摄动位为（令 $GM=\mu$）

$$R_{\text{geo}}(r,\varphi,\lambda) = \frac{\mu}{r}\sum_{l=2}^{\infty}\sum_{m=0}^{l}\left(\frac{a}{r}\right)^{l}\bar{P}_{lm}(\sin\varphi)\left[\bar{C}_{lm}\cos m\lambda + \bar{S}_{lm}\sin m\lambda\right] \qquad (11.35)$$

对于地球的任意初始外部引力位：

$$U(r,\varphi,\lambda) = \frac{\mu}{r}\left[1 + \sum_{l=2}^{L}\sum_{m=0}^{l}\left(\frac{a}{r}\right)^{l}\bar{P}_{lm}(\sin\varphi)\left[\bar{C}_{lm}^{N}\cos m\lambda + \bar{S}_{lm}^{N}\sin m\lambda\right]\right] \qquad (11.36)$$

扰动位 T 为

$$T = V - U = \frac{\mu}{r}\left[\sum_{l=2}^{\infty}\sum_{m=0}^{l}\left(\frac{a}{r}\right)^{l}\bar{P}_{lm}(\sin\varphi)[\Delta\bar{C}_{lm}\cos m\lambda + \Delta\bar{S}_{lm}\sin m\lambda]\right] \qquad (11.37)$$

其中，$\bar{C}_{lm}^{N}$ 和 $\bar{S}_{lm}^{N}$ 为扰动位的已知正则系数，且

$$\bar{C}_{lm} = \Delta\bar{C}_{lm} - \bar{C}_{lm}^{N},\ \ \bar{S}_{lm} = \Delta\bar{S}_{lm} - \bar{S}_{lm}^{N},\ (l \leqslant L) \qquad (11.38)$$

2. 地球引力场摄动力

以 (x',y',z') 表示 ECEF 系统中的三个正交笛卡儿坐标，则力向量为

$$\vec{f}_{\text{ECEF}} = \begin{pmatrix} \dfrac{\partial V}{\partial x'} \\[2mm] \dfrac{\partial V}{\partial y'} \\[2mm] \dfrac{\partial V}{\partial z'} \end{pmatrix} = \begin{pmatrix} \dfrac{\partial V}{\partial(r,\varphi,\lambda)}\dfrac{\partial(r,\varphi,\lambda)}{\partial x'} \\[2mm] \dfrac{\partial V}{\partial(r,\varphi,\lambda)}\dfrac{\partial(r,\varphi,\lambda)}{\partial y'} \\[2mm] \dfrac{\partial V}{\partial(r,\varphi,\lambda)}\dfrac{\partial(r,\varphi,\lambda)}{\partial z'} \end{pmatrix} = \left(\dfrac{\partial V}{\partial(r,\varphi,\lambda)}\dfrac{\partial(r,\varphi,\lambda)}{\partial(x',y',z')}\right)^{\text{T}} \qquad (11.39)$$

根据笛卡儿坐标和球坐标之间的关系：

$$\begin{pmatrix} x' \\ y' \\ z' \end{pmatrix} = \begin{pmatrix} r\cos\varphi\cos\lambda \\ r\cos\varphi\sin\lambda \\ r\sin\varphi \end{pmatrix},\quad \begin{pmatrix} r = \sqrt{x'^2 + y'^2 + z'^2} \\[2mm] \varphi = \tan^{-1}\dfrac{z'}{\sqrt{x'^2 + y'^2}} \\[2mm] \lambda = \tan^{-1}\dfrac{y'}{x'} \end{pmatrix} \qquad (11.40)$$

有

$$\frac{\partial(r,\varphi,\lambda)}{\partial(x',y',z')} = \begin{pmatrix} \cos\varphi\cos\lambda & \cos\varphi\sin\lambda & \sin\varphi \\ -\dfrac{1}{r}\sin\varphi\cos\lambda & -\dfrac{1}{r}\sin\varphi\sin\lambda & \dfrac{1}{r}\cos\varphi \\ -\dfrac{1}{r\cos\varphi}\sin\lambda & \dfrac{1}{r\cos\varphi}\cos\lambda & 0 \end{pmatrix} \quad (11.41)$$

对于关联 Legendre 函数之间的差分，从式（11.33）可以得到类似的递归公式：

$$\begin{cases} \dfrac{\mathrm{d}\overline{P}_{00}(\sin\phi)}{\mathrm{d}\phi} = 0 \\[2mm] \dfrac{\mathrm{d}\overline{P}_{10}(\sin\phi)}{\mathrm{d}\phi} = \sqrt{3}\cos\phi \\[2mm] \dfrac{\mathrm{d}\overline{P}_{11}(\sin\phi)}{\mathrm{d}\phi} = -\sqrt{3}\sin\phi \\[2mm] \dfrac{\mathrm{d}\overline{P}_{(l+1)(l+1)}(\sin\phi)}{\mathrm{d}\phi} = -q\sin\phi\,\overline{P}_{ll}(\sin\phi) \\[2mm] \qquad\qquad\qquad + q\cos\phi\dfrac{\mathrm{d}\overline{P}_{ll}(\sin\phi)}{\mathrm{d}\phi} \\[2mm] q = \sqrt{\dfrac{2l+3}{2l+2}}, \quad l \geqslant 1 \\[4mm] \dfrac{\mathrm{d}\overline{P}_{(l+1)l}(\sin\phi)}{\mathrm{d}\phi} = g\cos\phi\,\overline{P}_{ll}(\sin\phi) \\[2mm] \qquad\qquad\qquad + g\sin\phi\dfrac{\mathrm{d}\overline{P}_{ll}(\sin\phi)}{\mathrm{d}\phi}, \quad l \geqslant 1 \\[2mm] g = \sqrt{2l+3} \\[4mm] \dfrac{\mathrm{d}\overline{P}_{(l+1)m}(\sin\phi)}{\mathrm{d}\phi} = h\cos\phi\,\overline{P}_{lm}(\sin\phi) \\[2mm] \qquad\qquad\qquad + h\sin\phi\dfrac{\mathrm{d}\overline{P}_{lm}(\sin\phi)}{\mathrm{d}\phi} \\[2mm] \qquad\qquad\qquad - k\dfrac{\mathrm{d}\overline{P}_{(l-1)m}(\sin\phi)}{\mathrm{d}\phi} \\[2mm] h = \sqrt{\dfrac{(2l+1)(2l+3)}{(l+m+1)(l-m+1)}} \\[4mm] k = \sqrt{\dfrac{(l+m)(l-m)(2l+3)}{(l+m+1)(l-m+1)(2l-1)}} \end{cases} \qquad (11.42)$$

$$\begin{cases} \dfrac{\mathrm{d}^2 \overline{P}_{00}(\sin\phi)}{\mathrm{d}\phi^2} = 0 \\[2mm] \dfrac{\mathrm{d}^2 \overline{P}_{10}(\sin\phi)}{\mathrm{d}\phi^2} = -\sqrt{3}\sin\phi \\[2mm] \dfrac{\mathrm{d}^2 \overline{P}_{11}(\sin\phi)}{\mathrm{d}\phi^2} = -\sqrt{3}\cos\phi \\[2mm] \dfrac{\mathrm{d}^2 \overline{P}_{(l+1)(l+1)}(\sin\phi)}{\mathrm{d}\phi^2} = -q\cos\phi\, \overline{P}_{ll}(\sin\phi) - 2q\sin\phi\, \dfrac{\mathrm{d}\overline{P}_{ll}(\sin\phi)}{\mathrm{d}\phi} \\[3mm] \qquad\qquad\qquad\qquad + q\cos\phi\, \dfrac{\mathrm{d}^2 \overline{P}_{ll}(\sin\phi)}{\mathrm{d}\phi^2} \\[3mm] \dfrac{\mathrm{d}^2 \overline{P}_{(l+1)l}(\sin\phi)}{\mathrm{d}\phi^2} = -g\sin\phi\, \overline{P}_{ll}(\sin\phi) + 2g\cos\phi\, \dfrac{\mathrm{d}\overline{P}_{ll}(\sin\phi)}{\mathrm{d}\phi} \\[3mm] \qquad\qquad\qquad\qquad + g\sin\phi\, \dfrac{\mathrm{d}^2 \overline{P}_{ll}(\sin\phi)}{\mathrm{d}\phi^2}, l \geqslant 1 \\[3mm] \dfrac{\mathrm{d}^2 \overline{P}_{(l+1)m}(\sin\phi)}{\mathrm{d}\phi^2} = -h\sin\phi\, \overline{P}_{lm}(\sin\phi) + 2h\cos\phi\, \dfrac{\mathrm{d}\overline{P}_{lm}(\sin\phi)}{\mathrm{d}\phi} \\[3mm] \qquad\qquad\qquad\qquad + h\sin\phi\, \dfrac{\mathrm{d}^2 \overline{P}_{lm}(\sin\phi)}{\mathrm{d}\phi^2} - k\dfrac{\mathrm{d}^2 \overline{P}_{(l-1)m}(\sin\phi)}{\mathrm{d}\phi^2} \end{cases} \tag{11.43}$$

位函数对球坐标的偏导数为

$$\frac{\partial V}{\partial r} = -\frac{\mu}{r^2}\left[1 + \sum_{l=2}^{\infty} \sum_{m=0}^{l} (l+1)\left(\frac{a}{r}\right)^l \overline{P}_{lm}(\sin\varphi)\left[\overline{C}_{lm}\cos m\lambda + \overline{S}_{lm}\sin m\lambda \right] \right]$$

$$\frac{\partial V}{\partial \varphi} = \frac{\mu}{r} \sum_{l=2}^{\infty} \sum_{m=0}^{l} \left(\frac{a}{r}\right)^l \frac{\mathrm{d}\overline{P}_{lm}(\sin\varphi)}{\mathrm{d}\varphi} \left[\overline{C}_{lm}\cos m\lambda + \overline{S}_{lm}\sin m\lambda \right] \tag{11.44}$$

$$\frac{\partial V}{\partial \lambda} = \frac{\mu}{r} \sum_{l=2}^{\infty} \sum_{m=0}^{l} m\left(\frac{a}{r}\right)^l \overline{P}_{lm}(\sin\varphi)\left[-\overline{C}_{lm}\sin m\lambda + \overline{S}_{lm}\cos m\lambda \right]$$

采用转换式（2.14），则在 ECSF 系统中的地球引力场摄动力为

$$\vec{f}_{\mathrm{ECSF}} = R_{\mathrm{P}}^{-1} R_{\mathrm{N}}^{-1} R_{\mathrm{S}}^{-1} R_{\mathrm{M}}^{-1} \vec{f}_{\mathrm{ECEF}} \tag{11.45}$$

在 ECSF 系统中的地球引力场扰动力的计算过程可描述为：

（1）采用式（2.14），将卫星坐标从 ECSF 系转换到 ECEF 系；

（2）采用式（11.40），在 ECEF 系中计算卫星球坐标；

（3）采用式（11.39），在 ECEF 系统中计算力向量；

（4）采用式（11.45），将力向量转换到 ECSF 系统。

11.2.2 太阳、月亮和行星摄动

两个质点 M 和 m 的相互作用的运动方程为

$$M\ddot{\vec{r}}_M = GMm\frac{\vec{r}_{Mm}}{r_{Mm}^3} \quad \text{and} \quad m\ddot{\vec{r}}_m = GMm\frac{\vec{r}_{mM}}{r_{mM}^3} \tag{11.46}$$

式中，r 为向量 $\vec{r}$ 的长度；下标 Mm 为向量从点质量 M 指向 m；单独的下标 M 或 m 为向量指向质点 M 或 m。引入附加的质点 $m(j)$，$j=1, 2, \cdots$，可以类似式（11.46）给出 $m(j)$ 作用在 M 和 m 上的引力方程，总引力则可通过求和得到

$$M\ddot{\vec{r}}_M = GMm\frac{\vec{r}_{Mm}}{r_{Mm}^3} + \sum_j GMm(j)\frac{\vec{r}_{Mm(j)}}{r_{Mm(j)}^3}$$

$$m\ddot{\vec{r}}_m = GMm\frac{\vec{r}_{mM}}{r_{mM}^3} + \sum_j Gmm(j)\frac{\vec{r}_{mm(j)}}{r_{mm(j)}^3} \tag{11.47}$$

以上两式分别除以 $-M$ 和 m 后相加，可得

$$\ddot{\vec{r}}_m - \ddot{\vec{r}}_M = -G(M+m)\frac{\vec{r}_{Mm}}{r_{mM}^3} + \sum_j Gm(j)\left[\frac{\vec{r}_{mm(j)}}{r_{mm(j)}^3} - \frac{\vec{r}_{Mm(j)}}{r_{Mm(j)}^3}\right] \tag{11.48}$$

令 $\vec{r} = \vec{r}_m - \vec{r}_M$，即令质点 M 为原点，将 $\vec{r}_{mm(j)} = -(\vec{r}_m - \vec{r}_{m(j)})$ 代入式（11.48）右侧，再忽略掉质量 m（卫星的质量），则有

$$\ddot{\vec{r}} = -GM\frac{\vec{r}}{r^3} - \sum_j Gm(j)\left[\frac{\vec{r} - \vec{r}_{m(j)}}{\left|\vec{r} - \vec{r}_{m(j)}\right|^3} + \frac{\vec{r}_{m(j)}}{r_{m(j)}^3}\right] \tag{11.49}$$

显然右侧第一项为地球中心引力，则作用在卫星上的多个质点扰动力为

$$\vec{f}_m = -m\sum_j Gm(j)\left[\frac{\vec{r} - \vec{r}_{m(j)}}{\left|\vec{r} - \vec{r}_{m(j)}\right|^3} + \frac{\vec{r}_{m(j)}}{r_{m(j)}^3}\right] \tag{11.50}$$

式中，$Gm(j)$ 为太阳、月亮和行星的引力常数。

11.2.3　地球和海洋潮汐摄动

如在 5.4 节中所讨论的，月亮和太阳引起的潮汐势能可以写为

$$W_P = \sum_{j=1}^{2}\mu_j\sum_{n=2}^{\infty}\frac{\rho^n}{r_j^{n+1}}P_n(\cos z_j)$$

或

$$W_P = \sum_{j=1}^{2}\mu_j\sum_{n=2}^{\infty}\frac{\rho^n}{r_j^{n+1}}\left[\begin{array}{l}P_n(\sin\varphi)P_n(\sin\delta_j)\\ +2\sum_{k=1}^{n}\dfrac{(n-k)!}{(n+k)!}P_{nk}(\sin\varphi)P_{nk}(\sin\delta_j)\cos kh_j\end{array}\right] \tag{11.51}$$

其中，下标 j 为月亮（$j=1$）和太阳（$j=2$）；μ_j 为 j 的引力常数；ρ 为地球表面（设为 a_e）的地心距离；r_j 为 j 的地心距离；$P_n(x)$ 和 $P_{nk}(x)$ 分别为 Legendre 函数和关联 Legendre 函数；z_j 为 j 的天顶距；δ_j 和 h_j 分别为 j 的倾角和当地时角；$h_j = H_j - \lambda$，H_j 分别为 j 的时角。根据 Dirichlet 的理论（Melchior，1978；Dow，1988），潮汐势能引起的地球潮汐形变可以认为是作用在卫星上的一个潮汐形变位：

$$\delta V = \sum_{j=1}^{2} \mu_j \sum_{n=2}^{\infty} k_n \left(\frac{\rho}{r} \right)^{n+1} \frac{\rho^n}{r_j^{n+1}} P_n(\cos z_j)$$

或

$$\delta V = \sum_{j=1}^{2} \mu_j \sum_{n=2}^{N} k_n \frac{a_e^{2n+1}}{r^{n+1} r_j^{n+1}} \left[\begin{array}{l} P_n(\sin\varphi) P_n(\sin\delta_j) \\ +2\sum_{k=1}^{n} \frac{(n-k)!}{(n+k)!} P_{nk}(\sin\varphi) P_{nk}(\sin\delta_j)\cos kh_j \end{array} \right] \qquad (11.52)$$

其中，k_n 为 Love 数；(r, φ, λ) 为卫星在 ECEF 坐标系中的球坐标；N 为截断数。Legendre 函数的递推方程为（Xu，1992）

$$(n+1)P_{n+1}(x) = (2n+1)xP_n(x) - nP_{n-1}(x)$$

$$(1-x^2)\frac{\mathrm{d}P_n(x)}{\mathrm{d}x} = nP_{n-1}(x) - nxP_n(x) \qquad (11.53)$$

$$P_0(x) = 1 \quad P_1(x) = x$$

则 ECEF 坐标系中的潮汐位扰动力向量为

$$\vec{f}_{\mathrm{ECEF}} = \begin{pmatrix} \dfrac{\partial \delta V}{\partial x'} \\ \dfrac{\partial \delta V}{\partial y'} \\ \dfrac{\partial \delta V}{\partial z'} \end{pmatrix} = \begin{pmatrix} \dfrac{\partial \delta V}{\partial(r,\varphi,\lambda)} \dfrac{\partial(r,\varphi,\lambda)}{\partial x'} \\ \dfrac{\partial \delta V}{\partial(r,\varphi,\lambda)} \dfrac{\partial(r,\varphi,\lambda)}{\partial y'} \\ \dfrac{\partial \delta V}{\partial(r,\varphi,\lambda)} \dfrac{\partial(r,\varphi,\lambda)}{\partial z'} \end{pmatrix} = \left(\dfrac{\partial \delta V}{\partial(r,\varphi,\lambda)} \dfrac{\partial(r,\varphi,\lambda)}{\partial(x',y',z')} \right)^{\mathrm{T}} \qquad (11.54)$$

其中

$$\frac{\partial \delta V}{\partial r} = \sum_{j=1}^{2} \mu_j \sum_{n=2}^{N} -k_n \frac{(n+1)a_e^{2n+1}}{r^{n+2} r_j^{n+1}} \left[\begin{array}{l} P_n(\sin\varphi) P_n(\sin\delta_j) \\ +2\sum_{k=1}^{n} \frac{(n-k)!}{(n+k)!} P_{nk}(\sin\varphi) P_{nk}(\sin\delta_j)\cos kh_j \end{array} \right]$$

$$\frac{\partial \delta V}{\partial \varphi} = \sum_{j=1}^{2} \mu_j \sum_{n=2}^{N} k_n \frac{a_e^{2n+1}}{r^{n+1} r_j^{n+1}} \left[\begin{array}{l} \dfrac{n}{\cos\varphi}(P_{n-1}(\sin\varphi) - \sin\varphi P_n(\sin\varphi))P_n(\sin\delta_j) \\ +2\sum_{k=1}^{n} \dfrac{(n-k)!}{(n+k)!}(P_{n(k+1)}(\sin\varphi) - k\tan\varphi P_{nk}(\sin\varphi)) \\ \qquad \cdot P_{nk}(\sin\delta_j)\cos kh_j \end{array} \right]$$

且

$$\frac{\partial \delta V}{\partial \lambda} = \sum_{j=1}^{2} \mu_j \sum_{n=2}^{N} k_n \frac{a_e^{2n+1}}{r^{n+1} r_j^{n+1}} \left[2\sum_{k=1}^{n} \frac{(n-k)!}{(n+k)!} kP_{nk}(\sin\varphi) P_{nk}(\sin\delta_j)\sin kh_j \right] \qquad (11.55)$$

11.2.1 节中已给出了式（11.54）中的其他偏导数。通过式（11.45），可以将力向量从 ECEF 转换到 ECSF 坐标系统。

如在 5.4 节中的讨论，由潮汐元素 $\sigma H \mathrm{d}s$ 产生的海洋潮汐势能可以写为

$$\frac{G\sigma H \mathrm{d}s}{r'} \quad 或 \quad G\sigma H \mathrm{d}s \sum_{n=0}^{\infty} \frac{a_e^n}{r^{n+1}} P_n(\cos z) \qquad (11.56)$$

式中，H 为区域 ds 的海洋潮汐高度；G 为引力位常数；σ 为水密度；r' 为卫星到水元素 ds 的距离；r 为卫星地心距离；z 为 ds 的天顶距；a_e 为地球半径。采用球面三角

$$\cos z = \sin\varphi\sin\varphi_s + \cos\varphi\cos\varphi_s\cos(\lambda_s - \lambda)$$

其中，(φ_s, λ_s) 为 ds 的球坐标；(r, φ, λ) 为卫星在 ECEF 系中的球坐标，式（11.56）可变为（表示为 Q）

$$Q = G\sigma H ds \sum_{n=0}^{\infty} \frac{a_e^n}{r^{n+1}} \left[\begin{array}{c} P_n(\sin\varphi)P_n(\sin\varphi_s) + (2-\delta_{0n}) \\ \cdot \sum_{k=0}^{n} \frac{(n-k)!}{(n+k)!} P_{nk}(\sin\varphi)P_{nk}(\sin\varphi_s)\cos k(\lambda_s - \lambda) \end{array} \right] \tag{11.57}$$

将 Q/ds 在海洋（标记为 O）上积分可直接得到海洋潮汐势能，其中包括海洋负荷形变位。则海洋潮汐位为

$$\delta V_1 = \iint_O G\sigma H \sum_{n=0}^{\infty} (1+k_n') \frac{a_e^n}{r^{n+1}} \left[\begin{array}{c} P_n(\sin\varphi)P_n(\sin\varphi_s) + (2-\delta_{0n}) \\ \cdot \sum_{k=0}^{n} \frac{(n-k)!}{(n+k)!} P_{nk}(\sin\varphi)P_{nk}(\sin\varphi_s)\cos k(\lambda_s - \lambda) \end{array} \right] ds \tag{11.58}$$

式中，k_n' 为海洋负荷 Love 数。式（11.58）不包括由于陆地负荷形变导致的位变化，其可能会对卫星轨道运动造成无法忽略的影响（Knudsen et al.，2000）。回顾 5.4 节的讨论，海洋潮汐引起的负荷形变可以表示为

$$u_r(\phi, \lambda) = \iint_{\text{ocean}} \sigma H u(z) ds, \qquad u(z) = \frac{a_e h_\infty'}{2M\sin(z/2)} + \frac{a_e}{M} \sum_{n=0}^{N} (h_n' - h_\infty')P_n(\cos z) \tag{11.59}$$

式中，a_e 为地球半径；M 为地球质量；z 为负荷点（关联于计算点，见图 5.11）的地心天顶距；$P_n(\cos z)$ 为 Legendre 函数；$u(z)$ 为径向负荷位移 Green 函数；h_n' 为负荷的 n 阶 Love 数；u_r 为径向负荷形变。在式（11.57）中以 u_r 替代 H，且在陆地（标记为 C）上积分 Q/ds，则负荷形变位为

$$\delta V_2 = \iint_C G\sigma_e u_r \sum_{n=0}^{\infty} \frac{a_e^n}{r^{n+1}} \left[\begin{array}{c} P_n(\sin\varphi)P_n(\sin\varphi_s) + (2-\delta_{0n}) \\ \cdot \sum_{k=0}^{n} \frac{(n-k)!}{(n+k)!} P_{nk}(\sin\varphi)P_{nk}(\sin\varphi_s)\cos k(\lambda_s - \lambda) \end{array} \right] ds \tag{11.60}$$

式中，σ_e 为在地球表面的质块 $u_r ds$ 的密度。总的海洋潮汐位扰动是式（11.58）和式（11.60）的求和。与前面类似，可以推导摄动力并转换到 ECSF 系。有

$$\vec{f}_{\text{ECEF}} = \begin{pmatrix} \dfrac{\partial(\delta V_1 + \delta V_2)}{\partial x'} \\ \dfrac{\partial(\delta V_1 + \delta V_2)}{\partial y'} \\ \dfrac{\partial(\delta V_1 + \delta V_2)}{\partial z'} \end{pmatrix} = \left(\frac{\partial(\delta V_1 + \delta V_2)}{\partial(r, \varphi, \lambda)} \frac{\partial(r, \varphi, \lambda)}{\partial(x', y', z')} \right)^T \tag{11.61}$$

其中

$$\frac{\partial \delta V_1}{\partial r} = \oiint_O G\sigma H \sum_{n=0}^{\infty} (1+k_n') \frac{-(n+1)a_e^n}{r^{n+2}} \left[\begin{array}{l} P_n(\sin\phi)P_n(\sin\phi_s) + (2-\delta_{0n}) \\ \times \sum_{k=0}^{n} \frac{(n-k)!}{(n+k)!} P_{nk}(\sin\phi) P_{nk}(\sin\phi_s) \cos k(\lambda_s - \lambda) \end{array} \right] ds$$

$$\frac{\partial \delta V_1}{\partial \phi} = \oiint_O G\sigma H \sum_{n=0}^{\infty} (1+k_n') \frac{a_e^n}{r^{n+1}} \left[\begin{array}{l} \dfrac{dP_n(\sin\phi)}{d\phi} P_n(\sin\phi_s) + (2-\delta_{0n}) \\ \times \sum_{k=0}^{n} \frac{(n-k)!}{(n+k)!} \dfrac{dP_{nk}(\sin\phi)}{d\phi} P_{nk}(\sin\phi_s) \cos k(\lambda_s - \lambda) \end{array} \right] ds$$

$$\frac{\partial \delta V_1}{\partial \lambda} = \oiint_O G\sigma H \sum_{n=0}^{\infty} (1+k_n') \frac{a_e^n}{r^{n+1}} \left[\begin{array}{l} (2-\delta_{0n}) \\ \times \sum_{k=0}^{n} \frac{(n-k)!}{(n+k)!} P_{nk}(\sin\phi) P_{nk}(\sin\phi_s) k \sin k(\lambda_s - \lambda) \end{array} \right] ds$$

$$\frac{\partial \delta V_2}{\partial r} = \oiint_C G\sigma_e u_r \sum_{n=0}^{\infty} \frac{-(n+1)a_e^n}{r^{n+2}} \left[\begin{array}{l} P_n(\sin\phi)P_n(\sin\phi_s) + (2-\delta_{0n}) \\ \times \sum_{k=0}^{n} \frac{(n-k)!}{(n+k)!} P_{nk}(\sin\phi) P_{nk}(\sin\phi_s) \cos k(\lambda_s - \lambda) \end{array} \right] ds$$

$$\frac{\partial \delta V_2}{\partial \phi} = \oiint_C G\sigma_e u_r \sum_{n=0}^{\infty} \frac{a_e^n}{r^{n+1}} \left[\begin{array}{l} \dfrac{dP_n(\sin\phi)}{d\phi} P_n(\sin\phi_s) + (2-\delta_{0n}) \\ \times \sum_{k=0}^{n} \frac{(n-k)!}{(n+k)!} \dfrac{dP_{nk}(\sin\phi)}{d\phi} P_{nk}(\sin\phi_s) \cos k(\lambda_s - \lambda) \end{array} \right] ds$$

$$\frac{\partial \delta V_2}{\partial \lambda} = \oiint_C G\sigma_e u_r \sum_{n=0}^{\infty} \frac{a_e^n}{r^{n+1}} \left[\begin{array}{l} (2-\delta_{0n}) \\ \times \sum_{k=0}^{n} \frac{(n-k)!}{(n+k)!} P_{nk}(\sin\phi) P_{nk}(\sin\phi_s) k \sin k(\lambda_s - \lambda) \end{array} \right] ds$$

（11.62）

11.2.4 太阳光压

太阳光压是指日光作用在卫星表面形成的力。光压力可以表示为（Seeber，1993）

$$\vec{f}_{\text{solar}} = m\gamma P_s C_r r_{\text{sun}}^2 \frac{S}{m} \frac{\vec{r} - \vec{r}_{\text{sun}}}{|\vec{r} - \vec{r}_{\text{sun}}|^3} \tag{11.63}$$

式中，γ 为遮蔽因子；P_s 为太阳亮度；C_r 为表面反射系数；r_{sun} 为太阳的地心距离；(S/m) 为卫星表面积与质量的比；$\vec{r}$ 和 $\vec{r}_{\text{sun}}$ 分别为卫星和太阳的地心向量。通常 P_s 值为 $4.5605 \times 10^{-6}\,\text{N/m}$，$C_r$ 值为 1~2，1 表示日光被全部吸收，对于铝材则有 $C_r = 1.95$。

遮蔽因子定义为

$$\gamma = 1 - \frac{A_{\text{ss}}}{A_s} \tag{11.64}$$

式中，A_s 为从卫星看太阳的视表面；A_{ss} 为被遮蔽的太阳视表面。阳光可能会被地球和月亮遮蔽。为方便，我们将只在卫星-地球-太阳系统中讨论这两个参数（图 11.2）。显然从卫星看去的地球、月亮及太阳的半视角为

$$\alpha_e = \sin^{-1}\left(\frac{a_e}{|\vec{r}|} \right)$$

$$\alpha_m = \sin^{-1}\left(\frac{a_m}{|\vec{r}_m - \vec{r}|}\right)$$

$$\alpha_s = \sin^{-1}\left(\frac{a_s}{|\vec{r}_s - \vec{r}|}\right) \qquad (11.65)$$

其中，a_e，a_s 和 a_m 分别为地球、太阳和月亮的半长轴。$a_m = 0.272493a_e$，且 $a_s = 959.63\pi/(3600 \times 180)$ (AU)。对于 GPS 卫星，$\alpha_s < 0.3°$，$\alpha_e \approx 16.5°$ 且 $\alpha_m \approx \alpha_s \pm 0.03°$。进一步，$A_s = \alpha_s^2\pi$ 且 $A_m = \alpha_m^2\pi$。地心和日心之间的角，以及月心和日心之间的角为

$$\beta_{es} = \cos^{-1}\left(\frac{-\vec{r}\cdot(\vec{r}_s - \vec{r})}{r|\vec{r}_s - \vec{r}|}\right)$$

$$\beta_{ms} = \cos^{-1}\left(\frac{(\vec{r}_m - \vec{r})\cdot(\vec{r}_s - \vec{r})}{|\vec{r}_m - \vec{r}|\cdot|\vec{r}_s - \vec{r}|}\right) \qquad (11.66)$$

式中，下标为 s 和 m 的向量分别为太阳和月亮的地心向量。没有下标的向量为卫星的地心向量，且 $r = |\vec{r}|$。如果 $\beta_{es} \geq \alpha_e + \alpha_s$，则卫星不在地球的遮挡区（即 $A_{ss} = 0$）。如果 $\beta_{es} \geq \alpha_e - \alpha_s$，则太阳卫星不通视（即 $A_{ss} = A_s$）。如果 $\alpha_e - \alpha_s < \beta_{es} < \alpha_e + \alpha_s$，则阳光被地球部分遮挡。遮挡表面的公式可以推导如下（图 11.3）。半径分别为 α_e 和 α_s 的两个圆彼此相交于点 p 和 q，线 $\overline{pq}$ 称为个弦（表示为 $2a$），在原点 o_s 与弦关联的中心角记为 ϕ_1，弦与圆 α_s 位于弦右侧的弧之间的面积表示为 A_1。线 $\overline{pq}$ 交 $\overline{O_s O_e}$ 于点 g，$\overline{O_s g}$ 和 $\overline{g O_e}$ 记为 b 和 b_1。则有

$$a^2 = \alpha_s^2 - b^2, \qquad b_1 = \frac{\alpha_e^2 + \beta_{es}^2 - \alpha_s^2}{2\beta_{es}}$$

$$b = \begin{cases} \beta_{es} - b_1 & \text{if} \quad b_1 \leq \alpha_e \\ b_1 - \beta_{es} & \text{if} \quad b_1 > \alpha_e \end{cases}$$

$$\phi_1 = \begin{cases} 2\cos^{-1}\left(\dfrac{b}{\alpha_s}\right) & \text{if} \quad b_1 \leq \alpha_e \\ 2\pi - 2\cos^{-1}\left(\dfrac{b}{\alpha_s}\right) & \text{if} \quad b_1 > \alpha_e \end{cases} \qquad (11.67)$$

$$A_1 = \begin{cases} \dfrac{1}{2}\phi_1\alpha_s^2 - ab & \text{if} \quad b_1 \leq \alpha_e \\ \dfrac{1}{2}\phi_1\alpha_s^2 + ab & \text{if} \quad b_1 > \alpha_e \end{cases}$$

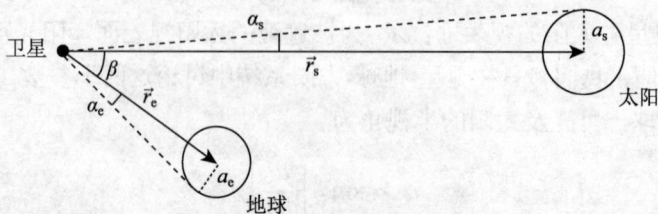

图 11.2 卫星-地球-太阳系统

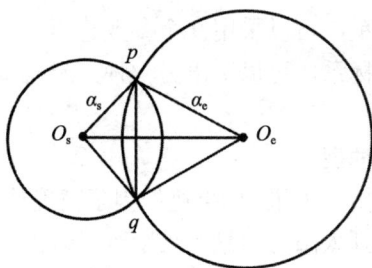

图 11.3　表面遮挡区

类似地，在原点 O_s 与弦相关的中心角记为 ϕ_2，而弦与圆 α_e 位于弦左侧的弧之间的面积记为 A_2，则有

$$\phi_2 = 2\cos^{-1}\left(\frac{b_1}{\alpha_e}\right), \qquad A_2 = \frac{1}{2}\phi_2\alpha_e^2 - ab_1 \tag{11.68}$$

和

$$\gamma = 1 - \frac{A_1 + A_2}{\alpha_s^2\pi} \tag{11.69}$$

类似的讨论可用于月亮。如果 $\beta_{ms} \geqslant \alpha_m + \alpha_s$，则卫星不在月亮的遮挡区，即 $A_{ss} = 0$。如果 $\beta_{ms} \geqslant \alpha_m - \alpha_s$，则发生了完全遮挡，即 $A_{ss} = \min(A_s, A_m)$。如果 $|\alpha_m - \alpha_s| < \beta_{ms} < \alpha_m + \alpha_s$，则阳光部分被月亮遮挡。通过将式（11.67）和式（11.68）中的下标 e 变为 m，则可类似推导出遮挡表面公式。从卫星看月亮的视角很小，因此如果发生了遮挡其时间也非常短。在 GPS 卫星动力学定轨中（如 IGS 定轨），只使用 γ 值为 0 或者 1 的数据。

由于卫星形状复杂，加之如果仅考虑常数反射率和均匀光照情况，以及间接太阳光压（来自地球表面的反射）的存在，则上述讨论的模型（11.63）不够准确，只能用于一阶近似，无法用于精确目的。因此需要进一步的平差模型，以拟合太阳光压效应。

力向量从太阳指向卫星，在 5.8 节中引入了星固坐标系统 ECSF（详见 5.8 节），则在 ECSF 系统中的太阳光压力向量为

$$
\begin{aligned}
\vec{f}_{solar} &= m\gamma P_s C_r \frac{S}{m} \frac{r_{sun}^2}{|\vec{r} - \vec{r}_{sun}|^2} \vec{n}_{sun} \\
&= m\gamma P_s C_r \frac{S}{m} \frac{r_{sun}^2}{|\vec{r} - \vec{r}_{sun}|^2} \left(\sin\beta \cdot \vec{e}_x + \cos\beta \cdot \vec{e}_z\right)
\end{aligned} \tag{11.70}
$$

其中

$$\vec{e}_z = -\frac{\vec{r}}{|\vec{r}|}, \qquad \vec{e}_y = \frac{\vec{e}_z \times \vec{n}_{sun}}{|\vec{e}_z \times \vec{n}_{sun}|}, \qquad \vec{e}_x = \vec{e}_y \times \vec{e}_z, \qquad \vec{n}_{sun} = \frac{\vec{r} - \vec{r}_{sun}}{|\vec{r} - \vec{r}_{sun}|} \tag{11.71}$$

在 5.8 节可以找到式（11.71）的进一步公式。考虑进光压的剩余误差，则太阳光压力模型可表示为（Fliegel et al.，1992；Beutler et al.，1994）

$$\vec{f}_{solar-force} = \vec{f}_{solar} + \begin{pmatrix} a_{11} & a_{12} & a_{13} \\ a_{21} & a_{22} & a_{23} \\ a_{31} & a_{32} & a_{33} \end{pmatrix} \begin{pmatrix} 1 \\ \cos u \\ \sin u \end{pmatrix} \tag{11.72}$$

也就是说，对于每颗卫星，可以采用 9 个参数建模太阳光压力误差。

通过引入所谓的扰动坐标系，可以给出另一种太阳光压平差模型，简述如下（Xu，2004）。

扰动坐标系和光压误差模型

太阳光压力向量从太阳指向卫星。如果遮挡因子精确计算得到，太阳发光度为常数，卫星的表面反射率为常数，则太阳力向量的长度可以认为是常数，因为

$$\frac{r_{\text{sun}}^2}{(r_{\text{sun}} + r)^2} \leq \frac{r_{\text{sun}}^2}{|\vec{r} - \vec{r}_{\text{sun}}|^2} \leq \frac{r_{\text{sun}}^2}{(r_{\text{sun}} - r)^2} \tag{11.73}$$

且

$$\frac{r_{\text{sun}}^2}{(r_{\text{sun}} \pm r)^2} = \left(\frac{r_{\text{sun}}}{r_{\text{sun}} \pm r}\right)^2 \approx \left(1 \mp \frac{r}{r_{\text{sun}}} \pm \cdots\right)^2 \approx 1 \mp \frac{2r}{r_{\text{sun}}} \approx 1 \mp 3 \times 10^{-5}$$

在 P_s，C_r 和 (S/m) 中的任何偏差误差将导致模型误差 $\alpha\vec{f}_{\text{solar}}$，其中 α 为一个参数。则 $\alpha\vec{f}_{\text{solar}}$ 可以考虑为一个太阳光压的主要误差模型。因为卫星地心距离同太阳地心距离之比非常小，因此太阳-卫星向量的方向和距离的变化可忽略不计。由于太阳运动，太阳光压力向量在 ECSF（earth-centred-space-fixed）坐标系中随着时间改变其方向，约为每天 1°。这种效应只能认为是一个小的漂移，对于定轨来说不是一个周期性变化。为了在 ECSF 系中模型化该效应，需要三个坐标轴上的三个偏差参数和三个漂移项，而不是一些周期参数。显然，为了在方向 $\vec{n}$ 上模型化该效应，只需要一个参数 α。因此，可以定义一个所谓的扰动坐标系：原点位于地心，三轴由 $\vec{r}$（卫星径向向量）、$\vec{n}$（太阳-卫星单位向量）和 $\vec{p}$（大气阻力密度向量）共同定义。这三个轴总是分别落于间接太阳光压（反射自地球表面）、直接太阳光压和大气阻力的主扰动方向上。这个坐标系不是一个笛卡儿系且坐标轴不互相正交。在每个单独坐标轴上的参数主要用于模型化相应的扰动效应，同时吸收未模型化效应的残差。

在所谓的扰动坐标系统中，太阳辐射压力误差模型也可表示为（Xu，2004）

$$\alpha\vec{f}_{\text{solar}} = \begin{pmatrix} a_1 & b_1 \\ a_2 & b_2 \\ a_3 & b_3 \end{pmatrix} \begin{pmatrix} 1 \\ t \end{pmatrix} \tag{11.74}$$

其中的 b 项非常小。式（11.74）可称为许氏太阳光压平差模型。

11.2.5 大气阻力

大气阻力是空气作用在卫星表面的扰动力。空气阻力可以表示为（Seeber，1993；Liu and Zhao，1979）

$$\vec{f}_{\text{drag}} = -m\frac{1}{2}\left(\frac{C_d S}{m}\right)\sigma\left|\dot{\vec{r}} - \dot{\vec{r}}_{\text{air}}\right|\left(\dot{\vec{r}} - \dot{\vec{r}}_{\text{air}}\right) \tag{11.75}$$

式中，S 为卫星横截面（或有效面积）；C_d 为阻力因子；m 为卫星质量；$\dot{\vec{r}}$ 和 $\dot{\vec{r}}_{\text{air}}$ 分别为卫星和大气的地心速度向量；σ 为大气密度。通常，S 为卫星外部表面积的 1/4，C_d 的经验值为 2.2±0.2。大气的速度向量可以模型化为

$$\dot{\vec{r}}_{\text{air}} = k\vec{\omega} \times \vec{r} = k\omega \begin{pmatrix} -y \\ x \\ 0 \end{pmatrix} \tag{11.76}$$

式中，$\vec{\omega}$ 为地球旋转角速度向量，且 $\omega = |\vec{\omega}|$；k 为大气旋转因子。对于低层大气，$k=1$，即低层大气可以认为是随着地球旋转。对于高层大气，$k=1.2$，因为更高层大气被地球磁场加速。

指数形式的重力均衡大气密度模型为（Liu and Zhao，1979）

$$\sigma = \sigma_0(1+q)\exp\left(-\frac{r-\rho}{H}\right) \tag{11.77}$$

式中，σ_0 为位于参考点 ρ 的大气密度；q 为密度的每日变化因子；r 为卫星的地心距离；H 为密度-高度比例因子。对于球和旋转椭球层大气模型，分别有

$$\rho = a_{\text{e}} + h_i \tag{11.78}$$

和

$$\rho = (a_{\text{e}} + h_i)\sqrt{1-e^2}\sqrt{\frac{1+\tan^2\varphi}{1+\tan^2\varphi-e^2}} \tag{11.79}$$

式中，a_{e} 为地球半长轴；$h_i\,(i=1,2,\cdots)$ 为一系列数值；φ 为卫星的地心纬度；e 为椭球偏心率。式（11.78）和式（11.79）分别为半径为 $a_{\text{e}}+h_i$ 的球和半长轴为 $a_{\text{e}}+h_i$ 的旋转椭球。式（11.79）可以由 $\tan\varphi$ 和椭球公式之间的关系推导得到

$$z^2 = (x^2+y^2)\tan^2\varphi$$

$$x^2+y^2+z^2\frac{1}{1-e^2} = (a_{\text{e}}+h_i)^2$$

表 11.1 列出了由 Cappellari（1976）提供的大气密度的参考数值（Seeber，1993）。

表 11.1　大气密度参考值

h_i / km	$\sigma_0(i)$ / (g/km³)	h_i / km	$\sigma_0(i)$ / (g/km³)
100	497400	600	0.08～0.64
200	255～316	700	0.02～0.22
300	17～35	800	0.07～0.01
400	2.2～7.5	900	0.003～0.04
500	0.4～2.0	1000	0.001～0.02

每两层大气之间的密度-高度比 H 可以由以上值计算。注意由于太阳光压导致的大气密度变动可达因子 10。一个指定点的大气密度在当地时间 14:00 达到最大，在 3:30 达到最小。最显著的变化周期为日变化，可由日变化因子表示为

$$q = \frac{f-1}{f+1}\cos\psi \tag{11.80}$$

式中，f 为最大和最小密度的比；ψ 为卫星向量 $\vec{r}$ 和每日最大密度方向 $\vec{r}_{\text{m}}$ 之间的夹角。f 的值可以为 3 且

$$\cos\psi = \frac{\vec{r} \cdot \vec{r}_{\mathrm{m}}}{|\vec{r}| \cdot |\vec{r}_{\mathrm{m}}|} \tag{11.81}$$

其中

$$\begin{pmatrix} x \\ y \\ z \end{pmatrix}_{\mathrm{sun}} = \begin{pmatrix} r\cos\delta\cos\alpha \\ r\cos\delta\sin\alpha \\ r\sin\delta \end{pmatrix}, \quad \begin{cases} r = \sqrt{x^2+y^2+z^2} \\ \delta = \tan^{-1}\dfrac{z}{\sqrt{x^2+y^2}} \\ \alpha = \tan^{-1}\dfrac{y}{x} \end{cases} \tag{11.82}$$

$$\vec{r}_{\mathrm{m}} = \begin{pmatrix} x \\ y \\ z \end{pmatrix}_{\mathrm{m}} = \begin{pmatrix} r\cos\delta\cos(\alpha+\pi/6) \\ r\cos\delta\sin(\alpha+\pi/6) \\ r\sin\delta \end{pmatrix}$$

其中，(α, δ) 为太阳在 ECSF 坐标系统中的坐标（升交点，纬度）。

考虑大气阻力残差，大气阻力模型可以表示为

$$\vec{f}_{\mathrm{air-drag}} = \vec{f}_{\mathrm{drag}} + (1+q)\Delta\vec{f}_{\mathrm{drag}} \tag{11.83}$$

其中，力向量表示为 $\Delta\vec{f}_{\mathrm{drag}}$，且在参数 q 中考虑了大气密度的时变部分。

扰动坐标系中的误差模型

在大气阻力模型式（11.75）中，大气速度向量总是垂直于 ECSF 坐标的 z 轴，且卫星速度矢量总是在轨道的切线方向上。项 $|\vec{r} - \vec{r}_{\mathrm{air}}|$（记为 g）的变化受制于卫星和大气速度矢量的方向变化。S（卫星有效面积）、C_{d}（阻力因子）和 σ（大气密度）的任何偏差将导致模型误差 $\mu\vec{f}_{\mathrm{drag}}$，其中 μ 为一个参数。因此 $\mu\vec{f}_{\mathrm{drag}}$ 可以被视作未模型化大气阻力的一个主要误差模型。为了简化讨论，将卫星和大气速度设为常数，将 $\max(z)$ 和 $-\max(z)$ 的卫星位置称为最高点和最低点。当卫星在最低点时，两个速度矢量同向且 g 达到最小。在升交点，两个矢量有最大的倾角 i 和 g 达到最大。接着在最高点 g 再次达到最小且在降交点再次达到最大，最后在最低点达到最小。显然除了常数部分，g 还包括一个由 $\cos 2f$ 和 $\sin 2f$ 构成的主周期项，其中，f 为卫星的真近点角。

在所谓的扰动坐标系中，大气阻力误差模型也可以表示为（Xu，2004）

$$\mu\vec{f}_{\mathrm{drag}} = \left[a + b\varphi(2\omega)\cos(2f) + c\varphi(3\omega)\cos(3f) + d\varphi(\omega)\cos f\right]\vec{p} \tag{11.84}$$

其中

$$\varphi(k\omega) = \begin{cases} \sin k\omega & \text{if } \cos k\omega = 0, \\ \dfrac{1}{\cos k\omega} & \text{if } \cos k\omega \neq 0, \end{cases} \quad k=1,2,3 \tag{11.85}$$

其中，ω 为近地点角；f 为卫星的真近点角；a、b、c 和 d 为待定模型参数。根据仿真模拟，a 项和 b 项为最显著项。d 的量级只有 c 的约 1%，c 的量级只有 b 的约 1%。式（11.84）可称为许氏大气阻力平差模型。

11.2.6　其他摄动

前面提到，卫星运动的扰动方程只有在惯性坐标系统，或是 ECSF 系中才有效，因此状态向量、力向量，以及扰动位函数也必须在 ECSF 系中表示。但是如前所示，可能因某种原因造成状态向量、力向量及扰动位函数 R 有时在 ECEF 系中给出，则可以通过以下方式转换到 ECSF 系（见 11.2.4 节）：

$$\vec{X}_{\text{ECSF}} = R_t \cdot \vec{X}_{\text{ECEF}}$$
$$\vec{f}_{\text{ECSF}} = R_t \cdot \vec{f}_{\text{ECEF}} \qquad\qquad (11.86)$$
$$R_{\text{ECSF}} = R(R_t^{-1} X_{\text{ECSF}}) \quad \text{for} \quad R(X_{\text{ECEF}})$$

式中，R_t 为一般转换矩阵。变量转换可以进一步表示为 $X_{\text{ECSF}} = R_t X_{\text{ECEF}}$。我们也看到有时在 ECSF 系统中的状态向量（卫星、太阳、月亮）也必须转换到 ECEF 系中使用，然后将结果向量再次转回到 ECSF 系。然而，由于转换矩阵 R_t^{-1} 过于复杂，经常只使用一个简化的 R_s^{-1}（见后面讨论，如为了用 Keplerian 参数表示扰动位函数，只考虑地球旋转）。则

$$R_{\text{ECSF}} = \{R(R_t^{-1} X_{\text{ECSF}}) - R(R_s^{-1} X_{\text{ECSF}})\} + R(R_s^{-1} X_{\text{ECSF}}) \qquad (11.87)$$

式中，右侧第一项为由于采用第二项近似而产生的修正。式（11.86）和式（11.87）的转换是精确的运算，它们对时间 t 的微分，以及对变量 X_{ECSF} 的偏导数分别为

$$\frac{\mathrm{d}\vec{X}_{\text{ECSF}}}{\mathrm{d}t} = \frac{\mathrm{d}R_t}{\mathrm{d}t}\vec{X}_{\text{ECEF}} + R_t \frac{\mathrm{d}\vec{X}_{\text{ECEF}}}{\mathrm{d}t}$$

$$\frac{\mathrm{d}\vec{f}_{\text{ECSF}}}{\mathrm{d}t} = \frac{\mathrm{d}R_t}{\mathrm{d}t}\vec{f}_{\text{ECEF}} + R_t \frac{\mathrm{d}\vec{f}_{\text{ECEF}}}{\mathrm{d}t} \qquad\qquad (11.88)$$

$$\frac{\partial R_{\text{ECSF}}}{\partial X_{\text{ECSF}}} = \frac{\partial\left[R(R_t^{-1} X_{\text{ECSF}}) - R(R_s^{-1} X_{\text{ECSF}})\right]}{\partial X_{\text{ECSF}}} + \frac{\partial R(R_s^{-1} X_{\text{ECSF}})}{\partial X_{\text{ECSF}}}$$

这意味着，状态向量和力向量的时间微分不能像式（11.86）一样直接转换。换句话说，如果状态向量和力向量没有在 ECSF 中直接给出，则后面不能像通常一样微分。近似的和转换后的扰动位函数会引入一个误差。式（11.88）右侧第一项表示出了其他摄动，或者说是坐标摄动。这种摄动的量级可以通过右侧第一项进行估算。如果两个坐标系统之间的关系随时间变化，或者转换不准确，就会发生这种摄动。回顾

$$R = R_P^{-1} R_N^{-1} R_S^{-1} R_M^{-1}$$

及其各项定义（见第 2 章），则有

$$\frac{\mathrm{d}R}{\mathrm{d}t} = R_P^{-1} R_N^{-1} R_S^{-1} \frac{\mathrm{d}R_M^{-1}}{\mathrm{d}t} + R_P^{-1} R_N^{-1} \frac{\mathrm{d}R_S^{-1}}{\mathrm{d}t} R_M^{-1}$$
$$+ R_P^{-1} \frac{\mathrm{d}R_N^{-1}}{\mathrm{d}t} R_S^{-1} R_M^{-1} + \frac{\mathrm{d}R_P^{-1}}{\mathrm{d}t} R_N^{-1} R_S^{-1} R_M^{-1} \qquad (11.89)$$

其中

$$\frac{\mathrm{d}R_M^{-1}}{\mathrm{d}t} = \begin{pmatrix} 0 & 0 & -\dot{x}_p \\ 0 & 0 & \dot{y}_p \\ \dot{x}_p & -\dot{y}_p & 0 \end{pmatrix}, \qquad \frac{\mathrm{d}R_S^{-1}}{\mathrm{d}t} = \frac{\mathrm{d}R_3(\text{GAST})}{\mathrm{d}t}$$

$$\frac{dR_N^{-1}}{dt} = \frac{dR_1(-\varepsilon)}{dt} R_3(\Delta\psi)R_1(\varepsilon+\Delta\varepsilon) + R_1(-\varepsilon)\frac{dR_3(\Delta\psi)}{dt}R_1(\varepsilon+\Delta\varepsilon)$$

$$+ R_1(-\varepsilon)R_3(\Delta\psi)\frac{dR_1(\varepsilon+\Delta\varepsilon)}{dt}$$

$$\frac{dR_P^{-1}}{dt} = \frac{dR_3(\zeta)}{dt}R_2(-\theta)R_3(z) + R_3(\zeta)\frac{dR_2(-\theta)}{dt}R_3(z) + R_3(\zeta)R_2(-\theta)\frac{dR_3(z)}{dt}$$

$$(11.90)$$

其中所有元素已在第 2 章中定义和给出，$(\dot{x}_p, \dot{y}_p)$ 为极移随时间的变化率，且

$$\frac{dR_1(\alpha)}{dt} = \begin{pmatrix} 0 & 0 & 0 \\ 0 & -\sin\alpha & \cos\alpha \\ 0 & -\cos\alpha & -\sin\alpha \end{pmatrix} \frac{d\alpha}{dt}$$

$$\frac{dR_2(\alpha)}{dt} = \begin{pmatrix} -\sin\alpha & 0 & -\cos\alpha \\ 0 & 0 & 0 \\ \cos\alpha & 0 & -\sin\alpha \end{pmatrix} \frac{d\alpha}{dt} \qquad (11.91)$$

$$\frac{dR_3(\alpha)}{dt} = \begin{pmatrix} -\sin\alpha & \cos\alpha & 0 \\ -\cos\alpha & -\sin\alpha & 0 \\ 0 & 0 & 0 \end{pmatrix} \frac{d\alpha}{dt}$$

很容易推导出进一步的方程。

11.2.7 摄动量级估算

摄动力除以卫星质量就是加速度。许多学者曾经估算过前述讨论的各种力对 GPS 卫星造成的加速度，总结在表 11.2 中。

如果不考虑坐标系的进动和章动，附加摄动加速度可达 3×10^{-10}。重力势能引起的附加加速度可达 1×10^{-9}（Liu and Zhao，1979）。

表 11.2　各种力引起的加速度（Seeber，1993；Kang，1998） （单位：$\mathrm{m/s^2}$）

质心力加速度	0.56
重力 C_2 加速度	5×10^{-5}
其他重力加速度	3×10^{-7}
月亮中心力加速度	5×10^{-6}
太阳中心力加速度	2×10^{-6}
行星中心力加速度	3×10^{-10}
地球潮汐加速度	2×10^{-9}
海洋潮汐加速度	5×10^{-10}
太阳光压加速度	1×10^{-7}
大气阻力加速度 (Topex)	4×10^{-10}
广义相对论加速度	3×10^{-10}

11.2.8 月亮、太阳和行星星历

太阳和月亮星历用于计算太阳和月亮的遮蔽函数（太阳光压）、潮汐扰动力、潮汐

和负荷形变（见 5.8 节）。如果将太阳（实际上是地球范围之内）和月亮轨道考虑为开普勒运动，则太阳和月亮星历计算可以简化。考虑轨道右手坐标系统，原点在地心，xy 面为轨道面，x 轴指向近地点，且 z 轴指向 $\vec{q} \times \dot{\vec{q}}$ 方向，其中 $\vec{q}$ 和 $\dot{\vec{q}}$ 为太阳或者月亮的位置和速度向量。这两个向量为（见式（3.41）和式（3.42））

$$\vec{q} = \begin{pmatrix} a(\cos E - e) \\ a\sqrt{1-e^2}\,\sin E \\ 0 \end{pmatrix} = \begin{pmatrix} q\cos f \\ q\sin f \\ 0 \end{pmatrix}, \qquad \dot{\vec{q}} = \begin{pmatrix} -\sin f \\ e+\cos f \\ 0 \end{pmatrix}\frac{na}{\sqrt{1-e^2}} \tag{11.92}$$

其中

$$q = \frac{a(1-e^2)}{1+e\cos f} \tag{11.93}$$

太阳或者月亮在 ECEI 和 ECSF 坐标系统中的位置和速度向量则为（见 2.5 节和式（3.43））

$$\begin{pmatrix} \vec{p} \\ \dot{\vec{p}} \end{pmatrix} = R_3(-\Omega)R_1(-i)R_3(-\omega)\begin{pmatrix} \vec{q} \\ \dot{\vec{q}} \end{pmatrix}$$

$$\begin{pmatrix} \vec{r} \\ \dot{\vec{r}} \end{pmatrix} = R_1(-\varepsilon)\begin{pmatrix} \vec{p} \\ \dot{\vec{p}} \end{pmatrix} \tag{11.94}$$

其中，a 和 i 分别为月亮或太阳在黄道坐标系统(ECEI)中的轨道半长轴和轨道面倾角；Ω 为升交点的黄道赤经；e 为椭球偏心率；ω 为近地点幅角；f 为月亮或太阳的真近点角；ε 为平均黄赤交角（公式详见 2.4 节）。因为太阳沿黄道运动且升交点定义在春分点，参数 i 和 Ω 为 0。真近点角 f、偏近点角 E，以及平近点角 M 可以通过 Keplerian 方程和以下公式得到：

$$E - e\sin E = M$$
$$q\cos f = a\cos E - ae$$
$$q\sin f = b\sin E = a\sqrt{1-e^2}\,\sin E \tag{11.95}$$

对于月亮，偏心率 $e_{\mathrm{m}} = 0.05490$，倾角 $i_{\mathrm{m}} = 5.°14\,5396$，半长轴 $a_{\mathrm{m}} = 384\,401\,\mathrm{km}$。对于太阳，偏心率 $e_{\mathrm{s}} = 0.016709114 - 0.000042052T - 0.000000126T^2$，半长轴 $a_{\mathrm{s}} = 1.0000002\,\mathrm{AU}$，其中，AU 为天文单位（$\mathrm{AU} = 1.49597870691 \times 10^8\,\mathrm{km}$）。IERS 协议给出了以下的基本变量（McCarthy，1996）：

$$\begin{cases} l = 134.°96340251 + 1717915923.''2178T + 31.''8792T^2 + 0.''051635T^3 - 0.''00024470T^4 \\ l' = 357.°52910918 + 129596581.''0481T - 0.''5532T^2 + 0.''000136T^3 - 0.''00011149T^4 \\ F = 93.°27209062 + 1739527262.''8478T - 12.''7512T^2 - 0.''001037T^3 + 0.''00000417T^4 \\ D = 297.°85019547 + 1602961601.''2090T - 6.''3706T^2 + 0.''006593T^3 - 0.''00003169T^4 \\ \Omega = 125.°04455501 - 6962890.''2665T + 7.''4722T^2 + 0.''007702T^3 - 0.''00005939T^4 \end{cases}$$

$$\tag{11.96}$$

式中，l 和 l' 分别为月亮和太阳的平近点角；D 为从太阳到月亮的平均距角；Ω 为月亮升交点的平均经度；$F=L-\Omega$，L 为月亮平均经度（或 L_{moon}）；T 为从历元 J2000.0 开始测量的儒略世纪数。式（11.96）中的各变量可用于计算章动。太阳和月亮的平均角速度 n 分别为线性化项 l 和 l'（单位：s / 世纪）的系数。

为了计算太阳星历，在式（11.95）中将 l' 设为 M，就可以计算太阳的 E 和 f。采用 $D=L_{\text{moon}}-L_{\text{sun}}=F+\Omega-L_{\text{sun}}$，则可以计算平均经度 L_{sun}。通过关系式 $L_{\text{sun}}=\omega+f$，可以计算 ω。

为了计算月亮星历，在式（11.95）中将 l 设为 M，则可以计算月亮的 E 和 f。通过采用以下球三角方程，可以计算 ω：

$$\tan(\omega+f)=\tan F / \cos i_{\text{m}} \qquad (11.97)$$

其中，角度 $u\,(=\omega+f)$ 和 F 位于相同象限。

将上述月亮和太阳的各个值分别代入式（11.92）～式（11.94），则可以得到在 ECSF 坐标系中的日月星历。为了更为精确地计算月亮星历，需考虑若干修正（Meeus，1992；Montenbruck，1989）。同样，改正数 dF 可以加到 F 上，式（11.97）中的变化 du 可认为是 df 并加到 f 上，其中 dF 形式为（单位：s）

$$
\begin{aligned}
dF &= 22640\sin l + 769\sin(2l) + 36\sin(3l) - 125\sin D + 2370\sin(2D) - 668\sin l' \\
&\quad -412\sin(2F) + 212\sin(2D-2l) + 4586\sin(2D-l) + 192\sin(2D+l) \\
&\quad +165\sin(2D-l') + 206\sin(2D-l-l') - 110\sin(l+l') + 148\sin(l-l')
\end{aligned}
$$

采用六个开普勒根数，给出了日心黄道坐标系中的各行星轨道。这六个参数分别为行星平均经度（L）、行星轨道半长轴（a，单位：AU）、轨道偏心率（e）、轨道相对于黄道面的倾角（i）、近日点辐角（ω）和升交点经度（Ω）。水星、金星、火星、木星、土星、天王星和海王星的轨道元素分别表示为瞬时 T（Julian 世纪）的一个多项式函数如下（参见 Meeus（1992）；本书中使用 ω 代替 π，其中，$\omega=\pi-\Omega$）：

$$
\begin{pmatrix} L \\ a \\ e \\ i \\ \omega \\ \Omega \end{pmatrix}_{\text{Mercury}} =
\begin{pmatrix}
252.250906 & 149474.0722491 & 0.00030397 & -0.00000002 \\
0.38709831 & 0 & 0 & 0 \\
0.20563175 & 0.000020406 & -0.0000000284 & -0.0000000002 \\
7.0049860 & 0.0018215 & -0.00001809 & 0.000000053 \\
29.1252260 & 0.3702885 & 0.00012002 & -0.000000155 \\
48.3308930 & 1.1861890 & 0.00017587 & 0.000000211
\end{pmatrix}
\begin{pmatrix} 1 \\ T \\ T^2 \\ T^3 \end{pmatrix}
$$

$$
\begin{pmatrix} L \\ a \\ e \\ i \\ \omega \\ \Omega \end{pmatrix}_{\text{Venus}} =
\begin{pmatrix}
181.979801 & 58519.2130302 & 0.00031060 & 0.000000015 \\
0.72332982 & 0 & 0 & 0 \\
0.00677118 & -0.000047766 & 0.0000000975 & 0.00000000044 \\
3.3946620 & 0.00100370 & -0.00000088 & -0.000000007 \\
54.883787 & 0.50109980 & -0.00148002 & -0.000005235 \\
76.6799200 & 0.90111900 & 0.00040665 & -0.00000008
\end{pmatrix}
\begin{pmatrix} 1 \\ T \\ T^2 \\ T^3 \end{pmatrix}
$$

$$
\begin{pmatrix} L \\ a \\ e \\ i \\ \omega \\ \Omega \end{pmatrix}_{\text{Mars}} =
\begin{pmatrix}
355.4332750 & 19141.6964746 & 0.00031097 & 0.000000015 \\
1.523679342 & 0 & 0 & 0 \\
0.09340062 & 0.000090483 & -0.0000000806 & -0.00000000035 \\
1.8497260 & -0.0006010 & 0.00012760 & -0.000000006 \\
286.502141 & 1.0689408 & 0.00011910 & -0.000002007 \\
49.558093 & 0.7720923 & 0.00001605 & 0.000002325
\end{pmatrix}
\begin{pmatrix} 1 \\ T \\ T^2 \\ T^3 \end{pmatrix}
$$

$$
\begin{pmatrix} L \\ a \\ e \\ i \\ \omega \\ \Omega \end{pmatrix}_{\text{Jupiter}} =
\begin{pmatrix}
34.351484 & 3036.3027889 & 0.00022374 & 0.000000025 \\
5.202603191 & 0.0000001913 & 0 & 0 \\
0.04849485 & 0.000163244 & -0.0000004719 & -0.00000000197 \\
1.303270 & -0.00549660 & 0.00000465 & -0.000000004 \\
273.866868 & 0.5917118 & 0.00063010 & -0.000005138 \\
100.464441 & 1.0209550 & 0.00040117 & 0.000000569
\end{pmatrix}
\begin{pmatrix} 1 \\ T \\ T^2 \\ T^3 \end{pmatrix}
$$

$$
\begin{pmatrix} L \\ a \\ e \\ i \\ \omega \\ \Omega \end{pmatrix}_{\text{Saturn}} =
\begin{pmatrix}
50.0774710 & 1223.5110141 & 0.00051952 & -0.000000003 \\
9.554909596 & -0.0000021389 & 0 & 0 \\
0.05550862 & -0.000346818 & -0.0000006456 & 0.00000000338 \\
2.488878 & -0.0037363 & -0.00001516 & 0.000000089 \\
339.391263 & 1.0866715 & 0.00095824 & 0.000007279 \\
113.665524 & 0.8770979 & -0.00012067 & -0.00000238
\end{pmatrix}
\begin{pmatrix} 1 \\ T \\ T^2 \\ T^3 \end{pmatrix}
$$

$$
\begin{pmatrix} L \\ a \\ e \\ i \\ \omega \\ \Omega \end{pmatrix}_{\text{Uranus}} =
\begin{pmatrix}
314.055005 & 429.8640561 & 0.00030434 & 0.000000026 \\
19.218446062 & -0.0000000372 & 0.00000000098 & 0 \\
0.04629590 & -0.000027337 & 0.0000000790 & 0.00000000025 \\
0.773196 & 0.0007744 & 0.00003749 & -0.000000092 \\
98.999212 & 0.9652526 & -0.00112532 & -0.000018083 \\
74.005159 & 0.5211258 & 0.00133982 & 0.000018516
\end{pmatrix}
\begin{pmatrix} 1 \\ T \\ T^2 \\ T^3 \end{pmatrix}
$$

$$
\begin{pmatrix} L \\ a \\ e \\ i \\ \omega \\ \Omega \end{pmatrix}_{\text{Neptune}} =
\begin{pmatrix}
304.348655 & 219.8833092 & 0.00030926 & 0.000000018 \\
30.110386869 & -0.0000001663 & 0.00000000069 & 0 \\
0.00898809 & 0.000006408 & -0.0000000008 & -0.00000000005 \\
1.769952 & -0.0093082 & -0.00000708 & 0.000000028 \\
276.337634 & 0.3240620 & 0.00011912 & 0.000000633 \\
131.784057 & 1.1022057 & 0.00026006 & -0.000000636
\end{pmatrix}
\begin{pmatrix} 1 \\ T \\ T^2 \\ T^3 \end{pmatrix}
$$

这里除了半长轴 a 和偏心率 e，所有其他元素的单位都是度（°）。$F=L-\Omega$，且 f 和 E 可由式（11.97）和式（11.95）计算。行星的平均角速度 n 是 L 项（单位：度 / 世纪）的线性项系数。卫星坐标矢量可由式（11.92）～式（11.94）计算。结果位于日心赤道坐标系，必须通过以下坐标转换将结果转换到 ECSF 坐标系：

$$
\begin{pmatrix} \vec{r} \\ \dot{\vec{r}} \end{pmatrix}_{\text{ECSF}} = \begin{pmatrix} \vec{r} \\ \dot{\vec{r}} \end{pmatrix}_{\text{sun}} + \begin{pmatrix} \vec{r} \\ \dot{\vec{r}} \end{pmatrix}_{\text{SCEF}} \tag{11.98}
$$

式中，下标为 sun 和 SCEF 的向量分别是太阳和行星在日心赤道系中的地心位置和速度向量。

太阳、月亮和行星的引力常数见表 11.3。

表 11.3 太阳、月亮和行星的引力常数

星体	引力常数/(m³/s²)
太阳	1.3271240000000E+20
月亮	4.9027993000000E+12
地球	3.9860044180000E+14
水星	2.2032070000000E+13
金星	3.2485850000000E+14
火星	4.2828300000000E+13
木星	1.2671270000000E+17
土星	3.7940610000000E+16
天王星	5.8894334680000E+15
海王星	6.8364650040000E+15

11.3 $\bar{C}_{20}$ 摄动轨道的分析解

引力位项 $\bar{C}_{20}$ 是纬向项。与其他引力位项相比, $\bar{C}_{20}$ 的值至少大 100 倍以上。根据在 11.2.7 节讨论的阶数估计, $\bar{C}_{20}$ 项摄动是最显著的扰动因素之一。 $\bar{C}_{20}$ 是一阶摄动。 $\bar{C}_{20}$ 摄动的解析解可以给出轨道扰动的清晰状态。相关的摄动位如下(参见 11.2.1 节第 1 部分):

$$R_2 = \frac{\mu a_e^2}{r^3} \bar{C}_{20} \bar{P}_{20}(\sin\varphi)$$

或

$$R_2 = \frac{b}{r^3}(3\sin^2\varphi - 1) \tag{11.99}$$

其中,

$$b = \frac{\sqrt{5}\mu a_e^2}{2}\bar{C}_{20}$$

采用以下关系式(图 11.4; Kaula, 1966),可将 ECEF 系中的引力位扰动函数的变量 (r, φ, λ) 转换为 ECSF 系中的轨道元素:

$$\sin\varphi = \sin i \sin u$$

$$\lambda = \alpha - \Theta = \Omega - \Theta + (\alpha - \Omega)$$

$$\cos(\alpha - \Omega) = \frac{\cos u}{\cos\varphi} \tag{11.100}$$

$$\sin(\alpha - \Omega) = \frac{\sin u \cos i}{\cos\varphi}$$

式中, α 为卫星赤经; $u = \omega + f$; Θ 为格林尼治恒星时,其他参数是开普勒参数。显然,这个坐标转换仅考虑了地球自转,将会导致坐标摄动(见 11.2.6 节)。但是在一阶解中该影响可以忽略不计。将式(11.100)中的第一个公式代入式(11.99),并引入三角计算公式(为了降低阶数),则有

$$R_2 = \frac{b}{r^3}\left[\frac{3}{2}\sin^2 i(1-\cos 2u) - 1\right] \tag{11.101}$$

其中

$$r = \frac{a(1-e^2)}{1+e\cos f} \qquad (11.102)$$

式中，Ω 在纬向扰动中没有出现。考虑 f 对 (M, e) 的偏导数，以及 r 对 (a, M, e) 的偏导数（见 11.1 节），则 R_2 对开普勒参数的偏导数为

$$
\begin{cases}
\dfrac{\partial R_2}{\partial a} = \dfrac{\partial R_2}{\partial r}\dfrac{\partial r}{\partial a} = \dfrac{-3}{a}R_2 , \qquad \dfrac{\partial R_2}{\partial \Omega} = 0 \\[3mm]
\dfrac{\partial R_2}{\partial i} = \dfrac{b}{r^3}\left[\dfrac{3}{2}\sin 2i\left(1-\cos 2u\right)\right] \\[3mm]
\dfrac{\partial R_2}{\partial \omega} = \dfrac{b}{r^3}\left[3\sin^2 i\sin 2u\,\dfrac{\partial u}{\partial \omega}\right] = \dfrac{3b}{r^3}\sin^2 i\sin 2u \\[3mm]
\dfrac{\partial R_2}{\partial e} = \dfrac{-3R_2}{r}\dfrac{\partial r}{\partial e} + \dfrac{b}{r^3}\left[3\sin^2 i\sin 2u\,\dfrac{\partial u}{\partial e}\right] \\[3mm]
\qquad\;\; = \dfrac{3a\cos f}{r}R_2 + \dfrac{b}{r^3}\left[3\sin^2 i\sin 2u\,\dfrac{2+e\cos f}{1-e^2}\sin f\right] \\[3mm]
\dfrac{\partial R_2}{\partial M} = \dfrac{-3R_2}{r}\dfrac{\partial r}{\partial M} + \dfrac{b}{r^3}\left[3\sin^2 i\sin 2u\,\dfrac{\partial u}{\partial M}\right] = \dfrac{-3ae\sin f}{r\sqrt{1-e^2}}R_2 + \dfrac{b}{r^3}\left[3\sin^2 i\sin 2u\left(\dfrac{a}{r}\right)^2\sqrt{1-e^2}\right]
\end{cases}
$$

$$(11.103)$$

将上式偏导数和 R_2 代入运动方程式（11.103），则有

$$
\begin{cases}
\dfrac{da}{dt} = \dfrac{6b\sqrt{1-e^2}}{na^4}\left\{\dfrac{-e}{(1-e^2)}\dfrac{a^4}{r^4}\sin f\left[\dfrac{3}{2}\sin^2 i\left(1-\cos 2u\right)-1\right] + \dfrac{a^5}{r^5}\left[\sin^2 i\sin 2u\right]\right\} \\[3mm]
\dfrac{de}{dt} = \dfrac{3b(1-e^2)^{3/2}}{na^5 e}\left\{\dfrac{-e}{(1-e^2)}\dfrac{a^4}{r^4}\sin f\left[\dfrac{3}{2}\sin^2 i\left(1-\cos 2u\right)-1\right] + \dfrac{a^5}{r^5}\left[\sin^2 i\sin 2u\right]\right\} \\[3mm]
\qquad\;\; - \dfrac{3b\sqrt{1-e^2}}{na^5 e}\dfrac{a^3}{r^3}\sin^2 i\sin 2u \\[3mm]
\dfrac{d\omega}{dt} = \dfrac{3b\sqrt{1-e^2}}{na^5 e}\left\{\dfrac{a^4}{r^4}\cos f\left[\dfrac{3}{2}\sin^2 i\left(1-\cos 2u\right)-1\right] + \dfrac{a^3}{r^3}\left[\sin^2 i\sin 2u\,\dfrac{2+e\cos f}{1-e^2}\sin f\right]\right\} \\[3mm]
\qquad\;\; - \dfrac{3b}{na^5\sqrt{1-e^2}}\dfrac{a^3}{r^3}\left[\cos^2 i\left(1-\cos 2u\right)\right] \\[3mm]
\dfrac{di}{dt} = \dfrac{3b}{2na^5\sqrt{1-e^2}}\dfrac{a^3}{r^3}\sin 2i\sin 2u \\[3mm]
\dfrac{d\Omega}{dt} = \dfrac{3b}{na^5\sqrt{1-e^2}}\dfrac{a^3}{r^3}\left[\cos i\left(1-\cos 2u\right)\right] \\[3mm]
\dfrac{dM}{dt} = n + \dfrac{6b}{na^5}\dfrac{a^3}{r^3}\left[\dfrac{3}{2}\sin^2 i\left(1-\cos 2u\right)-1\right] - \dfrac{3b(1-e^2)}{na^5 e}\left\{\begin{aligned}&\dfrac{a^4}{r^4}\cos f\left[\dfrac{3}{2}\sin^2 i\left(1-\cos 2u\right)-1\right] \\ &+ \dfrac{a^3}{r^3}\left[\sin^2 i\sin 2u\,\dfrac{2+e\cos f}{1-e^2}\sin f\right]\end{aligned}\right\}
\end{cases}
$$

$$(11.104)$$

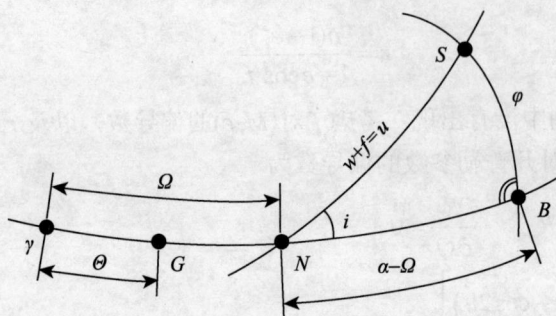

图 11.4　轨道赤道子午线三角关系

方便起见，上式的右侧可分解为三个部分：

$$\frac{\mathrm{d}\sigma_i}{\mathrm{d}t} = \left(\frac{\mathrm{d}\sigma_i}{\mathrm{d}t}\right)_0 + \left(\frac{\mathrm{d}\sigma_i}{\mathrm{d}t}\right)_\omega + \left(\frac{\mathrm{d}\sigma_i}{\mathrm{d}t}\right)_f \tag{11.105}$$

或

$$\frac{\mathrm{d}\sigma_i}{\mathrm{d}t} = \dot{\sigma}_{i0} + \left(\frac{\mathrm{d}\sigma_i}{\mathrm{d}t}\right)_\omega + \left(\frac{\mathrm{d}\sigma_i}{\mathrm{d}t} - \dot{\sigma}_{i0} - \dot{\sigma}_{i\omega}\right) \tag{11.106}$$

式中，右侧第一项（$\dot{\sigma}_{i0}$）包括了仅是(a, i, e)函数的所有项；右侧第二项包括了ω（无f）的所有项；右侧第三项包括了f的所有项。这三项分别以 0、ω 和 f 为下标标注。式（11.106）将用于后面的积分变量转换。以上两式右侧的第二项相同。注意 r 是 f 的函数。R_2 摄动解是上式在初始历元 t_0 到任意瞬时历元 t 的积分。右侧三项可分别由积分变量 t、ω 和 f 进行积分。积分变量 $\mathrm{d}t$ 也可以通过如下变为 $\mathrm{d}f$：

$$\mathrm{d}t = \frac{\partial t}{\partial f}\mathrm{d}f = \frac{1}{\dfrac{\partial f}{\partial M}\dfrac{\partial M}{\partial t}}\mathrm{d}f = \left(\frac{r}{a}\right)^2 \frac{1}{\sqrt{1-e^2}}\frac{1}{n}\mathrm{d}f \tag{11.107}$$

所有 ω 项被 $\sin 2u$ 和 $\cos 2u$ 项表示。忽略式（11.104）中的 $\sin 2u$ 和 $\cos 2u$ 项，则与 f 相关的剩余项包括在以下各式中：

$$\left(\frac{a}{r}\right)^3, \quad \left(\frac{a}{r}\right)^4 \sin f \quad \text{和} \quad \left(\frac{a}{r}\right)^4 \cos f \tag{11.108}$$

其中

$$\frac{a}{r} = \frac{1 + e\cos f}{1 - e^2}$$

$$\left(\frac{a}{r}\right)^2 = \frac{1 + 0.5e^2 + 2e\cos f + 0.5e^2 \cos 2f}{(1-e^2)^2}$$

$$\left(\frac{a}{r}\right)^3 = \frac{1 + 1.5e^2 + (3e + 0.75e^3)\cos f + 1.5e^2 \cos 2f + 0.25e^3 \cos 3f}{(1-e^2)^3}$$

$$\left(\frac{a}{r}\right)^4 = \frac{1}{(1-e^2)^4}\left[\begin{array}{l}\left(1 + 3e^2 + \dfrac{3}{8}e^4\right) + (4e + 3e^3)\cos f \\ + (3e^2 + 0.5e^4)\cos 2f + e^3 \cos 3f + \dfrac{1}{8}e^4 \cos 4f\end{array}\right]$$

$$\left(\frac{a}{r}\right)^4 \sin f = \frac{1}{(1-e^2)^4}\left[\begin{array}{l}\left(1+1.5e^2+\dfrac{1}{8}e^4\right)\sin f + (2e+e^3)\sin 2f \\ +\left(1.5e^2+\dfrac{3}{16}e^4\right)\sin 3f + 0.5e^3\sin 4f + \dfrac{1}{16}e^4\sin 5f\end{array}\right]$$

$$\left(\frac{a}{r}\right)^4 \cos f = \frac{1}{(1-e^2)^4}\left[\begin{array}{l}(2e+1.5e^3)+\left(1+4.5e^2+\dfrac{5}{8}e^4\right)\cos f \\ +(2e+2e^3)\cos 2f+\left(1.5e^2+\dfrac{5}{16}e^4\right)\cos 3f \\ +0.5e^3\cos 4f+\dfrac{1}{16}e^4\cos 5f\end{array}\right]$$

（11.109）

且

$$\sin jf \sin mf = -0.5\left[\cos(j+m)f - \cos(j-m)f\right]$$
$$\cos jf \cos mf = 0.5\left[\cos(j+m)f + \cos(j-m)f\right]$$
$$\sin jf \cos mf = 0.5\left[\sin(j+m)f + \sin(j-m)f\right]$$

（11.110）

则式（11.106）的第一项（长期摄动）为

$$\left(\frac{\mathrm{d}a}{\mathrm{d}t}\right)_0 = \left(\frac{\mathrm{d}e}{\mathrm{d}t}\right)_0 = \left(\frac{\mathrm{d}i}{\mathrm{d}t}\right)_0 = 0$$

$$\left(\frac{\mathrm{d}\omega}{\mathrm{d}t}\right)_0 = \frac{3b}{na^5(1-e^2)^{3.5}}\left(4\sin^2 i - 3 + \frac{15}{4}e^2\sin^2 i - 3e^2\right)$$

$$\left(\frac{\mathrm{d}\Omega}{\mathrm{d}t}\right)_0 = \frac{3b}{2na^5}\cos i\frac{(2+3e^2)}{(1-e^2)^{3.5}}$$

$$\left(\frac{\mathrm{d}M}{\mathrm{d}t}\right)_0 = n + \frac{9b}{2na^5}\left(\frac{3}{2}\sin^2 i - 1\right)\frac{e^2}{(1-e^2)^3}$$

（11.111）

根据变量 ω 的缓变性质，在 t 和 ω 之间的积分变量变化可以近似为

$$\mathrm{d}t = \left(\frac{\mathrm{d}\omega}{\mathrm{d}t}\right)_0^{-1}\mathrm{d}\omega$$

（11.112）

式（11.106）的第二项（长周期摄动）仅存在和 $\sin 2u$、$\cos 2u$ 相关的项中。所有 $\sin 2u$ 和 $\cos 2u$ 项可通过下列函数分解：

$$\left(\frac{a}{r}\right)^3, \quad \left(\frac{a}{r}\right)^5, \quad \left(\frac{a}{r}\right)^4\sin f, \quad \left(\frac{a}{r}\right)^4\cos f \quad 和 \quad \left(\frac{a}{r}\right)^3\frac{2+e\cos f}{1-e^2}\sin f \quad (11.113)$$

其中

$$\left(\frac{a}{r}\right)^5 = \frac{1}{(1-e^2)^5}\left[\begin{array}{l}\left(1+5e^2+1\dfrac{7}{8}e^4\right)+\left(5e+7.5e^3+\dfrac{5}{8}e^5\right)\cos f \\ +(5e^2+2.5e^4)\cos 2f+\left(2.5e^3+\dfrac{5}{16}e^5\right)\cos 3f \\ +\dfrac{5}{8}e^4\cos 4f+\dfrac{1}{16}e^5\cos 5f\end{array}\right]$$

$$\left(\frac{a}{r}\right)^3 \frac{2+e\cos f}{1-e^2}\sin f = \frac{1}{(1-e^2)^4}\left[\begin{array}{l} \left(2+2.25e^2+\dfrac{1}{8}e^4\right)\sin f \\ +(3.5e+0.25e^3)\sin 2f \\ +\left(2.5e^2+\dfrac{3}{16}e^4\right)\sin 3f \\ +\dfrac{5}{8}e^3\sin 4f+\dfrac{1}{16}e^4\sin 5f \end{array}\right]$$

$$(11.114)$$

从式（11.110）的特性和

$$\sin 2u = \sin 2\omega \cos 2f + \cos 2\omega \sin 2f$$
$$\cos 2u = \cos 2\omega \cos 2f - \sin 2\omega \sin 2f$$

$$(11.115)$$

可知，显然所有 ω 项（无 f）可仅由将 $\sin 2u$、$\cos 2u$ 和式（11.113）中的 $\sin 2f$、$\cos 2f$ 相乘得到。换句话说，仅是 $\sin^2 2f$ 和 $\cos^2 2f$ 会形成一个常数 0.5，因此当寻找 ω 项（无 f）时仅考虑式（11.113）中与 $\sin 2f$、$\cos 2f$ 相关的各项即可，则

$$\begin{aligned}
\left(\frac{\mathrm{d}a}{\mathrm{d}t}\right)_\omega &= \frac{3be^2(2+e^2)}{na^4(1-e^2)^{4.5}}\sin^2 i\sin 2\omega \\
\left(\frac{\mathrm{d}e}{\mathrm{d}t}\right)_\omega &= \frac{3be(1+5e^2)}{4na^5(1-e^2)^{3.5}}\sin^2 i\sin 2\omega \\
\left(\frac{\mathrm{d}\omega}{\mathrm{d}t}\right)_\omega &= \frac{3b}{4na^5(1-e^2)^{3.5}}\left((1-5.5e^2)\sin^2 i+3e^2\cos^2 i\right)\cos 2\omega \\
\left(\frac{\mathrm{d}i}{\mathrm{d}t}\right)_\omega &= \frac{9be^2}{8na^5(1-e^2)^{3.5}}\sin 2i\sin 2\omega \\
\left(\frac{\mathrm{d}\Omega}{\mathrm{d}t}\right)_\omega &= \frac{-9be^2}{4na^5(1-e^2)^{3.5}}\cos i\cos 2\omega \\
\left(\frac{\mathrm{d}M}{\mathrm{d}t}\right)_\omega &= -\frac{3b(2+7e^2)}{8na^5(1-e^2)^3}\sin^2 i\cos 2\omega
\end{aligned}$$

$$(11.116)$$

式（11.106）的第三项包括了所有 f 项，且可表示为

$$\left(\frac{\mathrm{d}\sigma_i}{\mathrm{d}t}\right)_f = \left(\frac{\mathrm{d}\sigma_i}{\mathrm{d}t}-\dot{\sigma}_{i0}-\dot{\sigma}_{i\omega}\right)=\sum_{m=1}^{m(i)}\left(A'''_{im}\cos mf+B'''_{im}\sin mf\right) \qquad (11.117)$$

式中，$m(i)$ 为求和的上限，对于相关的开普勒参数有 $m(i)=(7,7,7,5,5,7)$。A'''_{im} 和 B'''_{im} 是系数，也是 (a,e,i,ω) 的函数，可由式（11.104）、式（11.111）和式（11.116）导出。通过积分变量转换（见式（11.107）），有

$$\left(\frac{\mathrm{d}\sigma_i}{\mathrm{d}t}\right)_f\left(\frac{r}{a}\right)^2\frac{1}{\sqrt{1-e^2}}\frac{1}{n}=\sum_{m=1}^{m(i)-2}\left(A''_{im}\cos mf+B''_{im}\sin mf\right) \qquad (11.118)$$

式中，求和的上限减去了 2；A''_{im} 和 B''_{im} 为转换系数。注意因为短周期摄动的性质，式（11.118）中不存在常数项（$m=0$）。

对应于积分区域 (t_0, t) 的 ω 和 f 的区域分别为 (ω_0, ω) 和 (f_0, f)。对于任意 f 存在一

个整数 k，使得 $k2\pi+f_0\leqslant f\leqslant(k+1)2\pi+f_0$。根据周期特性，式（11.118）各项在 $(f_0, f_0+2k\pi)$ 上的积分为 0，因此，式（11.118）仅需要在 $(f_0+2k\pi, f)$ 上进行积分。将式（11.116）中 $\sin 2\omega$ 和 $\cos 2\omega$ 的系数表示为

$$\left(\frac{\mathrm{d}\sigma_i}{\mathrm{d}t}\right)_{\omega s} \qquad \text{和} \qquad \left(\frac{\mathrm{d}\sigma_i}{\mathrm{d}t}\right)_{\omega c}$$

式（11.106）的总积分于是为

$$\int_{t_0}^{t}\mathrm{d}\sigma_i = \int_{t_0}^{t}\dot{\sigma}_{i0}\mathrm{d}t + \int_{\omega_0}^{\omega}\left(\frac{\mathrm{d}\sigma_i}{\mathrm{d}t}\right)_{\omega}\left(\frac{\mathrm{d}\omega}{\mathrm{d}t}\right)_0^{-1}\mathrm{d}\omega + \int_{k2\pi+f_0}^{f}\left(\frac{\mathrm{d}\sigma_i}{\mathrm{d}t}\right)_f\left(\frac{r}{a}\right)^2\frac{1}{\sqrt{1-e^2}}\frac{1}{n}\mathrm{d}f \quad (11.119)$$

或

$$\sigma_i(t) = \sigma_i(t_0) + \dot{\sigma}_{i0}(t-t_0)$$
$$+ \frac{1}{2}\left(\frac{\mathrm{d}\omega}{\mathrm{d}t}\right)_0^{-1}\left[\left(\frac{\mathrm{d}\sigma_i}{\mathrm{d}t}\right)_{\omega c}(\sin 2\omega - \sin 2\omega_0) - \left(\frac{\mathrm{d}\sigma_i}{\mathrm{d}t}\right)_{\omega s}(\cos 2\omega - \cos 2\omega_0)\right]$$
$$+ \sum_{m=1}^{m(i)-2}\frac{1}{m}\left[A_{im}''(\sin mf - \sin mf_0) - B_{im}''(\cos mf - \cos mf_0)\right] \quad (11.120)$$

即 $\bar{C}_{20}$ 项轨道摄动有一个线性项（长期摄动）、一个长周期项（以 ω 为自变量）和一个短周期项（以 f 为自变量）。瞬时开普勒参数等于初始元素加上摄动。

这样一个 $\bar{C}_{20}$ 摄动轨道解提供了一个摄动轨道的一般模型，可作为轨道修正的基础，并将在下一部分进行讨论。

11.4 轨 道 修 正

对于某些特殊的 GPS 应用，GPS 卫星的轨道误差不能忽略，此时首先要进行轨道修正。通常，轨道修正应用于区域或者长基线的 GPS 精密定位。因为依赖于 IGS 参考站的分布及所使用的数据长度，即使是 IGS 精密 GPS 轨道也无法完全均匀精密。轨道修正是一个平差或滤波处理，其中除测站位置外，轨道误差也要根据已知轨道进行建模、确定和修正。

开普勒参数也描述了瞬时轨道几何结构。因此轨道误差通常也可认为是轨道的几何元素误差。回顾前面对于 $\bar{C}_{20}$ 摄动轨道解的讨论，则一个一般的轨道模型可写为

$$\sigma_j(t) = \sigma_{jc}(t) + \dot{\sigma}_{j0}(t-t_0) + A_{j\omega}\cos 2\omega + B_{j\omega}\sin 2\omega$$
$$+ \sum_{m=1}^{m(j)}\left[A'_{jm}\cos mf + B'_{jm}\sin mf\right] \quad (11.121)$$

式中，$\sigma_j(t)$、$\sigma_{jc}(t)$ 和 $\dot{\sigma}_{j0}$ 分别为 t 时刻的真轨道参数，t 时刻的计算参数，相对于初始历元 t_0 的参数变化率；$A_{j\omega}$、$B_{j\omega}$、A'_{jm} 和 B'_{jm} 分别为长和短周期摄动系数；$m(j)$ 为关于第 j 个开普勒元素的 m 阶的截断整数；ω 和 f 为开普勒参数。总的来说，系数 A'_{jm} 和 B'_{jm} 也是 ω 的函数，而 ω 在短周期项中可认为是个常数。于是式（11.121）等价于

$$\sigma_j(t) = \sigma_{jc}(t) + \dot{\sigma}_{j0}(t - t_0) + A_{j\omega}\cos 2\omega + B_{j\omega}\sin 2\omega$$

$$+ \sum_{m=1}^{m(j)} \left[A_{jm}\cos mu + B_{jm}\sin mu \right] \tag{11.122}$$

其中，$u = \omega + f$。该多项式的阶数可升到 2，也可以添加更多的 ω 项，且 $m(j)$ 为可选。阶数选择依赖于轨道误差的需求以及状态。

在 GPS 观测方程（见第 6 章）中，轨道状态向量由距离或距离率函数表示，具体取决于采用何种 GPS 观测量。将距离和距离率函数统一表示为 ρ，其相对于轨道状态向量的偏导数已在 6.3 节中给出，形式如下：

$$\frac{\partial \rho}{\partial \vec{r}} \quad \text{和} \quad \frac{\partial \rho}{\partial \dot{\vec{r}}}$$

其中，卫星状态向量为 $(\vec{r}, \dot{\vec{r}})$。$(\vec{r}, \dot{\vec{r}})$ 和开普勒参数 σ_j 之间的关系在 3.1 节中进行了讨论。而且，式（11.122）中也给出了 σ_j 同轨道修正模型参数之间的关系。于是，GPS 观测方程中的轨道修正部分为

$$\frac{\partial \rho}{\partial \vec{r}}\frac{\partial \vec{r}}{\partial \vec{\sigma}}\frac{\partial \vec{\sigma}}{\partial \vec{y}}\Delta \vec{y}^{\mathrm{T}} + \frac{\partial \rho}{\partial \dot{\vec{r}}}\frac{\partial \dot{\vec{r}}}{\partial \vec{\sigma}}\frac{\partial \vec{\sigma}}{\partial \vec{y}}\Delta \vec{y}^{\mathrm{T}} \tag{11.123}$$

式中，$\vec{y}$ 和 $\Delta \vec{y}$ 为式（11.122）中的参数及参数修正向量；$\vec{\sigma}$ 为开普勒参数向量。如果选择初始向量为 0，则 $\vec{y} = \Delta \vec{y}$。显然

$$\vec{y} = \left(\dot{\sigma}_{j0}, A_{j\omega}, B_{j\omega}, A_{jm}, B_{jm} \right) \tag{11.124}$$

且

$$\frac{\partial \sigma_j}{\partial (\dot{\sigma}_{j0}, A_{j\omega}, B_{j\omega}, A_{jm}, B_{jm})} = \left((t - t_0), \cos 2\omega, \sin 2\omega, \cos mu, \sin mu \right) \tag{11.125}$$

这里参数 A_{jm} 和 B_{jm} 符号表示了所有与 m 相关的未知量。为便于表示状态向量关于开普勒参数的偏导数，可将开普勒元素向量重新整理为

$$\vec{\sigma} = (\Omega, i, \omega, a, e, M) \tag{11.126}$$

该式不影响式（11.125），因为方程的右侧与下标 j 无关。根据在 3.1.3 节中的式（3.41）～式（3.43）：

$$\begin{pmatrix} \vec{r} \\ \dot{\vec{r}} \end{pmatrix} = R_3(-\Omega)R_1(-i)R_3(-\omega)\begin{pmatrix} \vec{q} \\ \dot{\vec{q}} \end{pmatrix} \tag{11.127}$$

其中

$$\vec{q} = \begin{pmatrix} a(\cos E - e) \\ a\sqrt{1-e^2}\sin E \\ 0 \end{pmatrix} = \begin{pmatrix} r\cos f \\ r\sin f \\ 0 \end{pmatrix} \tag{11.128}$$

$$\dot{\vec{q}} = \begin{pmatrix} -\sin E \\ \sqrt{1-e^2}\cos E \\ 0 \end{pmatrix}\frac{na}{1-e\cos E} = \begin{pmatrix} -\sin f \\ e+\cos f \\ 0 \end{pmatrix}\frac{na}{\sqrt{1-e^2}} \tag{11.129}$$

于是有

$$\frac{\partial \vec{r}}{\partial (\Omega, i, \omega)} = \frac{\partial R}{\partial (\Omega, i, \omega)} \vec{q} \quad \text{和} \quad \frac{\partial \dot{\vec{r}}}{\partial (\Omega, i, \omega)} = \frac{\partial R}{\partial (\Omega, i, \omega)} \dot{\vec{q}} \qquad (11.130)$$

其中，$(\vec{q}, \dot{\vec{q}})$是卫星在轨道面坐标系中的位置和速度向量，且

$$R = R_3(-\Omega) R_1(-i) R_3(-\omega)$$

$$\frac{\partial R}{\partial (\Omega, i, \omega)} = \left(\frac{\partial R_3(-\Omega)}{\partial \Omega} R_1(-i) R_3(-\omega), \ R_3(-\Omega) \frac{\partial R_1(-i)}{\partial i} R_3(-\omega), \ R_3(-\Omega) R_1(-i) \frac{\partial R_3(-\omega)}{\partial \omega} \right)$$

$$(11.131)$$

其中，

$$\frac{\partial R_1(-i)}{\partial i} = \begin{pmatrix} 0 & 0 & 0 \\ 0 & -\sin i & -\cos i \\ 0 & \cos i & -\sin i \end{pmatrix}$$

$$\frac{\partial R_3(-\Omega)}{\partial \Omega} = \begin{pmatrix} -\sin \Omega & -\cos \Omega & 0 \\ \cos \Omega & -\sin \Omega & 0 \\ 0 & 0 & 0 \end{pmatrix}$$

$$\frac{\partial R_3(-\omega)}{\partial \omega} = \begin{pmatrix} -\sin \omega & -\cos \omega & 0 \\ \cos \omega & -\sin \omega & 0 \\ 0 & 0 & 0 \end{pmatrix}$$

对于在轨道面中的开普勒参数(a, e, M)，有

$$\frac{\partial \vec{r}}{\partial (a, e, M)} = R \frac{\partial \vec{q}}{\partial (a, e, M)} \quad \text{和} \quad \frac{\partial \dot{\vec{r}}}{\partial (a, e, M)} = R \frac{\partial \dot{\vec{q}}}{\partial (a, e, M)} \qquad (11.132)$$

其中，

$$\frac{\partial \vec{q}}{\partial (a, e, M)} = \begin{pmatrix} \cos E - e & \dfrac{-a \sin^2 E}{1 - e \cos E} - a & \dfrac{-a \sin E}{1 - e \cos E} \\[3mm] \sqrt{1 - e^2} \sin E & a\sqrt{1 - e^2} \left(\dfrac{\sin 2E}{2(1 - e \cos E)} - \dfrac{e \sin E}{1 - e^2} \right) & \dfrac{a\sqrt{1 - e^2} \cos E}{1 - e \cos E} \\[3mm] 0 & 0 & 0 \end{pmatrix}$$

且

$$\frac{\partial \dot{\vec{q}}}{\partial (a, e, M)} = \begin{pmatrix} \dfrac{n \sin E}{2(1 - e \cos E)} & \dfrac{na \sin E(e - 2\cos E + e \cos^2 E)}{(1 - e \cos E)^3} & \dfrac{na(e - \cos E)}{(1 - e \cos E)^3} \\[3mm] \dfrac{-n\sqrt{1 - e^2} \cos E}{2(1 - e \cos E)} & \dfrac{na\left[1 + e^2 - 2e\cos E + \sin^2 E(e \cos E - 2)\right]}{\sqrt{1 - e^2}\,(1 - e \cos E)^3} & \dfrac{-na\sqrt{1 - e^2} \sin E}{(1 - e \cos E)^3} \\[3mm] 0 & 0 & 0 \end{pmatrix}$$

采用在 11.1 节给出的偏导数方程，以及在第 3 章的式（3.32）中给出的 n 和 a 之间的关系式（平均角速度和卫星轨道半长轴），有

$$\frac{\partial E}{\partial(e, M)} = \left(\frac{a}{r} \sin E, \frac{a}{r} \right)$$

$$n^2 = \mu / a^3$$

11.5 GPS 精密定轨原理

回顾在 11.1 节中的讨论，卫星摄动轨道是以下解（或积分）：

$$\vec{X}(t) = \vec{X}(t_0) + \int_{t_0}^{t} \vec{F} \mathrm{d}t \tag{11.133}$$

该解可由微分状态方程在下列初始条件进行积分得到

$$\begin{cases} \dot{\vec{X}}(t) = \vec{F} \\ \vec{X}(t_0) = \vec{X}_0 \end{cases} \tag{11.134}$$

其中，$\vec{X}(t)$ 为卫星瞬时状态向量；$\vec{X}(t_0)$ 为时刻 t_0 的初始状态向量；$\vec{F}$ 为 $\vec{X}(t)$ 和时间 t 的函数，且

$$\vec{X} = \begin{pmatrix} \vec{r} \\ \dot{\vec{r}} \end{pmatrix} \quad \text{和} \quad \vec{F} = \begin{pmatrix} \dot{\vec{r}} \\ \vec{f}/m \end{pmatrix}$$

式中，$\vec{f}$ 为作用在卫星上的所有可能力向量的合成向量；m 为卫星质量；$\vec{r}$ 和 $\dot{\vec{r}}$ 分别为卫星位置和速度向量。

如果初始状态向量和力向量精确已知，则通过对式（11.133）积分可计算得到精确轨道。将积分时刻 t 扩展到未来，则可得到所谓的预报轨道。因此进行积分需要合适的数值积分算法（见 11.6 节）。

在实际应用中需确定精确的初始状态向量和力模型，这与概略初始状态向量和力模型相关。具体可通过将 GPS 观测方程中的模型进行合适的参数化实现，且参数可通过平差或者滤波解算。

将距离和距离变化率函数统一表示为 ρ，6.3 节给出了它们相对于轨道状态向量的偏导数，形式如下：

$$\frac{\partial \rho}{\partial \vec{r}}, \frac{\partial \rho}{\partial \dot{\vec{r}}}, \quad \text{或} \quad \frac{\partial \rho}{\partial \vec{X}}$$

则在 GPS 线性化观测方程中与轨道参数相关的部分为

$$\frac{\partial \rho}{\partial(\vec{r}, \dot{\vec{r}})} \frac{\partial(\vec{r}, \dot{\vec{r}})}{\partial \vec{y}} \Delta \vec{y}^{\mathrm{T}} \quad \text{或} \quad \frac{\partial \rho}{\partial \vec{X}} \frac{\partial \vec{X}}{\partial \vec{y}} \Delta \vec{y}^{\mathrm{T}} \tag{11.135}$$

其中，

$$\vec{y} = \left(\vec{X}_0, \vec{Y} \right), \quad \Delta \vec{y}^{\mathrm{T}} = \left(\Delta \vec{X}_0, \Delta \vec{Y} \right)^{\mathrm{T}}, \quad \frac{\partial \vec{X}}{\partial \vec{y}} = \frac{\partial \vec{X}}{\partial(\vec{X}_0, \vec{Y})}$$

式中，$\vec{X}$ 和 $\vec{Y}$ 分别为卫星状态向量和力模型的参数向量；下标 0 为时刻 t_0 的初始向量；$\vec{y}$ 为定轨问题中总的未知向量，相关的修正向量为 $\Delta\vec{y}=\vec{y}-\vec{y}_0$；$\Delta\vec{X}_0$ 为初始状态向量的修正向量。$\vec{X}$ 对 $\vec{y}$ 的偏导数称为转换矩阵，维数是 $6\times(6+n)$，其中 n 是向量 $\vec{Y}$ 的维数。卫星运动方程相对于向量 $\vec{y}$ 的偏导数为

$$\frac{\partial\dot{\vec{X}}(t)}{\partial\vec{y}}=\frac{\partial\vec{F}}{\partial\vec{y}}=\frac{\partial\vec{F}}{\partial\vec{X}}\frac{\partial\vec{X}}{\partial\vec{y}}+\left(\frac{\partial\vec{F}}{\partial\vec{y}}\right)^{*} \tag{11.136}$$

式中，上标 $*$ 为 $\vec{F}$ 对 $\vec{F}$ 中的参数向量 $\vec{y}$ 的偏导数，且

$$D(t)=\left(\frac{\partial\vec{F}}{\partial\vec{X}}\right)=\begin{pmatrix}0_{3\times3} & E_{3\times3}\\ \dfrac{1}{m}\dfrac{\partial f}{\partial\vec{r}} & \dfrac{1}{m}\dfrac{\partial f}{\partial\dot{\vec{r}}}\end{pmatrix}=\begin{pmatrix}0_{3\times3} & E_{3\times3}\\ A(t) & B(t)\end{pmatrix}$$

$$C(t)=\left(\frac{\partial\vec{F}}{\partial\vec{y}}\right)^{*}=\begin{pmatrix}0_{3\times6} & 0_{3\times n}\\ 0_{3\times6} & \dfrac{1}{m}\dfrac{\partial f}{\partial\vec{Y}}\end{pmatrix}=\begin{pmatrix}0_{3\times(6+n)}\\ G(t)\end{pmatrix} \tag{11.137}$$

式中，E 为一个单位矩阵。后面部分将对这些偏导数进行详细讨论和推导。注意力参数不是 t 的函数，因此差分顺序可以交换。以 $\Phi(t,t_0)$ 表示转换矩阵，则式（11.136）转换为

$$\frac{\mathrm{d}\Phi(t,t_0)}{\mathrm{d}t}=D(t)\Phi(t,t_0)+C(t) \tag{11.138}$$

式（11.138）称为转换矩阵的微分方程，或称为变分方程（Montenbruck and Gill，2000）。令

$$\Phi(t,t_0)=\begin{pmatrix}\Psi(t,t_0)\\ \dot{\Psi}(t,t_0)\end{pmatrix} \tag{11.139}$$

并将式（11.139）和式（11.137）代入式（11.138），则可以得到式（11.138）的另一种表示形式：

$$\frac{\mathrm{d}^2\Psi(t,t_0)}{\mathrm{d}t^2}=A(t)\Psi(t,t_0)+B(t)\frac{\mathrm{d}\Psi(t,t_0)}{\mathrm{d}t}+G(t) \tag{11.140}$$

初始值矩阵为（初始状态向量不依赖力参数）

$$\Phi(t_0,t_0)=\begin{pmatrix}E_{6\times6} & 0_{6\times n}\end{pmatrix} \tag{11.141}$$

即在 GPS 观测方程中，必须通过求解变分方程（11.138）或式（11.140）的初值问题得到转换矩阵。该问题可通过传统积分解决。

11.5.1 许氏变分方程的代数解

变分方程也可以采用数值微分进行解算。Xu 在 2003 年左右第一次对此进行了推导（参见 Xu GPS 2007 前言）。

式（11.140）是一个 $3\times(6+n)$ 的矩阵微分方程系统。因为 $A(t)$ 和 $B(t)$ 为 3×3 矩阵，因此微分方程的列与列之间相互独立。也就是说我们只需讨论一列方程的解即可。式（11.140）和式（11.141）的第 j 列为

$$\frac{d^2\Psi_{ij}(t)}{dt^2} = \sum_{k=1}^{3}\left(A_{ik}(t)\Psi_{kj}(t) + B_{ik}(t)\frac{d\Psi_{kj}(t)}{dt}\right) + G_{ij}(t), \quad i=1,2,3$$

(11.142)

$$\begin{pmatrix}\Psi_{ij}(t_0)\\\dot{\Psi}_{ij}(t_0)\end{pmatrix} = \begin{pmatrix}\delta_{ij}\\\delta_{(i+3)j}\end{pmatrix}, \quad i=1,2,3, \qquad \delta_{kj} = \begin{cases}1 & \text{if } k=j\\0 & \text{if } k\neq j\end{cases}$$

式中，ij 为矩阵的相应元素。对于时间间隔 $[t_0, t]$ 和微分步长 $h=(t-t_0)/m$，有 $t_n = t_0 + nh$，$n=1,\cdots,m$，且

$$\left.\frac{d^2\Psi_{ij}(t)}{dt^2}\right|_{t=t_n} = \frac{\Psi_{ij}(t_{n+1}) - 2\Psi_{ij}(t_n) + \Psi_{ij}(t_{n-1})}{h^2}, \quad i=1,2,3$$

(11.143)

$$\left.\frac{d\Psi_{ij}(t)}{dt}\right|_{t=t_n} = \frac{\Psi_{ij}(t_{n+1}) - \Psi_{ij}(t_{n-1})}{2h}, \quad \left.\Psi_{ij}(t)\right|_{t=t_n} = \Psi_{ij}(t_n), \quad i=1,2,3$$

则式（11.142）可证明为

$$\Psi_{ij}(t_0) = \Psi_{ij}(t_0), \qquad \Psi_{ij}(t_1) = \Psi_{ij}(t_0) + h\dot{\Psi}_{ij}(t_0), \quad i=1,2,3$$

$$\frac{\Psi_{ij}(t_{n+1}) - 2\Psi_{ij}(t_n) + \Psi_{ij}(t_{n-1})}{h^2} =$$

(11.144)

$$\sum_{k=1}^{3}\left(A_{ik}(t_n)\Psi_{kj}(t_n) + B_{ik}(t_n)\frac{\Psi_{kj}(t_{n+1}) - \Psi_{kj}(t_{n-1})}{2h}\right) + G_{ij}(t_n), \quad i=1,2,3$$

其中，$n=1, 2, \cdots, m-1$。对于 $i=1, 2, 3$ 和序列数 n，在 t_{n+1} 时刻存在三个方程和三个未知数，则初始值问题存在一组唯一的解序列。式（11.144）可以重写为

$$\left(\frac{E}{h^2} - \frac{B(t_n)}{2h}\right)\begin{pmatrix}\Psi_{1j}(t_{n+1})\\\Psi_{2j}(t_{n+1})\\\Psi_{3j}(t_{n+1})\end{pmatrix} = \begin{pmatrix}R_1\\R_2\\R_3\end{pmatrix}$$

(11.145)

其中，

$$\begin{pmatrix}R_1\\R_2\\R_3\end{pmatrix} = \left(\frac{2E}{h^2} + A(t_n)\right)\begin{pmatrix}\Psi_{1j}(t_n)\\\Psi_{2j}(t_n)\\\Psi_{3j}(t_n)\end{pmatrix} - \left(\frac{E}{h^2} + \frac{B(t_n)}{2h}\right)\begin{pmatrix}\Psi_{1j}(t_{n-1})\\\Psi_{2j}(t_{n-1})\\\Psi_{3j}(t_{n-1})\end{pmatrix} + \begin{pmatrix}G_{1j}(t_n)\\G_{2j}(t_n)\\G_{3j}(t_n)\end{pmatrix}$$

以上方程对于 $n=1,\cdots,m-1$ 可解。注意以下三个矩阵：

$$\left(\frac{E}{h^2} - \frac{B(t_n)}{2h}\right), \quad \left(\frac{2E}{h^2} + A(t_n)\right), \quad \left(\frac{E}{h^2} + \frac{B(t_n)}{2h}\right)$$

独立于列数 j。式（11.145）的解为向量：

$$\begin{pmatrix}\Psi_{1j}(t_{n+1})\\\Psi_{2j}(t_{n+1})\\\Psi_{3j}(t_{n+1})\end{pmatrix} \quad \text{和} \quad \begin{pmatrix}\dot{\Psi}_{1j}(t_{n+1})\\\dot{\Psi}_{2j}(t_{n+1})\\\dot{\Psi}_{3j}(t_{n+1})\end{pmatrix}, \quad n=1,\cdots,m-1$$

(11.146)

其中，速度向量可以采用式（11.143）进行计算。对每个第 j 列解方程，可以得到式（11.140）和式（11.141）的初值问题解。注意，必需的 t_n 值可由 t_{n+1} 和 t_{n-1} 求平均计算得到。

出第一作者在山东大学领导的团队（Nie et al.，2017）已经成功验证和使用了此节推导的代数解。

11.6　数值积分和插值算法

本节将讨论 Runge-Kutta 算法、Adams 算法、Cowell 算法和混合算法，以及插值算法（Brouwer and Clemence，1961；Bate et al.，1971；Herrick，1972；Xu，1994；Liu et al.，1996；Press et al.，1992）。

11.6.1　Runge-Kutta 算法

Runge-Kutta 算法可用于解算以下初值问题：

$$\frac{\mathrm{d}X}{\mathrm{d}t} = F(t, X)$$
$$X(t_0) = X_0 \tag{11.147}$$

式中，X_0 为变量 X 在 t_0 时刻的初值；F 为 t 和 X 的函数。对于步长 h，Runge-Kutta 算法可用于计算 $X(t_0 + h)$。通过重复该过程，可以获得一系列解 $X(t_0 + h)$，$X(t_0 + 2h)$，$\cdots$，$X(t_0 + nh)$，其中 n 为整数。令 $t_n = t_0 + nh$，则 $X(t_n + h)$ 可以表示为 t_n 时刻的 Taylor 展开：

$$X(t_n + h) = X(t_n) + h\frac{\mathrm{d}X}{\mathrm{d}t}\bigg|_{t=t_n} + \frac{h^2}{2}\frac{\mathrm{d}^2 X}{\mathrm{d}t^2}\bigg|_{t=t_n} + \cdots + \frac{h^n}{n!}\frac{\mathrm{d}^n X}{\mathrm{d}t^n}\bigg|_{t=t_n} + \cdots \tag{11.148}$$

其中

$$\frac{\mathrm{d}X}{\mathrm{d}t} = F$$

$$\frac{\mathrm{d}^2 X}{\mathrm{d}t^2} = \frac{\mathrm{d}F(t, X)}{\mathrm{d}t} = \frac{\partial F}{\partial t} + \frac{\partial F}{\partial X}\frac{\partial X}{\partial t} = \frac{\partial F}{\partial t} + \frac{\partial F}{\partial X}F$$

$$\frac{\mathrm{d}^3 X}{\mathrm{d}t^3} = \frac{\partial^2 F}{\partial t^2} + 2\frac{\partial^2 F}{\partial t\partial X}F + \frac{\partial^2 F}{\partial t\partial X} + \frac{\partial^2 F}{\partial X^2}F^2 + \left(\frac{\partial F}{\partial X}\right)^2 F \tag{11.149}$$

$$\frac{\mathrm{d}^4 X}{\mathrm{d}t^4} = \frac{\partial^3 F}{\partial t^3} + \frac{\partial^3 F}{\partial t^2\partial X}(3F + 1) + \frac{\partial^3 F}{\partial t\partial X^2}(5F^2 + 2F) + 2\frac{\partial^2 F}{\partial t\partial X}\frac{\partial F}{\partial t} + 4\frac{\partial^3 F}{\partial X^3}F^3$$

$$+ 2\frac{\partial^2 F}{\partial X^2}\frac{\partial F}{\partial t}F + 4\frac{\partial F}{\partial X}\frac{\partial^2 F}{\partial t\partial X}F + 6\frac{\partial F}{\partial X}\frac{\partial^2 F}{\partial X^2}F^2 + \left(\frac{\partial F}{\partial X}\right)^2\frac{\partial F}{\partial t} + \left(\frac{\partial F}{\partial X}\right)^2\frac{\partial F}{\partial X}2F$$

$$\cdots$$

Runge-Kutta 算法原理是采用围绕 $(t_n, X(t_n))$ 的一系列一阶偏导数组合替代式（11.148）中的高阶导数，即

$$X(t_{n+1}) = X(t_n) + \sum_{i=1}^{L} w_i K_i \tag{11.150}$$

式中

$$K_1 = hF(t_n, X(t_n)), \quad K_i = hF\left(t_n + \alpha_i h, X(t_n) + \sum_{j=1}^{i-1}\beta_{ij}K_j\right), \quad (i = 2, 3, \cdots) \tag{11.151}$$

式中，w_i，α_i 和 β_{ij} 为待定常数；L 为一个整数；K_i $(i=2,3,\cdots)$ 在$(t_n, X(t_n))$的一阶泰勒展开为

$$K_i = hF(t_n, X(t_n)) + h^2\alpha_i\frac{\partial F}{\partial t} + h\frac{\partial F}{\partial X}\sum_{j=1}^{i-1}\beta_{ij}K_j \qquad (11.152)$$

或

$$K_i = hF(t_n, X(t_n)) + h^2\alpha_i\frac{\partial F}{\partial t} + h\frac{\partial F}{\partial X}\sum_{j=1}^{i-1}\beta_{ij}K_j$$

$$K_2 = hF(t_n, X(t_n)) + h^2\left(\alpha_2\frac{\partial F}{\partial t} + \beta_{21}\frac{\partial F}{\partial X}F\right)$$

$$K_3 = hF + h^2\left(\alpha_3\frac{\partial F}{\partial t} + (\beta_{31}+\beta_{32})\frac{\partial F}{\partial X}F\right) + h^3\beta_{32}\frac{\partial F}{\partial X}\left(\alpha_2\frac{\partial F}{\partial t} + \beta_{21}\frac{\partial F}{\partial X}F\right)$$

$$K_4 = hF + h^2\left(\alpha_4\frac{\partial F}{\partial t} + (\beta_{41}+\beta_{42}+\beta_{43})\frac{\partial F}{\partial X}F\right)$$
$$+ h^3\left[(\beta_{42}\alpha_2+\beta_{43}\alpha_3)\frac{\partial F}{\partial X}\frac{\partial F}{\partial t} + (\beta_{42}\beta_{21}+\beta_{43}(\beta_{31}+\beta_{32}))\frac{\partial F}{\partial X}\frac{\partial F}{\partial X}F\right]$$
$$+ h^4\beta_{43}\beta_{32}\frac{\partial F}{\partial X}\frac{\partial F}{\partial X}\left(\alpha_2\frac{\partial F}{\partial t} + \beta_{21}\frac{\partial F}{\partial X}F\right) \qquad (11.153)$$

$$K_5 = hF + h^2\left(\alpha_5\frac{\partial F}{\partial t} + (\beta_{51}+\beta_{52}+\beta_{53}+\beta_{54})\frac{\partial F}{\partial X}F\right)$$
$$+ h^3\frac{\partial F}{\partial X}\left(\begin{array}{l}\alpha_2\dfrac{\partial F}{\partial t} + \beta_{21}\dfrac{\partial F}{\partial X}F + \beta_{53}\left(\alpha_3\dfrac{\partial F}{\partial t} + (\beta_{31}+\beta_{32})\dfrac{\partial F}{\partial X}F\right)\\[2mm] + \beta_{54}\left(\alpha_4\dfrac{\partial F}{\partial t} + (\beta_{41}+\beta_{42}+\beta_{43})\dfrac{\partial F}{\partial X}F\right)\end{array}\right)$$
$$+ h^4\frac{\partial F}{\partial X}\left(\begin{array}{l}(\beta_{53}\beta_{32}\alpha_2+\beta_{54}(\beta_{42}\alpha_2+\beta_{43}\alpha_3))\dfrac{\partial F}{\partial X}\dfrac{\partial F}{\partial t}\\[2mm] + (\beta_{54}(\beta_{42}\beta_{21}+\beta_{43}(\beta_{31}+\beta_{32})) + \beta_{32}\beta_{21})\dfrac{\partial F}{\partial X}\dfrac{\partial F}{\partial X}F\end{array}\right)$$
$$+ h^5\frac{\partial F}{\partial X}\beta_{54}\left(\beta_{43}\beta_{32}\frac{\partial F}{\partial X}\frac{\partial F}{\partial X}\left(\alpha_2\frac{\partial F}{\partial t} + \beta_{21}\frac{\partial F}{\partial X}F\right)\right)$$

其中，F 和关联偏导数在$(t_n, X(t_n))$处有值。将上式代入到式（11.150）并将系数 h^n $(=1/n!)$ 与式（11.148）进行比较，则通过分解偏导数组合可得到一组关于常数 w_i、α_i 和 β_{ij} 的方程。例如，对于 $L=4$，有

$$w_1 + w_2 + w_3 + w_4 = 1$$

$$w_2\alpha_2 + w_3\alpha_3 + w_4\alpha_4 = \frac{1}{2}$$

$$w_2\beta_{21} + w_3(\beta_{31}+\beta_{32}) + w_4(\beta_{41}+\beta_{42}+\beta_{43}) = \frac{1}{2}$$

$$w_3 \alpha_2 \beta_{32} + w_4 (\alpha_2 \beta_{42} + \alpha_3 \beta_{43}) = \frac{1}{6}$$

$$w_3 \beta_{21} \beta_{32} + w_4 (\beta_{21} \beta_{42} + \beta_{31} \beta_{43} + \beta_{32} \beta_{43}) = \frac{1}{6}$$

$$w_4 \alpha_2 \beta_{43} \beta_{32} = \frac{1}{24}$$

$$w_4 \beta_{21} \beta_{43} \beta_{32} = \frac{1}{24}$$

（11.154）

上面 7 个方程中有 13 个系数，则式（11.154）的解不唯一。考虑到 w 有权的意义，且 α 为步长因子，则可设如 $w_1 = w_2 = w_3 = w_4 = 1/4$，$\alpha_2 = 1/3$，$\alpha_3 = 2/3$，$\alpha_4 = 1$ 并代入到上述方程中，则有

$$\beta_{21} + \beta_{31} + \beta_{32} + \beta_{41} + \beta_{42} + \beta_{43} = 2$$

$$\beta_{32} + \beta_{42} + 2\beta_{43} = 2$$

$$\beta_{21} \beta_{32} + \beta_{21} \beta_{42} + \beta_{31} \beta_{43} + \beta_{32} \beta_{43} = \frac{2}{3}$$

$$\beta_{43} \beta_{32} = \frac{1}{2}$$

$$\beta_{21} \beta_{43} \beta_{32} = \frac{1}{6}$$

令 $\beta_{32} = 1$，则有 $\beta_{42} = 0$，$\beta_{31} = -1/3$ 和 $\beta_{41} = 1/2$。则一个 4 阶 Runge-Kutta 方程为

$$X(t_{n+1}) = X(t_n) + \frac{1}{4} \sum_{i=1}^{4} K_i \qquad （11.155）$$

其中

$$K_1 = hF(t_n, X(t_n))$$

$$K_2 = hF\left(t_n + \frac{1}{3}h, X(t_n) + \frac{1}{3}K_1\right)$$

$$K_3 = hF\left(t_n + \frac{2}{3}h, X(t_n) - \frac{1}{3}K_1 + K_2\right)$$

$$K_4 = hF\left(t_n + h, X(t_n) + \frac{1}{2}K_1 + \frac{1}{2}K_3\right)$$

（11.156）

类似可推导出常用的 8 阶 Runge-Kutta 公式，描述如下（Xu, 1994; Liu et al., 1996）

$$X(t_{n+1}) = X_n + \frac{1}{840}(41K_1 + 27K_4 + 272K_5 + 27K_6 + 216K_7 + 216K_9 + 41K_{10}) \quad （11.157）$$

其中，

$$K_1 = hF(t_n, X_n)，\ X_n = X(t_n)$$

$$K_2 = hF\left(t_n + \frac{4}{27}h, X_n + \frac{4}{27}K_1\right)$$

$$K_3 = hF\left(t_n + \frac{2}{9}h, X_n + \frac{1}{18}K_1 + \frac{1}{6}K_2\right)$$

$$K_4 = hF\left(t_n + \frac{1}{3}h, X_n + \frac{1}{12}K_1 + \frac{1}{4}K_3\right)$$

$$K_5 = hF\left(t_n + \frac{1}{2}h, X_n + \frac{1}{8}K_1 + \frac{3}{8}K_4\right)$$

$$K_6 = hF\left(t_n + \frac{2}{3}h, X_n + \frac{1}{54}(13K_1 - 27K_3 + 42K_4 + 8K_5)\right)$$

$$K_7 = hF\left(t_n + \frac{1}{6}h, X_n + \frac{1}{4320}(389K_1 - 54K_3 + 966K_4 - 824K_5 + 243K_6)\right)$$

$$K_8 = hF\left(t_n + h, X_n + \frac{1}{20}(-231K_1 + 81K_3 - 1164K_4 + 656K_5 - 122K_6 + 800K_7)\right)$$

$$K_9 = hF\left(t_n + \frac{5}{6}h, X_n + \frac{1}{288}(-127K_1 + 18K_3 - 678K_4 + 456K_5 \\ -9K_6 + 576K_7 + 4K_8)\right)$$

$$K_{10} = hF\left(t_n + h, X_n + \frac{1}{820}(1481K_1 - 81K_3 + 7104K_4 - 3376K_5 \\ +72K_6 - 5040K_7 - 60K_8 + 720K_9)\right)$$

$$(11.158)$$

从推导过程可以看出，Runge-Kutta 算法是同阶 Taylor 展开的近似。对于解的每一步阶，函数值 F 都必须计算多次。Runge-Kutta 也被称为单步方法，常用于为其他多步方法提供计算起始值。

积分误差依赖于步长和函数 F 的性质。为保证必要的轨道积分精度，在考虑计算效率时也应自适应控制积分步长（Press et al., 1992）。因为轨道的周期运动，步长控制应在几个特定运动循环内完成。Press 等（1992）提出了一个步长加倍方法，即在每个基本步阶进行两次积分，第一次采用完整步阶，接着独立地采用两个半步阶。通过比较结果可以调整步长以适应精度需求。

为应用以上公式解运动方程（11.134）的初值问题，式（11.147）应重写为

$$\frac{\mathrm{d}X_k}{\mathrm{d}t} = \dot{X}_k(t, X) \qquad X_k(t_0) = X_{k0}$$
$$\frac{\mathrm{d}\dot{X}_k}{\mathrm{d}t} = f_k(t, X)/m \qquad \dot{X}_k(t_0) = \dot{X}_{k0}, \quad k = 1, 2, 3$$

式中，$X = (X_1, X_2, X_3, \dot{X}_1, \dot{X}_2, \dot{X}_3)$。采用 Runge-Kutta 算法解以上问题，并为式（11.157）中的 X 和 K 增加下标 k：

$$X_k(t_{n+1}) = X_{kn} + \frac{1}{840}(41K_{k1} + 27K_{k4} + 272K_{k5} + 27K_{k6} + 216K_{k7} + 216K_{k9} + 41K_{k10})$$

同样也应为式（11.158）左侧的 K 和右侧的 F 增加下标 k。对于最后三个方程有 $F_k = f_k/m$，则可计算 $\dot{X}_k$。对于起始的三个方程有 $F_k = \dot{X}_k$，则在所需的坐标 t 和 X 下可通过计算 $\dot{X}_k$ 进一步计算 F_k。

11.6.2 Adams 算法

对于以下初值问题：

$$\frac{\mathrm{d}X}{\mathrm{d}t} = F(t, X) \tag{11.159}$$

$$X(t_0) = X_0$$

存在

$$X(t_{n+1}) = X(t_n) + \int_{t_n}^{t_{n+1}} F(t, X)\mathrm{d}t \tag{11.160}$$

Adams 算法采用 Newtonian 后向微分插值公式以给出函数 F：

$$F(t, X) = F_n + \frac{t - t_n}{h} \nabla F_n + \frac{(t - t_n)(t - t_{n-1})}{2! h^2} \nabla^2 F_n + \cdots$$

$$+ \frac{(t - t_n)(t - t_{n-1}) \cdots (t - t_{n-k+1})}{k! h^k} \nabla^k F_n \tag{11.161}$$

式中，F_n 为 F 在时刻 t_n 的值；h 为步长；$\nabla^k F$ 为 F 的第 k 阶后向数值微分，且

$$\nabla F_n = F_n - F_{n-1}$$

$$\nabla^2 F_n = \nabla F_n - \nabla F_{n-1} = F_n - 2F_{n-1} + F_{n-2}$$

$$\vdots \tag{11.162}$$

$$\nabla^m F_n = \sum_{j=0}^{m} (-1)^j C_m^j F_{n-j}, \qquad C_m^j = \frac{m!}{j!(m-j)!}$$

式中，C_m^j 为二项系数。令 $s = (t - t_n)/h$，则 $\mathrm{d}t = h\mathrm{d}s$，如果 $t = t_n$，则 $s = 0$；如果 $t = t_{n+1}$，则 $s = 1$，于是式（11.161）和式（11.160）可转换为

$$F(t, X) = \sum_{m=0}^{k} C_{s+m-1}^m \nabla^m F_n$$

$$X(t_{n+1}) = X(t_n) + \int_{t_n}^{t_{n+1}} \sum_{m=0}^{k} C_{s+m-1}^m \sum_{j=0}^{m} (-1)^j C_m^j F_{n-j} h \mathrm{d}s \tag{11.163}$$

令

$$\gamma_m = \int_0^1 C_{s+m-1}^m \mathrm{d}s$$

$$\beta_j = \sum_{m=j}^{k} (-1)^j C_m^j \gamma_m \tag{11.164}$$

则有

$$X(t_{n+1}) = X(t_n) + h \sum_{j=0}^{k} \beta_j F_{n-j} \tag{11.165}$$

其中两个求和的顺序进行了交换。对于式（11.164）的第一式，有（Xu，1994）

$$\gamma_0 = 1, \qquad \gamma_m = 1 - \sum_{j=1}^{m} \frac{1}{j+1} \gamma_{m-j}, \qquad (m \geqslant 1) \tag{11.166}$$

式（11.165）也称为 Adams-Bashforth 公式。该公式采用函数值 $\{F_{n-j}, j = 0, \cdots, k\}$ 计算 X_{n+1}。当算法阶数选定后，系数 β_j 变为常数，使得采用式（11.165）计算变得非常简单。对于每个积分步阶，只需计算一个 F_n 函数值。但是 Adams 算法需要以 $\{F_{n-j}, j = 0, \cdots, k\}$ 作为初始值，计算这些值又需要状态值 $\{X_{n-j}, j = 0, \cdots, k\}$。换句话说，

Adams 不能自行启动积分，通常采用 Runge-Kutta 算法计算这些起始值。

Adams-Bashforth 公式没有考虑函数值 F_{n+1}。采用 F_{n+1} 情况下，Adams 算法可以通过 Adams-Moulton 公式进行表示。类似以上讨论，函数 F 可表示为

$$F(t,X) = F_{n+1} + \frac{t-t_{n+1}}{h}\nabla F_{n+1} + \frac{(t-t_{n+1})(t-t_n)}{2!h^2}\nabla^2 F_{n+1} + \cdots$$
$$+ \frac{(t-t_{n+1})(t-t_n)\cdots(t-t_{n-k+2})}{k!h^k}\nabla^k F_{n+1} \qquad (11.167)$$

其中

$$\nabla^m F_{n+1} = \sum_{j=0}^{m}(-1)^j C_m^j F_{n+1-j} \qquad (11.168)$$

如果令 $s=(t-t_{n+1})/h$，则 $\mathrm{d}t = h\mathrm{d}s$，如果 $t=t_n$，则 $s=-1$；如果 $t=t_{n+1}$，则 $s=0$，可以得到类似于式（11.165）和式（11.164）的公式：

$$X(t_{n+1}) = X(t_n) + h\sum_{j=0}^{k}\beta_j^* F_{n+1-j} \qquad (11.169)$$

$$\beta_j^* = \sum_{m=j}^{k}(-1)^j C_m^j \gamma_m^* \qquad (11.170)$$

$$\gamma_m^* = \int_{-1}^{0} C_{s+m-1}^m \mathrm{d}s$$

且（Xu，1994）

$$\gamma_0^* = 1, \qquad \gamma_m^* = -\sum_{j=1}^{m}\frac{1}{j+1}\gamma_{m-j}^*, \qquad (m \geq 1) \qquad (11.171)$$

因为采用 F_{n+1} 近似 F，Adams-Moulton 公式可能比 Adams-Bashforth 公式精度更高。然而在计算 X_{n+1} 之前，F_{n+1} 可能还没有精确计算，因此使用 Adams-Moulton 公式需要一个迭代过程。使用 Adams-Moulton 公式的一个简化方法是先采用 Adams-Bashforth 计算 X_{n+1} 和 F_{n+1}，然后再采用 Adams-Moulton 公式通过 F_{n+1} 计算修正的 X_{n+1}。经验表明这样的过程对于许多应用来说已足够精确。

11.6.3 Cowell 算法

对于以下初值问题：

$$\frac{\mathrm{d}^2 X}{\mathrm{d}t^2} = F(t,X)$$
$$\dot{X}(t_0) = \dot{X}_0 \qquad (11.172)$$
$$X(t_0) = X_0$$

存在

$$\dot{X}(t) = \dot{X}(t_n) + \int_{t_n}^{t} F(t,X)\mathrm{d}t \qquad (11.173)$$

注意这里 X 表示卫星位置坐标。换句话说，摄动力 F 不是卫星速度的函数。

分别在 $[t_n, t_{n+1}]$ 和 $[t_n, t_{n-1}]$ 上积分式（11.173），则有

$$X(t_{n+1}) - X(t_n) - \dot{X}(t_n)(t_{n+1} - t_n) = \int_{t_n}^{t_{n+1}} \int_{t_n}^{t} F(t, X) \mathrm{d}t \mathrm{d}t \tag{11.174}$$

$$X(t_{n-1}) - X(t_n) - \dot{X}(t_n)(t_{n-1} - t_n) = \int_{t_n}^{t_{n-1}} \int_{t_n}^{t} F(t, X) \mathrm{d}t \mathrm{d}t \tag{11.175}$$

其中，$(t_{n+1} - t_n) = h = (t_n - t_{n-1})$。将两个等式相加，则有

$$X(t_{n+1}) - 2X(t_n) + X(t_{n-1}) = \int_{t_n}^{t_{n+1}} \int_{t_n}^{t} F(t, X) \mathrm{d}t \mathrm{d}t + \int_{t_n}^{t_{n-1}} \int_{t_n}^{t} F(t, X) \mathrm{d}t \mathrm{d}t \tag{11.176}$$

类似于 Adams-Bashforth 公式，函数 F 可表示为

$$F(t, X) = F_n + \frac{t - t_n}{h} \nabla F_n + \frac{(t - t_n)(t - t_{n-1})}{2! h^2} \nabla^2 F_n + \cdots$$
$$+ \frac{(t - t_n)(t - t_{n-1}) \cdots (t - t_{n-k+1})}{k! h^k} \nabla^k F_n \tag{11.177}$$

将式（11.177）代入式（11.176），则有（类似于 Admas 算法的推导）（Xu，1994）

$$X(t_{n+1}) = 2X(t_n) - X(t_{n-1}) + h^2 \sum_{j=0}^{k} \beta_j F_{n-j} \tag{11.178}$$

其中

$$\beta_j = \sum_{m=j}^{k} (-1)^j C_m^j \sigma_m$$

$$\sigma_0 = 1, \quad \sigma_m = 1 - \sum_{j=1}^{m} \frac{2}{j+2} b_{j+1} \sigma_{m-j}, \quad (m \geqslant 1) \tag{11.179}$$

$$b_j = \sum_{i=1}^{j} \frac{1}{i}$$

式（11.178）称为 Stormer 公式。类似于讨论 Adams 算法，考虑进 F_{n+1}，则有

$$F(t, X) = F_{n+1} + \frac{t - t_{n+1}}{h} \nabla F_{n+1} + \frac{(t - t_{n+1})(t - t_n)}{2! h^2} \nabla^2 F_{n+1} + \cdots$$
$$+ \frac{(t - t_{n+1})(t - t_n) \cdots (t - t_{n-k+2})}{k! h^k} \nabla^k F_{n+1} \tag{11.180}$$

且（Xu，1994）

$$X(t_{n+1}) = 2X(t_n) - X(t_{n-1}) + h^2 \sum_{j=0}^{k} \beta_j^* F_{n+1-j} \tag{11.181}$$

其中

$$\beta_j^* = \sum_{m=j}^{k} (-1)^j C_m^j \sigma_m^*$$

$$\sigma_0^* = 1, \quad \sigma_m^* = -\sum_{j=1}^{m} \frac{2}{j+2} b_{j+1} \sigma_{m-j}^*, \quad (m \geqslant 1) \tag{11.182}$$

$$b_j = \sum_{i=1}^{j} \frac{1}{i}$$

式（11.181）称为 Cowell 公式。因为采用了 F_{n+1} 来近似 F，因此 Cowell 公式可能精度

高于 Stormer 公式。然而在计算 X_{n+1} 之前，F_{n+1} 可能尚未精确计算，因此使用 Cowell 公式也需要一个迭代过程。一个使用 Cowell 公式的简化方法是先采用 Stormer 公式计算 X_{n+1} 和 F_{n+1}，然后采用 Cowell 公式通过 F_{n+1} 计算修正的 X_{n+1}。经验表明这样的过程对于许多应用来说已足够精确。

11.6.4 混合算法与讨论

以上我们讨论了用于解决轨道微分方程初值问题的三种算法。Runge-Kutta 法是一种单步方法。不同阶数的 Runge-Kutta 算法公式之间没有简单的关系，即使对于确定的阶数这些公式也不唯一。对于积分的每一步阶，都必须计算多个函数值 F。Runge-Kutta 方法最重要的特性在于该方法是一种自启动算法。总的来说，Runge-Kutta 算法常用于为多步算法提供起始值。

Adams 算法是一种多步方法。由于存在序贯关系，因此很容易升高公式的阶数。然而，Adams 算法不能自启动。对于积分的每一步，只需计算一个函数值。扰动函数被考虑为一个时间和卫星状态的函数。因此 Adams 方法可通过扰动函数用于定轨问题。在更高精度需求情况下，可以混合 Adams-Bashforth 方法和 Adams-Moulton 方法进行迭代处理。

Cowell 算法也是一种多步方法，且算法阶数容易调整。Cowell 方法也需要通过其他方法协助启动。分析表明，当阶数相同时，Cowell 算法精度高于 Adams 算法。然而，Cowell 公式仅适用于一类扰动函数 F，该类函数是时间和卫星位置的函数。众所周知大气阻力是一种摄动力，而该摄动力是卫星速度的函数。因此 Cowell 算法仅可用于积分摄动力的一部分。混合 Cowell 方法也保持了该特性。

显然，运动方程中的力必须分解为两个部分：第一部分包括了卫星速度函数的各种力，第二部分则包括其他所有的力。第一部分可以采用 Adams 方法积分，其他部分则可以采用 Cowell 方法积分。而 Runge-Kutta 可用于提供所需的起算值。

如何选择阶数和步长依赖于精度需求和轨道条件。通常阶数和步长是软件的输入变量，可以通过若干测试选择合适值。Scheinert 建议采用 8 阶 Runge-Kutta 算法，以及 12 阶 Adams 和 Cowell 算法（Scheinert, 1996）。注意阶数的选择并非阶数越高精度也越高；积分步长选择也不是步长越短结果越好。

11.6.5 插值算法

通过积分可以给出步阶点 $t_0 + nh(n = 0,1,\cdots)$ 处的轨道。对于 GPS 卫星，h 通常选择为 300s。然而，通常在 IGS 进行的 GPS 观测周期为 15s。为了线性化和构建 GPS 观测方程，有时必须将轨道数据插值到所需历元。这就是为什么我们要讨论插值问题。常用的 Lagrange 插值算法已在 3.4 节进行了讨论。在 5.4.2 节给出了一个 5 阶多项式插值算法。Adams 和 Cowell 算法推导过程中采用了 Newtonian 后向微分公式以表示扰动函数 F。简单地将 F 视为 t 的函数（t 可为任意值），则有

$$F(t) = F(t_n) + \frac{t-t_n}{h}\nabla F_n + \frac{(t-t_n)(t-t_{n-1})}{2!h^2}\nabla^2 F_n + \cdots$$

$$+ \frac{(t-t_n)(t-t_{n-1})\cdots(t-t_{n-k+1})}{k!h^k}\nabla^k F_n \tag{11.183}$$

这是一个 $F(t)$ 的插值公式，采用了一系列 $\{F_{n-j}, j = 0, \cdots, k\}$ 的函数值。

11.7 轨道相关的偏导数

在 11.5.1 节提到的偏导数

$$\frac{\partial \vec{f}}{\partial \vec{r}}, \quad \frac{\partial \vec{f}}{\partial \dot{\vec{r}}}, \quad \frac{\partial \vec{f}}{\partial \vec{Y}} \tag{11.184}$$

将在本节详细推导，其中的力向量是在 ECSF 坐标系中的所有摄动力的一个求和向量。
如果在 ECEF 坐标系中给出力向量，则有

$$\left(\frac{\partial \vec{f}}{\partial \vec{r}}, \frac{\partial \vec{f}}{\partial \dot{\vec{r}}} \right) = R_{\mathrm{P}}^{-1} R_{\mathrm{N}}^{-1} R_{\mathrm{S}}^{-1} R_{\mathrm{M}}^{-1} \left(\frac{\partial \vec{f}_{\mathrm{ECEF}}}{\partial \vec{r}}, \frac{\partial \vec{f}_{\mathrm{ECEF}}}{\partial \dot{\vec{r}}} \right) \tag{11.185}$$

因为

$$\vec{r} = R \cdot \vec{r}_{\mathrm{ECEF}}$$

$$\vec{f} = R \cdot \vec{f}_{\mathrm{ECEF}}$$

则可得速度转换公式

$$\frac{\mathrm{d}\vec{r}}{\mathrm{d}t} = \frac{\mathrm{d}R}{\mathrm{d}t} \cdot \vec{r}_{\mathrm{ECEF}} + R \cdot \frac{\mathrm{d}\vec{r}_{\mathrm{ECEF}}}{\mathrm{d}t}$$

其中，

$$R = R_{\mathrm{P}}^{-1} R_{\mathrm{N}}^{-1} R_{\mathrm{S}}^{-1} R_{\mathrm{M}}^{-1}$$

则有

$$\frac{\partial \vec{r}_{\mathrm{ECEF}}}{\partial \vec{r}} = R^{-1}, \quad \frac{\partial \dot{\vec{r}}_{\mathrm{ECEF}}}{\partial \dot{\vec{r}}} = R^{-1}$$

和

$$\frac{\partial \vec{f}_{\mathrm{ECEF}}}{\partial \vec{r}} = \frac{\partial \vec{f}_{\mathrm{ECEF}}}{\partial \vec{r}_{\mathrm{ECEF}}} \frac{\partial \vec{r}_{\mathrm{ECEF}}}{\partial \vec{r}} = \frac{\partial \vec{f}_{\mathrm{ECEF}}}{\partial \vec{r}_{\mathrm{ECEF}}} R^{-1}$$

$$\frac{\partial \vec{f}_{\mathrm{ECEF}}}{\partial \dot{\vec{r}}} = \frac{\partial \vec{f}_{\mathrm{ECEF}}}{\partial \dot{\vec{r}}_{\mathrm{ECEF}}} \frac{\partial \dot{\vec{r}}_{\mathrm{ECEF}}}{\partial \dot{\vec{r}}} = \frac{\partial \vec{f}_{\mathrm{ECEF}}}{\partial \dot{\vec{r}}_{\mathrm{ECEF}}} R^{-1}$$

1. 重力位摄动力

重力位摄动力向量（见 11.2 节）形式如下

$$\vec{f}_{\mathrm{ECEF}} = \begin{pmatrix} f_{x'} \\ f_{y'} \\ f_{z'} \end{pmatrix} = \begin{pmatrix} b_{11} \dfrac{\partial V}{\partial r} + b_{21} \dfrac{\partial V}{\partial \varphi} + b_{31} \dfrac{\partial V}{\partial \lambda} \\[2mm] b_{12} \dfrac{\partial V}{\partial r} + b_{22} \dfrac{\partial V}{\partial \varphi} + b_{32} \dfrac{\partial V}{\partial \lambda} \\[2mm] b_{13} \dfrac{\partial V}{\partial r} + b_{23} \dfrac{\partial V}{\partial \varphi} \end{pmatrix} \tag{11.186}$$

其中，

$$\frac{\partial(r,\varphi,\lambda)}{\partial(x',y',z')}=\begin{pmatrix} b_{11} & b_{12} & b_{13} \\ b_{21} & b_{22} & b_{23} \\ b_{31} & b_{32} & b_{33} \end{pmatrix}=\begin{pmatrix} \cos\varphi\cos\lambda & \cos\varphi\sin\lambda & \sin\varphi \\ -\dfrac{1}{r}\sin\varphi\cos\lambda & -\dfrac{1}{r}\sin\varphi\sin\lambda & \dfrac{1}{r}\cos\varphi \\ -\dfrac{1}{r\cos\varphi}\sin\lambda & \dfrac{1}{r\cos\varphi}\cos\lambda & 0 \end{pmatrix}$$

且 (x',y',z') 为 ECEF 系中的三个正交的笛卡儿坐标，则

$$\frac{\partial \vec{f}_{\text{ECEF}}}{\partial \vec{r}}=\begin{pmatrix} \dfrac{\partial f_{x'}}{\partial(x',y',z')} \\[2mm] \dfrac{\partial f_{y'}}{\partial(x',y',z')} \\[2mm] \dfrac{\partial f_{z'}}{\partial(x',y',z')} \end{pmatrix}=\left(\frac{\partial(f_{x'},f_{y'},f_{z'})}{\partial(r,\varphi,\lambda)}\frac{\partial(r,\varphi,\lambda)}{\partial(x',y',z')}\right)^{\text{T}} \tag{11.187}$$

利用 $j\,(=1,2,3)$ 表示 (x',y',z')，则有

$$\frac{\partial f_j}{\partial(r,\varphi,\lambda)}=\begin{pmatrix} \dfrac{\partial b_{1j}}{\partial r}\dfrac{\partial V}{\partial r}+\dfrac{\partial b_{2j}}{\partial r}\dfrac{\partial V}{\partial \varphi}+\dfrac{\partial b_{3j}}{\partial r}\dfrac{\partial V}{\partial \lambda}+b_{1j}\dfrac{\partial^2 V}{\partial r^2}+b_{2j}\dfrac{\partial^2 V}{\partial r\partial \varphi}+b_{3j}\dfrac{\partial^2 V}{\partial r\partial \lambda} \\[3mm] \dfrac{\partial b_{1j}}{\partial \varphi}\dfrac{\partial V}{\partial r}+\dfrac{\partial b_{2j}}{\partial \varphi}\dfrac{\partial V}{\partial \varphi}+\dfrac{\partial b_{3j}}{\partial \varphi}\dfrac{\partial V}{\partial \lambda}+b_{1j}\dfrac{\partial^2 V}{\partial r\partial \varphi}+b_{2j}\dfrac{\partial^2 V}{\partial \varphi^2}+b_{3j}\dfrac{\partial^2 V}{\partial \varphi\partial \lambda} \\[3mm] \dfrac{\partial b_{1j}}{\partial \lambda}\dfrac{\partial V}{\partial r}+\dfrac{\partial b_{2j}}{\partial \lambda}\dfrac{\partial V}{\partial \varphi}+\dfrac{\partial b_{3j}}{\partial \lambda}\dfrac{\partial V}{\partial \lambda}+b_{1j}\dfrac{\partial^2 V}{\partial r\partial \lambda}+b_{2j}\dfrac{\partial^2 V}{\partial \varphi\partial \lambda}+b_{3j}\dfrac{\partial^2 V}{\partial \lambda^2} \end{pmatrix}^{\text{T}} \tag{11.188}$$

式中

$$\frac{\partial}{\partial r}\begin{pmatrix} b_{11} & b_{12} & b_{13} \\ b_{21} & b_{22} & b_{23} \\ b_{31} & b_{32} & b_{33} \end{pmatrix}=\begin{pmatrix} 0 & 0 & 0 \\ \dfrac{1}{r^2}\sin\phi\cos\lambda & \dfrac{1}{r^2}\sin\phi\sin\lambda & \dfrac{-1}{r^2}\cos\phi \\ \dfrac{1}{r^2\cos\phi}\sin\lambda & \dfrac{-1}{r^2\cos\phi}\cos\lambda & 0 \end{pmatrix}$$

$$\frac{\partial}{\partial \phi}\begin{pmatrix} b_{11} & b_{12} & b_{13} \\ b_{21} & b_{22} & b_{23} \\ b_{31} & b_{32} & b_{33} \end{pmatrix}=\begin{pmatrix} -\sin\phi\cos\lambda & -\sin\phi\sin\lambda & \cos\phi \\ -\dfrac{1}{r}\cos\phi\cos\lambda & -\dfrac{1}{r}\cos\phi\sin\lambda & -\dfrac{1}{r}\sin\phi \\ -\dfrac{\sin\phi}{r\cos^2\phi}\sin\lambda & \dfrac{\sin\phi}{r\cos^2\phi}\cos\lambda & 0 \end{pmatrix} \tag{11.189}$$

$$\frac{\partial}{\partial \lambda}\begin{pmatrix} b_{11} & b_{12} & b_{13} \\ b_{21} & b_{22} & b_{23} \\ b_{31} & b_{32} & b_{33} \end{pmatrix}=\begin{pmatrix} -\cos\phi\sin\lambda & \cos\phi\cos\lambda & 0 \\ \dfrac{1}{r}\sin\phi\sin\lambda & -\dfrac{1}{r}\sin\phi\cos\lambda & 0 \\ -\dfrac{1}{r\cos\phi}\cos\lambda & -\dfrac{1}{r\cos\phi}\sin\lambda & 0 \end{pmatrix}$$

且

$$\frac{\partial^2 V}{\partial r^2} = \frac{\mu}{r^3}\left[2 + \sum_{l=2}^{\infty}\sum_{m=0}^{l}(l+1)(l+2)\left(\frac{a}{r}\right)^l \bar{P}_{lm}(\sin\phi)[\bar{C}_{lm}\cos m\lambda + \bar{S}_{lm}\sin m\lambda]\right]$$

$$\frac{\partial^2 V}{\partial r\partial\phi} = -\frac{\mu}{r^2}\sum_{l=2}^{\infty}\sum_{m=0}^{l}(l+1)\left(\frac{a}{r}\right)^l \frac{\mathrm{d}\bar{P}_{lm}(\sin\phi)}{\mathrm{d}\phi}[\bar{C}_{lm}\cos m\lambda + \bar{S}_{lm}\sin m\lambda]$$

$$\frac{\partial^2 V}{\partial r\partial\lambda} = -\frac{\mu}{r^2}\left[\sum_{l=2}^{\infty}\sum_{m=0}^{l}(l+1)\left(\frac{a}{r}\right)^l \bar{P}_{lm}(\sin\phi)m[-\bar{C}_{lm}\sin m\lambda + \bar{S}_{lm}\cos m\lambda]\right] \tag{11.190}$$

$$\frac{\partial^2 V}{\partial\phi^2} = \frac{\mu}{r}\sum_{l=2}^{\infty}\sum_{m=0}^{l}\left(\frac{a}{r}\right)^l \frac{\mathrm{d}^2\bar{P}_{lm}(\sin\phi)}{\mathrm{d}\phi^2}[\bar{C}_{lm}\cos m\lambda + \bar{S}_{lm}\sin m\lambda]$$

$$\frac{\partial^2 V}{\partial\phi\partial\lambda} = \frac{\mu}{r}\sum_{l=2}^{\infty}\sum_{m=0}^{l}\left(\frac{a}{r}\right)^l \frac{\mathrm{d}\bar{P}_{lm}(\sin\phi)}{\mathrm{d}\phi}m[-\bar{C}_{lm}\sin m\lambda + \bar{S}_{lm}\cos m\lambda]$$

$$\frac{\partial^2 V}{\partial\lambda^2} = -\frac{\mu}{r}\sum_{l=2}^{\infty}\sum_{m=0}^{l}m^2\left(\frac{a}{r}\right)^l \bar{P}_{lm}(\sin\phi)[\bar{C}_{lm}\cos m\lambda + \bar{S}_{lm}\sin m\lambda]$$

其中

$$\frac{\mathrm{d}\bar{P}_{lm}(\sin\phi)}{\mathrm{d}\phi} = \beta(m)\bar{P}_{l(m+1)}(\sin\phi) - m\tan\phi\bar{P}_{lm}(\sin\phi)$$

$$\frac{\mathrm{d}^2\bar{P}_{lm}(\sin\phi)}{\mathrm{d}\phi^2} = \beta(m)\frac{\mathrm{d}\bar{P}_{l(m+1)}(\sin\phi)}{\mathrm{d}\phi} - m\frac{1}{\cos^2\phi}\bar{P}_{lm}(\sin\phi) - m\tan\phi\frac{\mathrm{d}\bar{P}_{lm}(\sin\phi)}{\mathrm{d}\phi}$$

$$= \beta(m)\beta(m+1)\bar{P}_{l(m+2)}(\sin\phi) - \beta(m)\tan\phi(2m+1)\bar{P}_{l(m+1)}(\sin\phi)$$

$$+ \left(m^2\tan^2\phi - m\frac{1}{\cos^2\phi}\right)\bar{P}_{lm}(\sin\phi) \tag{11.191}$$

$$\beta(m) = \left[\frac{1}{2}(2-\delta_{0m})(l-m)(l+m+1)\right]^{1/2}$$

$$\beta(m+1) = \left[\frac{1}{2}(l-m-1)(l+m+2)\right]^{1/2}$$

在 11.1 节中已经给出了其他所需函数。因为力不是速度的函数，显然

$$\frac{\partial \vec{f}_{\mathrm{ECEF}}}{\partial \dot{\vec{r}}} = [0]_{3\times 3} \tag{11.192}$$

后面只给出非零偏导数。

设已知重力位参数 $\bar{C}_{lm}^N$ 和 $\bar{S}_{lm}^N$（作为初始值），$\bar{C}_{lm}$ 和 $\bar{S}_{lm}$ 是真值，且 $\Delta\bar{C}_{lm}$ 和 $\Delta\bar{S}_{lm}$ 是搜索的改正值（未知值），则重力位力为

$$\vec{f}_{\mathrm{ECEF}}(\bar{C}_{lm}, \bar{S}_{lm}) = \vec{f}_{\mathrm{ECEF}}(\bar{C}_{lm}^N, \bar{S}_{lm}^N) + \vec{f}_{\mathrm{ECEF}}(\bar{C}_{lm}, \bar{S}_{lm}) - \vec{f}_{\mathrm{ECEF}}(\bar{C}_{lm}^N, \bar{S}_{lm}^N)$$

$$= \vec{f}_{\mathrm{ECEF}}(\bar{C}_{lm}^N, \bar{S}_{lm}^N) + \vec{f}_{\mathrm{ECEF}}(\Delta\bar{C}_{lm}, \Delta\bar{S}_{lm}) \tag{11.193}$$

且

$$\frac{\partial \vec{f}_{\text{ECEF}}}{\partial(\Delta\bar{C}_{lm}, \Delta\bar{S}_{lm})} = \begin{pmatrix} b_{11} & b_{12} & b_{13} \\ b_{21} & b_{22} & b_{23} \\ b_{31} & b_{32} & b_{33} \end{pmatrix}^{\text{T}} \frac{\partial}{\partial(\Delta\bar{C}_{lm}, \Delta\bar{S}_{lm})} \begin{pmatrix} \dfrac{\partial V}{\partial r} \\[2mm] \dfrac{\partial V}{\partial \phi} \\[2mm] \dfrac{\partial V}{\partial \lambda} \end{pmatrix}$$

$$\frac{\partial}{\partial(\Delta\bar{C}_{lm}, \Delta\bar{S}_{lm})}\left(\frac{\partial V}{\partial r}\right) = -\frac{\mu}{r^2}(l+1)\left(\frac{a}{r}\right)^l \bar{P}_{lm}(\sin\phi)\begin{pmatrix}\cos m\lambda & \sin m\lambda\end{pmatrix} \quad (11.194)$$

$$\frac{\partial}{\partial(\Delta\bar{C}_{lm}, \Delta\bar{S}_{lm})}\left(\frac{\partial V}{\partial \phi}\right) = \frac{\mu}{r}\left(\frac{a}{r}\right)^l \frac{\mathrm{d}\bar{P}_{lm}(\sin\phi)}{\mathrm{d}\phi}\begin{pmatrix}\cos m\lambda & \sin m\lambda\end{pmatrix}$$

$$\frac{\partial}{\partial(\Delta\bar{C}_{lm}, \Delta\bar{S}_{lm})}\left(\frac{\partial V}{\partial \lambda}\right) = \frac{\mu}{r}m\left(\frac{a}{r}\right)^l \bar{P}_{lm}(\sin\phi)\begin{pmatrix}-\sin m\lambda & \cos m\lambda\end{pmatrix}$$

2. 太阳、月亮和行星摄动力

在 11.2.2 节中给出的太阳、月亮和行星摄动力如下（见式（11.50））

$$\vec{f}_m = -m\sum_j \text{Gm}(j)\left[\frac{\vec{r}-\vec{r}_{m(j)}}{\left|\vec{r}-\vec{r}_{m(j)}\right|^3} + \frac{\vec{r}_{m(j)}}{r_{m(j)}^3}\right] \quad (11.195)$$

式中，$\text{Gm}(j)$ 为太阳、月亮和行星的引力常数；下标 $m(j)$ 表示的向量是太阳、月亮和行星的地心向量。则摄动力对卫星向量的偏导数为

$$\frac{\partial \vec{f}_m}{\partial \vec{r}} = -m\sum_j \frac{\text{Gm}(j)}{\left|\vec{r}-\vec{r}_{m(j)}\right|^3}\left(E + \frac{3}{\left|\vec{r}-\vec{r}_{m(j)}\right|^2}\begin{pmatrix} x-x_{m(j)} \\ y-y_{m(j)} \\ z-z_{m(j)} \end{pmatrix}\begin{pmatrix} x-x_{m(j)} \\ y-y_{m(j)} \\ z-z_{m(j)} \end{pmatrix}^{\text{T}}\right) \quad (11.196)$$

式中，E 为一个 3×3 的单位阵。力向量对卫星速度向量的偏导数为零。太阳、月亮和行星的扰动被认为很好地建模，因此没有参数需要平差。换句话说，力向量对于模型参数的偏导数不存在。

3. 潮汐摄动力

类似于重力位引力，潮汐力（见 11.2.3 节）有以下形式：

$$\vec{f}_{\text{ECEF}} = \begin{pmatrix} f_{x'} \\ f_{y'} \\ f_{z'} \end{pmatrix} = \begin{pmatrix} b_{11}\dfrac{\partial V}{\partial r} + b_{21}\dfrac{\partial V}{\partial \varphi} + b_{31}\dfrac{\partial V}{\partial \lambda} \\[3mm] b_{12}\dfrac{\partial V}{\partial r} + b_{22}\dfrac{\partial V}{\partial \varphi} + b_{32}\dfrac{\partial V}{\partial \lambda} \\[3mm] b_{13}\dfrac{\partial V}{\partial r} + b_{23}\dfrac{\partial V}{\partial \varphi} \end{pmatrix} \quad (11.197)$$

式中，$V = \delta V + \delta V_1 + \delta V_2$，是地球潮汐位和海洋负荷潮汐位的两个部分之和。式（11.188）也适用于这种情况。其他更高阶偏导数可推导如下

$$\frac{\partial^2 \delta V}{\partial r^2} = \sum_{j=1}^{2} \mu_j \sum_{n=2}^{N} k_n \frac{(n+1)(n+2)a_{\mathrm{e}}^{2n+1}}{r^{n+3}r_j^{n+1}} \left[\begin{array}{l} P_n(\sin\varphi)P_n(\sin\delta_j) \\ +2\sum_{k=1}^{n} \frac{(n-k)!}{(n+k)!} P_{nk}(\sin\varphi)P_{nk}(\sin\delta_j)\cos kh_j \end{array} \right]$$

$$\frac{\partial^2 \delta V}{\partial r \partial \varphi} = \sum_{j=1}^{2} \mu_j \sum_{n=2}^{N} -k_n \frac{(n+1)a_{\mathrm{e}}^{2n+1}}{r^{n+2}r_j^{n+1}} \left[\begin{array}{l} \dfrac{\mathrm{d}P_n(\sin\varphi)}{\mathrm{d}\varphi} P_n(\sin\delta_j) \\ +2\sum_{k=1}^{n} \dfrac{(n-k)!}{(n+k)!} \dfrac{\mathrm{d}P_{nk}(\sin\varphi)}{\mathrm{d}\varphi} P_{nk}(\sin\delta_j)\cos kh_j \end{array} \right]$$

$$\frac{\partial^2 \delta V}{\partial r \partial \lambda} = \sum_{j=1}^{2} \mu_j \sum_{n=2}^{N} -k_n \frac{(n+1)a_{\mathrm{e}}^{2n+1}}{r^{n+2}r_j^{n+1}} \left[2\sum_{k=1}^{n} \frac{(n-k)!}{(n+k)!} P_{nk}(\sin\varphi)P_{nk}(\sin\delta_j)k\sin kh_j \right]$$

$$\frac{\partial^2 \delta V}{\partial \varphi^2} = \sum_{j=1}^{2} \mu_j \sum_{n=2}^{N} k_n \frac{a_{\mathrm{e}}^{2n+1}}{r^{n+1}r_j^{n+1}} \left[\begin{array}{l} \dfrac{\mathrm{d}^2 P_n(\sin\varphi)}{\mathrm{d}\varphi^2} P_n(\sin\delta_j) \\ +2\sum_{k=1}^{n} \dfrac{(n-k)!}{(n+k)!} \dfrac{\mathrm{d}^2 P_{nk}(\sin\varphi)}{\mathrm{d}\varphi^2} P_{nk}(\sin\delta_j)\cos kh_j \end{array} \right]$$

$$\frac{\partial^2 \delta V}{\partial \varphi \partial \lambda} = \sum_{j=1}^{2} \mu_j \sum_{n=2}^{N} k_n \frac{a_{\mathrm{e}}^{2n+1}}{r^{n+1}r_j^{n+1}} \left[2\sum_{k=1}^{n} \frac{(n-k)!}{(n+k)!} \frac{\mathrm{d}P_{nk}(\sin\varphi)}{\mathrm{d}\varphi} P_{nk}(\sin\delta_j)k\sin kh_j \right]$$

$$\frac{\partial^2 \delta V}{\partial \lambda^2} = \sum_{j=1}^{2} \mu_j \sum_{n=2}^{N} -k_n \frac{a_{\mathrm{e}}^{2n+1}}{r^{n+1}r_j^{n+1}} \left[2\sum_{k=1}^{n} \frac{(n-k)!}{(n+k)!} k^2 P_{nk}(\sin\varphi)P_{nk}(\sin\delta_j)\cos kh_j \right]$$

$$\frac{\partial^2 \delta V_1}{\partial r^2} = \oiint_O G\sigma H \sum_{n=0}^{\infty} (1+k_n') \frac{(n+1)(n+2)a_{\mathrm{e}}^n}{r^{n+3}} \left[\begin{array}{l} P_n(\sin\varphi)P_n(\sin\varphi_s) + (2-\delta_{0n})\cdot \\ \sum_{k=0}^{n} \dfrac{(n-k)!}{(n+k)!} P_{nk}(\sin\varphi)P_{nk}(\sin\varphi_s)\cos k(\lambda_s - \lambda) \end{array} \right] \mathrm{d}s$$

$$\frac{\partial^2 \delta V_1}{\partial r \partial \varphi} = \oiint_O G\sigma H \sum_{n=0}^{\infty} (1+k_n') \frac{-(n+1)a_{\mathrm{e}}^n}{r^{n+2}} \left[\begin{array}{l} \dfrac{\mathrm{d}P_n(\sin\varphi)}{\mathrm{d}\varphi} P_n(\sin\varphi_s) + (2-\delta_{0n})\cdot \\ \sum_{k=0}^{n} \dfrac{(n-k)!}{(n+k)!} \dfrac{\mathrm{d}P_{nk}(\sin\varphi)}{\mathrm{d}\varphi} P_{nk}(\sin\varphi_s)\cos k(\lambda_s - \lambda) \end{array} \right] \mathrm{d}s$$

$$\frac{\partial^2 \delta V_1}{\partial r \partial \lambda} = \oiint_O G\sigma H \sum_{n=0}^{\infty} (1+k_n') \frac{-(n+1)a_{\mathrm{e}}^n}{r^{n+2}} \left[\begin{array}{l} (2-\delta_{0n})\cdot \\ \sum_{k=0}^{n} \dfrac{(n-k)!}{(n+k)!} P_{nk}(\sin\varphi)P_{nk}(\sin\varphi_s)k\sin k(\lambda_s - \lambda) \end{array} \right] \mathrm{d}s$$

$$\frac{\partial^2 \delta V_1}{\partial \varphi^2} = \oiint_O G\sigma H \sum_{n=0}^{\infty} (1+k_n') \frac{a_{\mathrm{e}}^n}{r^{n+1}} \left[\begin{array}{l} \dfrac{\mathrm{d}^2 P_n(\sin\varphi)}{\mathrm{d}\varphi^2} P_n(\sin\varphi_s) + (2-\delta_{0n})\cdot \\ \sum_{k=0}^{n} \dfrac{(n-k)!}{(n+k)!} \dfrac{\mathrm{d}^2 P_{nk}(\sin\varphi)}{\mathrm{d}\varphi^2} P_{nk}(\sin\varphi_s)\cos k(\lambda_s - \lambda) \end{array} \right] \mathrm{d}s$$

$$\frac{\partial^2 \delta V_1}{\partial \varphi \partial \lambda} = \oiint_O G\sigma H \sum_{n=0}^{\infty} (1+k_n') \frac{a_{\mathrm{e}}^n}{r^{n+1}} \left[\begin{array}{l} (2-\delta_{0n})\cdot \\ \sum_{k=0}^{n} \dfrac{(n-k)!}{(n+k)!} \dfrac{\mathrm{d}P_{nk}(\sin\varphi)}{\mathrm{d}\varphi} P_{nk}(\sin\varphi_s)k\sin k(\lambda_s - \lambda) \end{array} \right] \mathrm{d}s$$

$$\frac{\partial^2 \delta V_1}{\partial \lambda^2} = \oiint\limits_{O} G\sigma H \sum_{n=0}^{\infty} (1+k_n') \frac{a_e^n}{r^{n+1}} \left[\begin{array}{l} -(2-\delta_{0n}) \cdot \\ \displaystyle\sum_{k=0}^{n} \frac{(n-k)!}{(n+k)!} P_{nk}(\sin\varphi) P_{nk}(\sin\varphi_s) k^2 \cos k(\lambda_s - \lambda) \end{array} \right] \mathrm{d}s$$

$$\frac{\partial^2 \delta V_2}{\partial r^2} = \oiint\limits_{C} G\sigma_e u_r \sum_{n=0}^{\infty} \frac{(n+1)(n+2)a_e^n}{r^{n+3}} \left[\begin{array}{l} P_n(\sin\varphi) P_n(\sin\varphi_s) + (2-\delta_{0n}) \cdot \\ \displaystyle\sum_{k=0}^{n} \frac{(n-k)!}{(n+k)!} P_{nk}(\sin\varphi) P_{nk}(\sin\varphi_s) \cos k(\lambda_s - \lambda) \end{array} \right] \mathrm{d}s$$

$$\frac{\partial^2 \delta V_2}{\partial r \partial \varphi} = \oiint\limits_{C} G\sigma_e u_r \sum_{n=0}^{\infty} \frac{-(n+1)a_e^n}{r^{n+2}} \left[\begin{array}{l} \dfrac{\mathrm{d}P_n(\sin\varphi)}{\mathrm{d}\varphi} P_n(\sin\varphi_s) + (2-\delta_{0n}) \cdot \\ \displaystyle\sum_{k=0}^{n} \frac{(n-k)!}{(n+k)!} \dfrac{\mathrm{d}P_{nk}(\sin\varphi)}{\mathrm{d}\varphi} P_{nk}(\sin\varphi_s) \cos k(\lambda_s - \lambda) \end{array} \right] \mathrm{d}s$$

$$\frac{\partial^2 \delta V_2}{\partial r \partial \lambda} = \oiint\limits_{C} G\sigma_e u_r \sum_{n=0}^{\infty} \frac{-(n+1)a_e^n}{r^{n+2}} \left[\begin{array}{l} (2-\delta_{0n}) \cdot \\ \displaystyle\sum_{k=0}^{n} \frac{(n-k)!}{(n+k)!} P_{nk}(\sin\varphi) P_{nk}(\sin\varphi_s) k \sin k(\lambda_s - \lambda) \end{array} \right] \mathrm{d}s$$

$$\frac{\partial^2 \delta V_2}{\partial \varphi^2} = \oiint\limits_{C} G\sigma_e u_r \sum_{n=0}^{\infty} \frac{a_e^n}{r^{n+1}} \left[\begin{array}{l} \dfrac{\mathrm{d}^2 P_n(\sin\varphi)}{\mathrm{d}\varphi^2} P_n(\sin\varphi_s) + (2-\delta_{0n}) \cdot \\ \displaystyle\sum_{k=0}^{n} \frac{(n-k)!}{(n+k)!} \dfrac{\mathrm{d}^2 P_{nk}(\sin\varphi)}{\mathrm{d}\varphi^2} P_{nk}(\sin\varphi_s) \cos k(\lambda_s - \lambda) \end{array} \right] \mathrm{d}s$$

$$\frac{\partial^2 \delta V_2}{\partial \varphi \partial \lambda} = \oiint\limits_{C} G\sigma_e u_r \sum_{n=0}^{\infty} \frac{a_e^n}{r^{n+1}} \left[\begin{array}{l} (2-\delta_{0n}) \cdot \\ \displaystyle\sum_{k=0}^{n} \frac{(n-k)!}{(n+k)!} \dfrac{\mathrm{d}P_{nk}(\sin\varphi)}{\mathrm{d}\varphi} P_{nk}(\sin\varphi_s) k \sin k(\lambda_s - \lambda) \end{array} \right] \mathrm{d}s$$

$$\frac{\partial^2 \delta V_2}{\partial \lambda^2} = \oiint\limits_{C} G\sigma_e u_r \sum_{n=0}^{\infty} \frac{a_e^n}{r^{n+1}} \left[\begin{array}{l} -(2-\delta_{0n}) \cdot \\ \displaystyle\sum_{k=0}^{n} \frac{(n-k)!}{(n+k)!} P_{nk}(\sin\varphi) P_{nk}(\sin\varphi_s) k^2 \cos k(\lambda_s - \lambda) \end{array} \right] \mathrm{d}s$$

$$（11.198）$$

其中

$$\frac{\mathrm{d}P_n(\sin\phi)}{\mathrm{d}\phi} = \frac{n}{\cos\phi}(P_{n-1}(\sin\phi) - \sin\phi P_n(\sin\phi))$$

$$（11.199）$$

$$\frac{\mathrm{d}P_{nk}(\sin\phi)}{\mathrm{d}\phi} = P_{n(k+1)}(\sin\phi) - k\tan\phi P_{nk}(\sin\phi)$$

4. 太阳光压

作用在卫星表面的太阳光压力为（见 11.2.4 节）

$$\vec{f}_{\text{solar}} = m\gamma P_s C_r r_{\text{sun}}^2 \frac{S}{m} \frac{\vec{r} - \vec{r}_{\text{sun}}}{|\vec{r} - \vec{r}_{\text{sun}}|^3} \tag{11.200}$$

摄动力对卫星向量的偏导数则为

$$\frac{\partial \vec{f}_{\text{solar}}}{\partial \vec{r}} = m\gamma P_s C_r r_{\text{sun}}^2 \frac{S}{m} \frac{1}{|\vec{r} - \vec{r}_{\text{sun}}|^3} \left(E - \frac{3}{|\vec{r} - \vec{r}_{\text{sun}}|^2} \begin{pmatrix} x - x_{\text{sun}} \\ y - y_{\text{sun}} \\ z - z_{\text{sun}} \end{pmatrix} \begin{pmatrix} x - x_{\text{sun}} \\ y - y_{\text{sun}} \\ z - z_{\text{sun}} \end{pmatrix}^{\mathrm{T}} \right) \tag{11.201}$$

式中，E 为一个 3×3 单位矩阵。力向量对卫星速度向量的偏导数为零。太阳光压扰动模型被认为并不完善，因此未知参数也要平差。总模型为（见 11.2 节）

$$\vec{f}_{\text{solar-force}} = \vec{f}_{\text{solar}} + \begin{pmatrix} a_{11} & a_{12} & a_{13} \\ a_{21} & a_{22} & a_{23} \\ a_{31} & a_{32} & a_{33} \end{pmatrix} \begin{pmatrix} 1 \\ \cos u \\ \sin u \end{pmatrix} \tag{11.202}$$

则

$$\frac{\partial \vec{f}_{\text{solar-force}}}{\partial \vec{r}} = \frac{\partial \vec{f}_{\text{solar}}}{\partial \vec{r}} + \begin{pmatrix} a_{11} & a_{12} & a_{13} \\ a_{21} & a_{22} & a_{23} \\ a_{31} & a_{32} & a_{33} \end{pmatrix} \begin{pmatrix} 0 \\ -\sin u \\ \cos u \end{pmatrix} \frac{\partial u}{\partial \vec{r}} \tag{11.203}$$

其中

$$\frac{\partial u}{\partial \vec{r}} = \frac{\partial u}{\partial (\Omega, i, \omega, a, e, M)} \frac{\partial (\Omega, i, \omega, a, e, M)}{\partial (\vec{r}, \dot{\vec{r}})} \frac{\partial (\vec{r}, \dot{\vec{r}})}{\partial \vec{r}} \tag{11.204}$$

上式右侧为三个矩阵，第一个是一个 1×6 矩阵（向量）且已在 11.1.2 节中给出（见式（11.24）），第二个已在 11.4 节以逆的形式给出（见式（11.130）和式（11.132）），第三个是一个 6×3 矩阵，或

$$\frac{\partial u}{\partial (\Omega, i, \omega, a, e, M)} = \left(0, 0, 1, 0, \frac{2 + e\cos f}{1 - e^2} \sin f, \left(\frac{a}{r}\right)^2 \sqrt{1 - e^2}\right)$$

$$\frac{\partial (\Omega, i, \omega, a, e, M)}{\partial (\vec{r}, \dot{\vec{r}})} = \left(\frac{\partial (\vec{r}, \dot{\vec{r}})}{\partial (\Omega, i, \omega, a, e, M)}\right)^{-1} = \begin{pmatrix} \dfrac{\partial R}{\partial (\Omega, i, \omega)} \vec{q} & R \dfrac{\partial \vec{q}}{\partial (a, e, M)} \\ \dfrac{\partial R}{\partial (\Omega, i, \omega)} \dot{\vec{q}} & R \dfrac{\partial \dot{\vec{q}}}{\partial (a, e, M)} \end{pmatrix}^{-1} \tag{11.205}$$

$$\frac{\partial (\vec{r}, \dot{\vec{r}})}{\partial \vec{r}} = \begin{pmatrix} E_{3\times3} \\ 0_{3\times3} \end{pmatrix}$$

$$\frac{\partial u}{\partial \dot{\vec{r}}} = \frac{\partial u}{\partial (\Omega, i, \omega, a, e, M)} \frac{\partial (\Omega, i, \omega, a, e, M)}{\partial (\vec{r}, \dot{\vec{r}})} \frac{\partial (\vec{r}, \dot{\vec{r}})}{\partial \dot{\vec{r}}} \tag{11.206}$$

$$\frac{\partial (\vec{r}, \dot{\vec{r}})}{\partial \dot{\vec{r}}} = \begin{pmatrix} 0_{3\times3} \\ E_{3\times3} \end{pmatrix}$$

力向量对模型参数的偏导数为（$i = 1, 2, 3$）

$$\frac{\partial \vec{f}_{\text{solar-force}}}{\partial a_{ij}} = \begin{cases} 1 & \text{if } j = 1 \\ \cos u & \text{if } j = 2 \\ \sin u & \text{if } j = 3 \end{cases} \tag{11.207}$$

如果采用了模型（11.74）：

$$\alpha \vec{f}_{\text{solar}} = \begin{pmatrix} a_1 & b_1 \\ a_2 & b_2 \\ a_3 & b_3 \end{pmatrix} \begin{pmatrix} 1 \\ t \end{pmatrix} \tag{11.208}$$

则有

$$\frac{\partial \vec{f}_{\text{solar-force}}}{\partial (a_i, b_i)} = (1, t), \quad i = 1, 2, 3 \tag{11.209}$$

5. 大气阻力

大气阻力形式如下（见 11.2.5 节）

$$\vec{f}_{\text{drag}} = -m \frac{1}{2} \left(\frac{C_d S}{m} \right) \sigma \left| \dot{\vec{r}} - \dot{\vec{r}}_{\text{air}} \right| \left(\dot{\vec{r}} - \dot{\vec{r}}_{\text{air}} \right) \tag{11.210}$$

且空气阻力模型为

$$\vec{f}_{\text{air-drag}} = \vec{f}_{\text{drag}} + (1 + q) \Delta \vec{f}_{\text{drag}} \tag{11.211}$$

其中（见式（11.84）和式（11.85））

$$\Delta \vec{f}_{\text{drag}} = \left[a + b\varphi(2\omega)\cos(2f) + c\varphi(3\omega)\cos(3f) + d\varphi(\omega)\cos f \right] \vec{p} \tag{11.212}$$

$$\varphi(k\omega) = \begin{cases} \sin k\omega & \text{if } \cos k\omega = 0 \\ \dfrac{1}{\cos k\omega} & \text{if } \cos k\omega \neq 0 \end{cases}, \quad k = 1, 2, 3 \tag{11.213}$$

显然空气阻力对卫星未知向量的偏导数为零，且

$$\frac{\partial \vec{f}_{\text{drag}}}{\partial \dot{\vec{r}}} = -m \frac{1}{2} \left(\frac{C_d S}{m} \right) \sigma \left(\left| \dot{\vec{r}} - \dot{\vec{r}}_{\text{air}} \right| E + \frac{1}{\left| \dot{\vec{r}} - \dot{\vec{r}}_{\text{air}} \right|} \begin{pmatrix} \dot{x} - \dot{x}_{\text{air}} \\ \dot{y} - \dot{y}_{\text{air}} \\ \dot{z} - \dot{z}_{\text{air}} \end{pmatrix} \begin{pmatrix} \dot{x} - \dot{x}_{\text{air}} \\ \dot{y} - \dot{y}_{\text{air}} \\ \dot{z} - \dot{z}_{\text{air}} \end{pmatrix}^{\text{T}} \right) \tag{11.214}$$

$$\frac{\partial \Delta \vec{f}_{\text{drag}}}{\partial f} = \left[-2b\varphi(2\omega)\sin(2f) - c\varphi(3\omega)\sin(3f) - d\varphi(\omega)\sin f \right] \vec{p} \tag{11.215}$$

$$\frac{\partial \Delta \vec{f}_{\text{drag}}}{\partial \omega} = \left[b\cos(2f)\frac{\partial \varphi(2\omega)}{\partial \omega} + c\cos(3f)\frac{\partial \varphi(3\omega)}{\partial \omega} + d\cos f \frac{\partial \varphi(\omega)}{\partial \omega} \right] \vec{p} \tag{11.216}$$

$$\frac{\partial \varphi(k\omega)}{\partial \omega} = \begin{cases} k\cos k\omega & \text{if } \cos k\omega = 0 \\ \dfrac{k\tan k\omega}{\cos k\omega} & \text{if } \cos k\omega \neq 0 \end{cases}, \quad k = 1, 2, 3 \tag{11.217}$$

$$\frac{\partial \Delta \vec{f}_{\text{drag}}}{\partial (\vec{r}, \dot{\vec{r}})} = \frac{\partial \Delta \vec{f}_{\text{drag}}}{\partial (\omega, f)} \frac{\partial (\omega, f)}{\partial (\Omega, i, \omega, a, e, M)} \frac{\partial (\Omega, i, \omega, a, e, M)}{\partial (\vec{r}, \dot{\vec{r}})} \frac{\partial (\vec{r}, \dot{\vec{r}})}{\partial (\vec{r}, \dot{\vec{r}})} \tag{11.218}$$

式中，

$$\frac{\partial \omega}{\partial (\Omega, i, \omega, a, e, M)} = (0, 0, 1, 0, 0, 0)$$

$$\frac{\partial f}{\partial (\Omega, i, \omega, a, e, M)} = \left(0, 0, 0, 0, \frac{2 + e\cos f}{1 - e^2}\sin f, \left(\frac{a}{r} \right)^2 \sqrt{1 - e^2} \right)$$

其中一些公式已经在本小节之前给出了推导。力向量对模型参数的偏导数可由式（11.215）得到。

第12章 讨　论

本书前面几章覆盖了静态和动态 GPS 大部分重要的内容，包括理论、算法和应用。在本书的最后，作者将着重讨论和评述一些 GPS 的重要专题和遗留的问题。

12.1　先验信息和独立参数化

1. 先验信息

根据 GPS 观测模型参数化的讨论（9.1 节和 9.2 节），钟差、硬件延迟偏差，以及模糊度被部分地过度参数化或线性相关（指的是它们自己自相关或者它们之间互相关）。一般来说，解算时可以先从方程中消去这些过度参数化的未知数，或者先对其建模，然后利用先验信息使其保持固定，这两种方法是等价的（7.8 节）。知道哪些参数应该保持固定，那么采用的先验信息就是真实的并且被用来将这些参数固定为零。如果模型没有被正则参数化，且不能确切知道哪些参数被过度参数化，那么法方程将奇异并无解。使用先验信息可以使方程有解，但这种情形下先验信息往往隐含着是这些相关参数的直接"观测量"的意义。因此，使用的先验信息必须是真实且合理的，否则，给出的先验信息将会不合理地影响解算的结果。使用不同的先验信息将会得到不同的解算结果。所以，先验信息的使用必须基于真实的信息。

2. 观测模型的独立参数化

先验信息可以通过外部测量或者从长期数据处理的经验中获得。GPS 观测模型的独立参数化，是法方程不使用先验信息获得数值稳定解的前提条件。正如上述，对模型进行独立参数化或固定过度参数化的未知量，这两种方法是等价的。但是，为了保持某些参数固定，我们必须要了解哪些参数被过度参数化，需要将其固定。所以，在任何情况下，必须懂得如何对 GPS 观测模型用正则方式进行参数化。在一般参数化后固定过度参数化的未知量与直接的独立参数化是等价的。因此，GPS 观测模型的正则参数化是非常重要的。

3. 一些偏差影响的不可分离性

由于一些参数的线性相关性，观测模型的独立参数化是必须的。线性相关使得不同的效应交织在一起，很难相互区分开彼此。鉴于在 GPS 观测方程中引入了许多模型参数，并且这些参数一起参加解算，然而这些不同效应的常数部分在没有精确的物理模型的情况下几乎是不可能被分离的。偏差影响的不可分离性，部分地来自测量的物理特性和取决于测量的方法策略。理解偏差影响的不可分离性，对于测量工作的规划是非常重要的。采用精确的物理模型方能分离这些影响效应的常数部分。

4. 参数物理含义的转变

由于某些参数的线性相关性和不可分离性，被平差过的参数可能有时候会改变它们的物理意义。例如，基准频率和通道上的硬件延迟偏差，以及钟差是线性相关的。这就表明这类偏差不能被分别建模，所以钟差参数实际上表示的是钟差和相关硬件延迟偏差的总和。只能通过额外测量或其他模型来进行分离。如果参考卫星和接收机的钟差不被平差，那么其他钟差表示的就是其他钟相对于参考钟之间的相对误差。如果其他硬件延迟偏差没有建模，那么它们将部分地被模糊度吸收。在这种情况下，模糊度不仅仅只表示模糊度，还含有部分硬件延迟偏差，因此模糊度不再是整数。双差可以消除硬件延迟偏差，因此双差模糊度是与延迟硬件偏差无关的，然而非差模糊度包括了这些偏差。如果硬件延迟偏差没有被建模，那么非差模糊度不再是整数，而双差模糊度是整数（在这里没有考虑数据组合）。

5. 参数的置零和固定

参数置零或者将参数设置为一个固定值，必须小心谨慎。任何一个错误的设置或固定，都类似于一个线性相关参数的线性变换（平移）。例如，参考站和基准卫星的钟差和硬件延迟偏差通常都不为零，将参考站和基准卫星的钟差与硬件延迟偏差设置为零，类似于进行一次未知数量的时间系统平移转换，这样的平移是不均匀的，因为轨道数据是在 GPS 时间系统里表示的。因此，外部测量可能有益于正确置零。

6. 物理模型的独立参数化

GPS 观测模型中偏差参数的独立参数化，表明深入研究参数化问题是必要的。只要物理模型的参数必须通过 GPS 观测方程一起确定，那么就应该认真对待物理模型的参数化。

12.2　GPS 数据处理算法的等价性

1. 等价原理

对于确定的观测量和观测模型的参数化，组合与非组合算法、差分和非差分算法，以及它们的混合算法都是完全等价的。其结果是相同的且精度是等价的，实际结果也应该服从这一等价原理。

等价性来自于测量中确定的信息量和观测模型的确定的参数化。要想获得更好的结果或者精度，就应该进行更好的观测。

2. 传统的组合

在传统参数化情况下，组合是等价的。在独立参数化情况下，组合也是等价的。然而，在传统参数化和独立参数化的共同情况下，组合不是等价的。由于传统参数化的不准确性，传统的组合将会导致不准确的结果。

3. 传统的差分算法

传统的差分算法通常仅考虑差分方程，不考虑非差分部分。通过这种方式，方程的差分部分包含更少的参数，并且系统的影响减弱了。同时，观测量的信息内容也相应减少了。感兴趣的参数的结果仍然是相同的。

4. 等价算法

等价算法是非差分算法和差分算法的一般形式。观测方程可以分解为两个对角部分，每一部分使用原始的观测矢量（原始的观测权矩阵）。然而，方程却仅有部分未知参数。原始观测方程的法方程也可以分解为两部分。这就表明任意有解的平差问题可以分解为两个子问题去解。

12.3 其 他 讨 论

1. 实时 GNSS 定位中的数据通信

实时 GNSS 定位技术已成为一种快速、高效的导航定位手段，可在各种应用中获得测量级坐标。实时定位中最重要的要点之一是需要一个稳健的通信链路来获取流动站的数据或基站观测值的改正信息（如相对定位方法）。在顾及数据通信时有几种方法可供选择。利用无线电是一个选择，稳健性较好，但其通信范围会受到限制，特别是在干扰和频率使用率高的城市地区。另一方面，无线数据调制解调器通常是 CDMA（码分多址）、GSM（全球移动通信系统）和使用 TCP/IP（传输控制协议/因特网协议）通过蜂窝提供商网络的 GPRS（通用分组无线电业务）通信格式。在通信覆盖区域良好的情况下，它可以适用于更长的距离范围。在实时 GNSS 定位中，始终保持稳健连续的数据通信链路，仍然是一个具有挑战性的问题。

2. 室内定位

室内定位在过去十年间已经成为研发的重点，已广泛应用于许多方面，如室内定位服务（LBS）等。显然，广泛应用的 GNSS 由于信号中断的问题而在室内环境中表现不佳。因此利用 FM 收音机、雷达、蜂窝网络、DETC 电话、WLAN、ZigBee、RFID、超宽带、高灵敏度 GNSS 和伪卫星系统的技术得到开发和发展。不同技术在多传感器定位系统中的集成融合也是室内定位的另一个解决方案。然而，室内环境缺乏一个像 GNSS 这样的可以在室外环境中提供高精度、短延迟、高可用性、高完整性和低用户成本的卓越性能的系统。现行可用的室内定位系统具有不同水平的精度，要达到廉价提供精度为 1m 的全球室内定位仍然还有很长的路要走。很多室内定位的应用仍待满意的解决方案。

附录 A 国际天文学协会（IAU）1980 章动理论

表 A.1 A_i 的单位和 B_i 的单位为 0.″0001，A'_i 和 B'_i 单位为 0.″00001（McCarthy，1996）

系数					值			
l	l'	F	D	Ω	A_i	A'_i	B_i	B'_i
0	0	0	0	1	−171996	−1742	92025	89
0	0	2	−2	2	−13187	16	5736	−31
0	0	2	0	2	−2274	−2	977	−5
0	0	0	0	2	2062	2	−895	5
0	−1	0	0	0	−1426	34	54	−1
1	0	0	0	0	712	1	−7	0
0	1	2	−2	2	−517	12	224	−6
0	0	2	0	1	−386	−4	200	0
1	0	2	0	2	−301	0	129	−1
0	−1	2	−2	2	217	−5	−95	3
−1	0	0	−2	0	158	0	−1	0
0	0	2	−2	1	129	1	−70	0
−1	0	2	0	2	123	0	−53	0
1	0	0	0	1	63	1	−33	0
0	0	0	2	0	63	0	−2	0
−1	0	2	2	2	−59	0	26	0
−1	0	0	0	1	−58	−1	32	0
1	0	2	0	1	−51	0	27	0
−2	0	0	2	0	−48	0	1	0
−2	0	2	0	1	46	0	−24	0
0	0	2	2	2	−38	0	16	0
2	0	2	0	2	−31	0	13	0
1	0	2	−2	2	29	0	−12	0
2	0	0	0	0	29	0	−1	0
0	0	2	0	0	26	0	−1	0
0	0	2	−2	0	−22	0	0	0
−1	0	2	0	1	21	0	−10	0
0	2	0	0	0	17	−1	0	0
−1	0	0	2	1	16	0	−8	0
0	2	2	−2	2	−16	1	7	0
0	1	0	0	1	−15	0	9	0
1	0	0	−2	1	−13	0	7	0
0	−1	0	0	1	−12	0	6	0

系数					值			
l	l'	F	D	Ω	A_i	A'_i	B_i	B'_i
2	0	−2	0	0	11	0	0	0
−1	0	2	2	1	−10	0	5	0
1	0	2	2	2	−8	0	3	0
0	0	2	2	1	−7	0	3	0
0	−1	2	0	2	−7	0	3	0
0	1	2	0	2	7	0	−3	0
1	1	0	−2	0	−7	0	0	0
1	0	2	−2	1	6	0	−3	0
0	0	0	2	1	−6	0	3	0
2	0	2	−2	2	6	0	−3	0
1	0	0	2	0	6	0	0	0
−2	0	0	2	1	−6	0	3	0
2	0	2	0	1	−5	0	3	0
1	−1	0	0	0	5	0	0	0
0	0	0	−2	1	−5	0	3	0
0	−1	2	−2	1	−5	0	3	0
0	0	0	1	0	−4	0	0	0
1	0	−2	0	0	4	0	0	0
0	1	0	−2	0	−4	0	0	0
1	0	0	−1	0	−4	0	0	0
0	1	2	−2	1	4	0	−2	0
2	0	0	−2	1	4	0	−2	0
0	−1	2	2	2	−3	0	1	0
3	0	2	0	2	−3	0	1	0
−1	−1	2	2	2	−3	0	1	0
1	−1	2	0	2	−3	0	1	0
1	0	2	0	0	3	0	0	0
1	1	0	0	0	−3	0	0	0
1	−1	0	−1	0	−3	0	0	0
−2	0	2	0	2	−3	0	1	0
−1	0	2	4	2	−2	0	1	0
0	0	2	1	2	2	0	−1	0
3	0	0	0	0	2	0	0	0
1	0	0	0	2	−2	0	1	0
2	0	0	0	1	2	0	−1	0
−1	0	2	−2	1	−2	0	1	0
1	1	2	0	2	2	0	−1	0
−2	0	0	0	1	−2	0	1	0
0	−2	2	−2	1	−2	0	1	0

系数					值			
l	l'	F	D	Ω	A_i	A'_i	B_i	B'_i
0	1	0	1	0	1	0	0	0
0	0	2	4	2	−1	0	0	0
2	0	0	2	0	1	0	0	0
1	0	−2	2	0	−1	0	0	0
1	1	0	−2	1	−1	0	0	0
0	−1	2	0	1	−1	0	0	0
1	0	−2	−2	0	−1	0	0	0
0	1	0	2	0	−1	0	0	0
0	0	2	−1	2	−1	0	0	0
0	0	−2	0	1	−1	0	0	0
−1	−1	0	2	1	1	0	0	0
0	1	2	0	1	1	0	0	0
1	0	2	−2	0	−1	0	0	0
3	0	2	−2	2	1	0	0	0
0	0	4	−2	2	1	0	0	0
1	0	0	2	1	−1	0	0	0
2	0	2	2	2	−1	0	0	0
2	0	2	−2	1	1	0	−1	0
1	−1	0	−2	0	1	0	0	0
−1	0	4	0	2	1	0	0	0
−2	0	2	4	2	−1	0	1	0
1	0	2	2	1	−1	0	1	0
1	1	2	−2	2	1	0	−1	0
2	0	0	−4	0	−1	0	0	0
−2	0	2	2	2	1	0	−1	0
1	0	0	−4	0	−1	0	0	0
−1	0	0	0	2	1	0	−1	0
0	1	2	−2	0	−1	0	0	0
−1	0	0	1	1	1	0	0	0
0	1	0	0	2	1	0	0	0
0	1	−2	2	0	−1	0	0	0
0	0	−2	2	1	1	0	0	0
2	1	0	−2	0	1	0	0	0
2	0	−2	0	1	1	0	0	0

附录 B 方程对角化的数字示例

8.3.7 节我们已经讨论了这个问题，一个法方程能够被对角化并组成相应的观测方程。

对于线性观测方程（式（8.38））：

$$V = L - \begin{pmatrix} A_1 & A_2 \end{pmatrix} \begin{pmatrix} X_1 \\ X_2 \end{pmatrix}, \quad P \tag{B.1}$$

最小二乘法方程可以写成（式（8.39）和式（8.40））

$$\begin{pmatrix} M_{11} & M_{12} \\ M_{21} & M_{22} \end{pmatrix} \begin{pmatrix} X_1 \\ X_2 \end{pmatrix} = \begin{pmatrix} W_1 \\ W_2 \end{pmatrix} \tag{B.2}$$

其中

$$\begin{pmatrix} A_1^{\mathrm{T}} P A_1 & A_1^{\mathrm{T}} P A_2 \\ A_2^{\mathrm{T}} P A_1 & A_2^{\mathrm{T}} P A_2 \end{pmatrix} = \begin{pmatrix} M_{11} & M_{12} \\ M_{21} & M_{22} \end{pmatrix} = M, \quad M^{-1} = Q = \begin{pmatrix} Q_{11} & Q_{12} \\ Q_{21} & Q_{22} \end{pmatrix}$$

$$W_1 = A_1^{\mathrm{T}} P L, \quad W_2 = A_2^{\mathrm{T}} P L \tag{B.3}$$

法方程式（B.2）可以被对角化为（式（8.41））

$$\begin{pmatrix} M_1 & 0 \\ 0 & M_2 \end{pmatrix} \begin{pmatrix} X_1 \\ X_2 \end{pmatrix} = \begin{pmatrix} B_1 \\ B_2 \end{pmatrix} \tag{B.4}$$

其中

$$M_1 = M_{11} - M_{12} M_{22}^{-1} M_{21}$$
$$B_1 = W_1 - M_{12} M_{22}^{-1} W_2 \tag{B.5}$$

$$M_2 = M_{22} - M_{21} M_{11}^{-1} M_{12}$$
$$B_2 = W_2 - M_{21} M_{11}^{-1} W_1 \tag{B.6}$$

上面的对角化过程重复 $r-1$ 次可得到式（B.4）的第二个法方程，所以式（B.4）的第二个方程可以被完全对角化并且方程（B.4）可以写成

$$\begin{pmatrix} M_1 & 0 \\ 0 & M_2' \end{pmatrix} \begin{pmatrix} X_1 \\ X_2 \end{pmatrix} = \begin{pmatrix} B_1 \\ B_2' \end{pmatrix} \tag{B.7}$$

式中，M_2' 为一个对角化矩阵；r 是矩阵 X_2 的维数；B_2' 为一个矢量，与法方程式（B.4）对应的观测方程是（式（8.43））

$$\begin{pmatrix} U_1 \\ U_2 \end{pmatrix} = \begin{pmatrix} L \\ L \end{pmatrix} - \begin{pmatrix} D_1 & 0 \\ 0 & D_2 \end{pmatrix} \begin{pmatrix} X_1 \\ X_2 \end{pmatrix}, \quad \begin{pmatrix} P & 0 \\ 0 & P \end{pmatrix} \tag{B.8}$$

其中

$$D_1 = (E - I) A_1, \quad D_2 = (E - J) A_2 \tag{B.9}$$

$$I = A_2 M_{22}^{-1} A_2^{\mathrm{T}} P, \qquad J = A_1 M_{11}^{-1} A_1^{\mathrm{T}} P \qquad (\text{B}.10)$$

式中，E 为一个单位矩阵；U_1 和 U_2 为残差矢量，它们与方程（B.1）中的 V 具有相同的特性。

同样地，对 X_2 的观测方程（即方程（B.8）的第二个方程）重复上述过程 $r-1$ 次，然后方程（B.8）有下面的一种形式：

$$\begin{pmatrix} U_1 \\ U_2' \end{pmatrix} = \begin{pmatrix} L \\ L' \end{pmatrix} - \begin{pmatrix} D_1 & 0 \\ 0 & D_2' \end{pmatrix}\begin{pmatrix} X_1 \\ X_2 \end{pmatrix}, \qquad \begin{pmatrix} P & 0 \\ 0 & P' \end{pmatrix} \qquad (\text{B}.11)$$

式中，D_2' 为对角矩阵的一种形式，其所有元素是 r 维的矢量；P' 为 P 的对角矩阵；L' 为 L 的一个矢量；U_2' 为一个残差矢量，其具有与方程（B.1）中的 V 相同的属性。方程（B.11）是法方程式（B.7）的观测方程。

下面给出数字算例来说明法方程和观测方程的对角化过程。

1. 两个参数的情况

对于观测方程（这里 σ 设为 1，它不影响所有的结果）：

$$\begin{pmatrix} V_1 \\ V_2 \\ V_3 \end{pmatrix} = \begin{pmatrix} 1 \\ 2 \\ -1 \end{pmatrix} - \begin{pmatrix} 1 & 1 \\ 1 & 2 \\ 1 & 1 \end{pmatrix}\begin{pmatrix} X_1 \\ X_2 \end{pmatrix}, \qquad P = \frac{1}{\sigma^2}\begin{pmatrix} 1 & 0 & 0 \\ 0 & 1 & 0 \\ 0 & 0 & 1 \end{pmatrix} \qquad (\text{B}.12)$$

最小二乘法方程为

$$\begin{pmatrix} 3 & 4 \\ 4 & 6 \end{pmatrix}\begin{pmatrix} X_1 \\ X_2 \end{pmatrix} = \begin{pmatrix} 2 \\ 4 \end{pmatrix} \qquad (\text{B}.13)$$

因为

$$M_1 = 3 - 4(1/6)4 = 1/3, \quad B_1 = 2 - 4(1/6)4 = -2/3$$
$$M_2 = 6 - 4(1/3)4 = 2/3, \quad B_2 = 4 - 4(1/3)2 = 4/3$$

方程（B.13）被对角化为

$$\begin{pmatrix} 1/3 & 0 \\ 0 & 2/3 \end{pmatrix}\begin{pmatrix} X_1 \\ X_2 \end{pmatrix} = \begin{pmatrix} -2/3 \\ 4/3 \end{pmatrix} \qquad (\text{B}.14)$$

方程（B.14）的解（$X_1 = -2$，$X_2 = 2$）与方程（B.13）的解相同。为了组成等价观测方程，在这里，

$$M_{11} = A_1^{\mathrm{T}} A_1 = (1 \quad 1 \quad 1)\begin{pmatrix} 1 \\ 1 \\ 1 \end{pmatrix} = 3, \quad M_{22} = A_2^{\mathrm{T}} A_2 = (1 \quad 2 \quad 1)\begin{pmatrix} 1 \\ 2 \\ 1 \end{pmatrix} = 6,$$

$$I = \begin{pmatrix} 1 \\ 2 \\ 1 \end{pmatrix}\frac{1}{6}(1 \quad 2 \quad 1) = \frac{1}{6}\begin{pmatrix} 1 & 2 & 1 \\ 2 & 4 & 2 \\ 1 & 2 & 1 \end{pmatrix}, \quad J = \begin{pmatrix} 1 \\ 1 \\ 1 \end{pmatrix}\frac{1}{3}(1 \quad 1 \quad 1) = \frac{1}{3}\begin{pmatrix} 1 & 1 & 1 \\ 1 & 1 & 1 \\ 1 & 1 & 1 \end{pmatrix},$$

$$D_1 = (E - I)A_1 = \frac{1}{6}\begin{pmatrix} 5 & -2 & -1 \\ -2 & 2 & -2 \\ -1 & -2 & 5 \end{pmatrix}\begin{pmatrix} 1 \\ 1 \\ 1 \end{pmatrix} = \frac{1}{3}\begin{pmatrix} 1 \\ -1 \\ 1 \end{pmatrix}$$

$$D_2 = (E - J)A_2 = \frac{1}{3}\begin{pmatrix} 2 & -1 & -1 \\ -1 & 2 & -1 \\ -1 & -1 & 2 \end{pmatrix}\begin{pmatrix} 1 \\ 2 \\ 1 \end{pmatrix} = \frac{1}{3}\begin{pmatrix} -1 \\ 2 \\ -1 \end{pmatrix}$$

因此，与方程（B.14）对应的观测方程是

$$\begin{pmatrix} U_1 \\ U_2 \end{pmatrix} = \begin{pmatrix} \begin{pmatrix} 1 \\ 2 \\ -1 \end{pmatrix} \\ \begin{pmatrix} 1 \\ 2 \\ -1 \end{pmatrix} \end{pmatrix} - \begin{pmatrix} \frac{1}{3}\begin{pmatrix} 1 \\ -1 \\ 1 \end{pmatrix} & 0_{3\times1} \\ 0_{3\times1} & \frac{1}{3}\begin{pmatrix} -1 \\ 2 \\ -1 \end{pmatrix} \end{pmatrix}\begin{pmatrix} X_1 \\ X_2 \end{pmatrix}, \quad \begin{pmatrix} P & 0 \\ 0 & P \end{pmatrix} \quad （B.15）$$

观测方程（B.15）的法方程与方程（B.14）是完全相同的。这个数字的例子表明法方程和其相应的观测方程可以被对角化。

2. 三个参数的情况

对于观测方程（这里 σ 设为 1，它不影响所有的结果）：

$$\begin{pmatrix} V_1 \\ V_2 \\ V_3 \\ V_4 \end{pmatrix} = \begin{pmatrix} 2 \\ 1 \\ 0 \\ -2 \end{pmatrix} - \begin{pmatrix} 1 & 1 & 1 \\ 2 & 1 & 1 \\ 1 & 1 & 2 \\ 1 & 1 & 1 \end{pmatrix}\begin{pmatrix} X_1 \\ X_2 \\ X_3 \end{pmatrix}, \quad P = \frac{1}{\sigma^2}E_{4\times4} \quad （B.16）$$

最小二乘方程为

$$\begin{pmatrix} 7 & 5 & 6 \\ 5 & 4 & 5 \\ 6 & 5 & 7 \end{pmatrix}\begin{pmatrix} X_1 \\ X_2 \\ X_3 \end{pmatrix} = \begin{pmatrix} 2 \\ 1 \\ 1 \end{pmatrix} \quad （B.17）$$

因为

$$M_{22}^{-1} = \begin{pmatrix} 4 & 5 \\ 5 & 7 \end{pmatrix}^{-1} = \frac{1}{3}\begin{pmatrix} 7 & -5 \\ -5 & 4 \end{pmatrix}, \quad M_{11}^{-1} = \frac{1}{7}$$

$$M_1 = 7 - \begin{pmatrix} 5 & 6 \end{pmatrix}\frac{1}{3}\begin{pmatrix} 7 & -5 \\ -5 & 4 \end{pmatrix}\begin{pmatrix} 5 \\ 6 \end{pmatrix} = \frac{2}{3}, \quad B_1 = 2 - \begin{pmatrix} 5 & 6 \end{pmatrix}\frac{1}{3}\begin{pmatrix} 7 & -5 \\ -5 & 4 \end{pmatrix}\begin{pmatrix} 1 \\ 1 \end{pmatrix} = \frac{2}{3} \quad （B.18）$$

$$M_2 = \begin{pmatrix} 4 & 5 \\ 5 & 7 \end{pmatrix} - \begin{pmatrix} 5 \\ 6 \end{pmatrix}\frac{1}{7}\begin{pmatrix} 5 & 6 \end{pmatrix} = \frac{1}{7}\begin{pmatrix} 3 & 5 \\ 5 & 13 \end{pmatrix}, \quad B_2 = \begin{pmatrix} 1 \\ 1 \end{pmatrix} - \begin{pmatrix} 5 \\ 6 \end{pmatrix}\frac{1}{7}\cdot2 = \frac{1}{7}\begin{pmatrix} 3 \\ 5 \end{pmatrix}$$

方程（B.17）可对角化为

$$\begin{pmatrix} 2/3 & 0 & 0 \\ 0 & 3/7 & 5/7 \\ 0 & 5/7 & 13/7 \end{pmatrix}\begin{pmatrix} X_1 \\ X_2 \\ X_3 \end{pmatrix} = \begin{pmatrix} 2/3 \\ -3/7 \\ -5/7 \end{pmatrix} \quad （B.19）$$

X_2 和 X_3 对应的法方程可以被进一步对角化。因为

$$M_1' = 3/7 - 5(1/13)(5/7) = 2/13, \quad B_1' = -3/7 - 5(1/13)(-5/7) = -2/13,$$

$$M_2' = 13/7 - 5(1/3)(5/7) = 2/3, \quad B_2' = -5/7 - 5(1/3)(-3/7) = 0$$

方程（B.19）进一步被对角化为

$$\begin{pmatrix} 2/3 & 0 & 0 \\ 0 & 2/13 & 0 \\ 0 & 0 & 2/3 \end{pmatrix}\begin{pmatrix} X_1 \\ X_2 \\ X_3 \end{pmatrix}=\begin{pmatrix} 2/3 \\ -2/13 \\ 0 \end{pmatrix} \qquad (\text{B.20})$$

方程（B.20）的解（$X_1=1$，$X_2=-1$，$X_3=0$）与方程（B.17）和方程（B.19）的解相同。此外，为建立方程（B.19）的等价观测方程，这里

$$I=\begin{vmatrix} 1 & 1 \\ 1 & 1 \\ 1 & 2 \\ 1 & 1 \end{vmatrix}\frac{1}{3}\begin{pmatrix} 7 & -5 \\ -5 & 4 \end{pmatrix}\begin{pmatrix} 1 & 1 & 1 & 1 \\ 1 & 1 & 2 & 1 \end{pmatrix}=\frac{1}{3}\begin{pmatrix} 1 & 1 & 0 & 1 \\ 1 & 1 & 0 & 1 \\ 0 & 0 & 3 & 0 \\ 1 & 1 & 0 & 1 \end{pmatrix}$$

$$J=\begin{pmatrix} 1 \\ 2 \\ 1 \\ 1 \end{pmatrix}\frac{1}{7}\begin{pmatrix} 1 & 2 & 1 & 1 \end{pmatrix}=\frac{1}{7}\begin{pmatrix} 1 & 2 & 1 & 1 \\ 2 & 4 & 2 & 2 \\ 1 & 2 & 1 & 1 \\ 1 & 2 & 1 & 1 \end{pmatrix}$$

$$D_1=(E-I)A_1=\frac{1}{3}\begin{pmatrix} -1 \\ 2 \\ 0 \\ -1 \end{pmatrix},\qquad D_2=(E-J)A_2=\frac{1}{7}\begin{pmatrix} 2 & 1 \\ -3 & -5 \\ 2 & 8 \\ 2 & 1 \end{pmatrix}$$

从而，与方程（B.19）对应的观测方程是

$$\begin{pmatrix} U_1 \\ U_2 \end{pmatrix}=\begin{pmatrix} L \\ L \end{pmatrix}-\begin{pmatrix} D_1 & 0 \\ 0 & D_2 \end{pmatrix}\begin{pmatrix} X_1 \\ X_2 \\ X_3 \end{pmatrix},\quad \begin{pmatrix} P & 0 \\ 0 & P \end{pmatrix},\quad \text{其中，}\ L=\begin{pmatrix} 2 \\ 1 \\ 0 \\ -2 \end{pmatrix} \qquad (\text{B.21})$$

与 X_2 和 X_3 对应的观测方程可进一步被对角化如下。因为

$$I'=\frac{1}{7}\begin{pmatrix} 1 \\ -5 \\ 8 \\ 1 \end{pmatrix}\frac{7}{13}\cdot\frac{1}{7}\begin{pmatrix} 1 & -5 & 8 & 1 \end{pmatrix}=\frac{1}{91}\begin{pmatrix} 1 & -5 & 8 & 1 \\ -5 & 25 & -40 & -5 \\ 8 & -40 & 64 & 8 \\ 1 & -5 & 8 & 1 \end{pmatrix},$$

$$J'=\frac{1}{7}\begin{pmatrix} 2 \\ -3 \\ 2 \\ 2 \end{pmatrix}\frac{7}{3}\cdot\frac{1}{7}\begin{pmatrix} 2 & -3 & 2 & 2 \end{pmatrix}=\frac{1}{21}\begin{pmatrix} 4 & -6 & 4 & 4 \\ -6 & 9 & -6 & -6 \\ 4 & -6 & 4 & 4 \\ 4 & -6 & 4 & 4 \end{pmatrix}$$

$$D'_{21}=A'_1-I'A'_1=\frac{1}{7}\begin{pmatrix} 2 \\ -3 \\ 2 \\ 2 \end{pmatrix}-\frac{1}{7\cdot 91}\begin{pmatrix} 35 \\ -175 \\ 280 \\ 35 \end{pmatrix}=\frac{1}{13}\begin{pmatrix} 3 \\ -2 \\ -2 \\ 3 \end{pmatrix},$$

$$D'_{22} = A'_2 - J'A'_2 = \frac{1}{7}\begin{pmatrix} 1 \\ -5 \\ 8 \\ 1 \end{pmatrix} - \frac{1}{21 \cdot 7}\begin{pmatrix} 70 \\ -105 \\ 70 \\ 70 \end{pmatrix} = \frac{1}{3}\begin{pmatrix} -1 \\ 0 \\ 2 \\ -1 \end{pmatrix}$$

与方程（B.20）对应的观测方程为

$$\begin{pmatrix} U_1 \\ U'_2 \\ U'_3 \end{pmatrix} = \begin{pmatrix} L \\ L \\ L \end{pmatrix} - \begin{pmatrix} D_1 & 0 & 0 \\ 0 & D'_{21} & 0 \\ 0 & 0 & D'_{22} \end{pmatrix}\begin{pmatrix} X_1 \\ X_2 \\ X_3 \end{pmatrix}, \quad \begin{pmatrix} P & 0 & 0 \\ 0 & P & 0 \\ 0 & 0 & P \end{pmatrix} \quad (\text{B.22})$$

法方程（B.17）和其对应的观测方程（B.16）被分别完全对角化为方程（B.20）和方程（B.22）。这些数字例子表明，法方程和其对应的观测方程可以像 8.3.7 节描述的那样进行对角化。

参 考 文 献

Abidin H Z. 1995. GPS and hydro-oceanographic surveying in Indonesia. Int J Geomatics, 9(4):35-37

Abidin H Z, Andreas H, Gamal M, et al. 2004 The deformation of Bromo volcano as detected by GPS, surveys method. J. GPS, 3(1-2): 16-24

Abramowitz M, Stegun I A. 1965. Handbook of mathematical functions. New York: Dover Publications, Inc

Adami D, Garroppo R G, Giordano S, Lucetti S. 2003. On synchronization techniques: Performance and impact on time metrics monitoring. Int. J. Comm. Syst, 16(4): 273-290

Afraimovich E L, Kosogorov E A, Leonovich L A. 2000. The use of the international GPS network as the global detector (GLOBDET) simultaneously observing sudden ionospheric disturbance. Earth Planets Space, 52(11): 1077-1082

Akos D M. 2003. The role of Global Navigation Satellite System (GNSS) software radios in embedded systems. GPS Solutions, 7(1): 1-4

Akos D, Hansson A, Normark P, Rosenlind C, Stahlberg A, Svensson F. 2001. Real-time software radio architectures for GPS receivers. GPS World, 28-33

Albertella A, Sacerdote F. 1995. Spectral analysis of block averaged data in geopotential global model determination. J Geodesy, 70(3): 166-175

Al-Haifi Y, Corbett S, Cross P. 1997. Performance evaluation of GPS single-epoch on-the-fly ambiguity resolution. J Inst Navig, 44(4): 479-487

Allan D, Weiss M. 1980. Accurate time and frequency transfer during common-view of a GPS satellite. In: Proceedings of 1980 IEEE frequency control symposium, Philadelphia, 334-356

Andersen O B. 1994. M,2, and S,2, ocean tide models for the North Atlantic Ocean and adjacent seas from ERS-1 altimetry, Space at the service of our environment. In: Proceedings of the second ERS-1 symposium, Hamburg, 11-14 October 1993, Vol. 2., January 1994, Noordwijk, 789-794

Andersen P H, Kristiansen O, Zarraoa N. 1995. Analysis of data from the VLBI-GPS collocation experiment CONT94. In: GPS Trends in Precise Terrestrial, Airborne, and Spaceborne Applications: 21st IUGG General Assembly, IAG Symposium No. 115, Boulder, USA, July 3-4, Berlin: Springer-Verlag, 315-319

Anderson K. 2000. Determination of water level and tides using interferometric observations of GPS signals. Journal of Atmospheric and Oceanic Technology, 17: 1118-1127

Angermann D, Baustert G, Klotz J. 1995. The impact of IGS on the analysis of regional GPS-network. In: GPS Trends in Precise Terrestrial Airborne, and Spaceborne Applications: 21st IUGG General Assembly, IAG Symposium No. 115, Boulder, USA, July 3-4, Berlin: Springer-Verlag, 35-41

Angermann D, Becker M. 2000. Untersuchungen zu Genauigkeit und systematischen Effekten in großräumigen GPS-Netzen am Beispiel von GEODYSSEA. ZfV, 125(3):88-95

Arikan F, Erol C B, Arikan O. 2003. Regularized estimation of vertical total electron content from Global Positioning System data. J. Geophys. Res, 108(A12): SIA20/1-12

Arnold D, Meindl M, Beutler G, Dach R, Schaer S, Lutz S, Prange L, Sosnica K, Mervart L, Jaeggi A. 2015. CODE's new solar radiation pressure model for GNSS orbit determination. J Geodesy, 89(8): 775-791

Artese G, Cefalo R, Vettore A.1997. Real time kinematic GPS to bathymetry. Rep Geod, 5(28):77-87

Ashby N, Spilker J J. 1996. Introduction to relativistic effects on the Global Positioning System. In:Parkinson B W, Spilker J J. Global Positioning System: Theory and applications

Ashkenazi V, Beamson G, Bingley R. 1995. Monitoring absolute changes in mean sea level. In: Proceedings of the First Turkish International Symposium on Deformations "Istanbul-94", Istanbul, September 5-9, 40-46

Ashkenazi V, Park D, Dumville M. 2000. Robot positioning and the global navigation satellite system. Ind Robot, 27(6): 419-426

Auber J, Bibaut A, Rigal J. 1994. Characterization of multipath on land and sea at GPS frequencies. In Proceedings of the 7th International Technical Meeting of the Satellite Division of the Institute of Navigation, 1155-1171, Salt Lake City, UT. US, 20-23

Axelsson O. 1994. Iterative Solution Methods. London/New York: Cambridge University Press

Ayres F. 1975. Differential- und Integralrechnung, Schaum's Outline. New York: McGraw-Hill Book

Babu R. 2005. Web-based resources on software GPS receivers. GPS Solutions, 9(3): 240-242

Baertlein H, Carlson B, Eckels R, Lyle S, Wilson S. 2000. A high-performance, high-accuracy RTK GPS machine guidance system. GPS Solutions, 3(3):4-11

Bailey Brian K. 2014. GPS Modernization Update

Baldi P, Bonvalot S, Briole P, Marsella M. 2000. Digital photogrammetry and kinematic GPS applied to the monitoring of Vulcano Island, Aeolian Arc, Italy. Geophys J Int, 142(3):801-811

Balmino G, Schrama E, Sneeuw N. 1996. Compatibility of first-order circular orbit perturbations theories: Consequences for cross-track inclination functions. J Geodesy, 70(9):554-561

Banyai L, Gianniou M. 1997. Comparison of Turbo-Rogue and Trimble SSI GPS receivers for iono-spheric investigation under anti-spoofing. ZfV, 3:136-142

Barrow-Green J. 1996. Poincare and the Three Body Problem. History of mathematics, vol. 11. Amer. Math Soc

Bar-Sever Y E. 1996. A new model for GPS yaw attitude. J Geodesy, 70:714-723

Barthelmes F. 1996. Die wavelet-transformation zur Zeitreihenanalyse. Erste Geodätische Woche, Stuttgart, 7-12

Bastos L, Landau H. 1988. Fixing cycle slips in dual-frequency kinematic GPS-application using Kalman filtering. Manuscr Geodaet, 13:249-256

Bastos L, Osorio J, Hein G. 1995. GPS derived displacements in the Azores Triple Junction Region. In: GPS Trends in Precise Terrestrial Airborne, and Spaceborne Applications: 21st IUGG General Assembly, IAG Symposium No. 115, Boulder, USA, July 3-4, Berlin: Springer-Verlag, 99-104

Bate R R, Mueller D D, White J E. 1971. Fundamentals of Astrodynamics. New York: Dover

Battin R H. 1999. An introduction to the mathematics and methods of astrodynamics, revised version, AIAA Education Series, Reston, United states

Bauer M. 1994. Vermessung und Ortung mit Satelliten. Karslruhe: Wichmann Verlag

Baugh C M. 2006. A Primer on Hierarchical Galaxy Formation: The Semi-Analytical Approach. Reports on Progress in Physics, 69(12): 3101-3156

Bause F, Toelle W. 1993. Programmieren mit C++, Version 3. Braunschweig: Vieweg & Sohn, Verlagsgesellschaft mbH

Becker M, Angermann D, Nordin S, Reigber C, Reinhart E. 2000. Das Geschwindigkeitsfeld in Südostasien aus einer kombinierten GPS Lösung der drei GEODYSSEA Kampagnen von 1994 bis 1998. ZfV, 125(3):74-80

Berg H. 1948. Allgemeine Meteorologie. Bohn: Ferdinand Duemmler Verlag

Berrocoso M, Garate J, Martin J. 1996. Improving the local geoid with GPS. In: Proceedings of the Techniques for local geoid determination, session G7 European Geophysical Society XXIst General Assembly The Hague, The Netherlands, 6-10 May, Masala, 91-96

Bertiger W, Desai S, Haines B, Harvey N, Moore A, Owen S, Weiss J. 2010. Single receiver phase ambiguity resolution with GPS data. J Geod, 84(5):327-337

Beutler G. 1994. GPS trends in precise terrestrial, airborne, and space borne applications. Heidelberg: Springer-Verlag

Beutler G. 1996a. GPS satellite orbits. In: Kleusberg A, Teunissen P J G. GPS for Geodesy. Berlin: Springer-Verlag

Beutler G. 1996b. The GPS as a tool in global geodynamics. In: Kleusberg A, Teunissen P J G. GPS for Geodesy. Berlin: Springer-Verlag

Beutler G, Brockmann E, Gurtner W, Hugentobler U, Mervart L, Rothacher M, Verdun A. 1994. Extended orbit modelling techniques at the CODE Processing Center of the IGS: Theory and initial results. Manuscr Geodaet, 19:367-386

Beutler G, Brockmann E, Hugentobler U. 1996. Combining consecutive short arcs into long arcs for precise and efficient GPS orbit determination. J Geodesy, 70(5): 287-299

Beutler G, Schildknecht T, Hugentobler U, Gurtner W. 2003. Orbit determination in satellite geodesy. Adv. Space Res, 31(8): 1853-1868

Bevis M, Businger S, Chiswell S, et al. 1994. GPS meteorology: Mapping zenith wet delays onto precipitable water. J Appl Meteorol, 33:379-386

Bevis M, Businger S, Herring A T, et al. 1992. GPS meteorology: Remote sensing of atmospheric water vapor using the global positioning system. J Geophys Res, 97(D14):15787-15801

Beyerle G. 2003. Opengpsrec: An open source gps receiver. http://www.geocities.com/gbeyerle/ software/ download.html, 2003-7

Beyerle G, Hocke K, Wickert J, Schmidt T, Marquardt C, Reigber C. 2002. GPS radio occultations with CHAMP: A radio holographic analysis of GPS signal propagation in the troposphere and surface reflections. J Geophys Res, 107(D24): ACL 27-1-ACL 27-14

Beyerle G, Hocke K. 2001. Observation and simulation of direct and reflected GPS signals in radio occultation experiments. Geophys Res Lett, 28(9):1895-1898

Beyerle G, Wickert J, Schmidt T, Reigber C. 2004. Atmos. sounding by global navigation satellite system radio occultation: An analysis of the negative refractivity bias using CHAMP observations. J Geophys Res, 109(D01106): 1-8

Bian S, Jin J, Fang Z. 2005. The Beidou satellite positioning system and its positioning accuracy. Navigation, 52(3): 123-129

Bian S. 1996. Topography supported GPS leveling. ZfV, 121(3): 109-113

Bilitza D. 2001. International reference ionosphere 2000. Radio Science, 36(2): 261-275

Bilitza D, Altadill D, Zhang Y, et al. 2014. The International Reference Ionosphere 2012—A model of international collaboration. J Space Weather Space Clim, 4: A07

Bin A Y, Chai G P. 1996. Improving cadastral survey controls using GPS surveying in Singapore. Survey Rev, 33: 488-495

Bisnath S, Wells D, Howden S, Dodd D, Wiesenburg D. 2004. Development of an operational RTK GPS-equipped buoy for tidal datum determination. Int Hydrogr Rev, 5(1): 54-64

Blanchard D. 2012. Galileo Programme Status Update. ION GNSS 2012, November 20, 553-587

Blewitt G. 1989. Carrier phase ambiguity resolution for the global positioning system applied to geodetic baselines up to 2000 km. J Geophys Res, 94(B8):10187-10203

Blewitt G. 1998. GPS data processing methodology. In: Teunissen P J G, Kleusberg A. GPS for Geodesy, Berlin: Springer-Verlag, New York: Heidelberg, 231-270

Blomenhofer H. 1996. Untersuchungen zu hochpräzisen kinematischen DGPS-Echtzeitverfahren mit besonderer Berücksichtigung atmosphärischer Fehlereinflüsse. Neubiberg, 166 S

Boccaletti D, Pucacco G. 2001. Theory of Oribts, Vol. 1: Integrable systems and non-perturbative methods, Vol. 2: Perturbative and geometrical methods, Berlin: Springer

Bock H, Dach R, Jaeggi A, Beutler G. 2009. High-rate GPS clock corrections from CODE: Support of 1 Hz applications. J Geodesy, 83:1083

Bock O, Doerflinger E. 2001. Atmospheric modeling in GPS data analysis for high accuracy positioning. Phys Chem Earth, 26(6-8):373-383

Bock Y. 1996a. Reference systems. In: Kleusberg A, Teunissen P J G. GPS for Geodesy. Berlin: Springer-Verlag

Bock Y. 1996b. Medium distance GPS measurements. In: Kleusberg A, Teunissen P J G. GPS for Geodesy. Berlin: Springer-Verlag

Bock Y, Beutler G, Schaer S, Springer TA, Rothacher M. 2000. Processing aspects related to permanent GPS arrays. Earth Planets Space, 52(10):657-662

Bock Y, Prawirodirdjo L, Melbourne TI. 2004. Detection of arbitrarily large dynamic ground motions with a dense high-rate GPS network. Geophys Res Lett, 31(L06604): 1-4

Boehm J, Heinkelmann R, Schuh H. 2007. Short Note: A global model of pressure and temperature for geodetic applications. J Geodesy, 81(10): 679-683

Boehm J, Niell A, Tregoning P, Schuh H. 2006a. Global Mapping Function (GMF): A new empirical mapping function based on numerical weather model data. Geophys Res Lett, 33(7): L07304

Boehm J, Werl B, Schuh H. 2006b. Troposphere mapping functions for GPS and very long baseline interferometry from European Centre for Medium-Range Weather Forecasts operational analysis data. J Geophys Res, 111: B02406

Boehme S. 1970. Zum Einfluß eines Quadrupolmoments der Sonne auf die Bahnlage der Planeten, Astron. Nachr, Bd. 292, H. 1

Boey S S, Coombe L J, Gerdan G P. 1996. Assessing the accuracy of real time kinematic GPS positions for the purposes of cadastral surveying. Aust Surveyor, 41(2): 109-120

Bona P. 2000. Precision, cross correlation, and time correlation of GPS phase and code observations. GPS Solutions, 4(2):3-13

Boomkamp H, Dow J. 2005. Use of double difference observations in combined orbit solutions for LEO and GPS satellites. Adv Space Res, 36(3): 382-391

Borge T K, Forssell B. 1994. A new real time ambiguity resolution strategy based on polynomial indentification. In: Proceedings of the International Symposium on Kinematic Systems in Geod-esy, Geomatics and Navigation, Banff, Canada, 30 August-2 September, 233-240

Borre K. 2003. The GPS Easy Suit-Matlab code for the GPS newcomer. GPS Solutions, 7(1): 47-51

Borre K, Akos D M, Bertelsen N, Rinder P, Jensen S H. 2007. A Software-Defined GPS and Galileo Receiver, A Single-Frequency Approach, Birkhaüser, Boston, M.A. ISBN 978-0-8176-4390-4

Bosco M. 2011. The European GNSS Programmes EGNOS and Galileo International Challenges Ahead. http://www.esesa.org/download/workshop_mar2011-P11.pdf. 2011-11-23

Bottke W F, Cellino A, Paolicchi P, Binzel R P. 2002. Asteroids III, Space Science Series. Tucson: Univetrsity of Arizona Press

Bouin M-N, Vigny C. 2000. New constraints on Antarctic plate motion and deformation from GPS data. J Geophys Res, 105(B12): 28279-28293

Boulton W J. 1983. The effect of solar radiation pressure on the orbit of a cylindrical satellite, Planet. Space Sci, 32(3): 287-296

Box G, Jenkins G, Reinsel G. 1994. Time Series Analysis, Forecasting and Control, 3rd Edition. Englewood Clifs: Prentice Hall

Braasch M S. 1996. Multipath effects. In: Parkinson B W, Spilker J J. Global Positioning System: Theory and applications, Vol. I AIAAW Washington D C

Brodin G, Cooper J, Walsh D, Stevens J. 2005. The effect of helicopter rotors on GPS signal reception. J. Navig, 58(3): 433-450

Broederbauer V, Weber R. 2003. Results of modelling GPS satellite clocks. Osterr Z Vermess Geoinf, 91(1): 38-47

Bronstein I N, Semendjajew K A. 1987. Taschenbuch der Mathematik. B. G. Teubner Verlagsgesellschaft, Leipzig, ISBN 3-322-00259-4

Brouwer D, Clemence G M. 1961. Methods of celestial mechanics. New York: Academic Press

Brumberg V A. 1995. Analytical Techniques of Celestial Mechanics. Berlin: Springer

Brunner F K, Gu M. 1991. An improved model for the dual frequency ionospheric correction of GPS observations. Manuscr Geodaet, 16:205-214

Brunner F K. 1998. Advances in positioning and reference frames. Heidelberg: Springer-Verlag

Brunner F K, Welsch W M. 1993. Effect of the troposphere on GPS measurements. GPS World, 4:42-51

Burns J A, Lamy P L, Soter S. 1979. Radiation force on small particles in the solar system, Icarus, 40: 1-48

Bust G S, Coco D, Makela J J. 2000. Combined Ionospheric Campaign 1: Ionospheric tomography and GPS total electron content (TEC) depletions. Geophys Res Lett, 27(18):2849-2852

Cai C, Gao Y. 2013. Modeling and assessment of combined GPS/GLONASS precise point positioning. GPS Solutions, 17(2): 223-236

Campbell J, Goerres B, Siemens M, Wirsch J, Becker M. 2004. Zur Genauigkeit der GPS Antennenkalibrierung auf der Grundlage von Labormessungen und deren Vergleich mit anderen Verfahren. Allgemeine Vermessungs-Nachrichten, 111(1): 2-11

Campbell L, Mcdow J C, Moffat J V, Vincent D. 1983. The Sun's quadrupole moment and perihelion precession of Mercury. Nature, 305: 508

Campbell L, Moffat J W. 1983. Quadrupole moment of the sun and the planetary orbits. Astrophysical Journal, 275: L77-L79

Campos M A, Krueger C P. 1995. GPS kinematic real-time applications in rivers and train. In: GPS Trends in Precise Terrestrial, Airborne, and Spaceborne Applications: 21st IUGG General Assem-bly, IAG Symposium No. 115, Boulder, USA, July 3-4, Berlin: Springer-Verlag, 222-225

Cangahuala L, Muellerschoen R, Yuan D-N. 1995. TOPEX/Poseidon precision orbit determination with SLR and GPS anti-spoofing data. In: GPS Trends in Precise Terrestrial Airborne, and Spaceborne Applications: 21st IUGG General Assembly, IAG Symposium No. 115, Boulder, USA, July 3-4, Berlin: Springer-Verlag, 123-127

Cannon E, Weisenburger S. 2000. The use of multiple receivers for constraining GPS carrier phase ambiguity resolution. Lighthouse, 57:7-18

Cannon M E, Lachapelle G, Goddard T W. 1997. Development and results of a precision farming system using GPS and GIS technologies. Geomatica, 51(1): 9-19

Cannon M E, Lachapelle G, Szarmes M, Herbert J, Keith J, Jokerst S. 1997. DGPS kinematic carrier phase signal simulation analysis for precise velocity and position determination. Proceedings of ION NTM 97, Santa Monica, CA

Cannon M E, Skone S, Karunanayake M D, Kassam A. 2004. Performance analysis of the real-time Canada-Wide DGPS Service (CDGPS). Geomatica, 58(2): 95-105

Captinaine N. 2002. Comparison of "Old" and "New" Concepts: The Celestrial Intermediate Pole and Earth Orientation Parameters. In: Proceedings of the IERS Workshop on the Implementation of the New IAU Resolutions, Paris, France, April 18-19. In: Capitaine N, et al. IERS Technical Note No. 29

Cardellach E, Ao C, Torre Juarez M, Hajj G. 2004. Carrier phase delay altimetry with GPS-reflection / occultation interferometry from low Earth orbiters. Geophys Res Lett, 31(L10402)

Cardellach E, Behrend D, Ruffini G, Rius R. 2000. The use of GPS buoys in the determination of oceanic variables. Earth Planets Space, 52(11): 1113-1116

Cardellach E, Ruffini G, Pino D, Rius A, Komjathy A, Garrison J. 2003. Mediterranean ballon experiment: Ocean wind speed sensing from the stratosphere, using GPS reflections. Remote Sensing of Environment, 88(3): 351-362

Casotto S, Zin A. 2000. An assessment of the benefits of including GLONASS data in GPS-based precise orbit determination - I: S/A analysis. Advances in the Astronautical Sciences, 105(1):237-256

Castleden H, Hu G R, Abbey D A, et al. 2004. First results from virtual reference station (VRS) and precise point positioning (PPP) GPS research at the Western Australian Centre for Geodesy. J GPS, 3(1-2): 79-84

Celebi M. 2000. GPS in dynamic monitoring of long-period structures. Soil Dyn Earthq Eng, 20(5-8): 477-483

Celleti A. 2010. Stability and Chaos in Celestial Mechanics. Berlin: Springer

Chang C-C, Sun Y-D. 2004. Application of a GPS-based method to tidal datum transfer. Hydrogr J, 112: 15-20

Chang C-C. 2000. Estimation of local subsidence using GPS and leveling data. Surveying and Land Information Systems, 60(2):85-94

Chen C S, Chen Y-J, Yeh T-K. 2000. The impact of GPS antenna phase center offset and variation on the positioning accuracy. Bull Geod Sci Affini, 59(1):73-94

Chen D. 1994. Development of a fast ambiguity search filtering (FASF) method for GPS carrier phase ambiguity resolution. Reports of the Department of Geomatics Engineering of the University of Calgary, 20071

Chen D, Lachapelle G, 1994. A comparison of the FASF and least-squares search algorithms for ambiguity resolution on the fly. In: Proceedings of the International Symposium on Kinematic Systems in Geodesy, Geomatics and Navigation, Banff, Canada, August 30-September 2, 241-253

Chen H, Dai L, Rizos C, Han S. 2005. Ambiguity recovery using the triple-differenced carrier phase type approach for long-range GPS kinematic positioning. Mar Geod, 28(2): 119-135

Chen J, Li H, Wu B, Zhang Y, Wang J, Hu C. 2013. Performance of real-time precise point positioning. Marine Geodesy, 36: 98-108

Chen W, Hu C W, Li Z H, et al. 2004. Kinematic GPS precise point positioning for sea level monitoring with GPS buoy. J GPS, 3(1-2): 302-307

Chen X, Langley R B, Dragert H. 1995. The Western Canada Deformation Array: An update on GPS solutions and error analysis. In: GPS Trends in Precise Terrestrial Airborne, and Spaceborne Applications: 21st IUGG General Assembly, IAG Symposium No. 115, Boulder, USA, July 3-4, Berlin: Springer-Verlag, 70-74

Chen Y-Q, Ding X L, Huang D F, Zhu J J. 2000. A multi-antenna GPS system for local area deformation. Earth Planets Space, 52(10): 873-876

Chen Y-Q, Wang J-L. 1996. Reliability measures for correlated observations. ZfV, 121(5): 211-219

China Satellite Navigation Office. 2013. Report on the Development of BeiDou (COMPASS) Navigation Satellite System (V2.2). December 2013

Chobotov VA. 1991. Orbital Mechanics. Washington: AIAA

Choy S, Wang C S, Yeh T K, Dawson J, Jia M, Kuleshov Y. 2015. Precipitable water vapor estimates in the Australian region from ground-based GPS observations. Advances in Meteorology, 956481

Christou A A, Asher D J. 2011. A long-lived horseshoe companion to the Earth. MNRAS, 414: 2965-2969

Clark T A. 1995. Low-cost GPS time synchronization: The "Totally Accurate Clock". In: GPS Trends in Precise Terrestrial,Airborne, and Spaceborne Applications: 21st IUGG General Assembly,IAG Symposium No. 115, Boulder, USA, July 3-4, Berlin: Springer-Verlag, 325-327

Cohen C E. 1996. Altitude determination. In: Parkinson B W, Spilker J J. Global Positioning System: Theory and applications, Vol. II

Collins G W. 2004. The Foundations of Celestial Mechanics. Pachart Publishing House. Tuscon

Collins J, Langley R. 1997. Estimating the residual tropospheric delay for airborne differential GPS positioning. In: Proceedings of ION GPS-97, Kansas City, Mo., 1197-1206

Collins P. 2008. Isolating and estimating undifferenced GPS integer ambiguities. In: Proceedings of ION national technical meeting, San Diego, US, 720-732

Colombo O L. 1984a. Altimetry, orbits and tides. NASA Technical Memorandum 86180, Goddard Space Flight Center

Colombo O L. 1984b. The global mapping of gravity with two satellites. Netherlands Geodetic Commission. Delft: The Netherlands Publications on Geodesy, 7,(3): 253

Colombo O L, Hernández-Pajares M, Juan J M, Sanz J, Talaya J. 1999. Resolving carrier-phase ambigu-ities on the fly, at more than 100 km from nearest reference site, with the help of ionospheric topography. ION GPS 99 14-17, 1635-1642

Colombo O L, Rizos C, Hirsch B. 1995. Testing high-accuracy, long-range carrier phase DGPS in Australasia. In: GPS Trends in Precise Terrestrial,Airborne, and Spaceborne Applications: 21st IUGG General Assembly, IAG Symposium No. 115, Boulder, USA, July 3-4, Berlin: Springer-Verlag, 226-230

Conway B A. 2010. Spacecraft Trajectory Optimization. Cambridge: Cambridge University Press

Cooray A, Sheth R. 2002. Halo models of large scale structure, Physics Reports, 372(Issue 1): P1-129

Corbett S J, Cross P A. 1995. GPS single epoch ambiguity resolution. Survey Rev, 33(257):149-160

Cross P A, Ramjattan A N. 1995. A Kalman filter model for an integrated land vehicle navigation sys-tem. In: Proceedings of the 3rd international workshop on high precision navigation: High preci-sion navigation 95. University of Stuttgart, Bonn, 423-434

Cui C. 1990. Die Bewegung künstlicher Satelliten im anisotropen Gravitationsfeld einer gleichmässig rotierenden starren Modellerde. Deutsche Geodätische Kommission, Reihe C: Dissertationen, Heft Nr. 357

Cui C. 1997. Satellite orbit integration based on canonical transformations with special regard to the resonance and coupling effects. Dtsch Geod Komm bayer Akad Wiss, Reihe A, Nr. 112: 128

Cui C, Lelgemann D. 1995. Analytical dynamic orbit improvement for the evaluation of geodetic-geodynamic satellite data. J Geodesy, 70:83-97

Cui X, Yang Y. 2006. Adaptively robust filtering with classified adaptive factors. Progress in Natural Science, 16(8): 846-851

Cui X, Yang Y, Gao W. 2006. Comparison of adaptive filter arithmetics in controlling influence of colored noises. Geomatics and Information Science of Wuhan University, 31(8):731-735

Cui X, Yu Z, Tao B, Liu D. 1982. Adjustment in Surveying. Peking: Surveying Press

Dach R, Beutler G, Hugentobler U, Schaer S, Schildknecht T, Springer T, Dudle G, Prost L. 2003. Time transfer using GPS carrier phase: Error propagation and results. J Geodesy, 77:1-14

Dach R, Boehm J, Lutz S, Steigenberger P, Beutler G. 2011. Evaluation of the impact of atmospheric pressure loading modeling on GNSS data analysis. J Geodesy, 85(2): 75-91

Dach R, Dietrich R. 2000. Influence of the ocean loading effect on GPS derived precipitable water vapor. Geophys Res Lett, 27(18):2953-2956

Dach R, Hugentobler U, Fridez P, Meindl M. 2007. Bernese GPS Software Version 5.0 User Manual. Bern: Astronomical Institute University of Bern

Dam T van, Larson K M, Wahr J, Gross S, Francis O. 2000. Using GPS and gravity to infer ice mass changes in Greenland. EOS Trans. AGU, 81(37): 421, 426-427

Davis J L, Cosmo M L, Elgered G. 1995. Using the Global Positioning System to Study the Atmosphere of the Earth: Overview and Prospects. In: GPS Trends in Precise Terrestrial, Airborne, and Spaceborne Applications: 21st IUGG General Assembly, IAG Symposium No. 115, Boulder, USA, July 3-4, Berlin: Springer-Verlag, 233-242

Davis J L, Herring T A, Shapiro II, Rogers AEE, Elgered G. 1985. Geodesy by radio interferometry: Effects of atmosphericmodeling errors on estimates of baseline length. Radio Sci, 20: 1593-1607

Davis J, Herring T. 1984. New atmospheric mapping function. Center of Astrophysics, Cambridge, Mass., Manuscript July 1984

Davis P J, Rabinowitz P. 1984. Methods of numerical integration, 2nd Ed. Academic Press, INC. New York

Davis P J. 1963. Interpolation and approximation. New York: Dover Publications Inc

Deng J. 1987. The Primary Methods of Grey System Theory. Wuhan: Huazhong University of Science and Technology (HUST) Press

Denker H. 1995. Grossräumige Höhenbestimmung mit GPS-und Schwerefelddaten. Schriftenreihe des Deutschen Vereins für Vermessungswesen, Bd. 18, Stuttgart, 233-258

Desai S D, Haines B J. 2003. Near-real-time GPS-based orbit determination and sea surface height observations from The Jason-1 mission. Mar Geod, 26(3-4): 383-397

Desmars J, Arlot S, Arlot J E, Lainey V, Vienne A. 2009. Estimating the accuracy of satellite ephemrides using the bootstrap method. Astronomy & Astrophysics, 499(1)

Diacu F, Holmes P. 1996. Celestial Encounters: The Origins or Chaos and Stability. Princeton NJ: Princeton University Press

Diacu F. 1992. Singularities of the N-Body Problem. Montreal: Les Publications CRM

Diacu F. 1996. The solution of the n-body problem. The Mathematical Intelligencer, 18: 66-70

Dick G, Gendt G. 1997. GPS-Anwendungen und Ergebnisse'96: Beiträge zum 41. DVW-Fortbildungs-seminar vom 7. bis 8. November 1996 am Geo-Forschungszentrum Potsdam. Geodesia: Nederl. geod. t., Stuttgart

Dick G. 1997. Nutzung von GPS zur Bahnbestimmung niedrigfliegender Satelliten. GPS-Anwendungen und Ergebnisse '96: Beiträge zum 41. DVW-Fortbildungsseminar vom 7. bis 8. November 1996 am Geo-Forschungszentrum Potsdam, 241-249

Dicke R H, Kuhn J R, Libbrecht K G. 1987. Is the solar oblateness variable? Measurements of 1985. Astrophysical Journal, 318: 451-458

Dicke R H. 1970. The solar oblateness and the gravitational quadrupole moments, Ap J, 159: 1-23

Dierendonck A J Van, Hegarty C. 2000. The new L5 civil GPS signal. GPS World, 11(9): 64-71

Dietrich R. 1997. Untersuchung von vertikalen Krustendeformationen wegen wechselnder Eislauflasten in Grönland. GPS-Anwendungen und Ergebnisse'96: Beiträge zum 41. DVW-Fortbildungsseminar vom 7. bis 8. November 1996 am Geo-Forschungszentrum Potsdam, 94-102

Dietrich R, Rulke A, Scheinert M. 2005. Present-day vertical crustal deformations in West Greenland from repeated GPS observations. Geophys J Int, 163(3): 865-874

Diggelen F, Martin W. 1997. GPS + GLONASS RTK: A quantum leap in RTK performance. Int J Geo-matics, 11(11):69-71

Diggelen F. 1998. GPS accuracy: Lies, damm lies, and statistics. GPS World, 9(1): 41-44

Ding J C. 2009. GPS Meteorology and its Applications. Beijing: China Meteorological Press, 1-10

Ding X L, Zheng D W, Dong D N, et al. 2005. Seasonal and secular positional variations at eight co-located GPS and VLBI stations. J Geod, 79(1-3): 71-81

Ding X, Coleman R. 1996. Adjustment of precision metrology networks in three dimension. Survey rev 33, 259: 305-315

Ding X, Coleman R. 1996. Multiple outlier detection by evaluating redundancy contributions of observations. J Geodesy, 708: 489-498

Dittrich J, Kuehmstedt E, Richter B, Reinhart E. 1997. Accurate positioning by low frequency (ALF) and other services for emission of DGPS correction data in Germany. Rep Geod, 6(29): 97-108

Dodson A H, Shardlow P J, Hubbard L C M. 1995. Wet tropospheric effects on precise relative GPS height determination. J Geodesy, 70(4): 188-202

Dong D, Bock Y. 1989. Global positioning system network analysis with phase ambiguity resolution applied to crustal deformation studies in California. J Geophys Res, 94(B4):3949-3966

Doodson A T. 1928. The analysis of tidal observations. Philos Tr R Soc S-A, 227:223-279

Douša J. 2004. Precise orbits for ground-based GPS meteorology: Processing strategy and quality assessment of the orbits determined at geodetic observatory Pecny. J Meteor Soc Japan, 82(1B): 371-380

Dow J M, Neilan R E, Rizos C. 2009. The International GNSS service in a changing landscape of global navigation satellite systems. J Geodesy, 83(3-4): 191-198

Dow J M, Romay-Merino M M, Piriz R. 1993. High precision orbits for ERS-1: 3-day and 35-day repeat cycles. In: Proceedings of the Second ERS-1 symposium: Space at the service of our environment, Hamburg, 11-14 October 1993, Vol. 2, Jan. 1994, Noordwijk, 1349-1354

Dow J M. 1988. Ocean tides and tectonic plate motions from Lageos. Deutsche Geodätische Kommission, Rheihe C, Dissertation, Heft Nr. 344

Dragert H, James T S, Lambert A. 2000. Ocean loading corrections for continuous GPS: A case study at the Canadian coastal site Holberg. Geophys Res Lett, 27(14):2045-2048

Drewes H. 1996. Kinematische Referenzsysteme für die Landesvermessung. ZfV, 121(6): 277-285

Drewes H. 1997. Realisierung des geozentrischen Referenzsystems für Südamerika (SIRGAS). GPS-Anwendungen und Ergebnisse'96: Beiträge zum 41. DVW-Fortbildungsseminar vom 7. bis 8. November 1996 am Geo-Forschungszentrum Potsdam, 54-63

Du R L, Qiao X J, Wang Q, Xing C F, You X Z. 2005. Deformation in the three gorges reservoir after the first impoundment determined by GPS measurements. Progress Natural Sci, 15(6): 515-522

Eberle J, Cuntz M, Musielak Z E. 2008. The instability trasition for the restricted 3-body problem - I. Theoretical approach, Astronomy & Astrophysics, 489(3): 1329-1335

EI-Mowafy A. 2013. GNSS multi-frequency receiver single-satellite measurement validation method. GPS Solutions, 18(4): 553-561

Eissfeller B, Ameres G, Kropp V, et al. 2007. Performance of GPS, GLONASS and Galileo. Wichmann: Dieter Fritsch, 185-199

Eissfeller B, Teuber A, Zucker P. 2005. Untersuchungen zum GPS-Satellitenempfang in Gebaeuden. Allgemeine Vermessungs-Nachrichten, 112(4): 137-145

Elosequi P, Davis J L, Jaldehag R T K. 1995. Geodesy using the global positioning system: The effects of signal scattering on estimates of site position. J Geophys Res, 100(B6):9921-9934

Elsobeiey M, AI-Harbi S. 2015. Performance of real-time Precise Point Positioning using IGS real-time service. GPS Solutions, DOI: 10.1007/s10291-015-0467-z

Emardson T R, Jarlemark P O J. 1999. Atmospheric modelling in GPS analysis and its effect on the estimated geodetic parameters. J Geodesy, 73:322-331

Enge P. 2003. GPS Modernization: Capabilities of New Civil Signals. Australian International Aerospace Congress, Brisbane, 29 July-1 August 2003

Engel F, Heiser G, Mumford P, Parkinson K, Rizos C. 2004. An open GNSS receiver platform architecture. J GPS, 3(1-2): 63-69

Engelhardt G, Mikolaiski H. 1996. Concepts and results of the GPS data processing with Bernese and GIPSY Software. In: German Contributions to the SCAR 95 Epoch Campaign, 1996: The Geodetic Antarctic Project GAP95, Muenchen, 37-51

Ephishov II, Baran L W, Shagimuratov II, Yakimova G A. 2000. Comparison of total electron content obtained from GPS with IRI. Phys Chem Earth, 25C(4):339-342

ESA nauipedia. 2014. Bei Dou General Introduction. http://www.navipedia.net/index.php/BeiDou_General_Introduction. 2014-9-18

ESA. 2015. What is Galileo. http://www.esa.int/Our_Activities/Navigation/The_future_-_Galileo/What_is_Galileo. 2015-5-12

Euler H J, Seeger S, Takac F. 2004. Analysis of biases influencing successful rover positioning with GNSS-network RTK. J GPS, 3(1-2): 70-78

Euler H-J, Landau H. 1992. Fast GPS ambiguity resolution on-the-fly for real-time applications. In: Proceedings of 6th Int. Geod. Symp. on Satellite Positioning. Columbus, Ohio, 17-20

Euler H-J. 1995. Statische/Kinematische Echtzeitvermessung mit GPS. Schriftenreihe des Deutschen Vereins für Vermessungswesen, Bd. 18, Stuttgart, 271-286

Euler L. 1767. Nov. Comm. Acad. Imp. Petropolitanae, 10: 207-242

Even-Tzur G, Agmon E. 2005. Monitoring vertical movements in Mount Carmel by means of GPS and precise leveling. Surv Rev, 38(296): 146-157

Exertier P, Bonnefond P. 1997. Analytical solution of perturbed circular motion: Application to satellite geodesy. J Geodesy, 71(3):149-159

Farguhar R. 2011. Fifty Years on the Space Frontier: Halo Orbits, Comets, Asteroids, and More. Denver, Colorado: Outskirts Press Inc

Farrell W E. 1972. Deformation of the Earth by surface loads. Rev Geophys Space Ge, 10(3):761-797

Faruqi F A, Turner K J. 2000. Extended Kalman filter synthesis for integrated global positioning/iner-tial navigation systems. Appl Math Comput, 115(2-3):213-227

Featherstone W E. 2004. Evidence of a north-south trend between AUSGeoid98 and the Australian height datum in southwest Australia. Survey Rev, 37(291): 334-343

Featherstone W, Dentith M, Kirby J. 1998. Strategies for the accurate determination of orthometric heights from GPS. Survey Rev, 34(267):278-296

Feltens J. 1991. Nicht gravitative Störeinflüsse bei der Modellierungen von GPS-Erdumlaufbahnen. DGK, Reihe C, Heft 371, Verlag der Bayerischen Akademie der Wissenschaften

Feng Y, Kubik K. 1997. On the internal stability of GPS solutions. J Geodesy, 72:1-10

Feng Y. 2005. Future GNSS performance. Predictions using GPS with a virtual Galileo constellation. GPS World, 16(3): 46-52

Fivian M, Hudson H, Lin R P, Zahid J. 2008. A Large Excess in Apparent Solar Oblateness Due to Surface Magnetism, Science, 322(5901): 560-562

Fivian M, Hudson H, Lin R P, Zahid J. 2009. Response to comment on "a large excess in apparent solar oblateness due to surface magnetism". Sciences, 324(1143): 29

Fliegel H F, Gallini T E, Swift E R. 1992. Global positioning system radiation force model for geodetic applications. J Geophys Res, 97(B1): 559-568

Flores A, Escudero A, Sedo M J, Rius A. 2000. A near real time system for tropospheric monitoring using GPS hourly data. Earth Planets Space, 52(10):681-684

Forsberg R, Keller K, Nielsen C S, Gundestrup N, Tscherning C C, Madsen S N, Dall J. 2000. Elevation change measurements of the Greenland Ice Sheet. Earth Planets Space, 52(11): 1049-1053

Forsberg R, Olesen A V, Timmen L, Xu G C, Bastos L, Hehl K, Solheim D. 1998. Airborne gravity in Skagerrak and elsewhere: The AGMASCO project and a nordic outlook. In: Proceedings NKG meeting Gvle, May 1998

Forsell B, Martín-Neira M, Harris R. 1997. Carrier phase ambiguity resolution in GNSS-2. Proceedings of ION GPS-97, The 10th International Technical Meeting of the Satellite Division of the Institute of

Navigation, Kansas City, Missouri, September 16-19, 1727-1736

Fotopoulos G, Kotsakis C, Sideris M G. 2003. How accurately can we determine orthometric height differences from GPS and geoid data. J Surv Eng, ASCE, 129(1): 1-10

Freda P, Angrisano A, Gaglione S, Troisi S. 2015. Time-differenced carrier phases technique for precise GNSS velocity estimation. GPS Solutions, 19(2): 335-341

Fry W G. 1997. GPS flies high in Midwest flood study: The Mississippi River Project demonstrates viability of large-area airborne GPS-controlled mapping. EOM: mag. geogr, mapp, Earth inf, 6(1):28-31

Gabor M J, Nerem R S. 2004. Characteristics of satellite-satellite single difference widelane fractional carrier-phase biases. Navigation, 51(1): 77-92

Galas R, Reigber C, Baustert G. 1995. Permanent betriebene GPS-Stationen in globalen und regionalen Netzen. ZfV, 1209:431-438

Galas R, Reigber C. 1997. Status of the IGS stations provided by GFZ. International GPS Service for Geodynamics: 1996 annual report, Pasadena, 393-396

Gallimore J, Maini A. 2000. Galileo: The public-private partnership. GPS World, 11(9):58-63

Gao W, Feng X, Zhu D. 2007a. GPS/INS adaptively integrated navigation algorithm based on neural network. Journal of Geodesy and Geodynamics, 27(2):64-67

Gao W, Yang Y, Cui X, Zhang S. 2006a. Application of adaptive Kalman filtering algorithm in IMU/GPS integrated navigation system. Geomatics and Information Science of Wuhan University, 31(5):466-469

Gao W, Yang Y, Zhang S. 2006b. Adaptive robust Kalman filter based on the current statistical model. Acta Geodaetica et Cartographica Sinica, 35(1):15-18

Gao W, Yang Y, Zhang T. 2007b. Neural network aided adaptive filtering for GPS/INS integrated navigation. Acta Geodaetica et Cartographica Sinica, 36(1):26-30

Gao W, Yang Y, Zhang T. 2008. An adaptive UKF algorithms for improving the generalizaiton of neural network. Geomatics and Information Science of Wuhan University, 33(5): 500-503

Gao Y, Chen K, Shen X. 2003. Real-Time Kinematic Positioning Based on Un-Differenced Carrier Phase Data Processing. Proceedings of ION National Technical Meeting, Anaheim, California, January 22-24

Gao Y, Chen K. 2004. Performance analysis of precise point positioning using real-time orbit and clock products. Journal of Global Positioning Systems, 3(1-2): 95-100

Gao Y, McLellan J, Schleppe J. 1998. Integrating GPS with barometry for high-precision real-time kinematic seismic survey, Survey. Land Inf Syst, 58(2):115-119

Gao Y, Shen X. 2002. A New Method for Carrier Phase Based Precise Point Positioning. Navigation, Journal of the Institute of Navigation, 49(2): 109-116

Gao Y, Wojciechowski, Chen K. 2005. Airborne kinematic positioning using precise point positioning methodology. Geomatica, 59(1), 29-36

Garrison J L, Katzberg S J, Hill M. 1998. Effect of sea roughness on bistatically scattered range coded signals from the global positioning system. Geophys Res Lett, 25(13):2257-2260

Garrison J L, Katzberg S J. 2000. The application of reflected GPS signals to ocean remote sensing. Remote Sens Environ, 73(2): 175-187

Ge L L, Han S W, Rizos C. 2000. Multipath mitigation of continuous GPS measurements using an adap-tive filter. GPS Solutions, 4(2):19-30

Ge L. 2003. Integration of GPS and radar interferometry. GPS Solutions, 7(1): 52-54

Ge M, Calais E, Haase J. 2000. Reducing satellite orbit error effects in near real-time GPS zenith tropospheric delay estimation for meteorology. Geophys Res Lett, 27(13):1915-1918

Ge M, Gendt G, Dick G, Zhang F P, Reigber C. 2005. Impact of GPS satellite antenna offsets on scale changes in global network solutions. Geophys Res Lett, 32(L06310): 1-4

Ge M, Gendt G, Rothacher M, Shi C, Liu J. 2008. Resolution of GPS carrier-phase ambiguities in precise point positioning (PPP) with daily observations. J Geod, 82(7):389-399

Gehlich U, Lelgemann D. 1997. Zur Parametrisierung von GPS-Phasenmessungen. ZfV, 6:262-270

Geiger A, Hirter H, Cocard M. 1995. Mitigation of tropospheric effects in local and regional GPS networks. In: GPS Trends in Precise Terrestrial, Airborne, and Spaceborne Applications: 21st IUGG General As-sembly, IAG Symposium No. 115, Boulder, USA, July 3-4, Berlin: Springer-Verlag, 263-267

Gendt G. 1997. Analysen der IGS-Daten und Ergebnisse, GPS-Anwendungen und Ergebnisse '96: Beiträge zum 41. DVW-Fortbildungsseminar vom 7. bis 8. November 1996 am Geo-Forschungs-zentrum Potsdam, 1997, Stuttgart, 43-53

Gendt G, Dick G, Reigber C. 1995. Global plate kinematics estimated by GPS data of the IGS core network. In: GPS Trends in Precise Terrestrial, Airborne, and Spaceborne Applications: 21st IUGG General As-sembly, IAG Symposium No. 115, Boulder, USA, July 3-4, Berlin: Springer-Verlag, 30-34

Geng J, Meng X, Dodson A, Teferle F. 2010. Integer ambiguity resolution in precise point positioning: method comparison. J Geod, 84: 569-581

Georgiadou Y, Doucet K D. 1990. The issue of selective availability. GPS World, 1(5):53-56

Gianniou M. 1996. Genauigkeitssteigerung bei kurzzeit-statischen und kinematischen Satelliten-messungen bis hin zur Echtzeitanwendung. DGK, Reihe C, Heft 458, Verlag der Bayerischen Akademie der Wissenschaften

Gili J A, Corominas J, Rius J. 2000. Using global positioning system techniques in landslide monitoring. Eng Geol, 55(3): 167-192

Gilvarry J J, Sturrock P A. 1967. Sloar oblateness and the perihelion advances of planets. Nature, 216

Gleason D M. 1996. Avoiding numerical stability problems of long duration DGPS/INS Kalman filters. J Geodesy, 70(5):263-275

Gleason S, Hodgart S, Sun Y, Gommenginger C, Mackin S, Adjrad M, Unwin M. 2005. Detection and processing of bistatically reflected GPS signals from low earth orbit for the purpose of ocean remote sensing. IEEE Trans. Geosci and Remote Sensing, 43(6): 1229-1241

Goad C. 1996a. Single-site GPS models. In: Kleusberg A, Teunissen P J G. GPS for Geodesy. Berlin: Springer-Verlag

Goad C. 1996b. Short distance GPS models. In: Kleusberg A, Teunissen P J G. GPS for Geodesy. Berlin: Springer-Verlag

Goad C, Dorota A, Brzezinska G, Yang M. 1996. Determination of high-precision GPS orbits using triple differencing technique. J Geodesy, 70: 655-662

Goad C, Yang M. 1997. A new approach to precision airborne GPS positioning for photogrammetry. Photogramm Eng Rem S, 63(9):1067-1077

Godier S, Rozelot J P. 1999. Quadrupole moment of the Sun. Gravitational and rotational potentials, A&A 350: 310-317

Godier S, Rozelot J P. 2000. The solar oblateness and its relationship with the structure of the tachocline and of the Sun's subsurface. A&A, 355: 365-374

Goerres B, Campbell J. 1998. Bestimmung vertikaler Punktbewegungen mit GPS. ZfV, 123(7): 222-230

Gold K, Brown A, Stolk K. 2005. Bistatic sensing and multipath mitigation with a 109-element GPS antenna array and digital beam steering receiver. In ION National Technical Meeting, San Diego, CA, January 2005

Goldstein H. 1980. Classical Mechanics (2nd Ed). New York: Addison-Wesley

Goodhue J. 1997. Experiments aloft: Balloon-borne payloads reach near space. GPS World, 8(9): 34-42

Gotthardt E. 1978. Einführung in Die Ausgleichsrechnung. Karlsruhe: Herbert Wichmann Verlag

GPS.gov, National Coordination Office for Space-Based Positioning, Navigation and Timing. 2015. GPS Modernization. http://www.gps.gov/systems/gps/modernization/. 2015-6-12

Graas F V, Braasch M S. 1996. Selective availability. In: Parkinson B W, Spilker J J. Global Position-ing System: Theory and applications. AIAA Blue Book

Grafarend E W. 2000. Mixed integer-real valued adjustment (IRA) problems: GPS initial cycle ambi-guity resolution by means of the LLL algorithm. GPS Solutions, 4(2): 31-44

Grafarend E, Ardalan A W. 1997. An estimate in the Finnish Height Datum N60, epoch 1993.4, from twenty-five GPS points of the Baltic Sea Level Project. J Geodesy, 71(11): 673-679

Grejner-Brzezinska D A, Wielgosz P, Kashani I, et al. 2004. An analysis of the effects of different network-based ionosphere estimation models on rover positioning accuracy. J GPS, 3(1-2): 115-131

Grejner-Brzezinska D, Toth C, Yi Y D. 2005. On improving navigation accuracy of GPS/INS systems. Photogramm Eng Remot Sens, 71(4): 377-389

Grewal M S, Weill L R, Andrews A P. 2001. Global Positioning System, Inertial Navigation, and Integration. New York: John Wiley & Sons, Inc

Griffiths J, Ray J R. 2009. On the precision and accuracy of IGS orbits. J Geodesy, 83(3), 277-287

Groten E. 1979. Geodesy and the Earth's Gravity Field, Vol. I: Principles and Conventional Methods. Bonn: Dümmler-Verlag

Groten E. 1980. Geodesy and the Earth's Gravity Field, Vol. II: Geodynamics and Advanced Methods. Bonn: Dümmler-Verlag

Gu X P. 2004. Research on retrieval of GPS water vapor and method of rainfall forecast. Doctorial dissertation, China Agricultural University, 1-15

Gu X P, Wang C Y, Wu D X. 2005. Research on the local algorithm for weighted atmospheric temperature used in GPS remote sensingwater vapor. Sci Metero Sin, 25(1):79-83

Guinn J, Muellerschoen R, Cangahuala L. 1995. TOPEX/Poseidon precision orbit determination us-ing combined GPS, SLR and DORIS. In: GPS Trends in Precise Terrestrial, Airborne and Spaceborne Applications: 21st IUGG General Assembly, IAG Symposium No. 115, Boulder, USA, July 3-4, Berlin: Springer-Verlag, 128-132

Guo J F, Ou J K, Ren C. 2005. Partial continuation model and its application in mitigating systematic errors of doubled-differenced GPS measurements. Progress in Natural Sci, 15(3): 246-251

Guo Q. 2015. Precision comparison and analysis of four online free PPP services in static positioning and tropospheric delay estimation. GPS Solutions, 19(4), pp537-544

Gurtner W, Boucher C, Bruyninx C. 1997. The use of the IGS/EUREF permanent network for EUREF densification campaigns. In: Symposium of the IAG Subcommission for Europe (EUREF), Sofia, Bulgaria, June 4-7

Gurtner W. 1994. RINEX: The receiver independent exchange format. GPS World, 5(7):48-52

Gurtner W, Mader G. 1990. Receiver independent exchange format version 2. GPS Bulletin, 3(3):1-8

Hagihara Y. 1970. Celestial Mechanics. (Vol I and Vol II pt 1 and Vol II pt 2.) Cambridge and London: MIT Press

Haines B J, Christensen E J, Guinn J R. 1995. Observations of TOPEX/Poseidon orbit errors due to gravitational and tidal modeling errors using the Global Positioning System. In: GPS Trends in Precise Terrestrial,Airborne, and Spaceborne Applications: 21st IUGG General Assembly,IAG Sym-posium No. 115, Boulder, USA, July 3-4, Berlin: Springer-Verlag, 133-138

Haines B, Bar-Server Y, Bertiger W, Desai S, Willis P. 2004. One-centimeter orbit determination for Jason-1: New GPS-based strategies. Mar. Geod, 27(1-2): 299-318

Hajj G A, Kursinski E R, Bertiger W I. 1995. Initial results of GPS-LEO occultation measurements of Earth's atmosphere obtained with the GPS-MET experiment. In: GPS Trends in Precise Terrestrial, Airborne, and Spaceborne Applications: 21st IUGG General Assembly, IAG Symposium No. 115, Boulder, USA, July 3-4, Berlin: Springer-Verlag, 144-153

Hajj G, Zuffada C. 2003. Theoretical description of a bistatic system for ocean altimetry using the GPS signal. Radio Sci, 38(5): 10-1-10-19

Hamilton G S, Whillans I A. 2000. Point measurements of mass balance of the Greenland Ice Sheet using precision vertical Global Positioning System (GPS) surveys. J Geophys Res, 105(B7): 16295-16301

Han S, Rizos C. 1995. On-the-fly ambiguity resolution for long range GPS kinematic positioning. In: GPS Trends in Precise Terrestrial, Airborne, and Spaceborne Applications: 21st IUGG General Assembly, IAG Symposium No. 115, Boulder, USA, July 3-4, Berlin: Springer-Verlag, 290-294

Han S, Rizos C. 1996. Validation and rejection criteria for integer least-squares estimation. Survey Rev, 33(260):375-382

Han S, Rizos C. 1997. Comparing GPS ambiguity resolution techniques. GPS World, 8(10): 54-61

Han S, Rizos C. 2000. Airborne GPS kinematic positioning and its application to oceanographic mapping. Earth Planets Space, 52(10): 819-824

Han S, Rizos C. 2000. An instantaneous ambiguity resolution technique for medium-range GPS kinematic positioning. J Inst Navig, 47(1): 17-31

Han S. 1997. Quality-control issues relating to instantaneous ambiguity resolution for real-time GPS kinematic positioning. J Geodesy, 71(6):351-361

Han S, Rizos C. 2000. GPS multipath mitigation using FIR filters. Survey Rev, 35(277): 487-498

Hariharan R, Krumm J, Horvitz E. 2005. Web-enhanced GPS. Lect Notes Comput Sci, 3479: 95-104

Harwood N M, Swinerd G G. 1995. Long-periodic and secular perturbations to the orbit of a spherical satellite due to direct solar radiation pressure. Celestial Mechanics and Dynamical Astronomy, 62: 71-80

Hatanaka Y, Tsuji H, Iimura Y, Kobayashi K, Morishita H. 1995. Application of GPS kinematic method for detection of crustal movements with high temporal resolution. In: GPS Trends in Precise Ter-restrial, Airborne, and Spaceborne Applications: 21st IUGG General Assembly, IAG Symposium No. 115, Boulder, USA, July 3-4, Berlin: Springer-Verlag, 105-112

Hatch R R. 1996. The promise of a third frequency. GPS World, 7(1996)5: 55-58

Hatch R R. 2004. Those scandalous clocks. GPS Solutions, 8(2): 67-73

Hatch R R, Sharpe R T. 2004. Recent improvements to the SDtar Fire global DGPS navigation software. J. GPS, 3(1-2): 143-153

Hauschild A, Montenbruck O. 2009. Kalman-filter-based GPS clock estimation for near real-time positioning. GPS Solutions, 13(3): 173-182

Havel K. 2008. N-Body Gravitational Problem: Unrestricted Solution. Brampton: Grevyt Press

Hay C, Wong J. 2000. Enhancing GPS: Tropospheric delay prediction at the Master control Station. GPS World, 11(1): 56-62

He H B, Li J L, Yang Y X, Xu J Y, Guo H R, Wang A B. 2014. Performance assessment of single- and dual-frequency BeiDou/GPS single-epoch kinematic positioning. GPS Solutions, 18(3): 393-403

He J K, Cai D S, Li Y X, Gong Z S. 2004. Active extension of the Shanxi rift, north China: Does it result from anticlockwise block rotations. Terra Nova, 16(1): 38-42

He K, Xu G, Xu T, Flechtner F. 2014. GNSS navigation and positioning for the GEOHALO experiment in Italy. GPS Solutions, DOI: 10.1007/s10291-014-0430-4

He X F, Guang Y, Ding X L, Chen Y Q. 2004. Application and evaluation of a GPS-multi-antenna system for dam deformation monitoring. Earth Planets and Space, 56(11): 1035-1039

Heck B. 1995a. Grundlagen der SatellitenGeodaesie. Schriftenreihe des Deutschen Vereins für Vermessungswesen, Bd. 18, Stuttgart, 10-31

Heck B. 1995b. Grundlagen der erd-und himmelsfesten Referenzsysteme. Schriftenreihe des Deutschen Vereins für Vermessungswesen, Bd. 18, Stuttgart, 138-153

Hefty J, Rothacher M, Springer T, Weber R, Beutler G. 2000. Analysis of the first year of Earth rotation parameters with a sub-daily resolution gained at the CODE processing center of the IGS. J Geodesy, 74(6): 479-487

Hehl K, Xu G, Fritsch J. 1995. Results from field tests of an airborne gravity meter system. In:Proceedings of IUGG XXI General Assembly, IAG meeting at Boulder, Colorado, USA, July IAG Sympo-sium G4, 169-174

Hein G W. 2000. From GPS and GLONASS via EGNOS to Galileo. Position and navigation in the third millennium. GPS Solutions, 3(4): 39-47

Hein G W, Eisfeller B, Pielmeier J. 1995. Developments in airborne "high precision" digital photo flight navigation in "realtime". In: GPS Trends in Precise Terrestrial, Airborne, and Spaceborne Applications: 21st IUGG General Assembly, IAG Symposium No. 115, Boulder, USA, July 3-4, Berlin: Springer-Verlag, 175-179

Hein G W, Godet J, Issler J L, et al. 2003. Galileo frequency & signal design. GPS World, 14(6): 30-37

Hein G W, Riedl B. 1995. High precision deformation monitoring using differential GPS. In: GPS Trends in Precise Terrestrial,Airborne, and Spaceborne Applications: 21st IUGG General Assembly, IAG Symposium No. 115, Boulder, USA, July 3-4, Berlin: Springer-Verlag, 180-184

Heinrich G, Schmid A, Neubauer A, et al. 2004. HIGAPS. A highly integrated Galileo/GPS chipset for consumer applications. GPS World, 15(9): 38-47

Heiskanen W A, Moritz H. 1967. Physical geodesy. San Francisco/ London: W. H. Freeman

Heitz S. 1988. Coordinates in Geodesy. Berlin: Springer-Verlag

Helm A. 2008. Ground-based GPS altimetry with the L1 OpenGPS receiver using carrier phase-delay observations of reflected GPS signals. Scientific Technical Report STR 08/10. DOI: 10.2312/GFZ.b103-08104

Hernández-Pajares M, Juan J M, Sanz J, Colombo O L. 2000. Application of ionospheric tomography to real-time GPS carrier-phase ambiguities resolution, at scales of 400-1000 km and with high geomagnetic activity. Geophys Res Lett, 27(13): 2009-2012

Hernandez-Pajares M, Juan J M, Sanz J, Colombo O L. 2003. Impact of real-time ionospheric determination on improving precise navigation with GALILEO and next-generation GPS. Navigation, 50(3): 205-218

Herrick S. 1972. Astrodynamics, Vol. II. London: Van Nostrand Reinhold

Herring T. 1992. Modeling atmospheric delays in the analysis of space geodetic data. In: Proceedings of Refraction of Transatmospheric Signals in Geodsy Netherlands Geodetic Commision. Delft, 157-164

Herring T. 2003. MATLAB Tools for viewing GPS velocities and time series. GPS Solutions, 7(3): 194-199

Hess D, Keller W. 1999. Gradiometrie mit GRACE Teil I, Fehleranalyse künstlicher Gradiometerdaten. ZfV, 5:137-144

Hess D, Keller W. 1999. Gradiometrie mit GRACE Teil II, Simulationsstudie. ZfV, 7:205-211

Highsmith D, Axelrad P. 1999. Relative state estimation using GPS flight data from coorbiting space-craft. ION GPS '99, 14-17 September 1999, 401-409

Hill H A, Clayton P D, Patz D L, Healy A W, Stebbins R T, Oleson J R, Zanoni C A. 1974. Solar oblateness, excess brightness, and relativity. Physical Review Letters, 33(25): 1497-1500

Hilla S. 2004. Plotting pseudorange multipath with respect to satellite azimuth and elevation. GPS Solutions, 8(1): 44-48

Hiller W, Lauterbach P, Wlaka M. 1997. Seeking sovereignty: A European navigation satellite system. GPS World, 8(9): 56-60

Hirahara K. 2000. Local GPS tropospheric tomography. Earth Planets Space, 52(11):935-939

Hofmann-Wellenhof B, Legat K, Weiser M. 2003. Navigation, Principles of Positioning Guidance. New York: Springer-Verlag, xxix+427p

Hofmann-Wellenhof B, Lichtenegger H, Collins J. 1997, 2001. GPS Theory and Practice. Wien: Springer-Press

Holdridge D B. 1967. An alternate expression for light time using general relativity. JPL Space Program Summary 37-48, III, 2-4

Hong Y, Ou J K. 2006. Numerical solution of variation equation for precise orbit determination and its test. Bulletin of Surveying and Mapping. 2010(12): 1-3. (in Chinese)

Hopfield H S. 1969. Two-quartic tropospheric refractivity profile for correcting satellite data. J Geophys Res, 74(18): 4487-4499

Hopfield H S. 1970. Tropospheric effect on electromagnetically measured ranges: Prediction from surface weather data. Applied Physics Laboratory, Johns Hopkins University, Baltimore, MD

Hopfield H S. 1972. Tropospheric range error parameters - further studies. Applied Physics Labora-tory, Johns Hopkins University, Baltimore, MD

Horvath I, Essex E A. 2000. Using observations from the GPS and TOPEX satellites to investigate night-time TEC enhancements at mid-latitudes in the southern hemisphere during a low sunspot number period. J Atmos Sol-Terr Phy, 62(5):371-391

Hostetter G H. 1987. Handbook of digital signal processing. San Diego CA: Engineering Applications, Academic Press

Hotine M. 1991. Differential Geodesy. Berlin: Springer-Verlag

Hsu R, Li S. 2004. Decomposition of deformation primitives of horizontal geodetic networks: Application to Taiwan's GPS network. J Geod, 78(4-5): 251-262

Hu G R, Khoo H S, Goh P C, Law C L. 2003. Development and assessment of GPS virtual reference station for RTK positioning. J Geod, 77(5-6): 292-302

Huang G, Yang Y, Zhang Q. 2011. Estimate and predict satellite clock error using adaptively robust sequential adjustment with classified adaptive factors based on opening windows. Acta Geodaetica et Cartographica Sinica, 40(1): 15-21

Huang G. 2012. Research on Algorithms of Precise Clock Offset and Quality Evaluation of GNSS Satellite clock. Chang'an University. Xi'an, China

Huang G, Zhang Q. 2012. Real-time estimation of satellite clock offset using adaptively robust Kalman filter with classified adaptive factors. GPS Solutions, 16(4):531-539

Huber P J. 1964. Robust estimation of a location parameter. Ann Math Stat, 35: 73-101

Hugentobler U, Ineichen D, Beutler G. 2003. GPS satellites: Radiation pressure, attitude and resonance. Adv. Space Res, 31(8): 1917-1926

Hugentobler U, Schaer S, Fridez P. 2001. Bernese GPS Software: Version 4.2. Astronomical Inst. Univ. of Berne, Switzerland.

Hughes S. 1977. Satellite orbits perturbed by direct solar radiation pressure: General expansion of the disturbing function. Planet Space Sci, 25: 809-815

Hünerbein K von, Hamann H J, Rüter E, Wiltschko W. 2000. A GPS-based system for recording the flight paths of birds. Naturwissenschaften, 87(6): 278-279

Ifadis I M. 2000. A new approach to mapping the atmospheric effects for GPS. Earth Planets Space, 52(10): 703-708

IGS, RTCM-SC104. 2015. RINEX- The Receiver Independent Exchange Format (Version 3.03). ftp://igs.org/pub/data/format/rinex303.pdf. 2015-7-14

Ihde J. 1996. Geoidbestimmung unter Nutzung von GPS und Nivellement. Erste Geodätische Woche, Stuttgart, 7.-12. Oktober 1996, 6 Blatt

Ince C D, Sahin M. 2000. Real-time deformation monitoring with GPS and Kalman Filter. Earth Plan-ets Space, 52(10): 837-840

ION, The Institute of Navigation. Proceedings of ION GPS-91, 92, 93, 94, 95, 96, 97, 98, 99, 00, 01, 02, 03, 04, 05, 06, 07, 08, 09, 10, 11, 12, 13, 14, 15

Iorio L. 2005. On the possibility of measuring the solar oblateness and some relativistic effects from planetary ranging. A&A 433: 385-393

Jaggi A, Beutler G, Hugentobler U. 2005. Reduced-dynamic orbit determination and the use of accelerometer data. Adv Space Res, 36(3): 438-444

Jakowski N, Hoque M M, Mayer C. 2011. A new global TEC model for estimating transionospheric radio wave progation errors. Journal of Geodesy, 85: 965-974

Jakowski N, Mayer C, Hoque M M, Wilken V. 2011. Total electron content models and their use in ionosphere monitoring. Radio Science, 46(6): RSOD18, doi: 10.1029/2010RS004620

Jakowski N, Sardon E, Engler E. 1995. About the use of GPS measurements for ionospheric studies. In: GPS Trends in Precise Terrestrial, Airborne, and Spaceborne Applications: 21st IUGG General As-sembly, IAG Symposium No. 115, Boulder, USA, July 3-4, Berlin: Springer-Verlag, 248-252

Jazwinski A H. 1970. Stochastic processes and filtering theory. In: Mathematics in science and engineering, Vol. 64. New York and London: Academic Press

Jekeli C, Garcia R. 1997. GPS phase accelerations for moving - base vector gravimetry. J Geodesy, 71: 630-639

Jensen A. 1999. Influences of references coordinates on precise static/kinematic GPS positioning.

Jerde C L, Visscher D R. 2005. GPS measurement error influences on movement model parameterization. Ecological Appl, 15(3): 806-810

Jeyapalan K. 2004. Local geoid determination using global positioning systems. Surv Land Information Sci, 64(1): 65-75

Jiang N, Xu T, Xu Y. 2012. An improved method for determination of GOCE orbital velocity of the geometric method. Bulletin of Surveying and Mapping, 11: 7-10

Jiang N, Xu T, Xu Y. 2013a. A real-time precise point positioning method without precise clock bias. Journal of Central South University (Science and Technology), 44(11): 4520-4526

Jiang N, Xu T, Xu Y. 2013b. Influence of the receiver antenna random to GPS positioning precision. Geomatics and Information Science of Wuhan University, 38(5): 566-570

Jiang N, Xu T, Xu Y. 2013c. Multipath error estimation and its improved algorithm for Chinese IGS stations. Journal of Geodesy and Geodynamics, 33(2): 143-146

Jiang N, Xu T, Xu Y. 2013d. Real-time estimation of satellite clock and PPP precision analysis based on IGS regional net. Journal of Geodesy and Geodynamics, 33(5): 44-48

Jiang N, Xu T. 2013. An improved velocity determination method based on GOCE kinematic orbit. Geodesy and Geodynamics, 4(2): 47-52

Jiang N, Xu Y, Xu T, Xu G, Sun Z, Schuh H. 2016. GPS/BDS short-term ISB modelling and prediction. GPS Solutions, DOI: 10.1007/s10291-015-0513-x

Jiang N. 2013. Studies on error analysis of positioning and real-time precise point positioning. Chang'an University. Xi'an, China

Jin S G, Zhu W Y. 2003. Active motion of tectonic blocks in East Asia: Evidence from GPS measurements. Acta Geologica Sinica, 77(1): 59-63

Jin X-X. 1995. A recursive procedure for computation and quality control of GPS differential corrections. Delft University of Technology, Faculty Geod. Engin., Delft Geodetic Computing Centre, Delft, 83 S

Jin X-X, Jong K de, Cees D. 1996. Relationship between satellite elevation and precision of GPS code observations. Leipzig, 13 S

Jong K de. 1999. The Influence of code multipath on the estimated parameters of the geometry-free GPS model. GPS Solutions, 3(2): 11-18

Jong K de. 2000. Minimal detectable biases of cross-correlated GPS observations. GPS Solutions, 3(3): 12-18

Jong K de, Teunissen P J G. 2000. Minimal detectable biases of GPS observations for a weighted ionosphere. Earth Planets Space, 52(10): 857-862

Jong P J de. 1998. A processing strategy of the application of the GPS in networks. PhD theis, Nether-lands Geodetic Commision, Delft, The Netherland

Jonkman N F, Jong K de. 2000. Integrity monitoring of IGEX-98 data, Part I : Availability. GPS Solu-tions, 3(4):10-23

Jonkman N F, Jong K de. 2000. Integrity monitoring of IGEX-98 data, Part II : Cycle slip and outlier detection. GPS Solutions, 3(4): 24-34

Jonkman N F, Jong K de. 2000. Integrity monitoring of IGEX-98 data, Part III: Broadcast navigation message validation. GPS Solutions, 4(2):45-53

Joosten J. 2000. The GPS integer least-squares statistics. Phys Chem Earth, 25(A9-A11):687-692

Joosten P, Tiberius C. 2000. Fixing the ambiguities. Are you sure they're right. GPS World, 11(5): 46-51

Jung J. 1999. High integrity carrier phase navigation for future LAAS using multiple civilian GPS signals. Proceedings of ION GPS-99, The 12th International Technical Meeting of the Satellite Division of the Institute of Navigation, Nashville, USA, September 14-17, 727-736

Kaczorowski M. 1995. Calculation of the Green's loading functions. Part 1: Theory. Artificial Satellites, Journal of Planetary Geodesy, 30(1):77-93

Kälber S, Jäger R, Schwäble R. 2000. A GPS-based online control and alarm system. GPS Solutions, 3(3): 19-25

Kammeyer P. 2000. A UT1-like quantity from analysis of GPS orbit planes. Celest Mech Dyn Astr, 77(4):241-272

Kamp PD van. 1967. Principles of Astrometry. San Francisco and London: W. H. Freemann and Company

Kang Z. 1998. Präzise Bahnbestimmung niedrigfliegender Satelliten mittels GPS und die Nutzung für die globale Schwerefeldmodellierung. Scientific Technical Report STR 98/25, Geo Forschungs Zentrum (GFZ) Potsdam

Kang Z, Nagel P, Pastor R. 2003. Precise orbit determination for GRACE. Adv. Space Res, 31(8): 1875-1881

Kaniuth K, Kleuren D, Tremel H, Schlueter W. 1998. Elevationabhängige Phasenzentrums-variationen geodätischer GPS-Antennen. ZfV, 10:320-325

Kaniuth K, Kleuren D, Tremel H. 1998. Sensitivity of GPS height estimates to tropospheric delay modelling. Allgemeine Vermessungsnachrichten, 105(6):200-207

Karslioglu M O. 2005. An interactive program for GPS-based dynamic orbit determination of small satellites. Comput and Geosci, 31(3): 309-317

Kashani I, Wielgosz P, Grejner-Brzezinska D. 2003. Datum definition in the long range instantaneous RTK GPS network solution. J GPS, 2(2): 100-108

Katzberg S J, Garrison J L. 1996. Utilizing GPS to determine ionospheric delay over the ocean. NASA

Technical Memorandum TM-4750, NASA Langley Research Center

Kaula W M. 1966, 2001. Theory of Satellite Geodesy. New York: Blaisdell Publishing Company, Dover Publications

Kechine M O, Tiberius C C J M, van der Marel H. 2004. An experimental performance analysis of real-time kinematic positioning with NASA's Internet-based Global Differential GPS. GPS Solutions, 8(1): 9-22

Kelley C, Barnes J, Cheng J. 2002. Open Source GPS: Open source software for learning about GPS. In ION GPS 2002, 2524-2533, Portland, USA, September 2002

Kelley K, Bologlu A. 1995. DGPS on the waterfront: tracking cargo and equipment in maritime terminals. GPS World, 6(9):62-71

Keong J, Lachapelle G. 2000. Heading and pitch determination using GPS/GLONASS. GPS Solutions, 3(3):26-36

Keshin M O. 2004. Directional statistics of satellite-satellite single-difference widelane phases biases. Artificial Satellites, 39(4): 305-324

Kezerashvili R Y, Vazquez-Poritz J. 2009. Solar radiation pressure and deviations from Keplerian orbits. Physics Letters B, 675: 18-21

Khan S A. 1999. Ocean loading tide effects on GPS positioning. MSc. thesis, Copenhagen University

Khan S A, Scherneck H G. 2003. The M-2 ocean tide loading wave in Alaska: Vertical and horizontal displacements, modeled and observed. J Geod, 77(3-4): 117-127

Khan S A, Tscherning C C. 2001. Determination of semi-diurnal ocean tide loading constituents us-ing GPS in Alaska. Geophys Res Lett, 28(11):2249-2252

Khazaradze G, Klotz J. 2003. Short- and long-term effects of GPS measured crustal deformation rates along the south central Andes. J Geophys Res, 108(B6): ETG5/1-15

Khodabandeln A, Teunissen P J G. 2015. An analytical study of PPP-RTK corrections: precision, correlation and user-impact. J Geodesy, 89(11): 1109-1132

Kim D, Langley R B. 2000. A search space optimization technique for improving ambiguity resolution and computational efficiency. Earth Planets Space, 52(10):807-812

Kim D, Langley R B. 2003. On ultrahigh-precision GPS positioning and navigation. Navigation, 50(2): 103-116

King M A, Penna N T, Clarke P J, King E C. 2005. Validation of ocean tide models around Antarctica using onshore GPS and gravity data. J Geophys Res, 110(B08401): 1-21

King M, Coleman R, Morgan P. 2000. Treatment of horizontal and vertical tidal signals in GPS data: A case study on a floating ice shelf. Earth Planets Space, 52(11):1043-1047

King R W, Masters E G, Rizos C, Stolz A, Collins J. 1987. Surveying with Global Positioning System. Bonn: Dümmler-Verlag

King-Hele D. 1964. Theory of Satellite Orbits in an Atmosphere, Butterworths Mathematical Texts, London: Butterworths & Co. Publ

Kislik M D. 1983. On the solar oblateness. Sov. Astron. Lett, 9(5): 566-571

Kistler M, Geiger A. 2000. GPS am seil herunterlassen: Das global positioning system im dienste des Seilbahnwesen. Vermess Photogramm Kulturtech, 98(7): 441-445

Kleusberg A, Teunissen P J G. 1996. GPS for Geodesy. Berlin: Springer-Verlag

Kleusberg A. 1995. Mathematics of attitude determination with GPS. GPS World, 6(9):72-78

Klobuchar J A. 1987. Ionospheric time-delay algorithm for single-frequency GPS users. Aerospace and Electronic Systems, IEEE Transactions on, (3): 325-331

Klobuchar J A. 1996. Ionospheric effects on GPS. In: Parkinson B W, Spilker J J. Global Position-ing System: Theory and applications, AIAA Blue Book

Klotz J, Angermann D, Reinking J. 1995. Großräumige GPS-Netze zur Bestimmung der rezenten Kinematik der Erde. ZfV, 120(9):449-460

Knickmeyer E T, Knickmeyer E H, Nitschke M. 1996. Zur Auswertung kinematischer Messungen mit dem Kalman-Filter. Schriftenreihe des Deutschen Vereins für Vermessungswesen, Bd. 22, Stuttgart, 141-166

Knudsen P, Andersen O, Khan S A, Hoeyer J L. 2000. Ocean tide effects on GRACE gravimetry. IAG Symposia

Knudsen P, Andersen O. 1997. Global marine gravity and mean sea surface from multi mission satel-lite altimetry. Scientific Assembly of the International Association of Geodesy in conjunction with 28th Brazilian Congress of Cartography; Rio de Janeiro, 3-9 September, 4

Knudsen P, Olsen H, Xu G. 1999. GPS-altimetry tests - Measuring GPS signal reflected from the Earth surface. Poster on the 22st IUGG General Assembly, IAG Symposium, England

Koch K R. 1980. Parameterschätzung und Hypothesentests in linearen Modellen. Bonn: Dümmler-Verlag

Koch K R. 1986. Maximum likelihood estimate of variance components. Bulletin Géodésique, 60:329-338

Koch K R. 1988. Parameter Estimation and Hypothesis Testing in Linear Models. Berlin: Springer-Verlag

Koch K R. 1996. Robuste Parameterschätzung. Allgemeine Vermessungsnachrichten, 103(1):1-18

Koch K R, Yang Y. 1998a. Konfidenzbereiche und Hypothesentests für robuste Parameterschätzungen. ZfV, 123(1):20-26

Koch K R, Yang Y. 1998b. Robust Kalman filter for rank deficient observation model. J Geodesy, 72: 436-441

Komjathy A, Garrison J, Zavorotny V. 1999. GPS: A new tool for ocean science. GPS World, 10(4): 50-56

Komjathy A, Langley R B, Vejrazka F. 1995. Assessment of two methods to provide ionospheric range error corrections for single-frequency GPS users. In: GPS Trends in Precise Terrestrial, Airborne, and Spaceborne Applications: 21st IUGG General Assembly, IAG Symposium No. 115, Boulder, USA, July 3-4, Berlin: Springer-Verlag, 253-257

Komjathy A, Zavorotny V U, Axelrad P, Born G H, Garrison J L. 2000. GPS signal scattering from sea surface: Wind speed retrieval using experimental data and theoretical model. Remote Sens Environ, 73(2):162-174

Komjathy A. 1997. Global ionospheric total electron content mapping using the Global Positioning System. University of New Brunswick, Fredericton, New Brunswick, Canada

Konig R, Reigber C, Zhu S Y. 2005. Dynamic model orbits and earth system parameters from combined GPS and LEO data. Adv Space Res, 36(3): 431-437

Konig R, Schwintzer P, Bode A. 1996. GFZ-1: A small laser satellite mission for gravity field model improvement. Geophys Res Lett, 23(22): 3143-3146

Kosaka M. 1987. Evaluation method of polynomial models' prediction performance for random clock error. Journal of Guidance, Control, and Dynamics, 10(6): 523-527

Kouba J, Heroux P. 2001. Precise point positioning using IGS orbit and clock products. GPS Solutions, 5(2): 12-28

Kouba J. 2009. Testing of global pressure/temperature (GPT) model and global mapping function (GMF) in GPS analyses. J Geodesy, 83(3-4): 199-208

Kraus J D. 1966. Radio Astronomy. New York: McGraw-Hill

Kristiansen O. 1995. Experiences with high precision GPS processing in Norway. Rep Finnish Geod Inst, 4:77-84

Krivov A V, Sokolov L L, Dikarev V V. 1996. Dynamics of Mars-orbiting dust: Effects if light pressure and planetary oblateness. Celestial Mechanics and Dynamical Astronomy, 63: 313-339

Kroes R, Montenbruck O, Bertiger W, Visser P. 2005. Precise GRACE baseline determination using GPS. GPS Solutions, 9(1): 21-31

Kroes R, Montenbruck O. 2004. Spacecraft formation flying: Relative positioning using dual-frequency carrier phase. GPS World, 15(7): 37-42

Kuang D, Rim H J, Schutz B E, Abusali P A M. 1996. Modeling GPS satellite attitude variation for precise orbit determination. J Geodesy, 70: 572-580

Kuang D, Rim H J, Schutz B E. 1996. Modeling GPS satellite attitude variation for precise orbit determination. J Geodesy, 70(9): 572-580

Kubo-oka T, Sengoku A. 1999. Solar radiation pressure model for the relay satellite of SELENE. Earth Planets Space, 51: 979-986

Kudak V I, Klimik V U, Epishev V P. 2010. Evalution of disturbances from solar radiation in orbital elements of geosychronous satellite based on harmonics, Astrophysical Bulletin, 65(3): 300-310

Kudryavtsev S M. 2007. Long-term harmonic development of lunar ephemeris. Astronomy & Astrophysics,

472(2): 1069-1075

Kuhn J R, Bush R I, Scheick X, Scherrer P. 1998. The Sun's shape and brightness. Nature, 392: 155

Kuhn J R, Emilio M, Bush R. 2009. Comment on "a large excess in apparent solar oblateness due to surface magnetism. Sciences, 324: 1143

Kumar M. 1997. Time-invariant bathymetry: A new concept to define and survey it using GPS. In: Proceedings of Fourteenth United Nations Regional Cartografic Conference for Asia and the Pa-cific, Bangkok, 3-7 February. Bangkok, 4

Kwon J H, Grejner-Brzezinska D, Bae T S, Hong C K. 2003. A triple difference approach to Low Earth Orbiter precision orbit determination. J Navig, 56(3): 457-473

Lachapelle G, Cannon M E, Qiu W, Varner C. 1996. Precise aircraft single-point positioning using GPS post-mission orbits and satellite clock corrections. J Geodesy, 70: 562-571

Lachapelle G, Kuusniemi H, Dao D T H, Macgougan G, Cannon M E. 2004. HSGPS signal analysis and performance under various indoor conditions. Navigation, 51(1): 29-43

Lachapelle G. 1995. Post-mission GPS absolute kinematic positioning at one-metre accuracy level. Int J Geomatics, 9(1): 37-39

Lachapelle G. 2004. GNSS indoor location technologies. J GPS, 3(1-2): 2-11

Lagler K, Schindelegger M, Bohm J, Krasna H, Nilsson T. 2013. GPT2: Empirical slant delay model for radio space geodetic techniques. Geophys Res Lett, 40(6): 1069-1073

Lagrange J L. 1772. Miscellanea Taurinensia, 4, 118-243; Oeuvres, 2, pp67-121; Mechanique Analytique, 1st Ed, pp262-286; 2nd Ed, 2, pp108-121; Oeuvres, 12, pp101-114

Lambeck K. 1988. Geophysical geodesy - The slow deformations of the Earth. Oxford: Oxford Science Publications

Lambert A, Pagiatakis S D, Billyard A P, Dragert H. 1988. Improved ocean tide loading correction for gravity and displacement: Canada and northern United States. J Geophys Res, 103(B12):30231-30244

Landau H. 1988. Zur Nutzung des Global Positioning Systems in Geodaesie und Geodynamik: Modell-bildung, Software-Entwicklung und Analyse. Universität der Bundeswehr Müchen, Studiengang Vermessungswesen, Schriftenreihe, Heft 36

Landau L D, Lifshitz E M. 1976. Mechanics (3rd Ed). New York: Pergamon Press

Landspersky D, Mervart L. 1997. A contribution to the study of modelling of the troposphere biases of GPS observations with high accuracy. In: Proceedings of the EGS symposium G14 'Geodetic and Geodynamic programmes of the CEI': 22 General Assembly of the EGS, Vienna, Austria, 21- 25 April 1997. Warszawa, 207-211

Langley R B. 1997a. GLONASS: Review and update. GPS World, 8(7):46-51

Langley R B. 1997b. The GPS error budget. GPS World, 8(3):51-56

Langley R B. 1998a. Propagation of the GPS signals. In: Kleusberg A, Teunissen P J G. GPS for Geodesy. Berlin: Springer-Verlag

Langley R B. 1998b. GPS receivers and the observables. In: Kleusberg A, Teunissen P J G. GPS for Geodesy. Berlin: Springer-Verlag

Langley R B. 2000. GPS, the ionosphere, and the solar maximum. GPS World, 11(7):44-49

Langley R B. 2003. Getting your bearings. The magnetic compass and GPS. GPS World, 14(9): 70

Lapucha D. 1994. Real-time centimeter-accuracy positioning with on-the-fly carrier phase ambiguity resolution. Rep Geod, 1:52-59

Larson W J, Wertz J R. 1995. Space mission analysis and design, 2nd Ed. Boston: Microcosm, Inc. California and Kluwer Academic Publishers

Laurichesse D, Mercier F, Berthias J, Broca P, Cerri L. 2009. Integer ambiguity resolution on undifferenced GPS phase measurements and its application to PPP and satellite precise orbit determination. Navig J Inst Navig, 56(2):135-149

Lechner W. 1995. Telemetriekonzepte für die GPS-unterstützte Echtzeitvermessung. Schriftenreihe des Deutschen Vereins für Vermessungswesen, Bd. 18: 260-286

Ledvina B, Psiaki M, Powell S, Kintner P. 2003. A 12-channel real-time GPS L1 software receiver. In Proc. of the Institute of Navigation National Technical Meeting, Anaheim, CA, January 22-24

Ledvina B, Psiaki M, Sheinfeld D, Cerruti A, Powell S, Kintner P. 2004. A real-time GPS civilian L1/L2 software receiver. In Proc. of the Institute of Navigation GNSS, Long Beach, CA, September 21-24

Lee H K, Hewitson S, Wang J. 2004. Web-based resources on GPS/INS integration. GPS Solutions, 8(3): 189-191

Lee J-T, Mezera D F. 2000. Concerns related to GPS-derived geoid determination. Survey Rev, 35(276): 379-397

Lee Y C, O'Laughlin D G. 2000. Performance analysis of a tightly coupled GPS/Inertial system for two integrity monitoring methods. J Inst Navig, 47(3):175-189

Leica Geo. Systems. 2011. Network RTK. http://smartnet.leica-geosystems.eu/spiderweb/2fNetworkRTK.html. 2011-7-10

Leick A. 1995. GPS Satellite Surveying. New York: John Wiley & Sons Ltd

Leick A. 2004. GPS Satellite Surveying (3rd ed.) xxiv+664 p. New York: John Wiley

Leinen S. 1997. Hochpräzise Positionierung über große Entfernungen und in Echtzeit mit dem Global Positioning System. DGK, Reihe C, Heft 472,Verlag der Bayerischen Akademie der Wissenschaften

Lelgemann D, Petrovic S. 1997. Bemerkungen über den Höhenbegriff in der Geodaesie. ZfV, 122(11): 503-509

Lelgemann D, Xu G. 1991. Zur Helmert-Transformation von terrestrischen und GPS-Netzen. ZfV, (1)

Lelgemann D. 1983. A linear solution of equation of motion of an Earth-orbiting satellite based on a Lie-series. Celestial Mech, 30: 309

Lelgemann D. 1996. Geodaesie im Weltraumzeitalter. Dtsch Geod Komm, 25:59-77

Lelgemann D. 2002. Lecture notes of geodesy. Technical University Berlin

Lemmens R. 2004. Book review: GPS - Theory, Algorithms and Applications. International J. Applied Earth Observation and Geoinformation, 5 (2004): 165-166

Leroy E. 1995. GPS real-time levelling on the world's longest suspension bridge. Int J Geomatics, 9(8): 6-8

Lesage P, Ayi T. 1984. Characterization of frequency stability: analysis of the modified allan variance and properties of its estimate. IEEE Trans Instrum Measure IM, 33(4):332-336

Levin E. 1968. Solar radiation pressure perturbations of earth satellite orbits. AIAA Journal, 6(1): 120-126

Levine J. 2001. GPS and the legal traceability of time. GPS World, 12(1):52-58

Li G P, Huang G F, Liu B Q. 2006. Experiment on driving precipitable water vapor form ground-basedGPS network inChengdu Plain. Geomat Inf Sci, 31(12): 1086-1089

Li H, Xu G, Xue H, Zhao H, Chen J,Wang G. 1999. Design of GPS application program. Peking Science Press, ISBN 7-03-007204-9/TP.1049, 337 p (in Chinese and in C)

Li J G, Mao J T, Li C C. 1999. The approach to remote sensing of water vapor based on GPS and linear regression Tm in eastern region of China. Acta Meteor Sin, 57(3):283-292

Li X. 2004. The advantage of an integrated RTK-GPS system in monitoring structural deformation. J. GPS, 3(1-2): 191-199

Li X, Zhang X, Ren X, Fritsche M, Wickert J, Schuh H. 2015. Precise positioning with current multi-constellation Global Navigation Satellite Systems: GPS, GLONASS, Galileo and BeiDou. Scientific Reports, 5: 8328

Licandro J, Alvarenz-Candal A, Leon Jde, Pinilla-Aloso N, Lazzaro D, Hampins H. 2008. Spectral properties of asteroids in cometary orbits. Astronomy & Astrophysics, 481(3): 861-877

Lightsey E G, Blackburn G C, Simpson J E. 2000. Going up: A GPS receiver adapts to space. GPS World, 11(9):30-34

Linkwitz K, Hangleiter U. 1995. High precision navigation 95. Bonn: Dümmler-Verlag

Liu D J, Shi Y M, Guo J J. 1996. Principle of GPS and its data processing. Shanghai: TongJi University Press (in Chinese)

Liu D, Liu J, Liu G. 1993. The three-dimensional combined adjustment of GPS and terrestrial surveying data. Acta Geod Cartogr Sinica 41-54 (select. papers Engl. ed.)

Liu L, Zhao D. 1979. Orbit theory of the Earth satellite. Nanjing: Nanjing University Press (in Chinese)

Liu M, Yang Y, Stein S, Zhu S, Engeln J. 2000. Crustal shortening in the Andes: Why do GPS rate differ from geological rates. Geophys Res Lett, 27(18): 3005-3008

Liu Y X, Chen Y Q, Liu J N. 2000. Determination of weighted mean tropospheric temperature using ground meteorological measurement. J Wuhan Techn Univ Survey Mapp, 25(5): 400-403

Liu Z. 2011. A new automated cycle slip detection and repair method for a single dual-frequency GPS receiver. J Geodesy, 85(3): 171-183

Lowe S, LaBrecque J, Zuffada C, Romans L, Young L, Hajj G. 2002a. First spaceborne observation of an earth reflected GPS signal. Radio Sci, 37(1): 1-28

Lowe S, Zuffada C, Chao Y, Kroger P, Young J. 2002b. 5-cm-precision aircraft ocean altimetry using GPS reflections. Geophys Res Lett, 29(10): 1375

Ludwig R. 1969. Methoden der Fehler- und Ausgleichsrechnung. Braunschweig: Vieweg & Sohn

Lv Y P, Yin H T, Huang D F. 2008. Modeling of weighted mean atmospheric temperature and application in GPS/PWV of Chengdu region. Sci Survey Mapp, 33(4): 103-105

Lynden-Bell D. 2009. Analytical orbits in any central potential. MNRAS, 402(3): 1937-1941

MacGougan G, Normark P-L, Ståhlberg C. 2005. Satellite navigation evolution. The software GNSS receiver. GPS World, 16(1): 48-52

Mackenzie R, Moore P. 1997. A geopotential error analysis for a non planar satellite to satellite tracking mission. J Geodesy, 71(5):262-272

Mackie J B. 1985. The elements of astronomy for surveyors. Charles Griffin & Company Ltd

MacMillan D, Ma C. 1994. Evaluation of very long baseline interferometry atmospheric modeling improvements. J Geophys Res, 99(B1): 637-651

Mader G L. 1995. Kinematic and rapid static (KARS) GPS positioning: Techniques and recent experiences. In: GPS Trends in Precise Terrestrial, Airborne, and Spaceborne Applications: 21st IUGG General Assembly, IAG Symposium No. 115, Boulder, USA, July 3-4, Berlin: Springer-Verlag, 170-174

Madsen F B, Madsen F. 1994. Realization of the EUREF89 reference frame in Denmark. Report on the Symposium of the IAG Subcommission for the European Reference Frame (EUREF) held in Warsaw 8-11 June 1994. Reports of the EUREF Technical Working Group, Muenchen, 270-274

Maleki L, Prestage J. 2005. Applications of clocks and frequency standards: from the routine to tests of fundamental models.Metrologia, 42(3): S145-S153

Mander A, Bisnath S. 2013. GPS-based precise orbit determination of Low Earth Orbiters with limited resources. GPS Solutions, 17(4): 587-594

Manning J, Johnston G. 1995. A fiducial GPS network to monitor the motion of the Australien plate. In: Proceedings of the First Turkish International Symposium on Deformations "Istanbul-94", Istanbul, Sept. 5-9, Istanbul, 85-89

Mannucci A J, Wilson B D, Yuan D N, et al. 1998. A global mapping technique for GPS-derived ionospheric total electron content measurements. Radio Science, 33(3): 565-582

Mansfeld W. 2004. Satellitenortung und Navigation, 2nd Edition, Wiesbanden: Vieweg Verlag, 352

Mao J T. 2006. Research of remote sensing of atmospheric water vapor using Global Positioning System (GPS). Doctorial dissertation, Beijing University, 1-5

Martin-Neira M. 1993. A passive reflectometry and interferometry system (PARIS): Application to ocean altimetry. ESA Journal, 17:331-355

Martin-Neira M, Caparrini M, Font-Rossello J, Lannelongue S, Serra C. 2001. The paris concept: An experimental demonstration of sea surface altimetry using GPS reflected signals. IEEE Trans Geosci and Remote Sensing, 39:142-150

Martin-Neira M, Colmenarejo P, Ruffini G, Serra C. 2002. Altimetry precision of 1 cm over a pond using the wide-lane carrier phase of gps reflected signals. Ca. J. Remote Sensing, 28(3): 394-403

Masreliez C J, Martin R D. 1977. Robust Bayesian estimation for the linear model and robustifying the Kalman filter. IEEE T Automat Contr AC, 22: 361-371

McCarthy D D. 1996. International Earth Rotation Service. IERS conventions, Paris, 95. IERS Technical Note No. 21

McCarthy D D, Capitaine N. 2002. Practical Consequences of Resolution B1.6 "IAU2000 Precession-Nutation Model", Resolution B1.7 "Definition of Celestial Intermediate Pole", and Resolution B1.8 "Definition and Use of Celestial and Terrestrial Ephemeris Origin". In: Proceedings of the IERS Workshop on the

Implementation of the New IAU Resolutions, Paris, France, April 18-19, 2002 (Capitaine N et al, ed.) IERS Technical Note No. 29

McCarthy D D, Luzum B J. 1995. Using GPS to determine Earth orientation. In: GPS Trends in Precise Terrestrial, Airborne, and Spaceborne Applications: 21st IUGG General Assembly, IAG Symposium No. 115, Boulder, USA, July 3-4, Berlin: Springer-Verlag, 52-58

McCarthy D D , Petit G. 2003. International Earth Rotation Service. IERS Conventions, IERS Technical Note No. 32

McInnes C R. 1999. Solar Sailing: Technology, Dynamics and Missions Applications. Berlin: Springer

Meeus J. 1992. Astronomische Algorithmen. Johann Ambrosius Barth, Leipzig-Berlin-Heidelberg

Melbourne W. 1985. The case for ranging in GPS-based geodetic systems. In: Proceedings of first international symposium on precise positioning with the global positioning system, Rockville, US, 373-386

Melchior P. 1978. The Tides of the Planet Earth. Oxford: Pergamon Press

Mendes V, Langley R. 1998. Tropospheric zenith delay prediction accuracy for airborne GPS high-precision positioning, Proceedings of ION 54th Annual Meeting, Denver, Colorado, 337-348

Merbart L. 1995. Ambiguity resolution techniques in geodetic and geodynamic applications of the Global Positioning System. Dissertation an der Philosophisch-naturwissenschaftlichen Fakultät der Universität Bern

Mercier F, Laurichesse D. 2008. Zero-difference ambiguity blocking properties of satellite/receiver widelane biases. In: Proceedings of European navigation conference, Toulouse, France

Mertikas S P, Rizos C. 1997. On-line detection of abrupt changes in the carrier-phase measurements of GPS. J Geodesy, 71(8):469-482

Mervart L. 1995. Ambiguity resolution techniques in geodetic and geodynamic applications of the Global Positioning System. Dissertation an der Philosophisch- naturwissenschaftlichen Fakultät der Universität Bern

Mervart L, Beutler G, Rothacher M. 1995. The impact of ambiguity resolution on GPS orbit determination and on global geodynamics studies. In: GPS Trends in Precise Terrestrial, Airborne, and Spaceborne Applications: 21st IUGG General Assembly, IAG Symposium No. 115, Boulder, USA, July 3-4, Berlin: Springer-Verlag, 285-289

Michel G W, Becker M, Angermann D, Reigber C, Reinhart E. 2000. Crustal motion in E- and SE-Asia from GPS measurements. Earth Planets Space, 52(10):713-720

Mickler D, Axelrad P, Born G. 2004. Using GPS reflections for satellite remote sensing. Acta Astronautica, 55(1): 39-49

Milani A, Rossi A, Vokrouhlicky D, Villani D, Bonanno C. 2001. Gravity field and rotation state of Mercury from the BepiColombo Radio Science Experiments, Planetary and Space Science, 49: 1579-1596

Milbert D. 2005. Correction to "Influence of pseudorange accuracy on phase ambiguity resolution in various GPS modernization scenarios".Navigation, 52(3): 121-121

Milbert D. 2005. Influence of pseudorange accuracy on phase ambiguity resolution invarious GPS modernization scenarios.Navigation, 52(1): 29-38

Miller K M. 2000. A review of GLONASS. Hydrographic Journal, 98: 15-21

Minovitch M. 1961. A method for determining interplanetary free-fall reconnaissance trajectories. Jet Propulsion Laboratory Technical Memo TM-312-130, 38-44 (23 August 1961)

Mireault Y, Kouba J, Lahaye F. 1995. IGS combination of precise GPS satellite ephemerides and clock. In: GPS Trends in Precise Terrestrial, Airborne, and Spaceborne Applications: 21st IUGG General Assembly, IAG Symposium No. 115, Boulder, USA, July 3-4, Berlin: Springer-Verlag, 14-23

Mirgorodskaya T. 2013. GLONASS Government Policy, Status and Modernization Plans. IGNSS 2013, Gold Coast, Queensland, Australia, July 16

Mitchell S, Jackson B, Cubbedge S. 1996. Navigation solution accuracy from a spaceborne GPS receiver, GPS World, 7(1996)6: 42, 44, 46-48, 50

Mittag-Leffler G. 1885/1886, The n-body problem (Price Announcement), Acta Matematica, 7

Mohamed A H, Schwarz K P. 1999. Adaptive Kalman filtering for INS/GPS. J Geodesy, 73: 193-203

Montenbruck O. 1989. Practical Ephemeris calculations. Heidelberg: Springer-Verlag

Montenbruck O. 2003. Kinematic GPS positioning of LEO satellites using ionospheric-free single frequency measurements. Aerospace Sci Technol, 7(5): 396-405

Montenbruck O, Gill E, Kroes R. 2005. Rapid orbit determination of LEO satellites using IGS clock and ephemeris products. GPS Solutions, 9(3): 226-235

Montenbruck O, Gill E. 2000. Satellite Orbits: Models, Methods and Applications. Berlin: Springer

Montenbruck O, Kroes R. 2003. In flight performance analysis of the CHAMP BlackJack GPS receiver. GPS Solutions, 7(2): 74-86

Montenbruck O, van Helleputte T, Kroes R, Gill E. 2005. Reduced dynamic orbit determination using GPS code and carrier measurements. Aerospace Sci Technol, 9(3): 261-271

Moore T, Zhang K, Close G, Moore R. 2000. Real-time river level monitoring using GPS heighting. GPS Solutions, 4(2):63-67

Moreau M C, Axelrad P, Garrison J L, Long A. 2000. GPS receiver architecture and expected performance for autonomous navigation in high earth orbits. J Inst Navig, 47(3):191-204

Moritz H. 1980. Advanced Physical Geodesy. Karlsruhe: Herbert Wichmann Verlag

Morujao D, Mendes V. 2008. Investigation of instantaneous carrier phase ambiguity resolution with the GPS/GALILEO combination using the general ambiguity search criterion. J GPS, 7(1): 35-45

Mostafa M M R. 2005. Airborne GPS augmentation alternatives. Potogramm Eng Remote Sens, 71(5): 545+

Mostafa M M R. 2005. Direct georeferencing-Airborn GPS augmentation alternatives - Part II satellite-based correction service. Potogramm Eng Remote Sens,71(7): 783-783

Mowafy A. 2012. Precise real-time positioning using network RTK. In: Shuanggen J. Global Navigation Satellite Systems: Signal Theory and Applications, InTech (2012) ISBN: 978-953-307-843-4

Mueller I I. 1964. Introduction to satellite geodesy. Frederick Ungar Publishing Co

Murakami M. 1996. Precise determination of the GPS satellite orbits and its new applications: GPS orbit determination at the Geographical Survey Institute. J Geod Soc Japan, 42(1):1-14

Murray C D, Dermott S F. 1999. Solar System Dynamics. Cambridge: Cambridge University Press

Musen P. 1960. The influence of the Solar Radiation pressure on the motion of an artificial satellite. Journal of Geophysical Research, 65(5): 1391-1396

Musman S. 1995. Deriving ionospheric TEC from GPS observations. In: GPS Trends in Precise Terrestrial, Airborne, and Spaceborne Applications: 21st IUGG General Assembly, IAG Symposium No. 115, Boulder, USA, July 3-4, Berlin: Springer-Verlag, 258-262

Mysen E. 2009. On the predictability of unstable satellite motion around elongated elestial bodies. Astronomy & Astrophysics, 506(2): 989-992

Nava B, Coïsson P, Radicella S M. 2008. A new version of the NeQuick ionosphere electron density model. Journal of Atmospheric and Solar-Terrestrial Physics, 70(15): 1856-1862

Newton I. 1999. Philosophiae Naturalis Principia Mathematica, London, 1687: Also English translation of 3rd (1726) edition by I. Bernard Cohen and Anne Whitman CA: Berkeley

Nie W, Xu T, Du Y, Gao F, Xu G. 2017. Numerical Algebra Solution: A New Algorithm for the State Transition Matrix. Advances in Space Research, Doi: 10.1016/j.asr.2017.02.041

Niell A E. 1996. Global mapping functions for the atmosphere delay at radio wavelengths. J Geophys Res, 101(B2): 3227-3246

Niell A E. 2000. Improved atmospheric mapping functions for VLBI and GPS. Earth Planets Space, 52(10):703-708

Ning F, Sun Y. 1992. The center form of the n-body problem generalized force potential (I): Basic equations and theoretical analysis, Astronomy. 2: 8

Ning F, Sun Y. 1992. The center form of the n-body problem generalized force potential (II) - $2 \leqslant n \leqslant 4$ cases Center conformation number and shape. Astronomy, 3

O'Keefe K, Stephen J, Lachapelle G, Gonzales R A. 2000. Effect of ice loading of a GPS antenna. Geomatica, 54(1): 63-74

Obana K, Katao H, Ando M. 2000. Seafloor positioning system with GPS-acoustic link for crustal dynamics observations. A preliminary result from experiments in the sea. Earth Planets Space, 52(6):415-423

Odijk D, Marel H van der, Song I. 2000. Precise GPS positioning by applying ionospheric corrections from an active control network. GPS Solutions, 3(3):49-57

Otsuka Y, Ogawa T, Saito A, Tsugawa T, et al. 2002. A new technique for mapping of total electron content using GPS network in Japan. Earth Planets Space, 54: 63-70

Ou J K, Wang Z J. 2004. An improved regularization method to resolve integer ambiguity in rapid positioning using single frequency GPS receivers. Chinese Sci Bull, 49(2): 196-200

Ou J. 1995. On atmospheric effects on GPS surveying. In: GPS Trends in Precise Terrestrial, Air-borne, and Spaceborne Applications: 21st IUGG General Assembly, IAG Symposium No. 115, Boulder, USA, July 3-4, Berlin: Springer-Verlag, 243-247

Ou J, Chai Y, Yuan Y. 2004. Adaptive filtering for kinematic positioning by selection of the parameter weights. In: Zhu Y, Sun H. Progress in Geodesy and Geodynamics. Hubei Science & Technology Press, Hubei, 816-823 (in Chinese)

Pachelski W. 1995. GPS phases: Single epoch ambiguity and slip resolution. In: GPS Trends in Precise Terrestrial, Airborne, and Spaceborne Applications: 21st IUGG General Assembly, IAG Symposium No. 115, Boulder, USA, July 3-4, Berlin:,Springer-Verlag, 295-299

Pal A. 2009. An analytical solution for Kepler's problem. MNRAS, 396(3) 1737-1742

Pan M, Sjoeberg L E. 1995. Unification of regional vertical datums using GPS. In: GPS Trends in Precise Terrestrial, Airborne, and Spaceborne Applications: 21st IUGG General Assembly, IAG Symposium No. 115, Boulder, USA, July 3-4, Berlin: Springer-Verlag, 94-98

Pany T, Eisfeller B, Hein G, Moon S, Sanroma D. 2004. ipexSR: A PC based software GNSS receiver completely developed in Europe. In Europeen Navigation Conference GNSS 2004, Rotterdam, May

Parkinson B W, Spilker J J. 1996. Global Positioning System: Theory and applications, Vol. I, II. American Institute of Aeronautics and Astronautics, Progress in Astronautics and Aeronautics, 163

Parkinson R W, Jones H M, Shapiro II. 1960. Effects of solar radiation pressure on earth satellite orbits. Science, 131(3404): 920-921

Pavlis E C, Beard R L. 1995. The Laser Retroreflector Experiment on GPS-35 and 36. In: GPS Trends in Precise Terrestrial,Airborne, and Spaceborne Applications: 21st IUGG General Assembly,IAG Symposium No. 115, Boulder, USA, July 3-4, Berlin: Springer-Verlag, 154-158

Percival D. 2006. Spectral analysis of clock noise: A primer. Metrologia, 43(4): S299-S310

Perozzi E, Ferraz-Mello S. 2010. Space Manifold Dynamics. Berlin: Springer

Petit G. 2002. Comparison of "Old" and "New" Cocepts: Coordinate Times and Time Transformations, in Proceedings of the IERS Workshop on the Implementation of the New IAU Resolutions, Paris, France, April 18-19, (Capitaine N et al, ed), IERS Technical Note No. 29

Petovello M G. 2006. Narrowlane: is it worth it. GPS Solutions, DOI 10.1007/s10291-006-0020-1

Petovello M G, Lachapelle G. 2000. Estimation of clock stability using GPS. GPS Solutions, 4(1):21-33

Petrie E J, Hernández-Pajares M, Spalla P, et al. 2011. A review of higher order ionospheric refraction effects on dual frequency GPS. Surveys in Geophysics, 32(3): 197-253

Pireaux S, Barriot J P, Rosenblatt P. 2006. (SC)RMI: A (S)emi-(C)lassical (R)elativistic (M)otion (I)integrator, to model the orbits of space probes around the Earth and other planets. Acta Astronautica, 59(7): 517-523

Pireaux S, Rozelot J P. 2003. Solar quadrupole moment and purely relativistic gravitation contributions to Mercury's perihelion advance. Astrophysics and Space Science, 284(4): 1159-1194

Pitjeva E V. 2005. Relativistic effects and solar oblateness from radar observations of planets and spacecraft. Astronomy Letters, 31(5): 340-349

Plumb J, Larson K M, White J, Powers E. 2005. Absolute calibration of a geodetic time transfer. IEEE Trans. Ultrason.Ferr.Freq. Contr, 52(11):1904-1911

Poincare H. 1992. New Methods of Celestial Mechanics. AIP

Poutanen M, Vermeer M, Maekinen J. 1996. The permanent tide in GPS positioning. J Geodesy, 70: 499-504

Press W H, Teukolsky S A, Vetterling W T, Flannery B P. 1992. Numerical recipes in C, 2nd Ed. New York: Cam-bridge University Press

Psiaki M L, Powell S P, Kintner P M Jr. 2000. Accuracy of the global positioning system-derived acceleration vector. J Guid Control Dynam, 23(3):532-538

Puglisi G, Briole P, Bonforte A. 2004. Twelve years of ground deformation studies on Mt. Etna volcano based on GPS surveys. Geophys Monogr, 143: 321-341

Rabaeijs A, Grosso D, Huang X, Qi D. 2003. GPS receiver prototype for integration into system-on-chip. IEEE Trans. on Consumer Electronics, 49(1): 48-58

Rajal B S, Madhwal H B. 1997. Kinematic Global Positioning System survey as the solution for quick large scale mapping. Survey Rev, 34(265):159-162

Ramatschi M. 1998. Untersuchung von Vertikalbewegungen durch Meeresgezeitenauflasten an Referenzstationen auf Grönland. Dissertation, Technische Universität Clausthal

Rapp R H. 1986. Global geopotential solutions. In: Sunkel H. Mathematical and numerical tech-niques in physical geodesy. Lecture Notes inEarth Sciences, Vol. 7, Heidelberg: Springer-Verlag

Ray J, Senior K. 2005. Geodetic techniques for time and frequency comparisons using GPS phase and code measurements. Metrologia, 42(3): 215-232

Reigber C. 1997. Geowissenschaftlicher Kleinsatellit CHAMP. GPS-Anwendungen und Ergebnisse '96: Beiträge zum 41. DVW-Fortbildungsseminar vom 7. bis 8. November 1996 am Geo-Forschungs-zentrum Potsdam, 266-273

Reigber C. 1997. IERS und IGS: Stand und Perspektiven. GPS-Anwendungen und Ergebnisse '96: Beitraege zum 41. DVW-Fortbildungsseminar vom 7. bis 8. November 1996 am Geo-Forschungs-zentrum Potsdam, 34-42

Reigber C, Balmino G, Schwintztr P, et al. 2003. Global gravity field recovery using solely GPS tracking and accelerometer data from CHAMP. Space Sci Reviews, 108(1-2): 55-66

Reigber C, Feissel M. 1997. IERS missions, present and future. International Earth Rotation Service (ed) Report on the 1996 IERS workshop, Paris, 50 (IERS technical note 22)

Reigber C, Schmidt R, Flechtner F, et al. 2005. An Earth gravity field model complete to degree and order 150 from GRACE: EIGEN-GRACE25.J Geodyn, 39(1): 1-10

Reigber C, Schwintzer P, Luehr H. 1996. CHAMP - a challenging mini-satellite payload for geoscientific research and application. Erste Geodaetische Woche, Stuttgart, 7.-12. Oktober, 4 p)

Reinhart E, Franke P, Habrich H, Schlueter W, Seeger H, Weber G. 1997. Implications of permanent GPS-arrays for the monitoring of geodetic reference frames. Sixth United Regional Cartographic Conference for the America, New York, 2-6 June, 10

Reinking J, Angermann D, Klotz J. 1995. Zur Anlage und Beobachtung grossräumiger GPS-Netze für geodynamische Untersuchungen. Allgemeine Vermessungsnachrichten, 102(6):221-231

Reinking J. 2009. Book review: GPS - Theory, Algorithms and Applications, Xu G 2007 2nd Ed. ZfV - Zeitschrift für Geodäsie, Geoinformation und Landmanagement, 134 (2): 122-123

Remondi B. 1984. Using the Global Positioning System (GPS) phase observable for relative geodesy: Modelling, processing, and results. University of Texas at Austin, Center for Space Research

Remondi B W, Brown G. 2000. Triple differencing with Kalman filtering: Making it work. GPS Solu-tions, 3(3): 58-64

Remondi B W, Brown R G. 2004. A comparison of a Hi/Lo GPS constellation with a populated conventional GPS constellation in support of RTK: A covariance analysis. GPS Solutions, 8(2): 82-92

Remondi B W. 2004. Computing satellite velocity using the broadcast ephemeris. GPS Solutions, 8(3): 181-183

Ren C, Ou J, Yuan Y. 2005. Application of adaptive filtering by selecting the parameter weight factor in precise kinematic GPS positioning. Prog Nat Sci, 15(1): 41-46

Retscher G, Chao C H J. 2000. Precise real-time positioning in WADGPS networks. GPS Solutions, 4(2):68-75

Revnivykh S. 2007. GLONASS Status, Development and Application. International Committee on Global Navigation Satellite Systems (ICG), Bangalore, India, September 4-7

Revnivykh S. 2010. GLONASS Status and Progress. ION GNSS 2010, Portland, Oregon, September 21-24

Rius A, Aparicio J, Cardellach E, Martin-Neira M, Chapron B. 2002. Sea surface state measured using GPS reflected signals. Geophys Res Lett, 29(23): 371-374

Rizos C, Han S, Chen H Y. 2000. Regional-scale multiple reference stations for carrier phase-based GPS positioning: A correction generation algorithm. Earth Planets Space, 52(10):795-800

Rizos C, Han S, Ge L, Chen H Y, Hatanaka Y, Abe K. 2000. Low-cost densification of permanent GPS networks for natural hazard navigation: First tests on GSI's GEONET network. Earth Planets Space, 52(10):867-871

Roberts G W, Dodson A H, Ashkenazi V. 2000. Experimental plan guidance and control by kinematic GPS. Proc. Institution of Civil Engineers, Civil Engineering, 138(1):19-25

Rochus P. 2008. Private communication. for review upon request under gcxu@sdu.edu.cn

Rochus P. 2010. Book Review: Orbits, Xu G 2008. MatheSciNet, American Mathematical Society, MR2494776 (2010a:70033) 70M20 (74F05 74F15)

Rocken C, Ware R,VanHove T, Solheim F, Alber C, Johnson J, Bevis M, Businger S. 1993. Sensing atmospheric water vapor with the global positioning system. Geophys Res Lett, 20(23):2631-2634

Rodolpho Vilhena De Moraes. 1981. Combined solar radiation pressure and drag effects on the orbits of artificial satellites. Celestial Mechanics, 25(3): 281-292

Ross R J, Rosenfeld S. 1997. Estimating mean weighted temperature of the atmosphere for Global Positioning System. J Geophys Res, 102(18):21719-21730

Roßbach U. 2000. Positioning and Navigation Using the Russian Satellite System GLONASS, Universität der Bundeswehr München, URN: de:bvb:707-648

Rothacher M, Gurtner W, Schaer S. 1995. Azimuth- and elevation-dependent phase center corrections for geodetic GPS antennas estimated from calibration campaigns. In: GPS Trends in Precise Terrestrial, Airborne, and Spaceborne Applications: 21st IUGG General Assembly, IAG Symposium No. 115, Boulder, USA, July 3-4, Berlin: Springer-Verlag, 333-338

Rothacher M, Mervart L. 1996. Bernese GPS Software Version 4.0. Astronomical Institute of Univer-sity of Bern

Rothacher M, Schaer S. 1995. GPS-Auswertetechniken. Schriftenreihe des Deutschen Vereins für Vermessungswesen, Bd. 18: 107-121

Rozelot J P, Damiani C, Lefebvre S, Kilcik A, Kosovichev A G. 2011. A brief history of the solar oblateness. A Review. Journal of Atmospheric and Solar-Terrestrial Physics, 73(2-3): 241-250

Rozelot J P, Damiani C. 2011. History of solar oblateness measurements and interpretation. The European Physical Journal H, 36: 407-436

Rozelot J P, Godier S, Lefebvre S. 2001. On the Theory of the Oblateness of the Sun. Solar Physics, 198: 223-240

Rozelot J P, Pireaux S, Lefebvre S, Ajabshirizadeh A. 2004. Solar Rotation and Gravitational Moments: Some Astrophysical outcomes, Proceedings of the 14/GONG 2004 Workshop, New Haven, Connecticut, USA

Rummel R, Gelderen M van. 1995. Meissl scheme: Spectral characteristics of physical geodesy.Manuscr Geodaet, 20(5):379-385

Rummel R, Ilk K H. 1995. Height datum connection - the ocean part. Allgemeine Vermessungsnachrichten, 102(8/9):321-330

Rush J. 2000. Current issues in the use of the global positioning system aboard satellites. Acta Astronaut, 47(2-9):377-387

Rutten Jac. 2004. Book review: GPS - Theory, Algorithms and Applications, Xu G 2003, European Journal of Navigation Vol. 2 Number 1, 94

Saad Nadia A, Khalil Kh I, Amin Magdy Y. 2010. Analytical Solution for the Combined Solar Radiation Pressure and Luni-Solar Effects on the Orbits of High Altitude Satellites. The Open Astronomy Journal, 3(1): 113-122

Saastamoinen J. 1972. Contribution to the theory of atmospheric refraction. B Geod, 105-106

Saastamoinen J. 1973. Contribution to the theory of atmospheric refraction. B Geod, 107

Salazar D, Hernandez-Pajares M, Juan-Zornoza J M, Sanz-Subirana J, Aragon-Angel A. 2011. EVA: GPS-based extended velocity and acceleration determination. J Geodesy, 85(6): 329-340

Salzmann M. 1995. Real-time adaptation for model errors in dynamic systems. B Geod, 69: 81-91

Sandlin A, McDonald K, Donahue A. 1995. Selective availability: To be or not to be. GPS World, 6(9): 44-51

Satirapod C, Wang J, Rizos C. 2003. Comparing different Global Positioning System data processing techniques for modeling residual systematic errors. J. Surv. Eng. ASCE, 129(4): 129-135

Schaal R E, Netto N P. 2000. Quantifying multipath using MNR ratios. GPS Solutions, 3(3):44-48

Schaer S. 1999. Mapping and predicting the earth's ionosphere using the global positioning system. Astronomical Institute, University of Berne, Switzerland

Schaffrin B, Grafarend E. 1986. Generating classes of equivalent linear models by nuisance parameter elimination. Manuscr Geodaet, 11:262-271

Schaffrin B. 1991. Generating robustified Kalman filters for the integration of GPS and INS. Techni-cal Report, No. 15, Institute of Geodesy, University of Stuttgart

Schaffrin B. 1995. On some alternative to Kalman filtering. In: Sanso F (ed) Geodetic theory today. Berlin: Springer-Verlag, 235-245

Scheinert M. 1996. Zur Bahndynamik niedrigfliegender Satelliten. DGK, Reihe C, Heft 435, Verlag der Bayerischen Akademie der Wissenschaften, DGK, Reihe C, Heft 435

Scherrer R. 1985. The WM GPS primer. WM Satellite Survey Company, Wild, Herrbrugg, Switzerland

Schildknecht T, Dudle G. 2000. Time and frequency transfer: High precision using GPS phase measurements. GPS World, 11(2):48-52

Schmid R, Rothacher M, Thaller D, Steigenberger P. 2005. Absolute phase center corrections of satellite and receiver antennas. Impact of global GPS solutions and estimation of azimuthal phase center variations of the satellite antenna. GPS Solutions, 9(4): 283-293

Schneider M, Cui C F. 2005. Theoreme über Bewegungsintegrale und ihre Anwendung in Bahntheorien, Bayerischen Akad Wiss, Reihe A, Heft Nr. 121, 132pp, München

Schneider M. 1988. Satellitengeodaesie. Mannheim: Wissenschaftsverlag

Schoene T, Reigber C, Braun A. 2003. GPS offshore buoys and continuous GPS control of tide gauges. Int Hydrogr Rev, 4(3): 64-70

Scholl H, Marzari F, Tricarico P. 2005. Dynamics of Mars Trojans. Icarus, 175: 397-408

Schutz B E. 2000. Numerical studies in the vicinity of GPS deep resonance. Advances in the Astronautical Sciences, 105(1):287-302

Schwarz K-P, Cannon M E, Wong R V C. 1989. A Comparison of GPS kinematic models for the determination of position and velocity along a trajectory. Manuscr Geodaet, 14:345-353

Schwarz K-P, El-Sheimy N. 1995. Multi-sensor arrays for mapping from moving vehicles. In: GPS Trends in Precise Terrestrial, Airborne, and Spaceborne Applications: 21st IUGG General Assembly, IAG Symposium No. 115, Boulder, USA, July 3-4, Berlin: Springer-Verlag 185-189

Schwiderski E W. 1978. Global ocean tide, I. A detailed hydrodynamical interpolation model. Rep. NSWC/DL TR 3866, Nav. Surf. Weapons Cent. Dahlgren, Va

Schwiderski E W. 1979. Ocean tide, II. The semidiurnal principal lunar tide (M2). Rep. NSWC TR 79-414, Nav. Surf. Weapons Cent. Dahlgren, Va

Schwiderski E W. 1980. On charting global ocean tide. Rev Geophys, 18:243-268

Schwiderski E W. 1981a. Ocean tide, III. The semidiurnal principal solar tide (S2). Rep. NSWC TR 81-122, Nav. Surf. Weapons Cent. Dahlgren, Va

Schwiderski E W. 1981b. Ocean tide, IV. The diurnal luni-solar declination tide (K1), Rep. NSWC TR 81-142, Nav. Surf. Weapons Cent. Dahlgren, Va

Schwiderski E W. 1981c. Ocean tide, V. The diurnal principal lunar tide (O1). Rep. NSWC TR 81-144, Nav. Surf. Weapons Cent. Dahlgren, Va

Schwintzer P, Kang Z, Reigber C. 1995. GPS satellite-to-satellite tracking for TOPEX/Poseidon precise orbit determination and gravity field model improvement. J Geodyn, 20(2):155-166

Seeber G. 1993. Satelliten-Geodaesie. Walter de Gruyter, 1989, Berlin

Seeber G. 1996. Grundprinzipien zur Vermessung mit GPS. Vermessungsingenieur, 47(2):53-64

Seeber G. 2003. Satellite Geodesy: Foundations, Methods, and Applications, Berlin: Walter de Gruyter, xx+589

Seeger H, Franke P, Schlueter H, Weber G. 1997. The significance and results of permanent GPS arrays. In: Proceedings Fourteenth United Nations Regional Cartografic Conference for Asia and the Pacific, Bangkok, 3-7 February, 10

Seitz K, Urakawa M J, Heck B, Krueger C. 2005. Zu jeder Zeit an jedem Ort - Studie zur Verfuegbarkeit und Genauigkeit von GPS-Echtzeitmessungen im SAPOS-Service HEPS.Z. Geod.Geoinf Landmanag, 130(1):47-55

Shank C. 1998. GPS navigation message enhancements. GPS World, 7(4):38-44

Shapiro II. 1963. The prediction of satellite orbits. In: Maurice Roy. Dynamics of satellites, 257-312

Shapiro II. 1999. A century of relativity. Reviews of Modern Physics, 71(2)

Shaw M. 2011. GPS Modernization: On the Road to the Future GPS IIR / IIR-M and GPS III. UN/ UAE/ US Workshop On GNSS Applications, Dubai

Shen Y Z, Chen Y, Zheng D H. 2006. A Quaternion-based geodetic datum transformation algorithm. J. Geodesy, 80: 233-239

Shen Y, Li B, Chen Y. 2011. An iterative solution of weighted total least-squares adjustment. J Geodesy, 85(4): 229-238

Shen Y, Li B, Xu G. 2009. Simplified equivalent multiple baseline solutions with elevation-dependent weights. GPS Solut, 13: 165-171

Shen Y, Xu G. 2008. Simplified equivalent representation of GPS observation equations. GPS Solut, 12: 99-108

Shi J, Xu C, Li Y, Gao Y. 2015. Impact of real-time satellite clock errors on GPS precise point positioning-based troposphere zenith delay estimation. J Geodesy, 89(8): 747-756

Sigl R. 1978. Geodätische Astronomie. Karlsruhe: Wichmann Verlag

Sigl R. 1989. Einführung in die Potentialtheorie. Karlsruhe: Wichmann Verlag

Sjoeberg L E. 1998. On the estimation of GPS phase ambiguities by triple frequency phase and code data. ZfV, 1235: 162-163

Sjoeberg L E. 1999. Unbiased vs biased estimation of GPS phase ambiguities from dual-frequency code and phase observables. J Geodesy, 73:118-124

Skaloud J, Schwarz K P. 2000. Accurate orientation for airborne mapping systems. Photogramm Eng Rem S, 66(4):393-401

Smith A J E, Hesper E T, Kuijper D C, Mets G J, Visser P N, Ambrosius B A C, Wakker K F. 1996. TOPEX/ Poseidon orbit error assessment. J Geodesy, 70: 546-553

Snow K B, Schaffrin B. 2003. Three-dimensional outlier detection for GPS networks and their densification via the BLIMPBE approach. GPS Solutions, 7(2): 130-139

Soulat F, Caparrini M, Farres E, Dunne S, Chapron B, Buck C, Ruffini G. 2006. Oceanpal experimental campaigns. Proceedings of the GNSSR'06 workshop, ESTEC, Noordwijk, the Netherlands, 14-15 June

Spilker J J. 1996. GPS navigation data. In: Parkinson B W, Spilker J J. Global Positioning System: Theory and applications, AIAA Blue Book

Springer T A, Beutler G, Rothacher M. 1999. Improving the orbit estimates of GPS satellites. J Geodesy, 73:147-157

Steigenberger P, Boehm J, Tesmer V. 2009. Comparison of GMF/GPT with VMF1/ECMWF and implications for atmospheric loading. J Geodesy, 83: 943

Sterle O, Stopar B, Preseren P P. 2015. Single-frequency precise point positioning: An analytical approach. J Geodesy, 89(8): 793-810

Stoew B, Elgered G. 2004. Characterization of atmospheric parameters using a ground based GPS network in north Europe. J Meteor Soc Japan, 82(1B): 587-596

Stowers D, Moore A, Iijima B, Lindqwister U, Lockhart T, Marcin M, Khachikyan R. 1996. JPL-supported permanent tracking stations. International GPS Service for Geodynamics: 1996 annual report, Nov. 1997, Pasadena, 409-420

Strang G, Borre K. 1997. Linear algebra, geodesy, and GPS. Gambridge: Wellesley-Cambridge Press

Sturrock P A, Gilvarry J J. 1967. Sloar oblateness and magnetic field. Nature, 216(5122): 1280-1283

Sui L, Liu Y, Wang W. 2007. Adaptive sequential adjustment and its application. Geomatics and Information

Science of Wuhan University, 32(1): 51-54

Sun H P, Ducarme B, Dehant V. 1995. Effect of the atmospheric pressure on surface displacements. J Geodesy, 70:131-139

Sundman K E. 1912. Memoire sur le probleme de trois corps. Acta Mathematica, 36 (1912): 105-179.

Syndergaard S. 1999. Retrieval analysis and methodologies in atmospheric limb sounding using the GNSS radio occultation technique. Dissertation, Niels Bohr Institute for Astronomy, Physics and Geophysics, Faculty of Science, University of Copenhagen

Tapley B D, Schutz B E, Eanes R J, Ries J C, Watkins M M. 1993. Lageos laser ranging contributions to geodynamics, geodesy, and orbital dynamics. In: Contributions of Space Geodesy to Geodynamics: Earth Dynamics, Geodyn Ser, 24: 147-174

Testoyedov N. 2015. Space Navigation in Russia: History of Development. United Nations / Russian Federation Workshop on the Applications of Global Navigation Satellite Systems, Krasnoyarsk, May 18-22

Tetreault P, Kouba J, Heroux P, Legree P. 2005. CSRS-PPP: An Internet service for GPS user access to the Canadian Spatial reference Frame. Geomatica, 59(1): 17-28

Teunissen P J G, Kleusberg A. 1996. GPS observation equations and positioning concepts. In: Kleusberg A, Teunissen P J G. GPS for Geodesy Berlin: Springer-Verlag

Teunissen P, Jonge P, Tiberius C. 1997. Performance of the LAMBDA method for fast GPS ambiguity resolution. J Inst Navig, 44(3):373-383

Teunissen P. 1993. Least squares estimation of the integer GPS ambiguities. Invited lecture, Section IV: Theory and methodology, IAG General Meeting, Beijing, China, August 1993. Also in LGR-Series n.6, Delft Geodetic Computing Centre, Delft University of Technology, Delft

Teunissen P. 1994. The invertible GPS ambiguity transformations. Manuscripta Geodaetica, 20 (6): 489-497

Teunissen P. 1995. The least-squares ambiguity decorrelation adjustment: A method for fast GPS integer ambiguity estimation. J Geodesy, 70(1-2):65-82

Teunissen P. 1996. An analytical study of ambiguity decorrelation using dual frequency code and carrier phase. J Geodesy, 70(8):515-528

Teunissen P. 1996. GPS carrier phase ambiguity fixing concepts. In: Kleusberg A, Teunissen P J G. GPS for Geodesy, Berlin: Springer-Verlag

Teunissen P. 1997. Closed form expressions for the volume of the GPS ambiguity search spaces. Artificial Satellites, Journal of Planetary Geodesy, 32(1):5-20

Teunissen P. 1997. GPS double difference statistics: With and without using satellite geometry. J Geod, 71: 137-148

Teunissen P. 1998. Minimal detectable biases of GPS data. J Geodesy, 72:630-639

Teunissen P. 2003. Towards a unified theory of GPS ambiguity resolution. J. GPS, 2(1): 1-12

Teunissen P. 2004. Penalized GNSS Ambiguity resolution. J Geod, 78(4-5): 235-244

Teunissen P. 2005. GNSS ambiguity resolution with optimally controlled failure-rate. Artificial Satellites, 40(4): 219-227

Theakstone W H, Jacobsen F M, Knudsen N T. 2000. Changes of snow cover thickness measured by conventional mass balance methods and by global positioning system surveying. Geografiska Annaler, 81(A4):767-776

Tiberius C C J M, Kenselaar F. 2000. Estimation of the stochastic model for GPS code and phase observables. Survey Rev, 35(277): 441-454

Tiberius C. 2003. Standard positioning service: Handheld GPS receiver accuracy. GPS World, 14(2): 46-51

Timmen L, Bastos L, Boebel T, Cunha S, Forsberg R, Gidskehaug A, Hehl K, Meyer U, Nesemann M, Olesen A V, Rubek F, Xu G. 1998. The European Airborne Geoid Mapping System for Coastal Oceanography (AGMASCO). Progress in Geodetic Science at GW 98. In: Proceedings of the Geodetic Week 1998. University of Kaiserslautern, Germany Aachen: Shaker press

Timmen L, Ye X. 1997. SAR-Interferometrie unterstützt durch GPS zur Überwachung von Erdoberflächendeformationen. GPS-Anwendungen und Ergebnisse'96: Beiträge zum 41. DVW-Fortbildungsseminar vom 7. bis 8. November 1996 am GeoForschungszentrum Potsdam, 104-114

Tisserand F-F. 1894. Mecanique Celeste, tome III (Paris, 1894), ch.III, at p. 27

Torge W. 1989. Gravimetrie. Berlin: Walter de Gruyter

Torge W. 1991. Geodesy. Berlin: Walter de Gruyter

Touma J R, Tremaine S, Kazandjian M V. 2009. Gauss's methods for secular dynamics, softened, MNRAS, 394(1): 1085-1108

Tregoning P, Herring T A. 2006. Impact of a priori zenith hydrostatic delay errors on GPS estimates of station heights and zenith total delays. Geophys Res Lett, 33: L23303

Tregoning P, van Dam T. 2005. Atmospheric pressure loading corrections applied to GPS data at the observing level. Geophys Res Lett, 32(L22310):1-4

Treuhaft R, Lowe S, Zuffada C, Chao Y. 2001. 2-cm GPS altimetry over Crater Lake. Geophys Res Lett, 22(23): 4343-4346

Tsai C, Kurz L. 1983. An adaptive robustifing approach to Kalman filtering. Automatica, 19:279-288

Tscherning C, Rubek F, Forsberg R. 1997. Combining airborne and ground gravity using collocation, Scientific Assembly of the International Association of Geodesy in conjunction with 28th Brazilian Congress of Cartography; Rio de Janeiro, 3-9 September 1997, 6

Tsui J. 2000. Fundamentals of Global Positioning System Receivers: A Software Approach, volume ISBN: 0-471-38154-3. John Wiley & Sons, Inc

Tsujii T, Harigae M, Inagaki T, Kanai T. 2000. Flight tests of GPS/GLONASS precise positioning versus dual frequency KGPS profile. Earth Planets Space, 52(10):825-829

Urlichich Y, Subbotin V, Stupak G, et al. 2010. GLONASS Developing Strategy. ION GNSS 2010, the 23rd International Technical Meeting of the Institute of Navigation, Portland, Oregon, September 21-24

Urlichich Y, Subbotin V, Stupak G, et al. 2011. Innovation: GLONASS Developing strategies for the Future. GPS World, April, 42-49

UrschlC, Dach R, Hugentobler U, Schaer S, Beutler G. 2005. Validating ocean tide loading models using GPS.J Geod, 78(10): 616-625

Vallado David A. 2007. Fundamentals of Astrodynamics and Applications (3rd Ed). Berlin: Microcosm Press & Springer

van Dam T, Francis O. 2004. The state of GPS vertical positioning precision: Separation of Earth processes by space geodesy. Centre Europeen de Geodynamique et de Seismologie, Luxembourg, Cahiers 23: xxii+176

Van Kamp P D. 1967. Principles of Astronomy. San Francisco, CA/London: W.H. Freemann and Company

van Sickle J. 2003. GPS for Land Surveyors (2nd ed.) Chelsea, MI: Sleeping Bear Press: xii+284

Verhagen S. 2004. Integer ambiguity validation: An open problem. GPS Solutions, 8(1): 36-43

Visser P N A M, IJssel J van den. 2000. GPS-based precise orbit determination of the very low Earth-orbiting gravity mission GOCE. J Geodesy, 74(7/8):590-602

Vittorini L D, Robinson B. 2003. Receiver frequency standards. Optimizing indoor GPS performance. GPS World, 14(11): 40-42, 44, 46-48

Vokrouhlicky D, Farinella P, Mignard F. 1993. Solar radiation pressure perturbations for Earth satellites, I: A complete theory including penumbra transitions, A&A, 280: 295-312

Vokrouhlicky D, Farinella P, Mignard F. 1994. Solar radiation pressure perturbations for Earth satellites, II. an approximate method to model penumbra transitions and their long-term orbital effects on LAGEOS, A&A V, 285: 333-343

Vokrouhlický D, Milani A. 2000. Direct solar radiation pressure on orbits of small near-Earth asteroids: Observable effects. A&A, 362: 746-755

Vollath U, Birnbach S, Landau H. 1998. An analysis of three-carrier ambiguity resolution (TCAR) technique for precise relative positioning in GNSS-2. Proceedings of ION GPS-98, The 11th International Technical Meeting of the Satellite Division of the Institute of Navigation, Nashville, Tennessee, USA, September 15-18, 417-426

Wagner C, Klokocnik J. 2003. The value of ocean reflections of GPS signals to enhance satellite altimetry: data distribution and error analysis. J Geod, 77(3-4): 128-138

Wagner J F. 2005. GNSS/INS integration: Still an attractive candidate for automatic landing systems. GPS

Solutions, 9(3): 179-193

Wagner J, Bauer M. 1997. GPS-Vermessung mit Echtzeitauswertung (RTK-Vermessung): Ein Beitrag zur Einschätzung der Praxistauglichkeit und Praxisrelevanz. Vermessungsingenieur, 48(2): 87-92

Wang C M, Hajj G, Pi X Q, Rosen I G, Wilson B. 2004. Development of the global assimilative ionospheric model. Radio Sci, 39(1) RS1S06: 1-11

Wang G, Chen Z, Chen W, Xu G. 1988. The principle of GPS precise positioning system. Surveying Press, Peking, ISBN 7-5030-0141-0/P.58, 345 p, (in Chinese)

Wang G, Wang H, Xu G. 1995. The principle of the satellite altimetry. Science Press, Peking, ISBN 7-03-004499-1/P.797, 390 p, (in Chinese)

Wang J G. 1997. Filtermethoden zur fehlertoleranten kinematischen Positionsbestimmung. Neubiberg, 135 S

Wang J H, Zhang L Y, Dai A G, Van Hove T, Van Baelen J. 2007a. A near-global, 2-hourly data set of atmosoheric precipitable water from ground-based GPS measurements. J Geophys Res, 112: D11107

Wang J, Rizos C, Stewart M P, Leick A. 2001. GPS and GLONASS integration-modeling and ambiguity resolution issues. GPS Solutions, 5(1): 55-64

Wang J, Steward M P, Tsakiri M. 1999. Adaptive Kalman filtering for integration of GPS with GLONASS and INS. Presentation in the XXIIth IUGG, Birmingham, England

Wang J, Stewart M P, Tsakiri M. 2000. A comparative study of the integer ambiguity validation procedures. Earth Planets Space, 52(10):813-817

Wang J. 2000. An approach to GLONASS ambiguity resolution. J Geodesy, 74(5):421-430

Wang L X, Fang Z D, Zhang M Y, Lin G B, Gu L K, Zhong T D, Yang X A, She D P, Luo Z H, Xiao B Q, Chai H, Lin D X. 1979. Peking: Mathematic handbook. Educational Press, ISBN 13012-0165

Wang Q D. 1991. The global solution of the n-body problem (Celestial Mechanics and Dynamical Astronomy (ISSN 0923-2958), 50(1): 73-88, URI retrieved on 2007-05-05)

Wang Q. 2013. Adaptively changing strategy of reference satellite and reference station for long endurance and long range airborne GNSS kinematic positioning. Journal of Navigation and Positioning, 1(1): 28-33

Wang Q, Xu G, Chen Z. 2010. Interpolation method of tropospheric delay of high altitude rover based on regional GPS network. Geomatics and Information Science of Wuhan University, 35(12): 1405-1408

Wang Q, Xu G, Petrovic S, Schaefer U, Meyer U, Xu T. 2011. A regional tropospheric model for airborne GPS applications. Advances in Space Research, 48: 362-369

Wang Q, Xu T, Xu G. 2010. HALO_GPS (High Altitude and Long Range Airborne GPS Positioning Software) - Software User Manual, Scientific Technical Report, German Research Centre for Geosciences, ISSN: 1610-0956

Wang Q, Xu T, Xu G. 2011. Adaptively changing reference station algorithm and its application in GPS long range airborne kinematic relative positioning. Acta Geodaetica et Cartographica Sinica, 40(4): 429-434

Wang Y, Liu L T, Hao X G, et al. 2007b. The application study of the GPS meteorology network in wuhan region. Acta Geodaet Cartogr Sinica, 36(2):141-145

Wanninger L. 1995. Einfluß ionosphärischer Störungen auf präzise GPS-Messungen in Mitteleuropa. Schriftenreihe des Deutschen Vereins für Vermessungswesen, Bd. 18, Stuttgart, 218-232

Wanninger L. 1995. Enhancing differential GPS using regional ionospheric models. B Geod, 69:283-291

Wanninger L. 1997. Real-time differential GPS error modeling in regional reference station networks. In: Proc. 1997 IAG Symposium, 86-92, Rio de Janeiro, Brazil

Wanninger L. 1999. Der einfluss ionosphärischer störungen auf die präzise GPS-positionierung mit hilfe virtueller referenzstationen. ZfV, 10:322-330

Wanninger L. 2003. Permanent GPS-Stationen als Referenz fuer praezise kinematische Positionierung. Photogramm Fernerkund Geoinf, 7(4): 343-348

Wanninger L. 2003. Virtuelle GPS-Referenzstationen fuer großraeumige kinematische Anwendungen. Z f Verm Wessen, 128(3): 196-202

Ware R H, Fulker D W, Stein S A, Anderson D N, Avery S K, Clark R D, Droegemeier K K, Kuettner J P, Minster J, Sorooshian S. 2000. Real-time national GPS networks: Opportunities for atmospheric sensing. Earth Planets Space, 52(11): 901-905

Warnant R, Pottiaux E. 2000. The increase of the ionospheric activity as measured by GPS. Earth Planets

Space, 52(11): 1055-1060

Wayte R. 2010. On the Estimated Precession of Mercury's Orbit, submitted to PMC Physics A

Weber G. 1994. Initial operational capability für das GPS: aktuelle Entwicklungen der US Satellitennavigation. SATNAV 94: Satellitennavigationssysteme - Grundlagen und Anwendungen, DGON-Seminar, Hamburg 24-26, Oktober 1994, 1-14

Weber R. 1996. Monitoring Earth orientation variations at the Center for Orbit Determination in Europe (CODE). Oesterr Z Vermess Geoinf, 84(3): 269-275

Weiland C. 2010. Computational Space Flight Mechanics. Berlin: Springer

Wells D, Lindlohr W, Schaffrin B, Grafarend E. 1987. GPS design: Undifferenced carrier beat phase observations and the fundamental differencing theorem. University of New Brunswick

Wenzel H-G. 1985. Hochauflösende Kugelfunktionsmodelle für das Gravitationspotential der Erde. Wissenschaftliche Arbeiten der TU Hannover, Nr. 137

Wickert J, Schmidt T, Beyerle G, Konig R, Reigber C. 2004. The radio occultation experiment aboard CHAMP: Operational data analysis and validation of vertical atmospheric profiles. J Meteor Soc Japan, 82(1B): 381-395

Wicki F. 1998. Robuste Schätzverfahren für die Parameterschätzung in geodätischen Netzen. Technische Hochschule Zürich

Wieser A, Brunner F K. 2000. An extended weight model for GPS phase observations. Earth Planets Space, 52(10):777-782

Williams S D P. 2003. Offsets in Global Positioning System time series. J Geophys Res, 108(B6): ETG12/1-13

Witte T H, Wilson A M. 2004. Accuracy of non-differential GPS for the determination of speed over ground. J. Biomechanics, 37(12): 1891-1898

Wnuk E. 1990. Tesseral harmonic perturbations in the Keplerian orbital elements, Acta. Astronomica, 40(1-2): 191-198

Wolverton M. 2004. The Depths of Space: The Pioneer Planetary Probes. Joseph Henry Press, ISBN 0-309-09050-4

Won J-H,Lee J-S. 2005. A note on the group delay and phase advance phenomenon associated with GPS signal propagation through theionosphere.Navigation, 52(2):95-97

Wu C C, Kuo H C, Hsu H H, Jou B J D. 2000. Weather and climate research in Taiwan: Potential application of GPS/MET data. Terr Atmos Ocean Sci, 11(1):211-234

Wu F, Yang Y. 2010. A new two-step adaptive robust Kalman filtering in GPS/INS integrated navigation system. Acta Geodaetica et Cartographica Sinica, 39(5):522-533

Wu J, Lin S G. 1995. Height accuracy of one and a half centimetres by GPS rapid static surveying. Int J Remote Sens, 16(15):2863-2874

Wu S C, William G M. 1993. An optimal GPS data processing technique for precise positioning. IEEE Transactions on Geoscience and Remote Sensing, 31: 146-152

Wu S, Meehan T, Young L. 1997. The potential use of GPS signals as ocean altimetry observables. 1997 national technical meeting, Santa Monica, California, January

Wübbena G, Schmitz M, Bagge A. 2005. PPP-RTK: Precise Point Positioning Using State-Space Representation in RTK Networks, Proceedings of the 18th International Technical Meeting of the Satellite Division of The Institute of Navigation ION GNSS 2005, Long Beach, California, September 13-16, 2584-2594

Wübbena G, Seeber G. 1995. Developments in real-time precise DGPS applications: concepts and status. In: GPS Trends in Precise Terrestrial, Airborne, and Spaceborne Applications: 21st IUGG General Assembly, IAG Symposium No. 115, Boulder, USA, July 3-4, Berlin: Springer-Verlag, 212-216

Wübbena G. 1985. Software developments for geodetic positioning with GPS using TI-4100 code and carrier measurements. In: Proceedings of first international symposium on precise positioning with the global positioning system, Rockville, US, 403-412

Wübbena G. 1991. Zur Modellierung von GPS-Beobachtungen für die hochgenaue Positionsbestimmung. Unversität Hannover

Xia Y, Michel G W, Reigber C, Klotz J, Kaufmann H. 2003. Seismic unloading and loading in northern central Chile as observed by differential Synthetic Aperture Radar Interferometry (D-INSAR) and GPS. Int. J. Remote Sensing, 24(22): 4375-4391

Xu C J, Liu J N, Song C H, Jiang W P, Shi C. 2000. GPS measurements of present-day uplift in the Southern Tibet. Earth Planets Space, 52(10):735-739

Xu G. 1984. Very long baseline interferometry and tidal theories. The Institute of Geodesy and Geophysics, Chinese Academy of Sciences, M.Sc. Thesis No. 84011, (in Chinese)

Xu G. 1992. Spectral analysis and geopotential determination (Spektralanalyse und Erdschwerefeldbestimmung). Dissertation, DGK, Reihe C, Heft Nr. 397, Press of the Bavarian Academy of Sciences, ISBN 3-7696-9442-2, 100 p, (with very detailed summary in German)

Xu G. 1999. KGsoft - Kinematic GPS Software - Software User Manual, Version of 1999, Kort & Matrikelstyrelsen (National Survey and Cadastre - Denmark), ISBN 87-7866-158-7, ISSN 0109-1344, 35 pages, in English

Xu G. 2000. A concept of precise kinematic positioning and flight-state monitoring from the AGMASCO practice. Earth Planets Space, 52(10): 831-836

Xu G. 2002. GPS data processing with equivalent observation equations. GPS Solutions, 6(1-2): 6:28-33

Xu G. 2002a. A general criterion of integer ambiguity search. J GPS, 1(2): 122-131

Xu G. 2003a. A diagonalization algorithm and its application in ambiguity search. J GPS, 2(1): 35-41

Xu G. 2003b. GPS - Theory, Algorithms and Applications, Springer Heidelberg, ISBN 3-540-67812-3, 315 pages, in English

Xu G. 2004. MFGsoft - Multi-Functional GPS/(Galileo) Software - Software User Manual, (Version of 2004), Scientific Technical Report STR04/17 of GeoForschungsZentrum (GFZ) Potsdam, ISSN 1610-0956, 70 pages, www.gfz-potsdam.de/bib/pub/str0417/0417.pdf

Xu G. 2007. GPS - Theory, Algorithms and Applications, second edition, Springer Heidelberg, ISBN 978-3-540-72714-9, 350 pages, in English

Xu G. 2008. Orbits, Springer Heidelberg, ISBN 978-3-540-78521-7, 230 pages, in English

Xu G. 2010. Analytic Orbit Theory, chapter 4 in G Xu (Ed) Sciences of Geodesy - I, Advances and Future Directions. Berlin: Springer, 105-154

Xu G. 2010. Sciences of Geodesy - I, Advances and Future Directions, Springer Heidelberg, chapter topics (authors): Aerogravimetry (R Forsberg), Superconducting Gravimetry (J Neumeyer), Absolute and Relative Gravimetry (L Timmen), Deformation and Tectonics (L Bastos et al.), Analytic Orbit Theory (G Xu), InSAR (Y Xia), Marine Geodesy (J Reinking), Kalman Filtering (Y Yang), Equivalence of GPS Algorithms (G Xu et al.), Earth Rotation (F Seitz, H Schuh), Satellite Laser Ranging (L Combrinck), in English, 507 pages

Xu G. 2011. GPS - Theory, Algorithms and Applications, 1st Ed in Chinese, Tschinghua University Press Peking, ISBN 978-7-302-27164-2, 332 pages, translated from Xu (2007): GPS - Theory, Algorithms and Applications, 2nd Ed, Springer, in translation series of Space Technology of Springer, translation organised by the Peking Institute of Satellite Controlling and Telecommunication, translated by Qiang Li, Guangjun Liu, Hailiang Yu, Bo Li, and Haiying Luo, proved by Xurong Dong

Xu G. 2012. Sciences of Geodesy - II, Advances and Future Directions, Springer Heidelberg, chapter topics (authors): General Relativity and Space Geodesy (L Comblinck), Global Terrestrial Reference Systems and their Realizations (D Angermann et al), Ocean Tide Loading (M Bos, HG Scherneck), Photogrammetry (P Redweik), Regularization and Adjustment (Y Shen, G Xu), Regional Gravity Field Modelling (H Denker), VLBI (H Schuh, J Boehm), in English, 400 pages

Xu G. 2014. GPS - Theory, Algorithms and Applications, 1st Ed in Persian, Iran Technical University Press, ISBN 978-7-302-27164-2, 332 pages, translated from Xu (2007): GPS - Theory, Algorithms and Applications, 2nd Ed, Springer, translation organized by the Iran Technical University

Xu G, Bastos L, Timmen L. 1997. GPS kinematic positioning in AGMASCO campaigns - Strategic goals and numerical results. In: Proceedings of ION GPS-97 meeting in Kansas City, September 16-19, 1173-1184

Xu G, Chen W, Shen Y Z, Jiang N, Jiang C H. 2015. A mathematical derivation of singularity-free Gauss equations of planetary motion, Special issue for celebration 70th birthday of Prof Jikun Ou, Journal of

Navigation and Positioning, 3(3): 5-12

Xu G, Fritsch J, Hehl K. 1997. Results and conclusions of the carborne gravimetry campaign in northern Germany. Geodetic Week Berlin '97, Oct. 6-11, 1997, electronic version published in http://www.geodesy.tu-berlin.de

Xu G, Guo J, Yeh T K. 2006a. Equivalence of the uncombined and combining GPS algorithms. Scientific discussion

Xu G, Hehl K, Angermann D. 1994. GPS software development for use in aerogravimetry: Strategy, realisation, and first results. In: Proceedings of ION GPS-94, 1637-1642

Xu G, Knudsen P. 2000. Earth tide effects on kinematic/static GPS positioning in Denmark and Greenland. Phys Chem Earth, 25(A4):409-414

Xu G, Lv Z P, Shen Y Z, Yeh T K. 2014. A mathematical derivation of singularity-free Lagrange equations of planetary motion, Special issue for celebration 80th birthday of academician Houze Xu, Journal of Surveying and Mapping, 89

Xu G, Qian Z. 1986. The application of block elimination adjustment method for processing of the VLBI Data. Crustal Deformation and Earthquake, 6(4): (in Chinese)

Xu G, Schwintzer P, Reigber Ch. 1998. KSGSoft - Kinematic/Static GPS Software - Software user manual (version of 1998). Scientific Technical Report STR98/19 of Geo Forschungs Zentrum (GFZ) Potsdam

Xu G, Shen Y, Yang Y, Sun H, Zhang Q, Guo J, Yeh T. 2010. Equivalence of GPS Algorithms and Its Inference. Sciences of Geodesy-I: Advances and Future Directions. Berlin: Springer, Heidelberg

Xu G, Timmen L. 1997. Airborne gravimetry results of the AGMASCO test campaign in Braunschweig. Geodetic Week Berlin '97, Oct. 6-11, 1997, electronic version published in http://www.geodesy.tu-berlin.de

Xu G, Xu J. 2012. On the singularity problem of orbital mechanics. MNRAS, 429: 1139-1148

Xu G, Xu J. 2013a. On orbital disturbance of solar radiation. MNRAS, 432 (1): 584-588 doi:10.1093/mnras/stt483

Xu G, Xu J. 2013b. Orbits - 2nd Order Singularity-free Solutions, second edition. Berlin: Springer Heidelberg, ISBN 978-3-642-32792-6, 426 pages, in English

Xu G, Xu T H, Chen W, Yeh T K. 2010b. Analytic solution of satellite orbit perturbed by atmospheric drag. MNRAS, 410(1): 654-662 87.

Xu G, Xu T H, Yeh T K, Chen W. 2010a. Analytic solution of satellite orbit perturbed by lunar and solar gravitation. MNRAS, 410(1): 645-653

Xu G, Xu Y. 2016. GPS-Theory, Algorithms and Applications, third edition, Springer Heidelberg, ISBN 978-3-662-50365-2, 489 pages, in English

Xu P. 1995. Estimating the state vector in observable and singular hybrid INS/GPS systems without the knowledge of initial conditions. Bull Geod Sci Affini, 54(4):389-406

Xu P, Ando M, Tadokoro K. 2005. Precise, three-dimensional seafloor geodetic deformation measurements using differential techniques. Earth, Planetsand Space, 57(9): 795-808

Xu Q F. 1994. GPS navigation and precise positioning. Army Press, Peking, ISBN 7-5065-0855-9/P.4, (in Chinese)

Xu T, Yang Y. 2000. The improved method of sage adaptive filtering. Science of Surveying and Mapping, 25(3):22-24

Xu T, Yang Y. 2001. The hypothesis testing of scale parameter in coordinate transformation model. Geomatics and Information Science of Wuhan University, 26: 70-74

Xu Y. 2012. Studies on Antarctic GNSS Precise Positioning. Chang'an University. Xi'an, China

Xu Y. 2016. GNSS Precise Point Positioning with Application of the Equivalence Principle. Dissertation, Technical University of Berlin, Berlin, Germany

Xu Y. 2016. GNSS Precise Point Positioning with Application of the Equivalence Principle. Dissertation, DKG, Reihe C, Heft Nr. 783, Press of the Bavarian Academy of Sciences, ISBN: 978-3-7696-5195-9

Xu Y, Jiang N, Xu G, Yang Y, Schuh H. 2015. Influence of meteorological data and horizontal gradient of tropospheric model on precise point positioning. Adv Space Res, 56(11): 2374-2383

Xu Y, Yang Y, Xu G, Jiang N. 2013. Ionospheric delay in the Antarctic GPS positioning. Journal of Beijing

University of Aeronautics and Astronautics, 39(10): 1370-1375

Xu Y, Yang Y, Xu G. 2012. Precise determination of GNSS trajectory in the Antarctic airborne kinematic positioning. In: Proceedings / China Satellite Navigation Conference (CSNC) 2012: revised selected papers, (Lecture Notes in Electrical Engineering; vol. 159), Berlin: Springer, 95-105

Xu Y, Yang Y, Xu G. 2014. Analysis on Tropospheric Delay in Antarctic GPS Positioning. Journal of Geodesy and Geodynamics, 34(1): 104-107

Xu Y, Yang Y, Zhang Q, Xu G. 2011. Solar Oblateness and Mercury's Perihelion Precession, MNRAS, 415: 3335-3343

Yang M. 2005. Noniterative method of solving the GPS doubled-differenced pseudorange equations. J Surv Eng ASCE, 131(4):130-134

Yang M, Tang C H, Yu T T. 2000. Development and assessment of a medium-range real-time kinematic GPS algorithm using an ionospheric information filter. Earth Planets Space, 52(10):783-788

Yang Y. 1991. Robust Bayesian estimation. B Geod, 65: 145-150

Yang Y. 1993. Robust estimation and its applications. Peking: Bayi Publishing House

Yang Y. 1994. Robust estimation for dependent observations. Manuscr Geodaet, 19:10-17

Yang Y. 1997. Estimators of covariance matrix at robust estimation based on influence functions. ZfV, 122(4):166-174

Yang Y. 1997. Robust Kalman filter for dynamic systems. Journal of Zhengzhou Institute of Surveying and Mapping, 14:79-84

Yang Y. 1999. Robust estimation of geodetic datum transformation. J Geodesy, 73: 268-274

Yang Y, Cui X. 2006. Adaptively robust filtering with classified adaptive factors. Progress in Natural Science, 16(8): 846-851

Yang Y, Cui X. 2008. Adaptively robust filter with multi adaptive factors. Survey Review, 40(309):260-270

Yang Y, Gao W. 2005. Comparison of adaptive factors on navigation results. The J Navigation, 58: 471-478.

Yang Y, Gao W. 2005. Influence comparison of adaptive factors on navigation results. Journal of Navigation, 58: 471-478

Yang Y, Gao W. 2006. Optimal adaptive Kalman Filter with applications in navigation. J Geodesy

Yang Y, Gao W. 2006a. A new learning statistic for adaptive filter based on predicted residuals. Progress in Natural Science, 16(8):833-837

Yang Y, Gao W. 2006b. An optimal adaptive Kalman Filter. Journal of Geodesy, 80(4):177-183

Yang Y, Gao W. 2010. Robust Kalman filtering with constraints: A case study for integrated navigation. J Geodesy, 84(6): 373-381

Yang Y, He H, Xu G. 2001. Adaptively robust filtering for kinematic geodetic positioning. J Geodesy, 75:109-116

Yang Y, Ren X, Xu Y. 2013. Main progress of adaptively robust filter with application in navigation. Journal of Navigation and Positioning, 1(1):9-15

Yang Y, Tang Y, Li Q, Zou Y. 2006. Experiments of adaptive filters for Kinemetic GPS positioning applied in road information updating in GIS. J Surv Eng, (in press)

Yang Y, Wen Y. 2004. Synthetically adaptive robust filtering for satellite orbit determination. Science in China Series D Earth Sciences, 47(7):585-592

Yang Y, Xu T. 2003. An adaptive Kalman Filter based on sage windowing weights and variance components. Journal of Navigation, 56(2):231-240

Yang Y, Xu T, He H. 2001. On adaptively kinematic filtering. Selected Papers for English of Acta Geodetica et Cartographica Sinica, 25-32

Yang Y, Zeng A. 2009. Adaptive filtering for deformation parameter estimation in consideration of geometrical measurements and geopgysical models. Science in China Series D Earth Sciences, 52(8):1216-1222

Yang Y, Zha M, Song L, Wei Z, et al. 2005. Combined adjustment project of national astronomical geodetic networks and 2000' national GPS control network. Progress Natural Sci,15(5):435-441

Yang Y, Zhang X, Xu J. 2011. Adaptively constrained Kalman Filtering for navigation applications. Survey Review, 43(322):370-381

Yang Y X, Xu T H, Song L J. 2005.　Robust estimation of variance components with application in global positioning system network adjustment. J Surv Eng ASCE, 131(4): 107-112

Yao Y B, Zhang B, Yue S Q, Xu C Q, Peng W F. 2013. Global empirical model for mapping zenith wet delays onto precipitable water. J Geod, 87: 439-448

Yao Y B, Zhu S, Yue S Q. 2012. A globally applicable, seasonspecific model for estimating the weighted mean temperature of the atmosphere. J Geod, 86:1125-1135

Yeh T K, Chen C H, Xu G, Wang C S, Chen K H. 2012. The impact on the positioning accuracy of the frequency reference of a GPS receiver. Surv Geophys, 34: 73-87

Yeh T K, Chen C S, Lee C W. 2004. Sensing of precipitable water vapor in atmosphere using GPS technology. Boll Geod Sci Affini, 63(4): 251-258

Yeh T K, Chen C S. 2006. Clarifying the relationship between the clock errors and positioning precision of GPS receiver, VI Hotline-Marussi Symposium of Theoretical and Computational Geodesy Wuhan.

Yeh T K, Hong J S, Wang C S, Hsiao T Y, Fong C T. 2014. Applying the water vapor radiometer to verify the precipitable water vapor measured by GPS. Terr Atmos Ocean Sci, 25: 189-201

Yeh T K, Hwang C, Xu G, Wang C S, Lee C C. 2009. Determination of global positioning system (GPS) receiver clock errors: Impact on positioning accuracy. Meas Sci Technol, 20:075105

Yeh T K, Hwang C, Xu G. 2008. GPS height and gravity variations due to ocean tidal loading around Taiwan. Surv Geophys, 29(1): 37-50

Yi Z H, Li G Y, Luo Y J, Xia Y, Zhao H B. 2010. Common orbital plane restricted three-body problem and its application - Science in China: G Series

Yonetoku D, Murakami T, Gunji S, et al. 2010. Gamma-Ray Burst Polarimeter - GAP - aboard the Small Solar Power Sail Demonstrator IKAROS, arXiv: 1010.5305v1 [astro-ph.IM] 26 Oct 2010

Yoon J C, Lee B S, Choi K H. 2000. Spacecraft orbit determination using GPS navigation solutions. Aerosp Sci Technol, 4(3):215-221

Yuan Y B, Ou J K. 1999. The effects of instrumental bias in GPS observations on determining ionospheric delays and the methods of its calibration. Acta Geod Cartogr Sinica, 28(2): 110-114

Yuan Y B, Ou J K. 2003. Preliminary results and analyses of using IGS GPS data to determine global ionospheric TEC. Progress Natural Sci, 13(6):446-450

Yuan Y B, Ou J K. 2004. Ionospheric eclipse factor method (IEFM) for determining the ionospheric delay using GPS data. Progress Natural Sci, 14(9): 800-804

Yunck T P, Melbourne W G. 1995. Spaceborne GPS for earth science. In: GPS Trends in Precise Terrestrial, Airborne, and Spaceborne Applications: 21st IUGG General Assembly, IAG Symposium No. 115, Boulder, USA, July 3-4, Berlin: Springer-Verlag, 113-122

Zehentner N, Mayer-Guerr T. 2015. Precise orbit determination based on raw GPS measurements. J Geodesy, DOI: 10.1007/s00190-015-0872-7

Zhang F Z, Xu Y, Jiang C H. 2016. An alternative derivation of the equivalent criterion. Surveying Journal of China, in review

Zhang J, Lachapelle G. 2001. Precise estimation of residual tropospheric delays using a regional GPS network for real-time kinematic applications. Journal of Geodesy, 75: 255-266

Zhang Q, Moore P, Hanley J, Martin S. 2006. Auto-BAHN: Software for Near Real-time GPS Orbit and Clock Computation. Adv. Space Res, 39(10): 1531-1538

Zhang Q, Qiu H. 2004. A dynamic path search algorithm for tractor automatic navigation. Trans ASAE, 47(2): 639-646

Zhang S, Yang Y, Zhang Q. 2007. An adaptively robust filter based on bancroft algorithm in GPS navigation. Geomatics and Information Science of Wuhan University, 32(4):309-311

Zhang W, Cannon M, Julien O, Alves P. 2003. Investigation of combined GPS/GALILEO cascading ambiguity resolution schemes. Proceedings of ION GPS/GNSS 2003, The 16th International Technical Meeting of the Satellite Division of the Institute of Navigation, Portland, OR, USA, September 9-12, 2599-2610

Zhang X, Forsberg R. 2009. Assessment of long-range kinematic GPS positioning errors by comparison with airborne laser altimetry and satellite altimetry. J Geodesy, 81(3): 201-211

Zhao C M, Ou J K, Yuan Y B. 2005. Positioning accuracy and reliability of GALILEO, integrated GPS-GALILEO system based on single positioning model. Chinese Sci Bull, 50 (12): 1252-1260

Zhao C M, Yuan Y B, Ou J K, Chen J P. 2005. Variation properties of ionospheric eclipse factor and ionospheric influence factor. Progress Natural Sci, 15(6): 573-576

Zheng D W, Zhong P, Ding X L, Chen W. 2005. Filtering GPS time-series using aVondrak filter and cross-validation.J Geod, 79(6-7): 363-369

Zhou J, Huang Y, Yang Y, Ou J. 1997. Robust least squares method. Wuhan: Publishing House of Huazhong University of Science and Technology

Zhou J. 1985. On the Jie factor. Acta Geodaetica et Geophysica, 5 (in Chinese)

Zhou J. 1989. Classical theory of errors and robust estimation. Acta Geod Cartogr Sinica, 18: 115-120

Zhu J. 1996. Robustness and the robust estimate. J Geodesy, 70(9):586-590

Zhu S Y, Reigber Ch, Massmann F H. 1996. The German PAF for ERS, ERS standards used at D-PAF. D-PAF/GFZ ERS-D-STD-31101

Zhu S Y. 1997. GPS-Bahnfehler und ihre Auswirkung auf die Positionierung. GPS-Anwendungen und Ergebnisse '96: Beiträge zum 41. DVW-Fortbildungsseminar vom 7. bis 8. November 1996 am GeoForschungszentrum Potsdam, 219-226

Zhu S Y. 2001. Private communication and the source code of the EPOS-OC software

Zhu S, Reigber C, Koenig. 2004. Integrated adjustment of CHAMP, GRACE, and GPS data. J Geod, 78(1-2): 103-108

Zhu W Y, Fu Y, Li Y. 2003. Global elevation vibration and seasonal changes derived by the analysis of GPS height. Science in China, Ser. D 46(8): 765-778

Ziebart M, Cross P. 2003. LEO GPS attitude determination algorithm for a micro-satellite using boon-arm deployed antennas. GPS Solutions, 6(4): 242-256

Zizka J, Vokrouhlicky D. 2011. Solar radiation pressure on (99942) Apophis. Icarus, 211(1): 511-518

Zumberge J F, Heflin M B, Jefferson D C, Watkins M M, Webb F H. 1997. Precise point positioning for the efficient and robust analysis of GPS data from large networks. J Geophysical Res, 102(B3): 5005-5017

关键词中英文对照

A

Adams 算法　Adams algorithms

B

标准差　standard deviation

C

Cowell 算法　Cowell algorithms
参数化　parameterisation
参考卫星　reference satellite
测高　altimetry
测速　velocity determination
差分算法　differencing algorithms
差分多普勒　differential Doppler
差分 GPS　differential GPS
差分相位　differential phases
差分定位　differential positioning
插值　interpolation
潮汐势能　tidal potential
潮汐效应　tidal effect
潮汐形变　tidal deformation
赤道面　equatorial plane
赤道系　equatorial system
赤经　right ascension
初始状态　initial state
初值问题　initial value problem
传输时间　transmitting time
春分点　vernal equinox

D

大气阻力　atmospheric drag
大气压力　atmospheric pressure
单差　single difference
点定位　point positioning

单点定位　single point positioning
当地坐标系　local coordinate system
等价理论　equivalence theorem
等价准则　equivalent criterion
等价观测方程　equivalent observation
　　equation
导航电文　navigation message
笛卡儿坐标　Cartesian coordinates
地球潮汐误差　Earth tide displacement
地球动力学时　terrestrial dynamic time
　　(TDT)
地球时　terrestrial time (TT)
地球自转　Earth rotation
地心纬度　geocentric latitude
电离层残差　ionospheric residual
电离层模型　ionospheric model
电离层效应　ionospheric effect
电子密度　electronic density
定轨　orbit determination
对角化　diagonalisation
对流层模型　tropospheric model
对流层效应　tropospheric effect
对流层延迟　tropospheric delay
多路径　multipath
多静态参考站　multiple static references
多普勒数据　Doppler data
多普勒效应　Doppler effect
多普勒频移　Doppler frequency shift
多普勒积分　Doppler integration

E

俄罗斯全球导航卫星系统　GLONASS

F

发射时刻　emission time

飞机　aircraft
飞行状态监测　flight state monitoring
非差算法　undifferenced algorithm
非组合算法　uncombined algorithm
反电子欺骗　anti-spoofing (AS)
分块最小二乘平差　block-wise least
　　squares adjustment
浮点解　float solution
负荷潮汐　loading tide
方位角　azimuth

G

改进儒略日　modifed Julian date (MJD)
高度角　elevation
格林尼治时角　Greenwich hour angle
格林尼治子午线　Greenwich meridian
格林尼治恒星　Greenwich sidereal
格林尼治视恒星时　Greenwich apparent
　　sidereal time (GAST)
格林尼治平恒星时　Greenwich mean
　　sidereal time
观测模型　observational model
广播星历　broadcast ephemerides
广播电离层模型　broadcast-ionospheric
　　model
广义相对论　general relativity
轨道面　orbital plane
轨道修正　orbit correction
轨道坐标系　orbital coordinate system
国际地球参考框架　International
　　Terrestrial Reference Frame (ITRF)
国际地球自转服务　International Earth
　　Rotation Service (IERS)
国际 GPS 服务　International GPS Service
　　(IGS)
国际协议原点　Conventional International
　　Origin (CIO)
国际原子时　international atomic time
GPS 测高　GPS altimetry
GPS 观测方程　GPS observation equation

GPS 时　GPS time (GPST)
GPS 周　GPS week

H

海水负荷潮汐误差　ocean loading tide
　　displacement
海洋潮汐　ocean tide
航空的，机载的　airborne
Helmert 变换　Helmert transformation
恒星时　sidereal time
Hopfield 模型　Hopfield model
黄道　ecliptic

J

极移　polar motion
基准频率　reference frequency
几何余映射函数　geometric
　　co-mapping function
几何映射函数　geometric mapping
　　function
几何无关组合　geometry free combination
伽利略　Galileo
接收机无关数据交换格式　receiver
　　independent exchange format (RINEX)
径向速度　radial velocity
精密星历　precise ephemerides
静态参考　static reference
近地点　perigee
近地点角距　argument of perigee
距离率　range rate

K

Kalman 滤波　Kalman filter
抗差 Kalman 滤波　robust Kalman filter
开普勒参数　Keplerian elements
开普勒方程　Keplerian equation
开普勒椭圆　Keplerian ellipse
开普勒运动　Keplerian motion

L

拉格朗日插值　Lagrange interpolation
拉格朗日多项式　Lagrange polynomial

力学时　dynamic time
路径延迟　path delay
路径延伸效应　path range effect

M

码延迟　code delay
码相位组合　code phase combination
模糊度固定　ambiguity fixing
模糊度函数　ambiguity function
模糊度电离层方程　ambiguity ionospheric equation
模糊度解算　ambiguity resolution
模糊度搜索　ambiguity search
模糊度准则　ambiguity criterion

N

拟稳基准　quasi-stable datum

P

P 码　P code
偏近点角　eccentric anomaly
偏心率　eccentricity
频率效应　frequency effect
频漂　frequency drift
频偏　frequency offset
平近点角　mean anomaly

Q

全球导航卫星系统　GNSS
球面调和项　spherical harmonics
球面坐标　spherical coordinate
群延迟　group delay

R

Runge-Kutta 算法　Runge-Kutta algorithms
儒略日　Julian date (JD)
扰动位，摄动势能　disturbing potential

S

Saastamoinen 模型　Saastamoinen model
Sagnac 效应　Sagnac effect
三差　triple difference

岁差　precession
升交角距　argument of latitude
视恒星时　apparent sidereal time
失锁　loss of lock
双差　double difference
摄动力　disturbing force, perturbation force
升交点　ascending node
时间系统　time system
时角　hour angle
世界时　universal time (UT)
世界大地测量坐标系　world geodetic system (WGS)
受摄轨道　perturbed orbit
数据组合　data combination
数据条件　data condition
数据差分　data differentiation
数字偏心率　numerical eccentricity
数值积分　numerical integration
数值微分　numerical differentiation
水平精度因子　horizontal dilution of precision (HDOP)

T

太阳光压　solar radiation
天顶延迟　zenith delay
天线相位中心　antenna phase centre
条件最小二乘平差　conditional least squares adjustment
投影映射函数　projection mapping function
统一等价算法　unified equivalent algorithm
椭球映射函数　ellipsoidal mapping function

W

伪距　code pseudorage, pseudorange
伪距平滑　code smoothing
微分方程　differential equation
卫星轨道　satellite orbit

卫星受摄运动　disturbed satellite motion

卫星天线　satellite antenna

卫星运动的受摄方程　perturbed equation of satellite motion

位置精度因子　position dilution of precision (PDOP)

X

狭义相对论　special relativity

先验约束　a priori constraints

先验基准　a priori datum

先验信息　a priori information

线性变换　linear transformation

线性相关　linear correlation

线性组合　linear combination

相对定位　relative positioning

相对论效应　relativistic effect

相位差分　phase difference

相位超前　phase advance

相位模型　phase model

相位中心　phase centre

相位组合　phase combination

消电离层组合　ionosphere-free combination

协方差传播　covariance propagation

协因数矩阵　cofactor matrix

协议天球参考框架　Celestial Reference Frame (CRF)

协调世界时　universal time coordinated

星历　ephemerides

序贯最小二乘平差　sequential least squares adjustment

旋转矩阵　rotational matrix

选择可用性　selective availability (SA)

虚拟观测量　fictitious observations

Y

延迟硬件偏差　instrumental bias

一般准则　general criterion

远地点　apogee

阴影　shadow

引力　attraction

映射函数　mapping function

预处理　preprocessing

约束平差　constrained adjustment

Z

载波相位　carrier phase

增益矩阵　gain matrix

组合算法　combining algorithms

章动　nutation

自适应抗差卡尔曼滤波　adaptively robust Kalman filter

最小二乘平差　least squares adjustment

最小二乘模糊度搜索准则　LSAS criterion

最小生成树　minimum spanning tree

最优基线　optimal baseline

坐标转换　coordinate transformation

折射率　refractive index

真近点角　true anomaly

质心　barycentre

质心力学时　barycentric dynamic time (TDB)

中心力　central force

钟差　clock bias

重力　gravitational force

重力常数　gravitational constant

重力场　gravitational field

重力势能　gravitational potential

钟漂　clock drift

钟频　clock frequency

钟偏　clock offset

钟参数　clock parameter

转移矩阵　transition matrix

周跳探测　cycle slip detection